New Wun Ching Developmental Publishing Co., Ltd.

New Age · New Choice · The Best Selected Educational Publications — NEW WCDP

生命科學
Life Sciences

第7版

生物技術

張玉瓏・徐乃芝・許素菁 合著

Seventh
Edition

BIOTECHNOLOGY

國家圖書館出版品預行編目資料

生物技術 / 張玉瓏、徐乃芝、許素菁合著.－
第七版.－新北市：新文京開發，2020.01
面；　公分

ISBN 978-986-430-584-1（平裝）

1.生物技術

368　　　　108022440

生物技術（第七版）　　（書號：**B163e7**）

編著者	張玉瓏　徐乃芝　許素菁
出版者	新文京開發出版股份有限公司
地址	新北市中和區中山路二段 362 號 9 樓
電話	(02) 2244-8188（代表號）
FAX	(02) 2244-8189
郵撥	1958730-2
第二版	西元 2004 年 3 月 12 日
第三版	西元 2006 年 3 月 01 日
第四版	西元 2009 年 9 月 01 日
第五版	西元 2012 年 2 月 10 日
第六版	西元 2017 年 2 月 10 日
第七版	西元 2020 年 1 月 15 日

　　建議售價：525 元

法律顧問：蕭雄淋律師

ISBN　978-986-430-584-1

　　承蒙各位老師及讀者的厚愛與支持，讓作者有機會為生物技術領域的教材資源盡一點棉薄之力。本書自 2003 年出版以來，轉眼已十多年，期間秉持不斷跟進新興技術改版的態度，增添新內容，以期符合生物技術為科學新知應具有的面向，以及讀者的期待。此次改版在文章後增加了選擇題的部分，供複習之用，希望有助同學們更熟悉明瞭課文的重點。

　　幾次改版間，生命科學領域不斷出現許多新的技術及突破，如小型 RNA 對基因調控的發現、幹細胞研究的成果、更深入地探究基因體的後基因體學以及大數據的累積及分析等，每次改版期間，深覺架構仍不夠完整，永遠有新觀念未能改寫，下一版的雛型又已成型，令人不勝惶恐，也唯有督促自己持續努力汲取新知，才能跟緊生物技術的進展腳步。我們也期待許多技術上原本存在的瓶頸的領域，會有新的突破，也將有更令人耳目一新的進展。

　　生物技術涵蓋之範圍廣泛，許多技術均需要有相當之背景知識才能瞭解，建議同學要先建立好基本知識之基礎，融會貫通，新的知識技術大多都由基礎知識衍生而來，只要有相當的根基，一定都能吸收。

　　基於以上認知，本書不僅著重於新的知識，同時亦強調基本技術原理之重要性，在文章內容上，力求簡潔，字句也以淺顯明瞭為主，目的在讓讀者能完全瞭解"原則"、"為什麼"以及"如何"，不僅適用於教學考試，對於實際實驗之操作上，也有相當的助益。礙於書本篇幅有限，無法添增更多專題，如未能滿足讀者的多方建議，尚請見諒。

張玉瓏 謹識

目錄

CONTENTS

CONTENTS

20 CH **生物性材料與技術工程**
Biomaterial and Bioengineering

CHAPTER

01

生物技術概論
Introduction of Biotechnology

BIOTECHNOLOGY

生物科技是近年來除了資訊科技之外，研究發展進步最快的一個領域。生物技術這個名詞對大多數的人而言，象徵的是有更先進的醫療技術，有更營養和健康的食品，或更卓越的生活品質，這也是人類對生物科技發展的期許。如同工業革命或綠色革命所帶給人類的衝擊，生物技術的進展也將為其主要的服務對象－生命－提供更多的資訊及實質的幫助，以增進全人類的福祉。但究竟生物技術的定義是什麼，一般人很難有較清楚的概念。依本書的介紹，生物技術的基本定義可以闡明如下：「利用生命現象的基本組成成分，如組織、細胞或生物分子來解決問題或製造出有用的產品。」各位在瞭解本章內容，並熟悉各章節的主題之後，再回來想想這個定義，即會有更清楚的認知。

在這一章中，我們將對生物技術作一基本而簡要的介紹，也會說明生物技術包括的範圍，並舉一些實際例子，特別是本書並未另闢章節的一些主題，希望能讓大家對生物技術有一清楚的概念，有助於接下來其他章節的學習。

1-1 生物技術的基礎

　　生命現象的基本組成大型分子可概略分為四類：蛋白質、核酸、醣類以及脂質。他們最大的特性是都由連續性的多種小單位所組成，卻因組合的變化而形成各種不同性質的分子。生物技術所利用及生產的產品，除了藥品大多是化學分子之外，大多都是以此四類分子為主。以下就先對此四類大型分子在細胞中所扮演的角色作一簡單的介紹。

1. **蛋白質**：由連續的胺基酸所組成，蛋白質為基因的產物，其在生命現象所負責扮演的角色可以是酵素，以及形成細胞或組織的結構性蛋白質，也可能是調控基因表現的各種因子。

2. **核酸**：即為 DNA 或 RNA，是由連續的核苷酸所組成，生命的遺傳訊息主要由染色體負責傳遞，染色體的主成分是 DNA，由其攜帶基因密碼，先**轉錄 (transcribe)** 成 RNA，再**轉譯 (translate)** 成蛋白質產物。

3. **醣類**：由連續的各種醣分子所組成，在蛋白質的**轉譯後修飾 (post-translational modification)** 上十分重要，許多蛋白質都需要經過**醣化作用 (glycosylation)**，加上一些醣分子，才會被送到正確的位置，或是發揮正確的功能。而細胞表面也因為有這些醣分子，可作為不同細胞之間的特殊標記。

4. **脂質**：與蛋白質共同組成細胞膜，細胞膜在細胞之間或細胞內的訊息傳遞上十分重要，同時，許多**類固醇 (steroid)** 荷爾蒙也屬於脂質。

　　這些大型生物分子之間相互合作，於是形成生命現象。生物技術就是利用生命中原本就存在的原則或規律，來發展出更有用的產品。生物分子最特殊之處便是它獨特又專一 (specific) 的特性，只會對特定的分子產生作用。舉一個大家耳熟能詳的例子：因為已知糖尿病是缺乏**胰島素** (insulin)，於是以基因重組方式來生產胰島素，以治療病人。另外如**疫苗** (vaccine)：人類有天生的免疫系統，利用某種病原之**抗原** (antigen) 作為疫苗注入人體，先使人體產生**抗體** (antibody)，以對此病原產生**免疫力** (immunity)。諸如此類的例子繁多，但不可忽略生物技術都是建立在既有的生命科學基礎知識上，因此具備基本的相關知識是生物技術發展的前提，我們將這些知識彼此之間的相關性，以及對生物技術的意義製成圖 1-1。由圖中可以瞭解到，生物技術以生命科學知識為基礎，運用基本生物分子及實驗技術為工具，再佐以各應用科學的輔助，生物分子因而得以發揮其實用價值，甚至拓展至其他非生命科學相關領域，這之中所運用或應用的科學相當廣泛，除了基本的生命科學相關基礎之外，有時也需要其他科學的技術支援。綜合以上的觀點，我們可以將生物技術的基礎歸納為下列數點：

一、生命現象的基本生物分子及規律

如前段所述，生物技術就是利用大自然賦予生物的天生能力，發展出更有用的產品，這就是生物技術的基本材料來源及應用的基本原則，人類利用生物體本身的能力來達成生物技術應用的目的，自然規律可以有變化、修飾，卻不代表生物技術是以改造生物體原本自然的生命現象為終極目的。

二、生命科學的基礎知識及研究發展

生命科學基礎知識在這三十年來迅速累積，都是前人不斷努力研究的結果，許多生命現象之謎的解答，讓後來的科學家能充分利用這些知識，開創出新的技術及新的應用範圍，以致生物技術成為新世紀的明星科技，這絕非一朝一日之功。

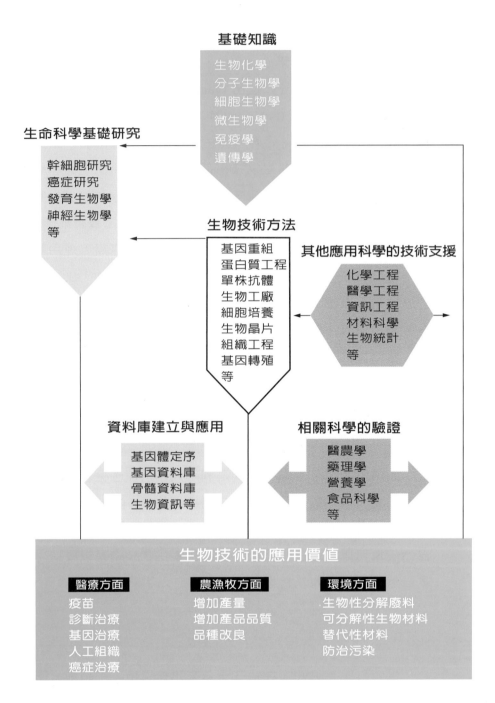

基礎知識

生物化學
分子生物學
細胞生物學
微生物學
免疫學
遺傳學

生命科學基礎研究

幹細胞研究
癌症研究
發育生物學
神經生物學
等

生物技術方法

基因重組
蛋白質工程
單株抗體
生物工廠
細胞培養
生物晶片
組織工程
基因轉殖
等

其他應用科學的技術支援

化學工程
醫學工程
資訊工程
材料科學
生物統計
等

資料庫建立與應用

基因體定序
基因資料庫
骨髓資料庫
生物資訊等

相關科學的驗證

醫農學
藥理學
營養學
食品科學
等

生物技術的應用價值

醫療方面	農漁牧方面	環境方面
疫苗	增加產量	生物性分解廢料
診斷治療	增加產品品質	可分解性生物材料
基因治療	品種改良	替代性材料
人工組織		防治污染
癌症治療		

圖 1-1 　生物技術與其他生命科學基礎知識間之關係

　　無論生命科學的基礎研究或生物技術的應用，均需有相關的基礎知識作根基。透過生物技術的基本方法為工具，以及其他應用科學的支援或輔助，甚至驗證及分析，生物技術才能發揮其可能的應用價值。

⬇ 三、其他相關科學的支援

從早年純粹以生命科學相關知識技術作為基礎，到目前廣泛利用其他科學為輔助支援，新發展的生物技術無論在技術方法及應用範圍上都有涵蓋範圍越來越大的趨勢。其中最具代表性的即是生物晶片 (biochip)，這是一項集合眾多科學的技術：晶片的製作需要電子產業的技術及材料科學，數據的分析需要生物統計及資訊技術的支援，再配合基礎的生命科學技術，主要方向在於量化、簡便，以達到在短時間內獲得大量結果的目的，同時可以從綜觀的角度來分析生物現象。

⬇ 四、資料庫的建立及搜集

生物科技之所以能進展快速，這其中極重要的一個因素是資料庫的長期累積，這些公開資料的建立，對科學家們的研究幫助也越來越大，是不可忽視的一項長期投資工作。以基因體的定序工作而言，早年的定序技術較慢，在開始之初是毫無成就感，大多數的人也不認為這件工作有什麼用處，但這些年來，包括人類的基因體在內的許多重要生物，都陸續定序完成或有了基本的草圖，在比較上，可以瞭解動植物間的差異，瞭解人和其他哺乳動物之間的共通性。在另一方面，科學家可以從資料庫中分析出更多以前未知的資訊。

另一個有名的例子便是 **人類組織抗原**（human leukocyte antigen，**簡稱 HLA**）資料庫，也就是骨髓捐贈的配對依據。前者是科學家們努力的結果，以公開方式提供給其他研究人員使用，而後者是廣大的一般群眾所提供的抗原資料庫，用以造福有需要的病人，因此，非營利性的「公共生物資料庫」是絕對有必要存在的價值，這個觀念是學習生物科技者應有的體認。

1-2
生物技術的技術方法

　　瞭解生物科技的定義後，大家一定會問：生物技術實際所使用到的技術或應用的範圍有些什麼？除了大家耳熟能詳的基因轉殖、基因治療，以及媒體所關心的複製動物、幹細胞等，生物技術還有很多實用而成熟的應用範圍，只是大家不太熟悉。也希望大家在讀完這一章之後，能更注意到其他更多不同的生物技術範圍，在舉例說明生物技術的應用範圍時更專業些，而不再只侷限在複製羊及幹細胞的研究等，這才能真正一窺生物技術的殿堂。

　　目前生物技術所使用的方法舉凡單株抗體、基因轉殖、細胞培養及細菌發酵等都可採用為製備方法，不勝枚舉，在這一節中，我們只選擇部分較具代表性的方法作一簡單的介紹。

1. **微生物發酵 (fermentation)**：所謂的細菌發酵，指的是利用發酵槽提供養分，讓微生物（如細菌、酵母菌等）來大量產生生技產品，有別於一般所謂的發酵作用。這是一項很傳統的生物技術，行之有年，隨之衍生來的微生物代謝工程亦為新興的熱門技術及產業，所生產的產品已從早期的食品添加物，進入生技醫療產品的新天地。例如：維生素、胰島素，甚至疫苗等。

2. **動物細胞或組織培養**：傳統細胞培養在應用上的主要目的如同微生物發酵，是用來產生大量的生技產品。但目前已經有更多新的技術需要藉細胞培養來完成，例如單株抗體製作、幹細胞的培養及體外的胚體培養等，都仰賴製程完備而嚴謹的細胞培養技術。

3. **基因轉殖**：簡單的說，就是將某基因送入生物體中，而且能繼續傳遞給後代。基因轉殖在多種生物中均已成功發展，而且有各自的轉殖技術，目前使用最多的還是**顯微注射**(microinjection)，其他如**電穿孔** (electroporation) 或**基因槍** (gene gun)，甚至病毒感染等，也都是可以採用的技術。

4. **植物組織培養**：植物的組織可以在打散後培養，由少數細胞形成一團**癒傷組織 (callus)**，再重新分化成一株新的植物。這種**全能性 (totipotential)** 的能力，可讓植物組織在進行基因轉殖後，很容易用來繁殖出新的植株，無論是產生基因改良的作物或用以製造其他生技產品均可。

5. **單株抗體**：由於單株抗體的專一性高，可以針對特定分子或特定的目標反應，因此十分有利用價值，應用範圍廣泛，目前是極有潛力的醫療產品之一，甚至加上毒素製成免疫毒素等，即使相較於其他技術，其製作過程的環境設備及技術要求均較高，仍然是許多生技產品生產的主要方式之一。

6. **蛋白質工程 (protein engineering)**：將蛋白質改造，或是將兩種蛋白質組成一個蛋白質，甚或改變蛋白質與其他蛋白質相互作用的部分。例如增加酵素的活性，結合螢光蛋白質以標記螢光，賦與抗體外加功能如免疫毒素等。

7. **生物晶片 (biochip)**：一般實驗室是將其稱為**微點陣 (microarray)**，用以快速而大量的進行**雜交 (hybridize)** 及分析比較不同來源的基因表現差異，例如某些與疾病相關的基因在正常人與病人之間的表現差異，其他如各類組織之間的特性及各種生理反應，甚至不同的藥物處理等所造成的基因表現差異，均可藉此方法得知。目前更有蛋白質晶片及醣類晶片的發展，以及其他大規模篩選用途的晶片，詳細的介紹請見第 15 章生物晶片。

8. **生物資訊 (bioinformation)**：這是隨生物技術進步而日益重要的一門新學科，前面所提到的基因資料庫即藉生物資訊學所提供的方法來加以利用，可以進行基因或蛋白質比對、相似度分析、基因圖譜的製作、蛋白質結構分析及基因的演化關係等。舉一個最簡單的例子，當我們要找一個基因或蛋白質在其他生物中是否有**同源基因 (homologue)**，就可以用比對軟體（如 BLAST）來分析，這個軟體會從龐大的基因資料庫（如 GeneBank、EMBL 等）中搜尋出相似的基因，並將之對照排列。同時也可以比較不同的兩個生物中的相似基因之間的差異，見圖 1-2 及 1-3。除

圖 1-2 美國國家衛生院的生物資訊中心網站

a NCBI 的全名為 National Center for Biotechnology Information，這是公開給所有研究人員使用的生物資訊網站，其統合了各式各樣的資料庫，並提供簡易而實用的分析運算。

b 圖中所列的選項可以進行參考文獻的搜尋，序列比對分析等，同時也與提供各重要的生物資訊網站連結，可說是十分方便的生物資訊入口網站。

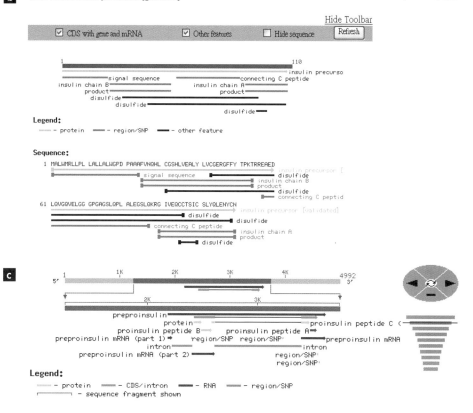

a

```
Score =  144 bits (364), Expect = 3e-34
Identities = 70/86 (81%), Positives = 74/86 (85%), Gaps = 2/86 (2%)
```

```
Query: 25  FVNQHLCGSHLVEALYLVCGERGFFYTPKTRREAEDLQVGQVELGGGPGAGSLQPLALEG  84
               FV QHLCG HLVEALYLVCGERGFFYTPK+RRE ED QV Q+ELGG P  G LQ LALE
Sbjct: 25  FVKQHLCGPHLVEALYLVCGERGFFYTPKSRREVEDPQVEQLELGGSP--GDLQTLALEV  82
```

```
Query: 85  SLQKRGIVEQCCTSICSLYQLENYCN  110
               + QKRGIV+QCCTSICSLYQLENYCN
Sbjct: 83  ARQKRGIVDQCCTSICSLYQLENYCN  108
```

b ☐ **1**: IPHU. insulin precursor...[gi:69300]   BLink, Domains, Links

c

Legend:
— protein   — CDS/intron   — RNA   — region/SNP
⌐___⌐ — sequence fragment shown

圖 1-3 　人類與小鼠的胰島素基因比對

a 我們以人及小鼠的胰島素蛋白質為例，可以在 NCBI 的網頁中以 BLAST 簡單的比對功能，進行兩種蛋白質的相似度比對。

b 人類胰島素蛋白質的序列及各個部位的功能性特徵之資料結合，胰島素先以前體方式製出，再經過切除一些胺基酸才成為胰島素。

c 事實上這 110 個胺基酸的 DNA 序列並不是集中在一起的，而是散佈在約 2 kb 的序列中。人類基因體定序完成之後，補足 cDNA 以外的其他 DNA 序列，即可與基因體的資料結合，並已清楚知道胰島素基因在第十一對染色體上的正確位置為 11p15.5。

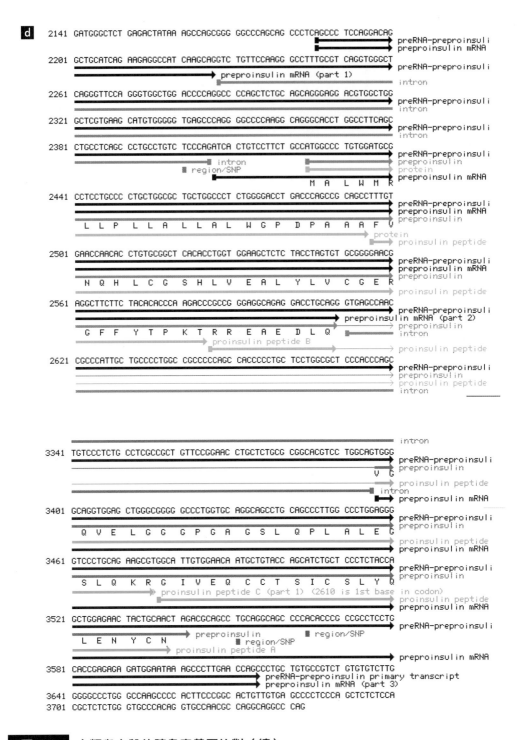

圖 1-3　人類與小鼠的胰島素基因比對（續）

d 胰島素的 DNA 序列與蛋白質前體或前驅體的對應關係，在中間有較大區域的內子。比較起在圖 **b** 及 **c** 的蛋白質部分，顯然複雜許多，然而基因體定序之後的整合工作即是要將此類資料統合。

了這些基本的功用之外，對於一些大規模的實驗所產生的大數據，特別是基因體定序完成後的數據分析需求量龐大，在基因體註解的部分，生物資訊更提供各種運算方法來歸納或分析出有效的結果。

利用以上這些技術方法所研發及產生的生物科技產品大致可分為四大類：健康醫療用途、農漁牧業方面、與環境保護方面有關及一些特別的產品（屬於生活應用方面）。接下來的四個節次，我們將依序介紹此四類產品。

1-3
生物技術在醫療方面的應用

生物技術在醫療方面的應用發展較為廣泛，一方面較符合眾人的期盼，另一方面，實用價值較高，也有較多的生技公司投入研究。大家較有印象的如以生物技術方式合成胰島素治療糖尿病及凝血因子治療血友病等。這類具醫療用途的分子無論是蛋白質、碳水化合物或其他化學分子，都是希望能以量產方式製造，提供廣大的病人安全而有效的治療為目的。相對的，正因為是用於人體，因此在各階段的評估要求也較為嚴格。以下就分別舉較常見的例子作為代表。

⊙ 一、診斷用途

分子診斷技術的發展讓許多疾病的早期檢測成為可能，以避免病人錯失提早治療的先機，特別是遺傳疾病或癌症的早期篩檢、感染病原的檢測等，尤其是生物晶片的開發，對於大量的樣品或同時進行多種目的的檢測都已不再耗時費力。例如臺灣自行開發出的發燒晶片，即可同時檢測多種可能造成發燒的病原，以縮短找到感染原的時間。

二、藥物的發展

從早期的化學合成物到現在以各式各樣的生物分子作為醫療藥物的趨勢，藥物的發展一直是生物技術中最具有商業價值的領域，而生物分子如荷爾蒙、細胞素、抗體及核酸等是目前較有潛力的方向。但新的來源如海洋動物或細菌、藻類也都有許多具有醫療功能的天然分子，如加速傷口癒合、抑制癌細胞生長、消炎鎮痛及殺菌等。同時，生物技術加速藥物的篩選過程，例如找尋新的藥物標的及測試細胞對藥品的反應等。

三、疫苗新技術的發展

疫苗的抗原來源可以是死的病毒、減毒病毒或病毒的一部分蛋白質，人體注射這些疫苗之後自然產生抗體，當人體再次遇上相同的病毒時，自然有特定抗體可對付。目前最新發展的如 B 型肝炎疫苗及流行感冒病毒疫苗都對人類整體的健康狀況改善十分有幫助。而眾人期待的 AIDS 或瘧疾疫苗，由於研究危險度高，且不易防治，因此較為困難，目前雖無疫苗發展成功，但仍有許多科學家不斷在努力中。更新近的技術尚有 DNA 疫苗，讓人類自行表現出 DNA 上所攜帶的抗原，隨之產生抗體，但仍在試驗階段。此外也有以植物製作的食用性疫苗也在發展之中，若能夠由較容易的方式取得疫苗，必能大幅改善整體國民的健康狀況。此外其更有便宜簡單，避免動物性蛋白質的污染、注射污染或醫療廢棄物產生等優點。

四、基因治療

廣義的基因治療係指將遺傳物質送入體內，以治療疾病、缺陷或能改善以及延緩病人的病情。要治療有缺陷的基因，就需要有正確的基因，而人類基因定序之後，用以治療的基因來源從此不虞匱乏，但是將基因送入高等生物中，在技術上仍是一項極大的挑戰。目前將基因送入人體細胞進行基因治療的工具可分為兩大類：病毒及非病毒的載體。雖然這些病毒載體確實可以把基因帶入活體細胞中，但將病毒送入人體之後是否會引起其他不正常的結果，是需要長期觀察的，因此在使用這些病毒載體時一定要十分小心。科學家們仍在努力改良載體，希望發展出更理想的傳送工具。至於非病毒的載體，即人工合成的基因傳送系統，是直接將 DNA 或 DNA 混合物放入**微脂粒 (liposome)** 中再送入細胞內。目前全世界約有 400 個以上的臨床試驗正在進行或籌備中，大約有 6,000 個病人接受試驗，其中有約 70% 是癌症相關病患，常常都是癌症末期病人。

五、癌症治療

癌症的治療多靠化學療法配合放射性治療以將癌細胞殺死，生物技術發展出由抗體攜帶的免疫毒素可以將毒素直接送至標的細胞。**致癌基因 (oncogene)** 不正常啟動的發現，讓癌症治療的途徑多了發展的空間，更增加了癌症的治療效率。如針對這些基因的蛋白質產物製作抗體，可以抑制其功能；另一方面**抑癌基因 (tumor suppressor gene)** 失去正常功能，也是造成癌細胞持續生長的原因，若能提供癌細胞正常的抑癌基因，可以讓癌細胞消失，這些都是癌症治療努力的方向。

六、組織工程

除了藥物，也有一些幫助組織器官修復及再生的醫療用途材料，也同樣具有相當的醫療價值。例如人工皮膚的問世可以提供燒燙傷病人於治療期間另一個替代組織，人工骨骼支架可以讓骨骼受損的病人得以行動自如。幹細胞的研究進展，讓組織工程的應用更廣泛，例如長庚醫院以幹細胞培養出眼角膜的研究也已讓失明病人重見光明。這類組織因較無排斥問題，發展阻礙較小，無論是採用人工的或細胞基質作材料，成功性均很高。雖然此技術被美國列為 2000 年生物技術明星產業之榜首，但由於這項技術仍需投入大量的研發成本，這類組織培養不同於一般穩定的細胞株，自動化作業是技術轉移至市場的最大瓶頸，因此不是賺錢的行業，故兩家最有名的人工皮膚公司在 2002 年相繼破產之後，許多公司都逐漸縮減相關部門。由於組織工程仍是目前迫切需要發展的一門技術，2005 年英國補助組織再生醫學聯盟（the Regenerative Medicine Institute，簡稱 Remedi），以發展組織工程自動化設備為目標，以克服此瓶頸。目前 3D 列印技術更提供立體的組織培養，在培養實驗用組織及醫療用產品上，有了新的突破，對再生醫學技術提供較佳的發展空間。

⬇ 七、器官的醫療

由於組織配對技術發展成熟，骨髓的移植技術已十分普遍；雖然器官的移植仍有倫理及法律上的問題待克服，但技術上也已不是太大問題。甚至也開始有**異種器官移植 (xenotransplantation)** 的研究，改造豬的器官供人使用，但先必須以人類基因轉殖及豬基因**剔除 (knock-out)** 的方式來克服排斥的問題，希望將來能藉此解決缺乏捐贈器官的問題。

⬇ 八、分子聚合物 (Polymer)

如**玻尿酸 (hyaluronate)** 是一種黏稠性的水溶性碳水化合物，具有彈性，可塑性高，目前已廣泛利用在治療關節炎及手術後防結痂，甚至藥物的傳送等。再如各式各樣的**微脂粒 (liposome)** 也用來包裹藥品、疫苗及 DNA 等物質送入細胞中。

1-4 生物技術在農漁牧業方面的應用

生物技術在農漁牧業上的主要應用價值在於改良這些農漁牧產品的品質、營養價值、產量或是降低生產成本等，也是以對人類的利用價值為目的，因此食品加工方面的應用仍為最主要的方向。下面就從各方面來介紹這類應用技術。

一、農作物改良

在 1980 年代由於植物組織培養技術發展成功，而配合遺傳工程技術，造就植物品種改良從田間育種進步到基因轉殖作物，許多的性狀如改進營養成分、抗病蟲害、耐熱及抗寒等都可以藉由此法達到改良的目的。同時，基因體定序所提供的資訊，更加速育種篩選的效率。

二、生物農藥

即是利用微生物產生的毒素，來進行蟲害的防治，最有名的例子即為蘇力菌，其產生的多種具殺蟲作用的毒素基因都被選殖出來，用以進行植物的基因轉殖，讓植物自行產生毒素，以對抗害蟲。

三、改善牲畜的健康

生物技術提供新的改進方法以增進牲畜的健康，增加產量。如同增加人類的健康一般，牲畜的健康維護也是從加強診斷開始，目前已發展出某些疾病的診斷抗體，例如口蹄疫等，比過去傳統的檢測方式快而正確，靈敏度高，可提早診治牲畜的病情，並有效防止傳染病的漫延，以減少損失。同時牲畜所使用的疫苗及治療藥物的發展也因生物技術的發展而大有進展。

四、增加畜牧業產量

包括乳品、肉品及羊毛類的產品，都希望能在最少的飼養成本下達到最高的產能。生物技術可以加速這類性狀的篩選，以選擇品質較佳者繁衍後代。將來更希望能有複製動物的量產，更可直接繁殖品種較佳的牲畜。基因轉殖動物在多種動物中均已成功發展出來，更可藉由基因轉殖的方式來增加肉品品質或產量。

⬇ 五、食品加工

微生物在傳統食品加工上扮演十分重要的角色，不但由於它們在食品製作及發酵上的貢獻，同時更由於它們容易取得，培養繁殖方便，成本也低。產品種類有發酵食品如起司、優格、醬油、酒類、食品添加物及酵素等。在遺傳工程及生物技術發展迅速的現在，微生物更可經由基因工程改良而產生更新、更好的加工食品。

⬇ 六、食品安全

用以檢測食品中是否帶有致病或有毒細菌（如肉毒桿菌、大腸桿菌、沙門氏菌等）的抗體、**生物感應器 (biosensor)** 都已研發出來，比傳統的試劑快而敏銳。同時，分子檢測技術也能在作物中找出黴菌分泌的毒素或過敏原，以增加食品的安全性。

⬇ 七、漁產品改良

目前魚類藉由精子及電擊方式的基因轉殖技術已十分成熟，配合日益進步的海洋生物分子資訊，讓魚隻的育種大有可為。最有名的例子如加入生長激素基因的魚可以長得更壯碩，其他如抗病等性狀均可藉此技術一一達成。目前在中國大陸、加拿大及美國等均有基因轉殖魚進入消費市場。

⬇ 八、魚用疫苗

臺灣的尤建智以食物鏈原理讓抗原在微生物中表現，再餵食豐年蝦，然後再供魚苗攝食，並改良抗原，讓其不被中途分解，以達到免疫的效果，這項製程的發明，獲得 2002 年亞洲盃青年發明銅牌獎。此外，其指導教授楊惠郎博士，更發展出類似原理的多價型細菌性注射疫苗，以魚用口服疫苗解決臺灣水產養殖魚類之疾病問題，此技術已獲得臺灣及美國的專利。2011 午有第一件產品 "石斑魚虹彩病毒不活化疫苗" 取得許可証，使用的結果確實增加了二至三成的育成率。

1-5
生物技術在環境保護方面的應用

　　人類目前生活在一個自然環境日益惡化的世界中，由於過度地消耗能源，製造廢棄物，已經使得空氣、水源，甚至土壤都已嚴重污染，人類利用科技，更應運用科技的力量減少污染，甚至去除污染。相較於物理化學的領域，人們對生命科學有著更高的期許，生物技術對環境保護上，也有相當的貢獻，舉例如下：

一、生物復育 (Bioremediation)

　　過去對於各種重金屬、核廢料及原油的污染處理方式多為移除（自一處移至他處），並未將污染真正去除。但一些在此環境中突變出的微生物或是生長出的植物，卻能夠分解這類特殊的分子，可以達到完全移除的效果，這也是自然環境中一種適應的天擇結果，於是開發這類微生物或植物，以生物方式進行復育成為解決此類課題的一個新的方向。雖然這類微生物很難在實驗室中培養成功，但自惡劣環境中分離出具有特殊能力的微生物，已成為另一個新開發的研究領域。

二、可分解性材料

　　在避免產生垃圾的課題上，有許多用以取代石化製品的材料是以生物性材料製成的，如塑膠類的可分解性材料。目前成分可分為兩大類：一類是在垃圾掩埋後可以經由環境微生物分解，一類則是可以自行分解；後者為較新的產品，可望成為將來的主流產品。

三、環境檢測

針對土壤或水中有害物質的污染檢測，目前都有運用單株抗體及生物感應器等的產品，可以在樣品當地檢測，不必採樣至實驗室中分析化驗，提供了更精密而方便的檢驗方式。而能分解特定物質的微生物，也可作為檢測污染的一個指標，例如利用可分解酚類 (phenol) 的細菌作為**生物感應器 (biosensor)**，若樣品中含有這類污染，細菌在分解過程中即可啟動細菌內負責反應此作用的**報告者基因 (reporter)**，而產生螢光之類的結果。

1-6 生物技術在生活其他方面的應用

生物技術除了應用在自然科技及人類健康之外，也提供人類在許多其他領域的應用價值。此外，更有一些突發奇想的點子，可以應用在人類生活的其他方面，而且是一個潛力無窮的領域，能夠提供人類更方便而又實用的工具。有些技術仍在嘗試階段，有些已經成為真正的產品，下面即舉一些實際例子。

一、DNA 鑑定

可利用的技術包括 PCR、**RFLP（restriction fragment length polymorphism，限制酶片段多型性）**，甚至可配合南方墨點實驗技術。由於人類在許多特定的 DNA 片段會有**單核苷酸多型性（single nucleotide polymorphism，簡稱 SNP）**的現象，因此經 PCR 做出的特定 DNA，可能會有不同的限制酶切割樣式，應用在親子鑑定上來判定兩人是否有親緣關係十分可靠；此外在人類染色體上有許多地方富含重複性的 DNA 片段，並不帶有基因，而每個個體在特定片段的長度上均不同，這些區域稱為 VNTR (variable number tandem repeat)，在**鑑定科學 (Forensics)** 上十分常用。

二、生物鋼 (Biosteel)

這是利用蜘蛛絲製成的材料，十分堅韌，質輕而耐壓，比鋼還堅固十倍以上，同時可以生物分解。由於蜘蛛絲的產生方式與哺乳類的泌乳方式雷同，目前是以基因轉殖羊的乳汁來生產。主要用在製造盔甲或防彈衣，也可以供各種軍用、民航及太空飛行器使用，更可應用在釣魚線、手術縫合及衣料上。新近的研究顯示，將鋅鋁鈦等金屬摻入蜘蛛絲中，可以增加韌性。

三、生物晶片條碼

運用 DNA 特有的四個鹼基的組合，可以創造出特殊的條碼，將其製成晶片後，可以製成 IC 卡，取代目前的電子晶片。在使用優勢上，由於製作技術門檻極高，不易仿造，但由於判讀及保存期限上有些技術仍需改善，仍未成為真正的產品。

四、造紙技術改進

目前有多家造紙公司利用生物技術在製造由基因轉殖而成的森林，目的在栽培出更便於造紙用的樹種，其中主要的步驟有三，一是除去木質素 (lignin)，這是造紙過程中需要以化學方法去除的一種成分，以減少造紙過程對環境的污染；二是抗除草劑；三為減少其與其他樹種間雜交之可能。但由於樹木為多年生，基因轉殖的樹種對於森林的影響是處於未知狀況，目前只能在偏遠的加拿大、澳洲及南非等地進行試驗，儘管目前已經到可以生產的階段，仍礙於其生態環境的影響難以評估而無法執行。

五、石化原料替代品

目前世界的石油能源大約可再維持 60~140 年之久，生產化妝品、分解性生物塑膠材料產品所需的脂肪酸均可自植物種子中取得，不必仰賴石化產品，因此以植物種子產生各種油脂原料將成為新的開發領域。儘管目前人類栽種的作物種子中的油脂種類不多，但自然界的其他植物種子所含的油脂種類繁多，由於植物**馴化 (domesticate)** 成農作物不易，卻可利用生物技術將其產生油脂的基因轉殖到農作物中即可加以利用。然而目前的困難在於對這類脂肪酸的生化代謝過程的知識有限，轉殖成功的植物常在體內將脂肪酸代謝分解，無法貯存真正想要的脂肪酸，由此可知生物技術對於基礎生命科學的仰賴度仍不可忽視。

⬇ 六、替代能源

如前項所述，石油的大量消耗已讓各式各樣的替代能源研發受到重視，如風力發電、太陽能發電、生質能源等。就運輸所需的燃油來說，汽油及柴油都已可由酒精或生質柴油來取代，而初期生質柴油的取得方式會造成糧作轉移的效應，引發糧食不足的問題，現在新的生產方式已可採用作物或食物殘渣作為原料來源。我們將在後面的章節來介紹這個課題。

1-7
生物技術的衝擊及未來展望

生物技術已逐漸成為高科技發展的主流，生命科學的進步不斷讓人們驚嘆，而相對的，大量的生物技術專利及成果，促使生命科學領域的高技術企業的興起。不僅有已經上市的數百種生物技術藥品和疫苗，目前至少有數百種針對各式各樣疾病的藥品和疫苗正在進行臨床試驗。除了醫療之外，生物技術也廣泛被應用在工業、農漁牧業，甚至國防經濟上，已經不再侷限於生命科學領域。因為生物科技是一項與人類自身的奧秘息息相關的科學，所以每當有重大發現時，總是吸引全球人類的目光。

　　然而，生物技術的進展也同時讓許多人產生恐懼、不安和疑問，例如食用基因改良食品是否有害？基因解碼後是否會更進一步將個人的遺傳基因隱私完全曝光？複製人的議題是否將成為事實？諸如此類的疑問，牽涉到社會輿論或倫理道德的因素，很難有定論。然而，真正受到最大衝擊的是人們所居處的自然環境，特別是基因轉殖作物的存在，可能會對自然界的各種植物或生態造成影響，對於目前已加速進行的原生物種基因保存這件事上，造成極大的衝擊，因為植物的花粉傳遞是無法受控的。當目前全世界已有70% 的黃豆都是由基因改良的作物所生產時，也許在不久的將來，原生的黃豆也將絕跡。基因改良作物對自然生態的影響是長遠的，人們也許要到許多年之後才能看到真正的結果，這也是生物技術在發展上一個難以立即評估的嚴峻課題。

　　未來，生命科學在醫療上的發展，仍會是生物技術的主流方向。詳細地解讀基因，以正確的基因治療有遺傳缺陷的病人，是科學家們所描繪的未來願景。在藥品開發上，將應用新的晶片技術尋找新的藥物標的，開發具有潛力的新藥；幹細胞的研究，也將努力以培養新的組織器官為目的；科學家一直努力不懈的癌症治療，也有更多具體成效，讓癌症不再是不治之症。另一方面，生物技術的蓬勃發展，也帶動其他科學領域的參與，讓生物技術的視野更為廣泛，以更多的觸角伸入各個領域之中，如生物資訊學的興起，讓生物統計的角色逐漸加重。

　　生命科學的發展是在不斷地探索許多的未知，試圖描繪出自然的生命現象，像是墾荒一般，一步一步地解釋著每個問題的答案，而生物技術即在這片新開墾出來的土地上，努力發展其利用價值，同時提供更多的新技術，讓生命科學開墾出更多具有潛力的荒地。然而正因為生命現象複雜而藏有太多的奧秘，即使生命科學進步神速，卻仍存在有太多的未知，科學家們瞭解越多，就越覺得人類對生命現象的認識太少，也將益加尊敬生命。

![問題及討論 Exercise]

一、選擇題

1. 蛋白質由何種物質成分組成？ (A) 脂肪酸　(B) 胺基酸　(C) 核酸　(D) 醣類　(E) 礦物質

2. 類固醇屬於下列哪一類物質？ (A) 蛋白質　(B) 核酸　(C) 脂質　(D) 醣類　(E) 礦物質

3. 轉錄 (transcription) 指下列哪一種過程？ (A) DNA->RNA　(B) DNA-> 蛋白質　(C) RNA-> 蛋白質　(D) RNA->DNA　(E) 蛋白質 ->RNA

4. 轉譯 (translation) 指下列哪一種過程？ (A) DNA->RNA　(B) DNA-> 蛋白質　(C) RNA-> 蛋白質　(D) RNA->DNA　(E) 蛋白質 ->RNA

5. 醣化作用 (glycosylation) 指下列哪一種過程？ (A) 在 DNA 上加醣類　(B) 在 RNA 上加醣類　(C) 在蛋白質上加醣類　(D) 在脂肪酸上加醣類　(E) 在礦物質上加醣類

6. 下列關於致癌基因 (oncogene) 的敘述，何者不正確？ (A) 不正常啟動會產生癌症　(B) 正常狀態會表現　(C) 正常狀態不會啟動　(D) 參與細胞正常功能　(E) 與癌症形成有密切關係

7. 下列關於抑癌基因 (tumor suppressor gene) 的敘述，何者不正確？ (A) 無法啟動會產生癌症　(B) 正常狀態會表現　(C) 正常狀態不會啟動　(D) 參與細胞正常功能 (E) 與癌症形成有密切關係

8. 下列關於物質組成成分的敘述，何者不正確？ (A) DNA 由去氧核醣核苷酸組成　(B) 醣類由核醣組成　(C) RNA 由核醣核苷酸組成　(D) 蛋白質由胺基酸組成　(E) 脂質由脂肪酸組成

9. 下列何種種物不能以顯微注射 (microinjection) 方式進行基因轉殖？ (A) 豬　(B) 魚　(C) 果蠅　(D) 玉米　(E) 小鼠

10. 與糖尿病有關的胰島素 (insulin) 屬於下列何種物質？ (A) 去氧核醣核苷酸　(B) 醣類　(C) 核醣核苷酸　(D) 蛋白質　(E) 脂質

11. 下列何者不能作為疫苗的來源？ (A) 死的病毒　(B) 減毒病毒　(C) 病毒的部分蛋白質　(D) 病人的血清　(E) 病毒的外套蛋白質

12. 生物晶片條碼的特性，下列何者不正確？ (A) 運用 RNA 特有的四個鹼基的組合　(B) 製作技術門檻極高，不易仿造　(C) 判讀技術不同於傳統 IC 晶片　(D) 充分利用生物分子的專一性　(E) 具未來發展潛力

13. 異種器官移植需要克服的困難，不包括哪一項？ (A) 排斥現象　(B) 以人類基因轉殖豬隻　(C) 豬隻基因剔除　(D) 豬隻選種　(E) 豬的幹細胞培養

14. DNA 鑑定不會利用到下列何項技術？ (A) PCR　(B) RFLP　(C) SNP　(D) VNTR　(E) RNAi

15. 下列何者不是利用微生物發酵產生的食品？ (A) 起司　(B) 優格　(C) 醬油　(D) 醋　(E) 果醬

二、問答題

1. 試述蛋白質、核酸、醣類以及脂質在細胞中所扮演的角色。

2. 以您的認知，舉三個例子說明基礎生命科學對生物技術發展的重要性。

3. 舉例說明其他非生命科學相關之科學對生物技術發展的貢獻。

4 目前使用的基因轉殖方式有哪些？並舉例說明其可應用的代表生物。

5. 試述植物組織培養之過程。

6. 生物資訊可以提供哪些資訊以幫助科學家瞭解基因體。

7. 疫苗的來源可以有哪些？

8. 何謂基因治療？目前所努力的方向有哪些？有何困難瓶頸？

9. 與癌症息息相關的兩大類基因為何？各有何特性？

10. 何謂異種器官移植？必須先克服什麼問題？

11. 微脂粒有何特殊的用途？

12. 何謂組織工程？

13. 何謂生物復育？相較於過去的化學或物理復育方式，有何優點？

14. 可分解性材料依分解性可分為哪兩大類？

15. 如何應用 RFLP 進行 DNA 鑑定？

16. 在 DNA 鑑定上所使用的 VNTR 是什麼？

17. 簡述生物鋼的來源及用途。

18. 生物晶片條碼與目前所使用的 IC 卡比較，有何優缺點？

19. 基因轉殖林木的主要目的為何？

20. 如何利用生物技術量產自然界各類植物種子中的油脂？有何瓶頸需克服？

解答： (1) B　(2) C　(3) A　(4) C　(5) C　(6) C　(7) C　(8) B　(9) D　(10) D　(11) D　(12) A　(13) D　(14) E　(15) E

CHAPTER

02

DNA 基本技術
DNA Technique

BIOTECHNOLOGY

在生物細胞中，主要的遺傳訊息都是由細胞核中的 DNA 所攜帶，也就是基因體 (genome)。這個複雜而有序的結構帶有所有生命現象及機能所需的密碼，經由轉錄 (transcription) 製造出 RNA，再轉譯 (translation) 成蛋白質。傳統上所謂的基因，指的就是 DNA 上能製造出具有功能性蛋白質的單位。分子生物技術中，首先即是從 DNA 相關的實驗開始入門，因此大家應確實熟悉 DNA 的基本技術，才能有機會接觸更進一步的實驗，如基因重組、PCR 等技術，將在後面的章節作介紹，在這一章則是以實驗室新手應具有的 DNA 基本知識為主。

DNA 的全名為去氧核醣核酸 (deoxyribonucleic acid)，如圖 2-1 所示，DNA 長鏈由多個 DNA **核苷酸 (nucleotide)** 分子組成，核苷酸是由核苷 (nucleoside) 也就是去氧核醣以及鹼基 (base) 的部分再加上磷酸根，多個核苷酸以去氧核醣這個五碳醣為骨幹，藉由磷酸根一一相連接，即形成一條單股的 DNA 長鏈。而氮鹼基則在五碳醣的另一側，分為**嘌呤 (purine)** 及**嘧啶 (pyrimidine)** 兩類，包括腺嘌呤（Adenine，簡稱 A）、鳥糞嘌呤（Guanine，簡稱 G）、胞嘧啶（Cytosine，簡稱 C）和胸腺嘧啶（Thymine，簡稱 T）。其中 A 與 T，C 與 G 之間會以氫鍵相連，形成配對，DNA 因此形成雙股，且因氮鹼基與五碳醣之間形成某個角度，故 DNA 會形成所謂的雙股螺旋。我們所說的 DNA 密碼，就是由 ATCG 這四種鹼基所組成的。通常，我們會以**鹼基對（base pair，簡稱 bp）**作為表示 DNA 大小的單位。每個鹼基對之間的距離為 3.4×10^{-8} cm（公分），如果以人類基因體中有 3.3×10^{9} 對鹼基對計算，每個細胞中的 DNA 長度可以有 $3.4 \times 10^{-8} \times 3.3 \times 10^{9}$ (cm)，超過 1 公尺長，即使是小小的細菌也有 0.16 cm。

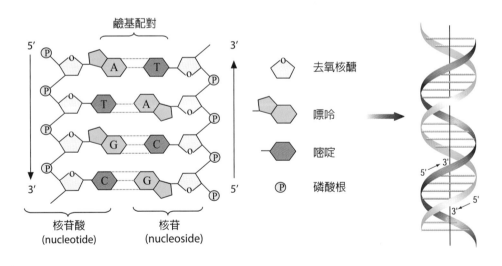

圖 2-1 DNA 的結構

DNA 的長鏈由多個 DNA 核苷酸 (nucleotide) 分子組成，每個核苷酸單位包括作為長鏈骨幹的去氧核醣，加上負責兩股 DNA 之間形成配對的鹼基部分，稱為核苷 (nucleoside)，再加上磷酸根 (phosphate) 相接而成。鹼基分為嘌呤及嘧啶兩類，靠鹼基之間的氫鍵配對，A 一定與 T 配對，C 則與 G 配對，因此稱此兩股 DNA 之間為互補 (complementary) 關係。由於去氧核醣與鹼基之間的連接不是平面的，而是有某種角度關係，因此會形成立體的螺旋狀。

生物	基因體單套大小 (bp)	生物	基因體單套大小 (bp)
SV40 病毒	5243	雞	1.2×10^9
腺病毒	35937	老鼠	2.7×10^9
Lambda 噬菌體	48502	大白鼠	3.0×10^9
大腸桿菌	4.7×10^6	蟾蜍	3.1×10^9
酵母菌	1.5×10^7	人	3.3×10^9
阿拉伯芥	7.0×10^7	玉米	3.9×10^9
果蠅	1.4×10^8	菸草	4.8×10^9

表 2-1　常見生物的基因體大小

　　科學家們不斷地分析研究各種生物的基因體，希望瞭解每個基因的功能，以及這些基因是如何調控的？彼此之間又有什麼樣的關聯等。介紹完 DNA 的分子結構，各位應該想到整個基因體的 DNA 總長度雖然很長，但其實 DNA 分子很小，肉眼是無法看見的。那麼在實驗室的試管中，要如何操作 DNA 實驗？如何判斷 DNA 的大小？如何辨認 DNA 的種類呢？以下即詳細地介紹一些有關 DNA 定性及定量的實驗方法及原理。

2-1
實驗室的 DNA 來源

　　在實驗室試管中操作的 DNA 究竟是從何處得來的？是人工的？還是天然萃取的？根據多年來的技術及經驗，實驗中使用的 DNA 有多種不同的來源，這些不同來源的材料也都有各自取得或純化的方式，其特性及用途也不盡相同。在圖 2-2 中總括了這些基因體 DNA 的來源及用途。

⬇ 一、純化自生物體的基因體

1. **材料來源**：人類、小鼠、動物、昆蟲、植物或是細菌等各種生物的細胞或組織，凡是研究人員有興趣研究的物種，都有可能是實驗室的基因體 DNA 材料來源。由於基因體的 DNA 較長，在萃取的過程中要格外小心，不可打斷 DNA，以免影響接下來的實驗。由於這類 DNA 分子極大，在水溶液中會呈現黏稠狀，這是基因體 DNA 的一大特徵。

2. **用途**：通常要利用整個基因體進行分析時，都必須萃取基因體的 DNA。例如分析基因體中是否有缺陷，是否有我們額外加入的基因，要以 PCR 方式**大量繁殖 (amplify)** 基因體 DNA 中某一基因，甚至是要製作成**基因體片段的基因庫 (genomic library)** 以供更進一步的**選殖 (cloning)** 或定序等，都可能會利用到這類材料。

⬇ 二、質 體 (Plasmid)

1. **材料來源**：以大腸桿菌等微生物為生產工廠，將質體送入微生物中，大量繁殖質體，並將質體純化出，操作時應避免細菌基因體 DNA 的污染。

2. **用途**：許多實驗的進行都需要經過基因選殖這一步，以質體形式存在供實驗之用，在第 5 章的基因選殖中有更詳盡的介紹。當我們要分析基因時，常會將基因放入適當的**載體 (vector)** 中，以質體的方式送入適當的生物細胞中，來分析基因對整個細胞的影響。再者，也許再送入特別的細菌中，利用這個質體來大量表現特定的 RNA 或蛋白質等。

來源　　　　　　　　　　　　　　用 途

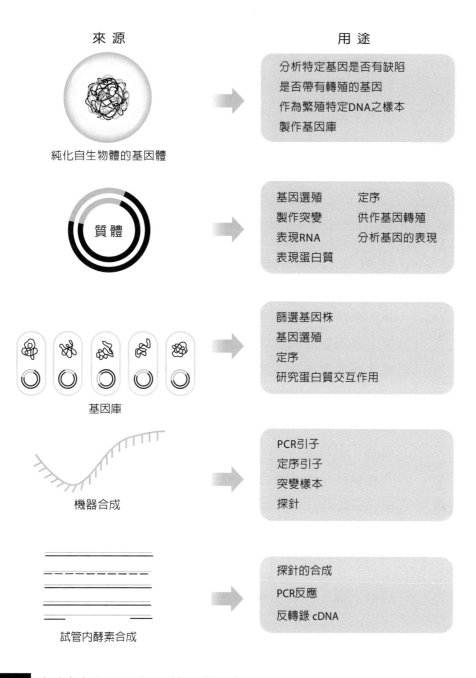

純化自生物體的基因體

分析特定基因是否有缺陷
是否帶有轉殖的基因
作為繁殖特定DNA之樣本
製作基因庫

質 體

基因選殖　　　定序
製作突變　　　供作基因轉殖
表現RNA　　　分析基因的表現
表現蛋白質

基因庫

篩選基因株
基因選殖
定序
研究蛋白質交互作用

機器合成

PCR引子
定序引子
突變樣本
探針

試管內酵素合成

探針的合成
PCR反應
反轉錄 cDNA

圖 2-2 實驗室中的 DNA 來源種類及其用途

三、DNA 基因庫 (DNA Library)

1. **材料來源：**如**基因體基因庫** (genomic library)、**cDNA 基因庫** (cDNA library)，是一群裝有不同 DNA 的載體，以集合狀態存在，具有全面的基因體或 cDNA 代表性，每段 DNA 均要出現數次以上。

2. **用途：**可以用來篩選我們有興趣的**基因株** (clone)，然後將其純化，供進一步分析、選殖或定序之用，甚至可以用來表現蛋白質，以研究蛋白質之間的交互作用等。

四、機器合成

1. **材料來源：**以機器合成指定序列的**寡聚核苷酸** (oligonucleotide)，我們可以指定每個核苷酸的位置各為何種鹼基，並指定長度。這項技術行之有年，在實驗室中使用相當頻繁。目前在臺灣許多生技公司都可接受這類訂單，價位十分合理。一般製作的常用長度約為 20~30 個核苷酸，要作更長也是可行的，亦有代製長度數千鹼基對的序列的服務。甚至在寡聚核苷酸上要進行特殊的修飾都已經不是困難的事。

2. **目的：**進行 PCR 時所用的**引子** (primer)，或是進行定序時的引子都是以此方法合成的，甚至作為**探針** (probe)，或是**突變製作** (mutagenesis) 的模板等，都會利用到。

五、試管內酵素合成 (*in vitro* Enzymatic Synthesis)

1. **材料來源：**以特定的 DNA 或 RNA 作為模板，再以各類 DNA 聚合酶製作出特定的 DNA 片段。

2. **目的：**許多實驗是以試管內酵素合成方式來產生所需要的 DNA，每種聚合酶的作用方式或用途均不同，得到的 DNA 產物可供進行下一步實驗，或以直接分析 DNA 產物的方式作為實驗結果。在第 6 章的限制酶及其他核酸酵素中，會針對這些 DNA 聚合酶作更進一步的介紹。

(1) 作 為 **探 針 (probe)** 之 用 ， 例 如 利 用 隨 機 引 子 (random primer)，以 Klenow 酵素合成的 DNA 探針。

(2) PCR，用來增幅特定 DNA 片段，可分析該片段是否改變大小，或存在與否，或將該片段選殖出來進行更進一步的分析或實驗。

(3) 利用**反轉錄酶** (reverse transcriptase)，以 RNA 作為模板，反轉錄出原本的 DNA 互補股，再作出雙股 DNA，稱作 **cDNA (complementary DNA)**。

2-2
DNA 的定性方法

⬇ 一、電泳定性

　　當 DNA 從生物體中純化出來之後，需要概略觀察 DNA 的大小及純度，尤其是質體的部分。最常使用的方法即是**膠體電泳 (gel electrophoresis)**，膠體的材料以**洋菜精 (agarose)** 最為普遍。同時，當 DNA 進一步以限制酶切割之後，也需要以電泳分析結果。電泳槽的構造如圖 2-3，原理即是當裝有電泳緩衝液的水平電泳槽接上正負電之後，帶負電的 DNA 即可從負極往正極移動，以緩衝液配製之洋菜精經由加熱凝固後，在膠體中有許多細微孔洞，較小的分子在洋菜精的孔洞中移動較快，故跑得較遠，而大的 DNA 分子跑得較慢，離原來的凹槽較近。如此一來，不同大小的 DNA 片段即可分開來，即使是需要將個別的 DNA 片段分離出來，也可以電泳方式達到。

1. **膠體濃度：** 根據要分析的 DNA 樣本的特性，可以配製不同濃度的膠體，原則是越大的 DNA 需要越低濃度的膠體。較小的 DNA 則需要較高濃度的膠體，通常以 0.8~2% 之間最普遍。

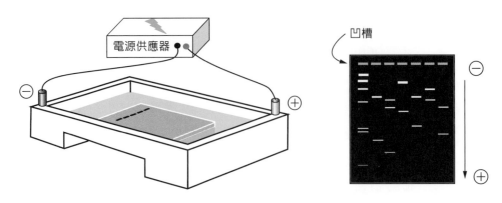

電源供應器

凹槽

⊝

⊕

圖 2-3 DNA 膠體電泳設備

DNA 進行膠體電泳時，從凹槽 (well) 注入樣本，DNA 會從電泳槽的負極往正極移動，也就是箭頭所示的方向，根據大小一一分開。通常實驗室的電泳槽設備以及電源供應器上的正極都是以紅色標示，而黑色則代表負極。右圖為膠體以紫外光觀察螢光之圖示，在膠體最左邊一列是分子量標記。

2. **緩衝液 (Running buffer)**：跑膠的緩衝液需和配製膠體的溶液成分相同，最常使用的有含醋酸的 TAE 及硼酸的 TBE。緩衝液主要成分為電解質，目的是提供導電度。

3. **DNA 跑膠色劑 (DNA loading dye)**：在進行電泳跑膠時，會在 DNA 中加入跑膠色劑，其中的染料也會隨著電泳的進行而移動，因此可以方便觀察電泳進行的速度；另一方面，當 DNA 注入水平膠體的凹槽中時，如果沒有相當的重量，很可能會完全漂浮在緩衝液中。因此跑膠色劑中還含有甘油之類的成分，增加比重，很容易讓 DNA 沉入膠體的凹槽中，不會流散。

4. **DNA 染劑**：DNA 在膠體中是看不見的，唯有經過 Ethidium Bromide 這種螢光劑的染色，在紫外光照射之下才可以看到。所謂的染色其實是帶有螢光的 Ethidium Bromide 插入 DNA 的分子中之故。因為有這種特性，生物體的 DNA 也會被其插入，因此具有相當的毒性，操作時應小心謹慎。現在有其他種類較安全的 DNA 染劑，如 SYBR Green、GelRed 等，它們不會像 Ethidium Bromide 直接滲入細胞，同時，只有在與 DNA 結合時才能偵測到螢光，因此背景比較乾淨，DNA 比較清晰。DNA 的分子越大，所能插入的染劑越多，同時 DNA 的量越多，螢光也越強，因此 DNA 的大小及總量都和螢光成正比。

5. **分子量標記 (Marker)**：在膠體電泳中一定要有已知分子量的 DNA 一起進行電泳，如此才能知道 DNA 的大小。而這些分子量標記的來源有兩類，一類是噬菌體或常用的質體 DNA 經由限制酶切過後，產生大小不同的片段，例如圖 2-4，λDNA 經限制酶 HindIII 切過後會產生 0.5~23 kb 不等的 DNA 片段，適合進行

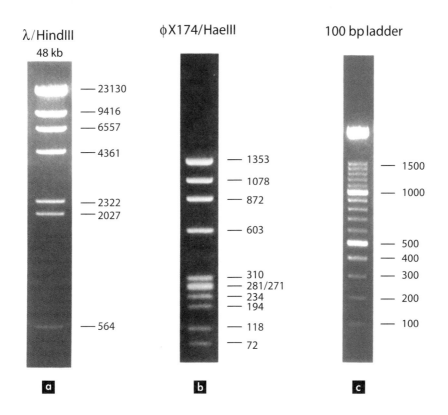

圖 2-4 **三種常用的 DNA 分子量標記 (size marker) 之電泳分析**

a 及 **b** 為噬菌體 λ 及 φX174 分別以不同的限制酶切割出的 DNA 片段。由圖中照片可看出分子量越大者，螢光強度越大，二者之間其實是成正比關係。若 **a** 圖中全部 DNA 共有 1 μg，最大的 23 kb DNA 片段約佔全部 DNA 總量 48 kb 之二分之一左右，其亮度就約相當於 0.5 μg。以此類推，在同一片膠體上的其他未知濃度 DNA 片段，均可藉由與各個片段的亮度之對照，估計出大概的濃度。**c** 圖中的 DNA 是特別組合出來的，為了觀察方便，0.5 kb 及 1 kb 的 DNA 量特別多，其餘的 DNA 大小片段之間也沒有任何濃度及質量上的關聯性，不能用來估算未知 DNA 的濃度。

大段的 DNA 分子電泳時使用；而噬菌體 φX174 DNA 經限制酶 HaeIII 切過後，產生 1 kb~100 bp 以下不等的片段，則適用於小片段的 DNA 分子。另一類分子量標記則是人為產生的，如 100 bp 分子量階梯，每 100 bp 有一條 DNA 片段，或是 1 kb 分子量階梯，每 1 kb 有一條 DNA 片段，都是以固定大小的 DNA 分子單位連續相接方式產生的。

這兩類的分子量標記各有優缺點，前者由於分佈不均勻，在比較分子量大小上，不易精確判斷，但由於其每個片段數目相同，螢光亮度與分子量成正比，可以用來估算 DNA 片段的質量。後者大小分佈均勻，且較小的 DNA 分子的數量較多，所以每個 DNA 片段的螢光量相當，十分清晰。但是因為螢光亮度與分子量不成正比，不能用來估計 DNA 的量，關於這一點，我們會在後面詳述。

二、限制酶定性 DNA

在鑑別 DNA 時，特別是基因選殖時，我們不一定要定序 DNA 才能知道這個 DNA 是誰，由於 DNA 上有特別的限制酶位置，可以切出特定大小的 DNA 片段。當實驗中有不同種的 DNA 時，可以用這種方法作為區別辨認的依據，關於限制酶及基因選殖的原理及技術，我們另有專門的章節介紹。

三、DNA 定序

DNA 定序技術雖然歷史悠久，但現今仍是十分重要的一項技術，且技術方法日新月異，已從早年的放射性人工定序進步到現在的螢光標記、全自動儀器定序分析，每個樣品可一次定序 800~1000 bp，也讓基因體計畫進展飛快。目前臺灣許多學校或研究單位大多都已有此儀器，而一般生技公司也有代為定序的服務，由於技術普遍，因此價位合理。至於基因體定序則有更先進的技術，將在後面的章節介紹。

　　DNA 定序是在 1980 年代發展成功，當時有兩種技術，後來的發展各有不同。

1. **Maxam-Gilbert 的定序方法**：是先以放射性元素標記 DNA，再以不同種的特殊化學藥品切出不同長度的 DNA，由於過程較為複雜，而且部分化學藥品具有毒性，目前除了少數特殊實驗如 primer extension 及 DNA footprinting 等技術仍會用到，一般實驗室多不採用，如圖 2-5(a)。

2. **Sanger 的定序方法**：是以 DNA 聚合酶進行長鏈合成的反應，將四種核苷酸的**類似物 (analog)** 在適當時間分別加入四個進行中的 DNA 合成反應中；一旦 DNA 聚合酶以其作為原料之後，DNA 長鏈的合成隨即中止，由於在每個位置都有可能停止，會產生各種長度的 DNA，但每個固定長度的 DNA 都只會終止於一種類似物，由此即可排列出 DNA 序列，如圖 2-5(b)。過去的核苷酸原料是以放射性元素標記，目前的 DNA 自動定序儀則採螢光標記，採用的是同樣的原理。詳細的原理及步驟在圖 2-6 有仔細的說明。

　　DNA 自動定序技術與以前的人工定序技術不同之處在於：

1. **靈敏度高**：藉由 PCR 原理，以耐熱的酵素進行 DNA 聚合酶定序，以便 DNA 模板與引子之間可以不斷**黏合 (annealing)**，以產生更多的訊號，因此靈敏度提高。

2. **適合大量操作**：因標示不同顏色的螢光，原本應分為 ATCG 四個反應的方法，可合併成一個反應，只需跑一條電泳，而非四條。如此一來，每批反應的樣本數量至少可增加為四倍。

3. **快速得到結果**：利用儀器判讀螢光反應的結果，電泳結束即可直接以電腦檔案進行分析，降低人工判讀的時間。新型的機器更以毛細管進行電泳，速度更快，同時避免樣品間的相互干擾。

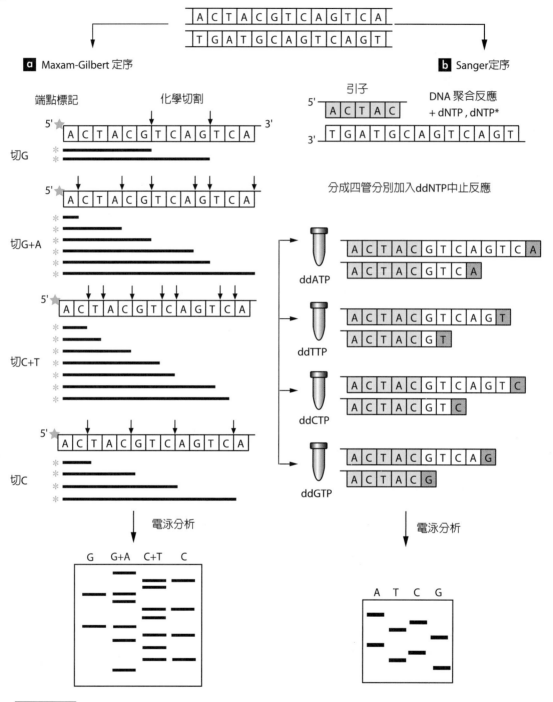

圖 2-5 DNA 定序原理：Maxam-Gilbert 及 Sanger 的定序方法分析

a Maxam-Gilbert 的定序方法是先將 DNA 以放射元素標記 5' 端，然後分別以不同的化學藥劑將 DNA 切斷，不同的化學藥劑會切不同的鹼基，每種處理進行一條電泳，較小的片段代表 5' 端的序列。

b Sanger 的定序方法是以一段引子進行 DNA 聚合反應，並於反應中加入放射元素標記的原料 (dNTP*)，然後分成四管，分別加入 ddNTP，聚合反應隨即中止。進行電泳分析時，在不同鹼基處中止反應的 DNA 片段即可依大小分開，如此即可依 5' 至 3' 端依序讀出序列。

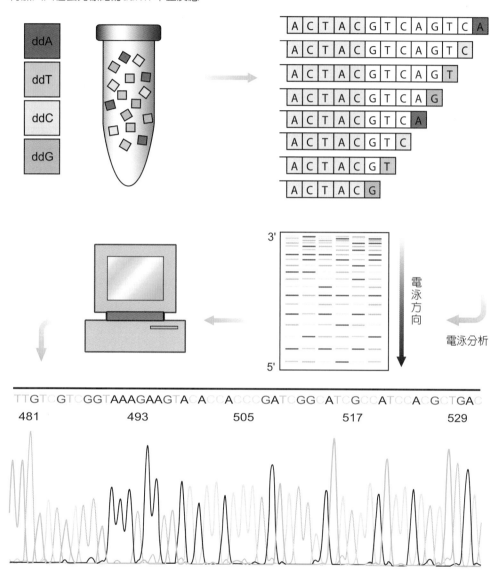

DNA 自動定序儀定序原理及結果

自動定序是採用 Sanger 的原理，但是同時加入四種不同螢光的 ddNTP 中止反應，每個樣本只需進行一條電泳即可，由電腦分析不同的螢光，即可得到如下方的波狀圖，電腦同時自動讀出序列。目前的設備可以讀到 1000 個鹼基均很清晰。（原波狀圖，請見封底）

2-3 DNA 的定量及純化

DNA 的定量請參考附錄。

一、DNA 的估略定量

在某些時候，DNA 的量並不多，無法測吸光度，例如純化出的 DNA 片段，要供選殖之用，如需要知道大概的濃度，不需要極精確的定量，此時可以用已知濃度的 DNA 和我們純化的 DNA 一起進行膠體電泳，即可比較出相對的濃度。此時要選用經限制酶切過的噬菌體 DNA 作為分子量標記，我們以 λ/HindIII 為例，一個完整的 λDNA 約 48 kb 左右，經 HindIII 切過後會產生 23 kb、9 kb、6 kb 等大小不同的片段，如果以 0.5 μg 的分子量標記進行電泳，那麼 23 kb 的 DNA 片段就是全部 DNA 23/48 的量，接近一半，也就是 0.25 μg 左右，以此類推，每一個 DNA 片段的量也可推算出，由於螢光亮度與分子量成正比，那麼就可以依螢光亮度比較出其他未知濃度的 DNA 量，如圖 2-4。而階梯式的分子量標記的每個 DNA 片段並不是按比例分配的；相反的，有時為了讓小分子的 DNA 達到大分子的螢光亮度，反而數量較多，因此並不能用來定量 DNA。

二、質體 DNA 的純化

質體的純化是在實驗室中最常使用的 DNA 技術，質體的 DNA 需經過 DNA 變性再立刻復原的手續，由於其分子量比基因體 DNA 小許多，易復原，因此可與細菌的基因體 DNA 分離。隨著科技的研發進步，有許多 DNA 純化產品問世，都是利用基因體 DNA、RNA、蛋白質及質體各自不同的吸附特性來分離。目前有多種分離柱 (column) 可選用，通常分兩種等級，一類和平時傳統手工製作的純度相當，質體可供初步分析，如限制酶切割、PCR 及進一步選殖等；另一類的純度較高，則可供細胞轉染等需要將 DNA 送入細胞內的高精密實驗技術之用。這些分離柱中的成分種類多樣化，主要是具有**矽膠 (silica)** 及**離子交換 (ion exchange)** 性質。當 DNA 在高鹽狀況下會吸附於矽膠上，這個現象在 1950 年代即知道；到 1980 年代，生技公司開始研究此原理，瞭解若以一般的溶劑如酒精，只能洗去其他的大分子聚合物如 RNA 或碳水化合物等，欲將 DNA 洗下來，只有使用一般用來溶解 DNA 的溶液，於是開始發展出多種純化 DNA 的試劑，如圖 2-7。這些產品的問世，讓基因選殖時的繁瑣篩選工作變得快速而簡便，再配合簡單的設備，一個人可同時製作多量的質體。基因體 DNA 的純化過程，主要的重點就是去除蛋白質及 RNA，也都可以同樣原則純化，二者其實沒有太多深奧的技巧。

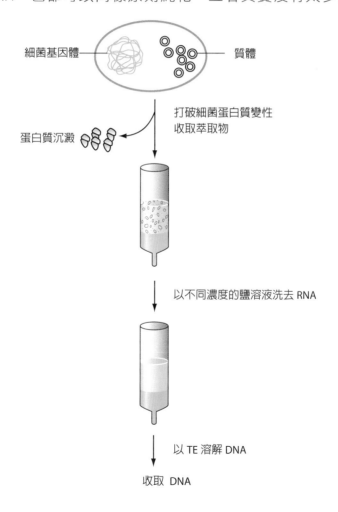

圖 2-7 **以 DNA 分離管柱純化質體 DNA 之方式**

將細菌打破後，將蛋白質變性沉澱，取上清液通過管柱，並以不同濃度的鹽濃度洗去其他非質體的物質，再以能溶解 DNA 的 TE 溶液將質體 DNA 溶出，並收集起來。

三、基因庫 DNA 的純化

基因庫 DNA 的取得方式較為特殊，如 genomic library、cDNA library，是將一群不同的 DNA 放入適當的載體中，然後送入噬菌體中，再感染細菌宿主，由於噬菌體可以在細菌中大量繁殖，然後將細菌宿主分解釋出更多的噬菌體，藉此方式可以得到我們想要的 DNA 群。如果我們只要這群 DNA 中的某一段特定的基因或 DNA，則是先以**篩選 (screen)** 方式得知我們有興趣的 DNA 是存在哪一株菌落中，再將其挑出、繁殖，圖 2-8 是整個噬菌體的生活史及基因

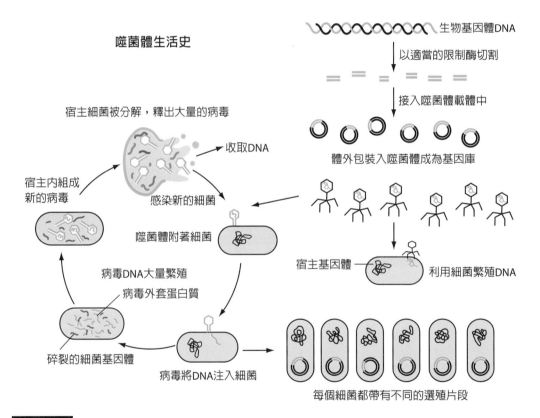

生物基因體DNA

以適當的限制酶切割

接入噬菌體載體中

體外包裝入噬菌體成為基因庫

噬菌體生活史

宿主細菌被分解，釋出大量的病毒

收取DNA

宿主內組成新的病毒

感染新的細菌

噬菌體附著細菌

宿主基因體 — 利用細菌繁殖DNA

病毒DNA大量繁殖

病毒外套蛋白質

碎裂的細菌基因體

病毒將DNA注入細菌

每個細菌都帶有不同的選殖片段

圖 2-8　基因體基因庫的建立流程

將我們有興趣的基因體 DNA 以適當的限制酶切成大小不一的片段後，接入適當的噬菌體載體中，成為一個基因庫。然後將這些基因庫的 DNA 在試管內包裝入噬菌體中，然後利用這些噬菌體去感染細菌。如左圖所示，當噬菌體附著在細菌宿主之後，會將其 DNA 注入細菌中，然後利用細菌來幫助其製造屬於噬菌體病毒的蛋白質，包括病毒的外套蛋白質，以及各種病毒生長繁殖所需的蛋白質。病毒也因此可以大量複製其 DNA，然後將細菌的基因體 DNA 分解，最後在此宿主內組合成新的病毒，將宿主完全瓦解，釋出大量的噬菌體病毒，又可以感染新的細菌，這也是噬菌體的名稱由來。同理，我們可以利用這種方式來繁殖基因庫，收取這些病毒的 DNA。

庫的建立流程。受限於噬菌體可以裝載 (package) 的 DNA 有一定限度，這類載體的容量，並不能滿足所有的實驗需求，因此有各種改良式的噬菌體載體發展出來，其他非噬菌體載體的基因庫載體尚有細菌人工染色體（bacterial artificial chromosome，簡稱 BAC）、酵母菌人工染色體（yeast artificial chromosome，簡稱 YAC）。這些大型的載體，由於可以攜帶更大的 DNA 片段，在基因體定序上的使用十分普遍，我們在第 5 章的基因選殖中會詳細介紹這些載體。

2-4
常用 DNA 技術

關於 DNA 的選殖及 PCR 部分，我們另有專門的章節作介紹，此處不贅述。在這一節，我們主要介紹的是**南方墨點實驗 (Southern blot)**，另外由於探針在許多分子生物實驗中經常會用到，因此我們也對此一部分作詳細說明，有助於各位對於其他更複雜的實驗之瞭解。

一、南方墨點實驗 (Southern Blot)

當我們需要確定一個基因體中是否有我們外加的基因存在，或是原本的基因是否有發生缺失，都需要用南方墨點這項技術來證實。即使這項技術是很傳統的實驗，卻仍是目前實驗室中常會需要用到的方法。主要的原理就是用探針 (probe) 來**雜交 (hybridize)** 基因體中與探針相對應的基因，以偵測該基因之改變情況，圖 2-9 是以圖解方式來說明南方墨點實驗的細節，詳細的步驟如下：

1. 從樣本中萃取基因體 DNA。
2. 取適量的 DNA 進行限制酶的反應，DNA 會被切成小片段。
3. 進行膠體電泳。
4. 讓 DNA 在膠體上經由鹼處理後，造成**變性 (denature)**，也就是形成單股形式。
5. 轉漬到尼龍膜上，再以 UV 照射後，將 DNA 固定在尼龍膜上。

6. 在 68°C 時以雜交液先進行覆蓋，可以避免後來探針在尼龍膜上任意沾黏。

7. 在 68°C 時加入煮沸過的探針，煮沸探針的目的是要讓其變性成單股，以便與 DNA 雜交。

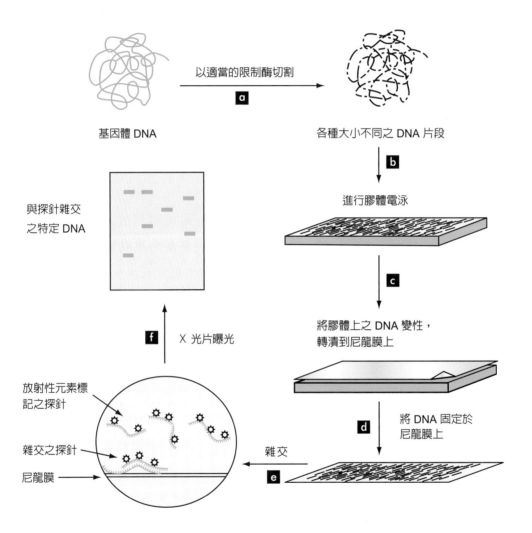

圖 2-9　南方墨點實驗流程圖

a 將樣本 DNA 以適當的限制酶切割後，會產生許多大小不同之 DNA 片段；**b** 進行膠體電泳後會將 DNA 依大小分開，此時膠體上的 DNA 不會有明顯的片段，而是從上到下呈現一片糊狀；**c** 將膠體上之 DNA 以鹼處理變性，讓 DNA 的雙股分開，並轉漬到尼龍膜上；**d** 將 DNA 固定於尼龍膜上；**e** 以放射性元素標記之探針進行雜交，只有與探針互補的 DNA 才會雜交；**f** 將尼龍膜進行 X 光片曝光，即可看到特定大小的 DNA 片段之訊號。

8. 經由不斷清洗，除去未結合之探針後，即可偵測尼龍膜上的探針訊號。

9. 如果是放射性元素標記的探針，就直接以 X 光片曝光即可；如果是其他特別的標記，則依據後續步驟進行偵測。

二、探針的製作

　　許多技術都需要製作探針 (probe)，特別是有雜交過程的實驗，當我們想偵測某一基因時，就將該基因先選殖出來，再將其繁殖、標記，即可成為探針。探針的標記有許多方式，標記物也有許多種。若以標記物來分，有放射性及非放射性兩類，後者種類較多，而許多生技公司都有自己的專利產品。

1. **放射性標記物**：一般是以 ^{32}P 作為標記，由於核苷酸中有磷酸根，^{32}P 即可藉此標記在核苷酸原料中，再進一步被合成於 DNA 分子中。優點是偵測訊號強，且可直接以 X 光片曝光即可得知結果。

2. **非放射性標記物**：如 biotin、DIG 等小分子。此類分子也是標記在核苷酸原料上，再進一步被合成於 DNA 分子中。優點是安全性較高，缺點是需進行後續步驟如抗體 (anti-biotin, anti-DIG) 反應來偵測探針訊號。早期的產品其敏感度較低，但由於新的產品不斷推出，強調敏感度及省時，因此許多實驗室逐漸採用這類方式。

　　若以 DNA 的標記方式來區分，又可分為下列數種，如圖 2-10 所示。

1. **全部 DNA 標記**：以 DNA 為模板，新合成整段 DNA 均標記的探針。以南方墨點實驗而言，探針 DNA 的任何部分都適合標記，因此可以**隨機引子** (random priming) 或 PCR 的方式新合成具有標記物的探針。標記物會分散在新合成的 DNA 各處。此二法均需讓引子先能黏上 DNA，因此必須將模板 DNA 變性，PCR 的反應過程也是同樣道理。

2. **DNA 端點標記：**在原來的 DNA 上直接標記。某些實驗的結果必須進行電泳來分析探針在反應之後的長度，因此探針要有固定的端點，此時並不適合將整段 DNA 完全標記，而需要以端點標記方式來標記原來的 DNA 作為探針。常用的方法有 Klenow fill-in 及核酸**激酶 (kinase)**。前者是以 fill-in 方式將帶有標記的核苷酸原料加入 DNA 的 3' 端，而後者則是將有標記的核苷酸原料上的標記轉移至 DNA 的 3' 端的最後一個核苷酸上。兩者所用的原料不同，但均不用事先將 DNA 變性。

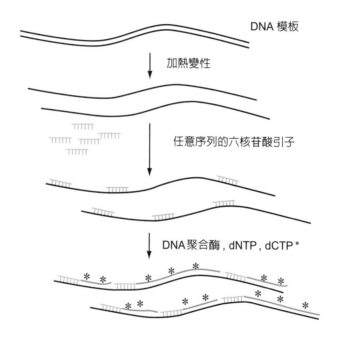

圖 2-10 以隨機引子 (random primers) 方式進行探針之製作

利用隨機序列的六核苷酸引子可以在變性的單股 DNA 上任意黏合，作為 DNA 聚合反應的引子，加入含有標記物的 dNTP 原料，即可合成帶有標記的探針，這是最常使用的一種合成 DNA 探針的方法。由於帶有標記的 DNA 並不是很好的原料，因此通常只會將四種鹼基中的一種替換成標記原料。非放射性的標記物由於分子較大些，需要降低比例，不能全部取代原來的鹼基，否則平均每四個鹼基即出現一個標記物，對於 DNA 的結構會造成很大的阻礙。

三、電泳位移試驗 (EMSA)

具有 DNA 結合能力的蛋白質可以在結合標記的 DNA 之後，使 DNA 在膠體中的移動速度變慢，跑在膠體的上方，如圖 2-11。通常用於確認該蛋白質具有結合包含特定序列之 DNA 片段的能力。

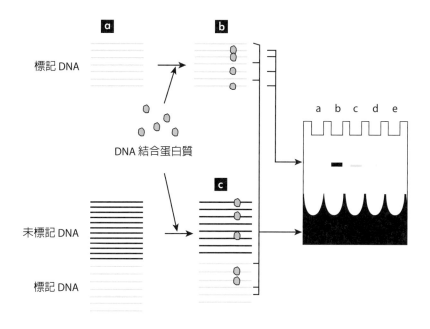

圖 2-11 EMSA (electrophoresis mobility shift assay, gel shift assay)

ⓐ 未加入蛋白質的標記 DNA（綠色線）全部跑在膠體的下方，ⓑ 將標記的特定 DNA 加入 DNA 結合蛋白質後，被蛋白質結合的 DNA 會跑得較慢，留在膠體的上方，而剩下未被蛋白質結合的 DNA 跑得較快，在膠體的下方。ⓒ 如果同時加入未標記的 DNA（黑色線），可與標記 DNA 競爭蛋白質，被蛋白質結合的 DNA 中只有部分是有標記的，因此上方的訊號較少，如果繼續加入更多的未標記 DNA，可以完全競爭掉標記 DNA 的訊號，如 d、e，這也是證明這個結合是具有專一性的一個佐證。

四、DNA 足跡試驗 (DNA Footprinting)

如圖 2-12 的結果，能更進一步確認蛋白質所結合之特定序列，方法請參考第 6 章限制酶及其他核酸酵素。

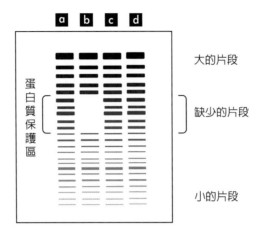

圖 2-12 DNA 足跡試驗

a 未加入蛋白質的標記 DNA 可以被 DNaseI 切成各種大小不一的片段。

b 標記 DNA 在加入 DNA 結合蛋白質之後，在結合區域受到蛋白質保護，DNaseI 無法切割該區域，因此缺少該特定長度的一群 DNA。

c 若加入其他種類的 DNA 結合蛋白質，與該 DNA 無法結合，則不會出現蛋白質保護區。

d 若同時加入大量的未標記 DNA，會與標記 DNA 競爭結合蛋白質，因此標記 DNA 亦不會出現蛋白質保護區。

⬇ 五、染色絲免疫沉澱法（Chromatin Immunoprecipitation，簡稱 XChIP）

當我們想知道某蛋白質在染色絲上的結合位置或分佈，可以利用染色絲免疫沉澱法，將細胞中的蛋白質直接與染色絲固定在一起，利用超音波將染色絲打成適當的 DNA 片段，再利用認識此蛋白質的抗體，將蛋白質及 DNA 一起抓下來，然後分析這些 DNA 片段的內容，以及在染色絲上的位置。

問題及討論 Exercise

一、選擇題

1. 下列何者不是計算 DNA 長度的單位？ (A) Kb　(B) Mb　(C) bp　(D) KD　(E) base pair

2. 下列何者不是平時一般實驗室中取得 DNA 的方式？ (A) 從生物體的組織中純化　(B) 利用大腸桿菌製造質體 (plasmid)　(C) 大量繁殖 DNA 基因庫 (DNA library)　(D) 從核甘酸以機器聚合而成　(E) 利用酵素反轉錄而成

3. 關於基因體的 DNA 的敘述，下列何者錯誤？ (A) 分子量大　(B) 較黏稠　(C) 不易斷裂　(D) 可當 PCR 模版　(E) 可以用 DNA 酵素切割

4. 質體 DNA 不能作為下列哪種用途？ (A) 進行基因選殖　(B) 大量繁殖　(C) 表現特定的 RNA　(D) 作為 PCR 模版　(E) 當探針用

5. 關於膠體電泳的敘述，何者錯誤？ (A) 電泳槽分正負極　(B)DNA 從正極往負極移動　(C) 大分子 DNA 跑得慢　(D) 小分子 DNA 跑得快　(E) 需要有緩衝液

6. 關於 DNA 分子量標記的敘述，何者錯誤？ (A) 由噬菌體或質體 DNA 經由限制酶切出的分子量標記每個片段數目相同　(B) 階梯分子量標記大小分佈均勻　(C) 階梯分子量標記適合估算 DNA 量　(D) 分子量階梯是以固定大小的 DNA 分子單位連續相接方式產生

7. 關於 DNA 定序的敘述，何者錯誤？ (A) 利用 DNA 聚合酶進行長鏈合成反應　(B) 四種核苷酸的類似物 (analog) 在適當時間加入一個進行中的 DNA 合成反應中以中止反應　(C) 每個固定長度的 DNA 都只會終止於一種類似物　(D) 每個位置都有可能停止，因此會產生各種長度的 DNA

8. 利用分離管柱的方法純化 DNA，下列何者錯誤？ (A) 主要是具有矽膠 (silica) 及離子交換 (ion exchange) 性質　(B) DNA 在高鹽狀況下，會吸附於矽膠上　(C) RNA 或碳水化合物等不會吸附　(D) 過程中需洗去其他的大分子聚合物

9. 關於從基因庫中取得特定的 DNA 的敘述，下列何者錯誤？ (A) 將帶有基因庫的噬菌體感染細菌　(B) 需大量繁殖被感染的細菌　(C) 以抗生素篩選有興趣的 DNA 之細菌株　(D) 繁殖篩選到的菌株　(E) 純化該菌株之 DNA 質體

10. 關於從基因庫的敘述，下列何者錯誤？ (A) 基因庫可以是由一群噬菌體載體攜不同的 DNA (B) 基因庫可以是由一群細菌體載體攜不同的 DNA (C) 基因庫可以是由一群質體載體攜不同的 DNA (D) 基因庫可以是一群病毒攜不同的 DNA (E) 基因庫可以是一群細胞攜不同的 DNA

11. 關於南方墨點實驗的敘述，下列何者錯誤？ (A) 需要有雜交的步驟 (B) 需要將 DNA 轉漬到晶片上 (C) 需要有探針 (D) 需要有 DNA 變性的步驟 (E) 需要有膠體電泳的步驟

12. 關於南方墨點實驗的敘述，下列何者正確？ (A) DNA 不能先以酵素切割 (B) 可以比較特定基因在不同個體間的差異 (C) 可以比較特定基因在不同組織部位的差異 (D) 可以比較特定基因在不同發育階段的差異 (E) 可以比較特定基因在不同物種中表現量的差異

13. 關於雜交實驗的敘述，下列何者錯誤？ (A) 有變性步驟 (B) 需要探針 (C) 可以用鹼處理 (D) 可以用酸處理 (E) 可以用加熱處理

14. 關於 DNA 變性的敘述，下列何者正確？ (A) 是經酵素處理 (B) 需將 DNA 變成單股 (C) 需要慢慢進行 (D) 需要長時間處理 (E) 需要固著於膠體中進行

15. 下列何者是放射性標記的探針的優點？ (A) 偵測訊號強 (B) 安全性高 (C) 快速 (D) 操作方便 (E) 可直接看到訊號

16. 下列何者是非放射性標記的探針的優點？ (A) 偵測訊號強 (B) 安全性高 (C) 快速 (D) 操作時間短 (E) 可直接看到訊號

17. 關於端點標記的 DNA 探針的敘述，下列何者錯誤？ (A) 在原本的 DNA 上標記 (B) 可以在 3' 端或 5' 端 (C) 可用有標記的 dATP 當原料 (D) 可用有標記的 ATP 當原料

18. 關於端點標記的 DNA 探針的敘述，下列何者錯誤？ (A) 可用 Klenow 酵素作用 (B) 可用核酸激酶 (kinase) 作用 (C) DNA 需要變性 (D) 不需要引子當原料

19. 關於全 DNA 標記探針的敘述，下列何者錯誤？ (A) 可用 Klenow 酵素作用 (B) DNA 需要變性 (C) 需要引子當原料 (D) 可用核酸激酶 (kinase) 作用 (E) 可以用 PCR 方式合成

20. 關於標記 DNA 可能使用的酵素，下列何敘述錯誤？ (A) klenow 酵素以 fill-in 方式作用 (B) klenow 將帶有標記的去氧核醣核苷酸原料加入 DNA 的 3' 端 (C) Klenow 酵素需要 dNTP 當原料 (D) 核酸激酶 (kinase) 需要 NTP 當

原料　(E) 核酸激酶 (kinase) 將有標記的核醣核苷酸原料上的標記轉移至 DNA 的 5' 端的最後一個核苷酸上

二、問答題

1. DNA 的大小單位為何？
2. 實驗室中的 DNA 來源可以由哪些方式獲得？試舉三例。
3. 基因體 DNA 有何特徵？什麼時候會需要用到這種 DNA 進行實驗？試舉三例。
4. 質體 DNA 可供何用途？試舉五例。
5. 以機器合成寡聚核苷酸 DNA 可作為何種用途？
6. 常用的試管內酵素合成 DNA 方法有哪些？
7. 膠體電泳如何將大小不同的 DNA 分子分開？
8. DNA 跑膠色劑 (loading dye) 有何種功能？
9. Ethidium Bromide 如何將 DNA 染上螢光？螢光的強度有何意義？
10. DNA 的分子量標記有哪兩類？如何產生的？
11. 如何利用 DNA 的分子量標記來估算未知濃度的 DNA 量？
12. 為何 DNA 階梯分子量標記不能用來估算未知濃度的 DNA 量？
13. 試述目前 DNA 的定序原理？
14. 試述目前純化 DNA 的試劑所用的分離管柱的主要成分及方法為何？
15. 試述如何從基因庫中取得特定的 DNA？
16. 南方墨點實驗的主要原理為何？
17. 在具有雜交步驟的實驗中，所謂的 DNA 變性 (denature) 指的是什麼？可用哪些方法達到目的？
18. 放射性標記的探針有何優缺點？非放射性標記的探針有何優缺點？
19. 端點標記的 DNA 探針與整段都有標記的探針在製作時有何不同？
20. 常用的端點標記方式有哪兩類？使用的標記原料有何不同？

解答：（1）D　（2）D　（3）C　（4）E　（5）B　（6）C　（7）B　（8）C　（9）C　（10）E
（11）B　（12）B　（13）D　（14）B　（15）A　（16）B　（17）B　（18）C　（19）D　（20）E

RNA 及轉錄相關技術
RNA and Transcription Technique

BIOTECHNOLOGY

RNA 的相關技術大多是用來分析基因表現，或解決一些與轉錄有關的問題，例如：基因的大小，轉錄起點的位置，不同樣本或組織之間的轉錄差異，以及是否受到某些蛋白質因子的影響等，最常使用於基因調控現象的研究。

傳統的 RNA 分類大致分成三類：基因轉錄出來的訊息 RNA（messenger RNA，簡稱 mRNA），與核醣體的功能有關的核醣體 RNA（ribosomal RNA，簡稱 rRNA），負責攜帶胺基酸原料供蛋白質合成之用的則是攜帶型 RNA（transfer RNA，簡稱 tRNA）。近年則發現有第四類的調控性 RNA，這些 non-coding RNA（非編碼 RNA）本身並不能被轉譯成蛋白質，但卻具有特別的功能，包括微型 RNA（microRNA，簡稱 miRNA）或小型 RNA（small interfering RNA，簡稱 siRNA）以及長型基因間非編碼 RNA（long intergenic non-coding RNA，簡稱 lincRNA）等，主要功能在於控制 RNA 的分解以達到抑制基因表現的目的，這類具有調控功能的 RNA，在細胞中的角色與前三類是完全不相同的。這一項新的發現，讓許多現象有了合理的解釋可能，例如一些不帶有蛋白質密碼的基因等；同時也讓許多長久以來無法進行的實驗，開啟一個新的解決方向，例如研究未知基因的功能等。在科學家們迫切想知道答案的積極努力之下，很快即釐清了 siRNA 的多項作用機制，更令從事生命科學的研究者見識到自然現象的無窮奧秘，相信在生命科學中必定還存在有許多未知的角落，實際正進行著很重要的功能，尚待所有的研究人員努力去發掘瞭解。

3-1
RNA 的特性

　　雖然 RNA 與 DNA 同樣為核酸，但它們所扮演的角色不僅不同，RNA 的單股性質與 DNA 的雙股特徵，形成兩類性質截然不同的群體。DNA 所包藏的密碼即使複雜，但它的雙股構造可以成為規律而單純的重複性結構。RNA 的單股構造則不然，每個鹼基都會儘可能地與另一個互補鹼基形成配對，以形成一個能量最低的穩定的結構，如此形成的結構稱為 RNA 二級結構，常見的有桿狀 (stem) 及環狀 (loop) 結構。如圖 3-1，如果 RNA 中有很多個這類二級結構，就會形成立體結構，因此不同的 RNA 間之立體構造差異十分大。圖 3-1 中 tRNA 就是一個最具代表性的範例，所有的 tRNA 均為此種三葉結構，不但可以攜帶特定的胺基酸原料，並露出能辨認 mRNA 上特定密碼的三個鹼基位置，在三度空間的規劃及利用上十分巧妙。

　　RNA 是由 DNA 轉錄出來的，因此雙股互補的 DNA 中有一股 DNA 的序列和 RNA 相同，稱為**攜密碼股 (coding strand)**，也就是**正股 (sense-strand)**；而另一股則稱為**未攜密碼股 (non-coding strand)**，和 RNA 互補，也稱為**反義股 (anti-sense strand)**。RNA 與 DNA 之間的關係如圖 3-2 所示，各位應該仔細分辨 sense 與 anti-sense 的定義。

　　至於一個典型的 mRNA，除了會出現常見的 RNA 二級結構，尚會具有下列特徵，如圖 3-2。

1. **完成剪接 (splicing)**：在形成 mRNA 的過程中，需要有一個剪接的過程，有特定的**剪接點 (splicing site)** 會進行剪接，去除不帶有密碼的**內子 (intron)**，並將帶有密碼的**外子 (exon)** 剪接在一起。

2. **聚合腺苷酸尾巴 (poly A tail)**：在 mRNA 的 3' 末端，會有 poly A tail，這是 mRNA 最大的特徵，但有些 lincRNA 也帶有此特徵。這些腺苷酸並未完整地出現在 DNA 基因序列中，而是在 DNA 上會有一個特殊的訊號，讓細胞知道 mRNA 的結尾處，而自動開始加上多個腺苷酸。

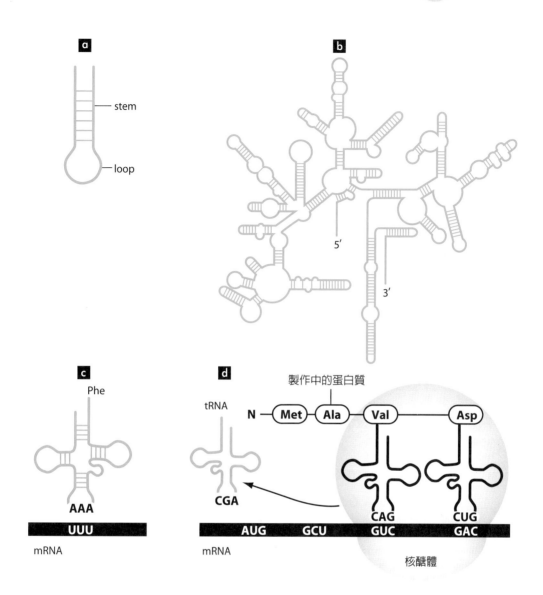

圖 3-1 RNA 的基本二級結構

a 大部分的 RNA 都由基本的桿狀 (stem) 及環狀 (loop) 結構所組成，桿狀是有形成鹼基配對的部分，而未形成配對的部分則出現環狀結構。

b 一個典型的 RNA 結構包括多區的桿狀及環狀結構。

c 一個典型的 tRNA 結構呈現三葉狀，上方攜帶胺基酸原料，下方與 mRNA 的密碼配對。

d 核醣體正在進行轉譯工作，tRNA 依序加上正確的胺基酸。

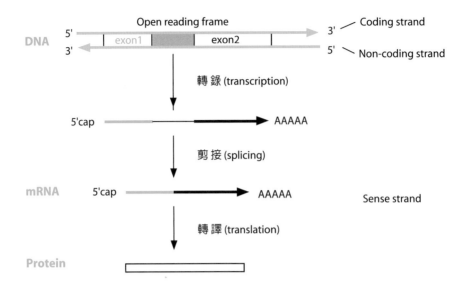

圖 3-2 mRNA 的形成及特徵

帶有開放式編譯碼（open reading frame，簡稱 ORF）的 DNA 中，攜帶基因密碼的那一股稱為 coding strand，經由轉錄之後所產生的 mRNA 會與 coding strand 密碼相符，因此稱為 sense strand。轉錄出來的 RNA 需要在 5' 端加上 cap 及 3' 端加上 poly A，再經過剪接的過程，將內子去除，並將外子連接，才能完成 mRNA，並經由轉譯而形成 protein。

3. **5'UTR，3'UTR（5' 端及 3' 端不轉譯區，untranslated region）：**
   有些 mRNA 在密碼區外的 5' 及 3' 端會有一些不被轉譯的區域，實際上負責一些調控的功能，例如決定 mRNA 在什麼時間可以轉譯等。近來發現這些不轉譯區的調控可以由序列互補的**微型 RNA（microRNA，簡稱 miRNA）**負責。

   實際上，大家較有興趣的 mRNA 只佔全部 RNA 的 2~5%，這類 RNA 不像參與細胞基礎功能的 rRNA 及 tRNA 具有穩定的結構，同時是屬於功能受調控的一類 RNA，因此十分不穩定，極易被分解。各式各樣的 RNA 水解酶（ribonuclease，簡稱 RNase）是造成 RNA 水解的最大原因。這些 RNase 的受質可以是單股 RNA、雙股 RNA 或是 DNA-RNA 雜交股。它們各司其職，卻也成為許多轉錄技術的實用工具，各位可以在核酸酵素章節中查得。由於這些 RNase 無所不在，操作實驗者的皮膚、體液都有可能成為 RNase 的來源，同時，一般的滅菌或煮沸處理是無法除去它們的活性，這也是 RNA 實驗最常失敗的主因。因此進行 RNA 實驗的過程要求標準較高，操作此類實驗應注意下列事項：

1. 絕對要戴手套。

2. 玻璃器具均需以 180℃烘烤 4 小時以上。

3. 水溶液均需以 DEPC (diethylpyrocarbonate) 處理過的水配製。

4. 為了實驗方便，也有一系列防止 RNase 作用的抑制物可供使用，如 RNasin、anti-RNase 等。

　　RNA 的電泳則是進行多項實驗必須要用到的一項技術，由於 RNA 有許多二級結構，因此需要以 glaxiol 或 formamide 打開 RNA 的二級結構，進行電泳時，RNA 才能依分子量大小而一一分開。

3-2
RNA 的來源

　　實驗室中使用的 RNA 來源主要分兩類，一為自樣本中萃取細胞內的 RNA，另一種為試管內合成。

⬇ 一、RNA 的萃取

　　一般自細胞內萃取 RNA 之目的多為分析 mRNA，為了避免在打破細胞時發生 RNA 分解的情況，因此都會使用 guanidine 類的強力蛋白質變性劑，將所有的蛋白質立即變性，而將 RNA 萃取出。前面提過 mRNA 具有 poly A tail 的特徵，因此在純化時可以利用此一特性將其自所有的 RNA 中分離出來。如圖 3-3 所示之流程，當全部的 RNA 通過裝有 oligo-dT 介質的管柱之後，只有具有 poly A tail 的 mRNA 才會被抓住，而其他的 RNA 則很容易被洗掉，如此一來，即可輕易地將 mRNA 純化出來。進行 RT-PCR 的反應是絕對需

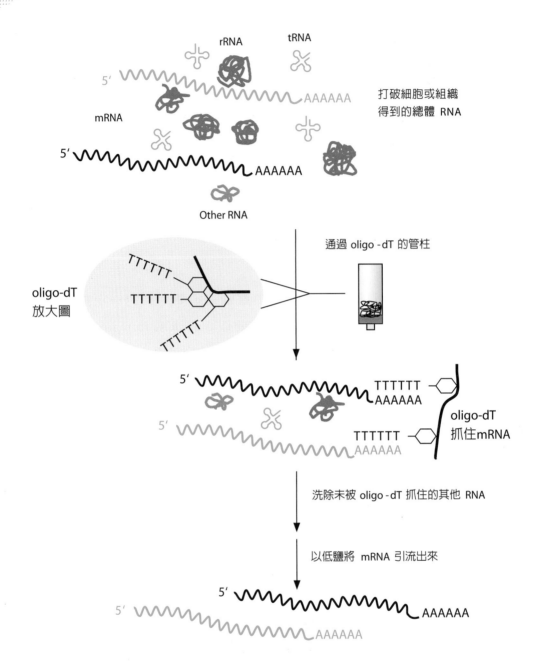

rRNA　tRNA

mRNA

5′

AAAAAA　打破細胞或組織
得到的總體 RNA

5′ AAAAAA

Other RNA

通過 oligo -dT 的管柱

oligo-dT
放大圖

TTTTTT
TTTTTT

5′ TTTTTT
AAAAAA

oligo-dT
抓住mRNA

5′ TTTTTT
AAAAAA

洗除未被 oligo -dT 抓住的其他 RNA

以低鹽將 mRNA 引流出來

5′ AAAAAA

5′ AAAAAA

圖 3-3　mRNA 的純化

細胞中純化出來的 RNA 中，只有 mRNA 帶有 poly A 的尾端，利用這個特徵，可以使用
oligo-dT 的管柱將其自總體 RNA 中分離出來。oligo-dT 的管柱是將 oligo-dT 固著在特殊的
介質上，當總體 RNA 通過管柱之後，只有帶有 poly A 的 mRNA 會被 oligo-dT 抓住，留在
管柱中，再洗去管柱中殘餘的其他 RNA，再用低鹽將 mRNA 引流出來，即可得到純化的
mRNA。

要萃取 mRNA，雖然其他的實驗不一定需要如此的純度，但經驗顯示以純化的 mRNA 進行一些轉錄相關的實驗如 S1 mapping、primer extension 等，會有較佳的結果。而攜有 oligo-dT 的介質，在早期是較便宜的纖維素 (cellulose)，目前生技公司有品質較佳的矽膠類 (silica)、**磁珠粉末 (paramagnetic beads)** 等產品。

⬇ **二、試管內合成 (*in vitro* Synthesis)**

在許多時候，需要大量使用特定基因的 mRNA 來進行實驗，或是合成一些在自然狀況下，細胞不會自行產生的特殊 RNA，此時就要將該基因選殖出來，接在啟動子之後，用此質體當模板在試管內以 RNA 聚合酶製作。主要的用途如下：

1. 製作特定基因的 mRNA 供試管內合成蛋白質之用。

2. 製作某基因的**反義 RNA (anti-sense RNA)** 作為核醣核酸探針 (riboprobe)。

3. 製作雙股 RNA，先分別合成個別股，然後再**黏合 (annealing)**。

目前常使用的 RNA 聚合酶有下列三種，包括 T7 RNA 聚合酶、T3 RNA 聚合酶及 SP6 RNA 聚合酶，三者均是取自**噬菌體 (bacteriophage)**。無論使用哪一種噬菌體的 RNA 聚合酶，都必須配合有該噬菌體的**啟動子 (promoter)**，因此要考慮載體的種類而選用適當的 RNA 聚合酶，如圖 3-4 的例子，這個載體在基因插入處的兩端各有 T7 及 T3 的啟動子，以 T7 RNA 聚合酶可以產生正股 (sense) 的 RNA，而以 T3 RNA 聚合酶則會作出**反義股 (anti-sense)** 的 RNA。由於細胞內的 mRNA 均為正股，唯有反義股可以與其互補，因此在此範例中要偵測細胞中 A 基因之轉錄分佈狀況，應用 T3 RNA 聚合酶作出標記的反義股當成探針。若將此兩種 RNA 黏合則形成雙股 RNA (double strand RNA)。

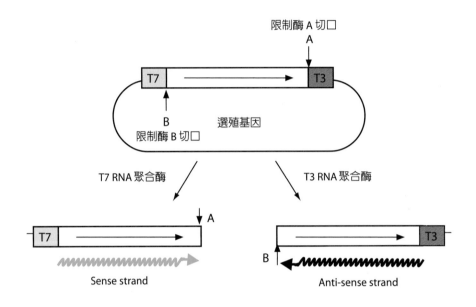

圖 3-4 體外轉錄 (*in vitro* transcription)

將欲產生 RNA 之基因選殖於具適當功能的載體上，如圖中所示，將基因接在 T7 及 T3 啟動子之間。當欲製作 sense strand 時，可用 T7 RNA 聚合酶，製出的 RNA 與基因相同，相當於一般的 mRNA，可供下一步進行轉譯之用；欲製作 anti-sense strand 時，則可用 T3 RNA 聚合酶，製作出的 RNA 為原基因之反義，可供作探針之用。在進行 RNA 聚合酶反應時，若能利用限制酶先將 DNA 於適當的位置切開，可以避免聚合酶作用過頭。

3-3 轉錄分析實驗

⬇ 一、轉錄比較分析－北方墨點實驗 (Northern Blot)

北方墨點主要的用途如下：

1. 分析該基因可能轉錄出的 mRNA 大小。

2. 比較某基因在不同組織、器官或細胞之轉錄情況是否有差異。

3. 瞭解該基因之轉錄是否受一些轉錄因子或外加因素所影響。

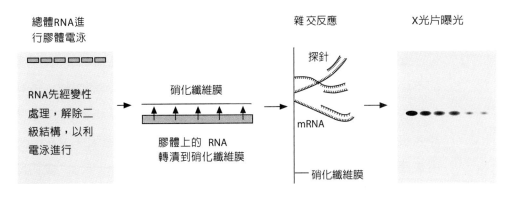

總體RNA進行膠體電泳

RNA先經變性處理，解除二級結構，以利電泳進行

硝化纖維膜

膠體上的 RNA 轉漬到硝化纖維膜

雜交反應

探針

mRNA

硝化纖維膜

X光片曝光

圖 3-5　北方墨點實驗

先將總體 RNA 在變性狀態下進行電泳，以解除二級結構，讓 RNA 可依據大小分開，再將 RNA 轉漬至硝化纖維膜 (nitrocellose) 上，然後將其固定於硝化纖維膜上；在雜交時，各種 RNA 中唯有與探針互補的特定 mRNA 才會與其雜交。然後再依探針上的放射性標記進行 X 光片的曝光。圖中的樣本，由左至右的訊號依序遞減，表示該 mRNA 在各樣本中之量亦依序遞減。

　　為了瞭解這些問題，必須對特定的樣本進行 RNA 的萃取，以北方墨點實驗進行初步的分析，如圖 3-5 所示，步驟如下：

1. 進行 RNA 變性電泳，將 RNA 依大小分開。

2. 轉漬：可藉由毛細現象，真空抽氣轉漬或電流轉漬等，經過變性的 RNA，很容易黏到尼龍膜或硝化纖維膜上。

3. 固定：目前普遍以 UV 照射或微波爐加熱的方式，讓 RNA 與膜之間產生 cross-linking。

4. 以探針進行雜交：在 42℃ 讓 DNA 探針與 RNA 樣本雜交，再洗去未雜交的探針。

5. 偵測訊號：如果是放射性同位素標記的探針，直接以 X 光片曝光即可，如果探針是以非放射性元素標記的，就接著進行標記偵測的步驟。

　　目前對於一些實驗室較常使用的生物，有商品化的北方墨點膜，以小鼠為例，即有包括各個器官組織 RNA 樣本的現成轉漬膜，使用者可直接進行雜交，即可得知某基因是否集中表現在某個器官或組織。例如找到一個肝臟表現的特殊基因，可以以此實驗來瞭解這個基因的表現是否具有肝臟**專一性** (specificity)，而不在其他器官組織中表現。

⬇ 二、轉錄分析 – S1 Mapping

　　北方墨點實驗的結果只能告訴我們有關這個 RNA 的表現量，卻不能得知這群 RNA 是從哪一個轉錄起點產生的。圖 3-6(a) 的轉錄分析技術是利用特定轉錄起點產生的 RNA 量來分析不同樣本的轉錄強度，以反應基因表現強弱，亦即啟動子因各種因子 (factors) 作用後產生的轉錄能力 (transcription activity)。S1 nuclease 會切除未與 RNA 雜交的單股 DNA 探針，以及單股的 RNA 部分，只有 RNA-DNA 雜交的部分會留下，根據剩餘的標記 DNA 探針大小，可以定出這個 RNA 主要轉錄起點位於何處，甚至終點處的位置也可用此法得知。

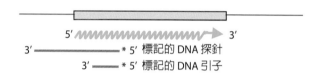

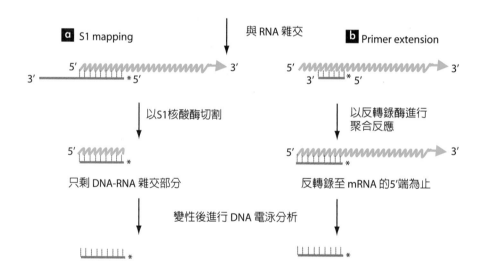

圖 3-6　RNA 轉錄實驗

對於一個基因的轉錄起點的確實位置，可以用下列兩種方式來決定。

ⓐ S1 mapping：以 5' 端標記的 DNA 探針與 RNA 雜交，再以 S1 核酸酶將非 DNA-RNA 雜交的部分切除，得到的產物經過變性之後，DNA 探針片段會與雜交的 RNA 分開，經電泳分析之後即得結果。

ⓑ Primer extension：利用 5' 端標記的 DNA 引子，與 RNA 雜交，再以反轉錄酶依 RNA 製作出 DNA，但只會作至 RNA 的 5' 端為止，同樣經過變性電泳分析之後即得結果。

三、轉錄分析－Primer Extension

此技術類似 S1 mapping，但是以 5' 標記的寡聚核苷酸引子 (oligonucleotide primer) 與 mRNA 雜交，再用反轉錄酶依 mRNA 作出 DNA，反應至 mRNA 的 5' 端即截止，進行電泳分析後，依製作出的 DNA 長度，即可以定出開始轉錄的位置。同樣的，此技術通常也是用來分析特定 RNA 的轉錄強度（圖 3-6(b)）。

四、轉錄分析－RNase Protection

此技術除了可以定出特定 mRNA 的量之外，尚可定出此 RNA 的局部構造 (topological feature)。利用基因體 DNA 製作出**核醣核酸探針 (riboprobe)**，與表現的 mRNA 進行雜交，再以認識單股 RNA 的核醣核酸酶進行切割，未雜交的部分均會被切除。可用來定出**內子 (intron)** 及**外子 (exon)** 的界限、轉錄起點或終點（圖 3-6(c)）。

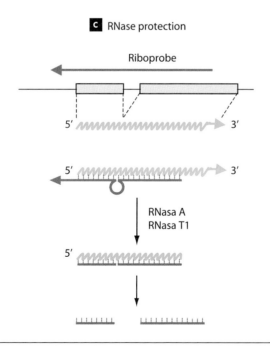

c RNase protection

c RNase protection 實驗：以體外轉錄 (in vitro transcription) 方式依 DNA 製作 anti-sense 的 RNA 探針，然後與 RNA 雜交，凡是未雜交的部分均會被 RNase A 及 T1 分解，因此若此段區域中包括有內子存在，則內子區域不會形成雙股 RNA，亦會被分解。如此得到的 RNA 進行變性膠體電泳，即可推知 5' 端位置及外子位置等訊息。甚至比較不同樣本之間的轉錄強度，更可利用來偵測基因上的突變或小段缺失。

3-4
cDNA 的製作

cDNA 全名為 complementary DNA，是以 mRNA 當模板**反轉錄** (reverse transcription) 成的 DNA。從 mRNA 製作出 cDNA，不僅是構築 cDNA 基因庫 (library) 必要的步驟，同時，在生物晶片使用日益普遍的現在，更是製作探針必經的手續。cDNA 的製作過程如圖 3-7，首先必須要自細胞或組織中純化出 mRNA，然後以**反轉錄酶**

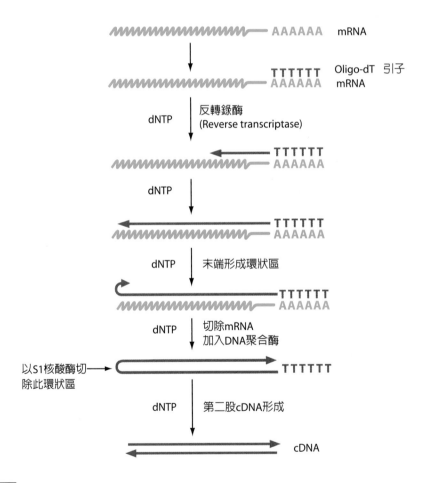

圖 3-7 cDNA 製作

以 mRNA 當模板，利用 oligo-dT 為引子，反轉錄酶即製出第一股 cDNA，由於病毒反轉錄酶的特性，會在末端形成反轉的環狀區 (hairpin)，可作為第二股 cDNA 合成時的引子，再利用 DNA 聚合酶合成第二股 cDNA。這中間尚需除去原本的 mRNA 及 DNA 環狀區的部分。

(reverse transcriptase) 作出第一股 DNA，然後再以第一股 DNA 當模板，藉 DNA 聚合酶製出第二股 DNA。cDNA 可供作下列用途：

一、當成探針

必須在製作時加入有標記的核苷酸原料，探針可用於篩選基因庫、雜交生物晶片等。可以用來比較不同組織、不同細胞來源、不同發育階段或不同藥物處理的 mRNA 表現差異，生物晶片則將這類問題簡單化，以機器取代繁冗的人工步驟。

二、製成 cDNA 基因庫

必須再經適當的限制酶切割，以便選殖入噬菌體或相關載體中。全部的 mRNA 代表著細胞及組織的所有基因表現的情況，當我們構築了一個以此來源製出的 cDNA 基因庫，即可從其中篩選出我們有興趣的基因，這個篩選的動作，我們稱為 screen library。同時，當我們以其他方法得知某個基因是我們有興趣的，也必須從此基因庫中釣出完整的 cDNA。

3-5 核醣酵素

在 1984 年科學家發現 RNA 在沒有酵素存在的狀況下，也可以自行切解，RNA 的剪接即是一例，顯示具有特殊二級結構的 RNA 也具有如酵素般的自我催化功能，**核醣酵素 (ribozyme)** 的專有名詞因此出現。後來並發現核醣酵素不只能自行催化，也可以對其他的 RNA，甚至 DNA 進行切解，常見的例子如下：

1. **可切開特定位置的簡單 RNA 序列：**見圖 3-8，簡單的如鎚頭型 (hammerhead)、髮夾型 (hairpin) 的核醣酵素或 HDV RNA，這些特殊的構造常見於一些病毒及**類病毒 (viroid)** 的 RNA。他們的專一性決定於核醣酵素本身與標的 RNA 之間的鹼基配對能力。

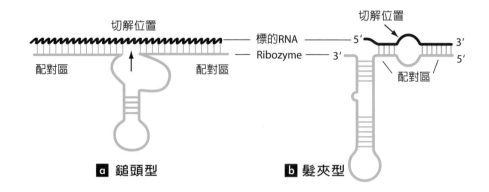

切解位置
標的RNA ——— 5′
Ribozyme ——— 3′
切解位置
配對區   配對區
配對區
5′
3′

ⓐ 鎚頭型   **ⓑ 髮夾型**

圖 3-8　核醣酵素的局部基本結構

ⓐ 鎚頭型的核醣酵素結構中包括有兩個能與標的 RNA 配對的區域，中間的鎚頭型構造則負責將標的 RNA 切開。

ⓑ 髮夾型的核醣酵素結構中亦有兩個能與標的 RNA 配對的區域，中間的標的 RNA 未配對區會被另一端的髮夾型結構切開。

　　雖然由平面圖並無法看出核醣酵素如何去切開標的 RNA，事實上，核醣酵素無論是鎚頭或髮夾的部分都是凸出於平面的，在立體空間上，是會與標的位置相接觸的，而他們與標的 RNA 之間的鹼基配對能力為最重要的作用依據。

2. **可自行剪接**：如第一及第二類**內子** (intron)，RNA 的剪接即包括自行切解並接合 RNA 的能力，常見於細菌及低等真核生物。第二類內子同時參與 DNA 移轉 (transposition) 的機制，主要決定於核醣酵素與其相對 DNA 之間的配對能力。

3. **以蛋白質作為共因子 (cofactor) 可切解 RNA**：如 RNase P 可以切解 tRNA **前驅物** (precursor)，以形成具功能的 tRNA。主要是靠所謂的引導 RNA (guide RNA) 與標的 RNA 之間的配對能力。

　　其他具有此性質的如參與 RNA 剪接的**剪接體** (splicesome)，具有 6 種 RNA 及 50 多種蛋白質，也被認為可能有核醣酵素 (ribozyme) 之存在；更如能依 RNA 合成指定胺基酸的核醣體，可能是最複雜的核醣酵素，這些都是自然存在的核醣酵素。在核醣酵素的作用機制逐漸瞭解之後，這類不是蛋白質，卻能切核苷酸的核醣酵素之應用發展潛力不可忽視。科學家們開始製作一些核醣酵素，希望可以將此機制應用於醫療用途，特別是針對病毒的 RNA 進行切解，以及病人突變基因的 mRNA 之替換，也就是利用 RNA 自然剪接原理，將其切解後再接上正確的基因，如圖 3-9。目前這類技術仍在進行研究中，除了核醣酵素的設計，也同時需兼顧發展傳送核醣酵素進入人體細胞之技術。表 3-1 即為這些核醣酵素可以應用的範圍。

表 3-1 各種核醣酵素可應用的範圍

種類	催化能力	生物體中之功能	醫療用途
Hammerhead	特定序列切解	自我切解 RNA	分解病毒、致癌基因及突變基因之 mRNA
Hairpin	特定序列切解	自我切解 RNA	分解病毒、致癌基因及突變基因之 mRNA
RNase P	特定結構切解	tRNA 成形	分解病毒基因之 mRNA
Group I intron	RNA 剪接	RNA 剪接	突變及致癌基因之 RNA 修復
Group II intron	RNA 及 DNA 剪接	剪接及移轉	病毒及突變基因之基因破壞
Splicesome	RNA 剪接	RNA 剪接	突變基因之 mRNA 修復

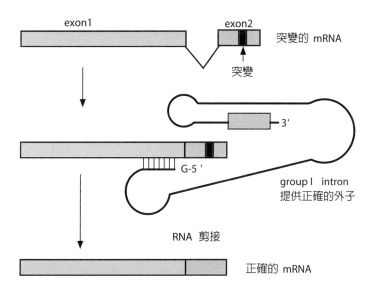

圖 3-9 RNA 的修補

當基因的某個 exon 發生突變，可以利用經過設計的 group I intron 攜帶正確的 exon，以核醣酵素的方式先與前面 5' 端的 exon1 形成正確的配對，即可對突變的基因進行切解剪接，而將正確的 exon2 換至 mRNA，成為正確的 mRNA 產物。

3-6
反義 RNA 及雙股 RNA 技術

在生命科學實驗中，常以製作突變株或基因**剔除** (knockout) 的方式來瞭解某基因所負責的功能何在，而在技術上，這類實驗較耗時，並不能達到快速及大量分析的目的。因此科學家們希望能在 RNA 的層次上來達到抑制基因表現的目的，以瞭解基因的功能。由於此類方法只是降低了基因的表現量，非將基因剔除，不一定能達到完全不表現的程度，因此只能說是基因被降低表現 (knock-down)。

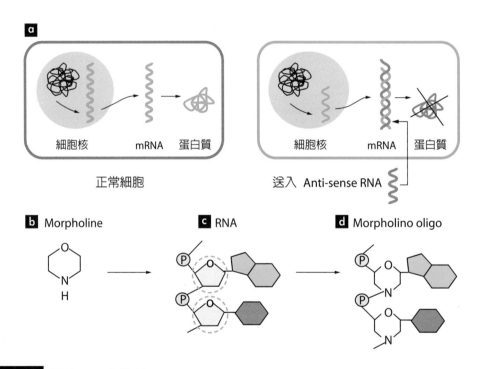

圖 3-10 反義 RNA 之使用

a 將反義 RNA 送入細胞之後，即可與 mRNA 結合，進而阻止蛋白質之合成。同理，對於病毒的 RNA 也可以用此法阻撓病毒蛋白質的形成。

b ~ **d**：以圖 **b** 的 Morpholine 化學構造，取代圖 **c** RNA 中的五碳醣部分，形成圖 **d** 的 Morpholino oligo 的構造，則較不易被分解。

⬇ 一、反義 RNA 技術

　　反義 RNA 的技術原理就是讓**反義股 (anti-sense)** 的 RNA 與正股 (sense) RNA 互相配對結合，以阻止正股 RNA 的轉譯發生，如圖 3-10。在 1980 年代，即有科學家以細胞培養實驗證實這個理論可行。同時，在一些生物中也可以用此方法找出未知基因的功能。從過去的研究顯示，以反義寡聚核苷酸 (anti-sense oligo) 的效果最佳，無論在阻止基因功能及調控等研究上，十分迅速有效且便宜，成為藥物發展最初步的工作，是找尋新的醫療標的上極為方便的工具，非常具有潛力。目前廣泛應用在病毒引起的疾病、癌症等醫療的研究上。為了讓這些 anti-sense RNA 不輕易被水解，達到穩定持久的目的，又有多種技術可以採用。以 morpholino oligo 為例，這是由加上 morpholine 的 AUCG 鹼基所組成的寡聚核苷酸，約 18~25 個核苷酸長度，morpholine 本身是六角環狀的分子，如圖 3-10 所示，如此的結構，比原本五角的核醣結構穩定，同時，與正股 RNA 之間的配對效果極佳，也不會被核酸酶分解。目前以顯微注射方式，廣泛被應用於發育生物學的基因功能研究上，如斑馬魚及海膽等水生生物。

⬇ 二、RNA 干擾技術（dsRNA-Mediated Interference，簡稱 RNAi）原理

　　這是隨著反義 RNA 技術延伸而來的技術，能更有效地抑制基因的功能。最早在 1998 年於線蟲中發現此現象，後來陸續在多種生物中實驗成功，如今在高等生物中均可成功運用，且在短短的數年內，即已瞭解此現象的作用機制。如圖 3-11 所示，當雙股 RNA 進入細胞之後，會被 Dicer 切成 21~23 個核苷酸的小片段，稱作 **siRNA (small interfering RNA)** 然後這些小小的 RNA 片段會再與相對應的 mRNA 配對，讓 RNA 因此分解，或阻擋轉錄，以達到阻止基因表現的目的，這也是自然狀況下，許多基因受抑制而**靜默**

(silencing) 的原因之一。而雙股 RNA 進入哺乳動物的細胞後，細胞會將其視為病毒入侵，而啟動防禦機制，因此進行此類實驗時，必須直接送入 siRNA，這是在操作上異於其他生物之處。一般認為前面所提的反義 RNA 的作用，應該也是透過此機制進行的，因此 RNA 干擾技術成為目前十分熱門的一個研究領域。

　　然而這樣的機制只為了防禦功能嗎？在生物體中是否也存在類似的 RNA 呢？事實上，有許多基因只作出 RNA，而並未攜有任何完整的開放式編譯碼 (open reading frame)，不會作出蛋白質，他們也可能具有這類功能或是參與其他未被發現的調控

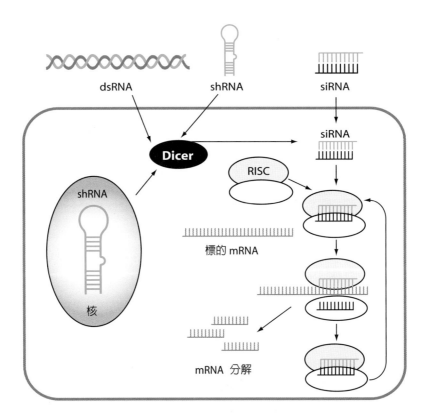

圖 3-11　dsRNA interference 一雙股 RNA 干擾技術之作用機制

無論任何形式的 dsRNA，在細胞中均需轉變成為約 21~23 個核苷酸長度的 siRNA 才能有作用。如長的雙股 RNA，短而帶有環狀的 shRNA (small hairpin RNA)，都會經由 Dicer 將其切成 siRNA。透過 RISC (RNA induced silencing complex) 將雙股 RNA 分開，讓反義 RNA 片段與標的 mRNA 配對，進而將其分解，而雙股 siRNA 又可以再度形成，再進行下一回合的分解工作。

機制。在多種生物發育過程中已被證實，確實有基因轉錄出來的 stRNA (small temporal RNA) 是其他基因的編碼區或 3' 不轉譯區的反義 RNA，可以直接讓 mRNA 分解或是抑制轉譯，也就是負責參與調控其基因表現，這種生物體原本就存在的微型 RNA 統稱為 **microRNA（簡稱 miRNA）**。在動植物中陸續發現許多原本就不會轉譯出任何蛋白質的基因，也被證實屬於此類 miRNA，在病毒中也同樣發現許多的 miRNA，他們主要的功能就是調控基因。

　　RNA 干擾技術實際上只是利用了生物體中原本就存在的機制，這項技術的成功，以及作用機制的逐漸明朗，同樣在基因功能的研究上十分有潛力，以基因體完成定序為基礎，想要瞭解許多未被研究過的基因功能，均可以此技術來探討這些基因可能參與的作用，以找出它們的實際功能。由此看來，在基因調控的機制上，RNA 所參與的角色，並不亞於各種蛋白質轉錄因子 (transcription factor) 或 DNA 上的調控區。只是，以目前對 RNA 的認識而言，可以想見有更多由 RNA 負責調控的作用仍未被發現，更有可能成為另一個解決當前開發新藥及治療疾病的新方向。

⬇ 三、RNA 干擾技術方法

1. 送入細胞的方法：體外合成正股及反義股 RNA，黏合成雙股 RNA，以細胞轉染方法、電穿孔或病毒感染等方式送入細胞中。

2. 送入生物體的方法：利用基因轉殖，表現出帶有一個 loop 的 shRNA，通常會利用一個內子插在兩個反向的相同 cDNA 片段之間，或是直接以 cDNA 和 genomicDNA 反向相接，如此一來，在轉殖的生物中表現之後，內子即會被切除，成為有效的 dsRNA。

⬇ 四、RNA 干擾技術的發展

　　除了各種現成試劑的幫忙，可以合成及純化適用的 RNA 之外，生技公司還有其他的產品可讓實驗更有效率。由於 miRNA 與標的

mRNA 之間並非百分之百互補，很難立即找出對應的 RNA，有更多的實驗室整理歸納 miRNA 的特性，以及其與 mRNA 結合的規則，設計出可以找出新的 miRNA 或預測出其標的 mRNA 的軟體。

1. **RNAi 表現基因庫 (expression library)**：其可大量表現許多種 siRNA。這些基因庫是根據功能來分類的，例如針對激酶表現的基因庫、針對荷爾蒙受體表現的表現基因庫等，可供作篩選出有興趣的基因之用。

2. **RNAi 設計軟體**：以運算方式設計出針對各個基因具有高度專一性的 siRNAs，以增加成功的機率。利如 Cenix 公司提供的軟體，不但找出 300 個以上的基因之最佳 siRNAs，並有實驗證明可有效抑制該基因的 mRNA 達 70% 以上。

3. **RNA 二級結構預測**：Mfold 是用來預測 RNA 二級結構的軟體，可以將 RNA 折成最佳的 stem-loop 型式，在 RNAi 技術發展起來之後，也成為研究人員常用的軟體。

4. **miRNA 搜尋軟體**：用來找出生物體中可能存在的 miRNA，比較著名的是 MiRscan 及 miRseeker，其所預測出的許多 miRNA 已被證實確實存在。

5. **找尋 miRNA 的標的基因**：根據各個不同的規則，可以預測出 miRNA 的標的 mRNA，例如 miRnada 軟體。

6. **miRNA 標的資料庫**：預測的 miRNA 必須要有實驗證實才是真正有用的數據，DIANA TarBase 可分物種搜尋所有已經實驗證明會被 miRNA 結合並受其影響的 mRNA。

問題及討論 Exercise

一、選擇題

1. 關於不同類型的 RNA 之功能的敘述，下列何者錯誤？(A) 訊息 RNA（messenger RNA，簡稱 mRNA）是由基因轉錄出來的 (B) 核醣體 RNA（ribosomal RNA，簡稱 rRNA）與核醣體的功能有關 (C) 攜帶型 RNA（transfer RNA，簡稱 tRNA）負責攜帶胺基酸，原料供蛋白質合成之用 (D) 調控性 RNA，non-coding RNA（非編碼 RNA）本身並不能被轉譯成蛋白質 (E) 調控性 RNA 主要功能在於抑制 RNA 的分解以達到抑制基因表現的目的

2. 何者不是 RNA 常見之結構？(A) 桿狀 (stem) 結構 (B) 環狀 (loop) 結構 (C) α-helix α 螺旋結構 (D) 鎚頭型 (hammerhead) 結構 (E) 髮夾型 (hairpin) 結構

3. 關於 sense RNA 的敘述，下列何者錯誤？(A) 轉錄來源 DNA 攜密碼股 (coding strand) 序列相同 (B) 是實際基因表現的序列 (C) 反義股 (D) 正股

4. 關於 anti-sense RNA 的敘述，下列何者錯誤？(A) 與轉錄來源 DNA 未攜密碼股 (non-coding strand) 序列相同 (B) 是不表現的序列 (C) 反義股 (D) 正股 (E) 與基因表現的序列互補

5. 關於 RNA 剪接的敘述，下列何者錯誤？(A) 保留 exon (B) 切除 intron (C) 產物會與原本的 DNA 序列相同 (D) 會加上聚合腺苷酸尾巴 (polyA tail) (E) 有些會有 5-UTR 或 3'-UTR 存在

6. 下列哪一個步驟無法消除 RNase？(A) 玻璃器具均需以 180°C烘烤 4 小時以上 (B) 高溫高壓滅菌 (C) 水溶液均需以 DEPC(Diethylpyrocarbonate) 處理過的水配製 (D) 使用 RNase 的抑制物

7. 進行 RNA 電泳實驗時，下列何者可以打開 RNA 二級結構？(A) formaldehyde (B) formamide (C) glycerol (D) glycine (E) urea

8. 萃取 RNA 時，如何讓細胞快速破裂，而不會造成 RNA 水解？(A) 利用超音波振盪 (B) 快速加熱 (C) 使用 guanidine 類的強力蛋白質變性劑，將所有的蛋白質立即變性 (D) 加蛋白質酶之抑制劑

9. 何者非試管內合成 RNA 常使用的酵素？(A) T7 RNA polymerase (B) T3 RNA polymerase (C) SP6 RNA polymerase (D) Reverse transcriptase

10. 自總體 RNA 中純化出 mRNA 主要是利用其何種特性？(A) poly-A tail (B) 5'UTR (C) 3'UTR (D) exon (E) intron

11. 要從總體 RNA 中純化出 mRNA 可利用下列何種管柱抓 poly-A tail？ (A) oligo-dT　(B) oligo-U　(C) oligo-dA　(D) oligo-A　(E) oligo-dU

12. 北方墨點實驗的主要用途，下列何者為非？ (A) 分析該基因可能轉錄出的 mRNA 大小　(B) 比較某基因在不同組織，器官或細胞之的轉錄差異　(C) 瞭解該基因之轉錄是否受一些轉錄因子之影響　(D) 比較某基因在不同發育階段的轉錄差異　(E) 瞭解該基因在不同個體之轉譯是否有異

13. 下列何者非轉錄分析技術可分析的？ (A) 分析基因表現　(B) 基因的大小　(C) 基因轉譯起點　(D) 轉錄起點的位置　(E) 不同樣本或組織之間的轉錄差異

14. 關於 cDNA 的製作過程，下列何者錯誤？ (A) 自細胞或組織中純化出 mRNA　(B) 以反轉錄酶 (reverse transcriptase) 作出第一股 DNA　(C) 再以 cDNA 當模版，反轉錄出第二股 DNA　(D) 以第一股 DNA 當模版，藉 DNA 聚合酶製出第二股 DNA

15. 關於 cDNA 的敘述，下列何者錯誤？ (A) 是以 mRNA 當模版，反轉錄 (reverse transcription) 成的 DNA　(B) cDNA 基因庫來自於細胞及組織全部的 mRNA　(C) cDNA 的序列與 DNA 的 coding strand 相同　(D) cDNA 基因庫代表著細胞及組織的所有基因表現的情況

16. 關於 Ribozyme 核醣酵素的敘述，下列何者錯誤？ (A) 帶有特殊二級結構的 RNA　(B) 具有如酵素般的自我催化功能　(C)RNA 的剪接即是一例　(D) 可以切解 DNA　(E) 可以自行切解

17. 下列何者不是 RNA 干擾技術之作用機制？ (A) 在 RNA 的層次上達到抑制基因表現　(B) 降低基因的表現量　(C) 將基因剔除　(D) 利用生物本身的基因靜默 (silencing) 機制　(E) 雙股 RNA 進入細胞之後，會被 Dicer 切成 21-23 個核苷酸的小片段，稱作 siRNA

18. 關於 RNA 的敘述，下列何者錯誤？ (A) 是雙股 RNA 進入細胞之後，被切成 21-23 個核苷酸的小片段稱為 siRNA　(B) microRNA 是生物體原本就存在，不轉譯的小型 RNA　(C) Dicer 會切雙股 RNA (D) RNA 小片段會再與相對應的 mRNA 配對，讓 RNA 因此分解　(E) tRNA 負責參與調控其基因表現

19. 生物資訊在 RNA 技術上的幫助，下列何敘述錯誤？ (A) Mfold 是用來預測 RNA 二級結構的軟體　(B) MiRscan 可找出生物體中可能存在的 miRNA　(C) 預測的 miRNA 即可用為有用的數據　(D) 生物資訊幫助設計出針對各個基因具有高度專一性的 siRNAs，以增加成功的機率

20. 關於 RNA 轉錄技術的敘述，下列何者錯誤？ (A) 北方墨點實驗可得知轉錄起點　(B) S1 nuclease 會切除未形成 RNA-DNA 雜交的單股 DNA 探針以及單股的 RNA 部分　(C) primer extension 可以分析特定 RNA 的轉錄強度 (D) RNase protection 可以定出內子 (intron) 及外子 (exon) 的界限　(E) RNase protection 可以定出轉錄起點或終點

二、問答題

1. 就功能而言，RNA 可分為哪四類？
2. 請畫出 RNA 常見之二級結構？
3. 請區分 RNA 的 sense、anti-sense 與 DNA 及基因表現之間的關係？
4. 請舉出 mRNA 除了常見的 RNA 二級結構之外會具有的特徵？
5. 操作 RNA 實驗時，需注意什麼事項，目的是什麼？
6. 進行 RNA 的電泳時，如何才能讓 RNA 只依大小而分開？
7. 在萃取 RNA 時，如何讓細胞快速破裂，而不會造成 RNA 水解？
8. 自總體 RNA 中純化出 mRNA 主要是利用其何種特性？
9. 試管內合成 RNA 使用的酵素為何？需注意什麼事項？
10. 什麼情況需要利用試管內合成 RNA？
11. 北方墨點實驗的主要用途為何？
12. 什麼樣的問題需要比較一個基因在各個組織器官之間的轉錄差異？請舉例說明。
13. 各種轉錄分析技術主要分析什麼？反映的是什麼現象？
14. 試述 cDNA 的製作過程。
15. cDNA 基因庫是什麼？
16. 何謂 Ribozyme 核醣酵素？舉出常見的例子。
17. Ribozyme 在醫療上有什麼樣的發展潛力？
18. 試述反義 RNA 抑制基因表現之機制。
19. 如何應用反義 RNA 或雙股 RNA 干擾技術來瞭解基因的功能？
20. 簡述雙股 RNA 干擾技術的作用機制。
21. siRNA 及 microRNA 有何不同？
22. 生物資訊在 RNAi 技術上有何幫助？

解答：（1）E　（2）C　（3）C　（4）D　（5）C　（6）B　（7）B　（8）C　（9）D　（10）A
（11）A　（12）E　（13）C　（14）C　（15）C　（16）D　（17）C　（18）E　（19）C　（20）A

04

蛋白質及免疫技術
Protein Technique and Immunotechnique

BIOTECHNOLOGY

在分子生物學還未興盛之前，早期的生命科學是以生物化學為主流，在這個時期，關於蛋白質的定性、定量等基本技術都有極佳的發展，為分子生物打下很紮實的基礎，即使現今大部分的學子都視分子生物為生物科技的主流，而熱衷於追求新的發現，卻絕不能忽略生物化學中有關於蛋白質等大分子的各種深厚的知識，這些早年在生物化學盛行的年代所奠定的基礎，對於各位在學習其他生物技術的基本觀念及實際應用上都會有很大的助益。

4-1 蛋白質的基本特性

基因密碼解讀出的產物就是蛋白質，每三個核苷酸代表一個胺基酸，由胺基酸所組成的長鏈稱為胜肽。一般所謂的胜肽指的是短的多分子胺基酸，蛋白質則是很長的胜肽，有些蛋白質則是由幾條胜肽所組成的。我們一般認為蛋白質有四級結構：

1. **一級結構**：即是蛋白質的胺基酸排列順序。

2. **二級結構**：可畫出蛋白質中的特殊區域，如遇到 Proline 之處會轉折，以及兩類蛋白質的基本結構，如圖 4-1 之螺旋狀的 α-helix 和長條平板狀的 β-sheet，它們主要靠內部氫鍵維持穩定的構造。

3. **三級結構**：即蛋白質的立體構造，是二級結構及一些功能性**區塊 (domain)** 的組合，再加上兩個不同位置的 Cysteine 相遇所形成的雙硫鍵 (disulfide bond)，可以實際顯示出各個胺基酸的相對位置及關係，甚至可以推判出與其他蛋白質相互作用之處。

4. **四級結構**：有些蛋白質是由多條胜肽構成，或需要與其他金屬或分子結合才能有功能，例如血紅素含鐵攜氧。

此外，蛋白質也可以經由各種修飾，如**醣化 (glycosylation)**、**磷酸化 (phosphorylation)** 之有無，甚至與脂質結合 (lipoprotein) 的方式以達到活化或調節等狀態。並且隨著功能的不同，蛋白質在生物體中可能扮演調節功能的角色，如酵素；或結構性的角色，如肌肉纖維等。以上這些因素都是造就蛋白質種類繁多的成因，在結構

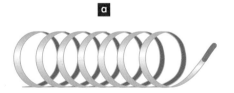
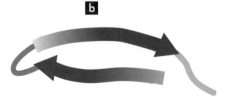

圖 4-1 典型的蛋白質二級結構

a 螺旋狀的 α-helix；b 長條平板狀的 β-sheet。

或功能上都有極大的差異，也因而有各種具有特殊意義或功能的新典型型式 (motif) 或區塊 (domain) 不斷被歸納出，例如圖 4-2 所示的穿插細胞膜的區塊 (transmembrane domain) 及能與 DNA 結合的**鋅手指 (Zn finger)** 等，對於蛋白質體學 (Proteomics) 的功能研究上，是十分重要的參考依據。

　　蛋白質主要的吸光值是在 280 nm。這個吸光值的主要來源是胺基酸中的色胺酸 (Tryptophan)，再加上酪胺酸 (Tyrosine) 的少量吸光能力，在波長 256 nm 處也有苯丙氨酸 (Phenylalanine) 的吸光，請參閱生化課本中胺基酸的結構，即會知道這三個胺基酸的芳香環狀構造就是吸光值的來源。因此，蛋白質中只要含有這些胺基酸，就會有相當的吸光量，可作為定量的依據。事實上，蛋白質要測 OD280 nm 需符合相當的條件，純度必須要達到某一標準，而通常我們要測濃度的蛋白質，大多數是在粗製的純化狀況，無法使用這種方法。此外，這些吸光性的胺基酸在某些蛋白質中比例極低，在定量時就不太可靠。因此有一些其他的方式可以讓我們測得蛋白質的濃度。目前較普遍的是利用 Braidford 原理測蛋白質濃度，這是以蛋白質染劑與樣本進行反應，其反應物呈藍色，再測 OD595 nm，並將其與標準濃度的蛋白質相比，即可推算出濃度。

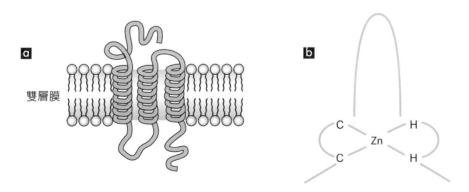

圖 4-2 **典型的蛋白質區塊 (domain) 或型式 (motif)**

a 穿插細胞膜的區塊，由多個 α-helix 組成，在雙層膜中的區域多為疏水區，而露在膜外的區域多為親水區。

b 具有 DNA 結合能力的鋅手指型式，由四個 Cysteine 或 Histine 包圍中間的 Zn 離子，形成一個手指狀的結構，能夠插入 DNA 結構之中。

4-2 蛋白質的來源

　　實驗室中所使用的蛋白質來源可以藉由細菌或細胞大量表現，再經純化方式獲得，也可在試管以酵素合成，短的胜肽則可藉機器來合成。

一、量產蛋白質

　　無論是在細菌或細胞，甚至動物體中表現蛋白質，大都必須要以質體攜帶基因送入的方式來進行。針對**宿主** (host) 的不同，有各式各樣的**載體** (vector) 可以完成這種任務，這個載體必須要有該宿主可以啟動的**啟動子** (promoter)，同時也最好能讓作出的蛋白質攜有一些特殊的標記以利於純化。圖 4-3 為利用細菌大量合成蛋白質的方法。

二、試管內轉譯 (*in vitro* Translation)

　　這是利用細胞萃取物合成的特定 mRNA 樣本為模板，在試管內轉譯出蛋白質。最常利用的系統有兩類：取自兔子的 reticulocyte lysate 及小麥胚芽萃取物 (wheat germ extract)。這些萃取物中含有製造蛋白質所需的 tRNA、核醣體及各種胺基酸，以及轉譯所需要的各種蛋白質因子，同時也已除去本身的 DNA 及 mRNA，只需加入 mRNA 模板即可製出指定的蛋白質。在許多需要標記蛋白質的實驗中可使用此系統。

三、機器合成

　　以儀器合成指定的胜肽已十分普遍，亦可以訂製特定胺基酸上之各種修飾，唯由於成本仍高，價格尚不夠低廉。

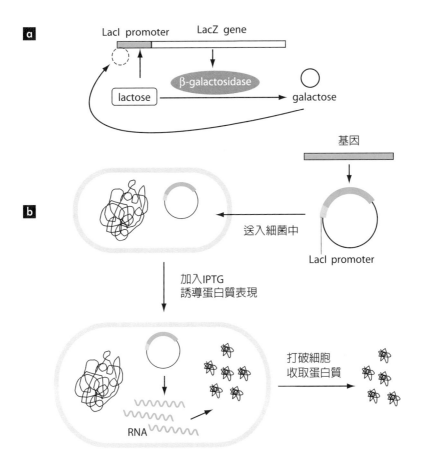

圖 4-3 **利用細菌大量合成蛋白質的方法**

a 常用的 lac 表現系統，細菌的 lacZ 基因作出來的蛋白質為 β-galactosidase，會將乳糖 (lactose) 分解成半乳糖 (galactose)，而乳糖本身為其啟動子 lacI 區域的誘導因子，也就是說細菌在乳糖很多的環境下，會產生很多 β-galactosidase，將其分解。而半乳糖卻會抑制啟動子的作用，也就是說當分解出很多的半乳糖之後，細菌就不再產生 β-galactosidase，我們可以利用細菌本身的調控機制來大量合成蛋白質。

b 將我們希望大量表現的蛋白質基因選殖至表現蛋白質的質體 lac 啟動子之後方，送入細菌中，當加入乳糖的類似產物 IPTG 之後，同樣可以誘導啟動子作出後方的蛋白質，但 IPTG 並不會被分解成半乳糖，因此啟動子便可以持續表現這個蛋白質。

4-3
蛋白質電泳

　　不同於 DNA 分子的單純性，蛋白質的立體構造差異極大，若只依蛋白質的分子量大小，是無法在膠體上以一般的電泳方式分開，因此分析蛋白質時，除了分子量大小之外，仍需考慮其他因素才能將不同性質的蛋白質經電泳方式分開。如圖 4-4(a) 所示，最普遍使用的 SDS-PAGE 是以蛋白質分子量大小不同為依據而進行的電泳，SDS-PAGE 是利用大量帶負電的 SDS，將大小、結構及帶電不同的各種蛋白質包裹起來覆蓋原本的電荷，均勻帶負電荷，成為**變性 (denature)** 狀態，也就是破壞它們的二、三級結構。各個蛋白質之間的差異，只在於大的蛋白質包裹較多的 SDS，小的蛋白質包裹較少的 SDS，但單位質量的平均負電荷是相當的。電泳是從負往正的方向進行，在上層 pH 6.8 的**堆疊層 (stacking layer)** 中，可以利用電荷差異，讓所有的蛋白質跑在帶負電的氯離子及最小的胺基酸 Glycine 之間，擠成扁扁的一條線，當

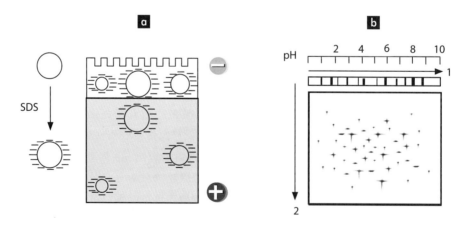

圖 4-4　蛋白質電泳方式

a SDS-PAGE，當蛋白質包裹了 SDS 之後，每個蛋白質的平均負電荷是相同的，只要在上層時，全部的蛋白質都排整齊，從相同的起跑點開始進入下層，在電泳中的進行速度就只和分子量有關聯，小的蛋白質跑得快，大的蛋白質跑得慢。

b 二維 (2-D) 膠體電泳，先經過 IEF 將所有的蛋白質依其等電點分佈，再將蛋白質進行第二階段的 SDS-PAGE，即可將大多數的蛋白質分開。

進入下層 pH 8.8 的分離層 (separating layer) 時，大家都從同一個起跑點開始，平均電荷相近，蛋白質只會依分子量大小開始分開，小分子跑得快，大分子跑得慢。

SDS-PAGE 只能分辨出蛋白質的分子大小，但相同大小的蛋白質數量很多，必須要有其他方法來將他們分離。因此二維 (2-D) 膠體電泳即為此目的而產生，如圖 4-4(b)，先依蛋白質的等電點 (PI) 的差異，在**等電聚焦（isoelectrofocusing，簡稱 IEF）**柱狀膠體中依不同 pH 分離，再於 90 度橫向以 SDS-PAGE 進行第二個方向的電泳，將蛋白質一一分開。在此狀況下，在膠體上每個不同的蛋白質點幾乎就代表不同的蛋白質。至於每個蛋白質究竟是誰，可使用蛋白質分析儀將胜肽定序分析。常用的如 Mass Spectrum，是將純化的蛋白質切段，以水解方式將胺基酸一一水解，分析序列，再將所得到的序列片段送入蛋白質資料庫中比對，在分析數個不同片段之後，即可得知此蛋白質為何。2-D 膠體電泳原本是較傳統的生化技術，胜肽定序較普及之後，由於膠體上的蛋白質點可以直接割下來定序，此技術又再度成為蛋白質體學上利用十分頻繁的重要方法。

4-4
西方墨點實驗

實驗室中最常使用的蛋白質技術首推西方墨點實驗，這是利用最基本的抗原－抗體之間親和反應體的免疫原理所進行的一項基本技術，如圖 4-5，步驟如下：

1. **電泳 (Electrophoresis)**：將蛋白質樣本經過 SDS-PAGE 將各個不同大小的蛋白質分開。

2. **轉漬 (Transfer)**：將膠體上的蛋白質轉漬到硝化纖維膜 (nitrocellulose) 上。

3. **阻斷 (Blocking)**：以適當的血清或乳蛋白將膜上沒有蛋白質的部分佔滿，防止抗體沾佈，以降低雜訊。

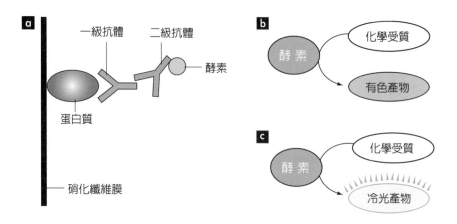

圖 4-5 西方墨點實驗反應

蛋白質經電泳分開之後，轉漬到硝化纖維膜上，依序經一級及二級抗體反應後，藉由二級抗體上的酵素，將受質轉變成可偵測的反應產物，如圖 **b** 之呈色反應，產物會沉澱在硝化纖維膜上，即可得知訊號；或圖 **c** 之冷光產物，可經由 X 光片曝光得到結果。

4. **一級抗體反應**：加入實驗所需的抗體，讓其與膜上的特定抗原蛋白質反應。

5. **二級抗體反應**：這是以一級抗體的固定區 (constant region) 為抗原所製出的抗體，稱二級抗體，例如一級抗體是由兔子產生，二級抗體就用其他動物產生的抗兔子**免疫球蛋白**（immunoglobulin，**即抗體總稱**）的抗體，二級抗體上有特殊的酵素標記，常用的有**鹼性磷酸酶** (alkaline phosphatase) 及**過氧化酶** (peroxidase)，二者都有多種特定的受質可供使用。

6. **進行結果反應**：利用二級抗體上的標記酵素進行受質反應，亦分為兩類：

   (1) **呈色反應**：化學物質的受質產生有顏色的反應物，沉澱在抗體所在的位置，由於此類化學物較毒，使用上需特別小心。

   (2) **化學冷光反應** (chemiluminescent)：受質經化學反應會產生螢光冷光，這種螢光不必特定的光源激發，靈敏度高，可直接用 X 光片進行曝光，目前已大量取代呈色反應。

西方墨點實驗的結果可以反應樣本中是否有特定的蛋白質,該蛋白質在樣本中的含量與對照組相較是否有增減,或是該蛋白質的大小是否改變等現象,在許多實驗中都會問這類問題。有了西方墨點實驗的知識基礎,便很容易瞭解以下其他免疫相關技術。而這類技術中最重要的材料是特定的一級抗體,有好的抗體才能進行這類實驗,多家生技公司有二級抗體及各類一級抗體的銷售,同時也有公司為客戶進行指定的抗體製作,無論是**多株抗體** (polyclonal Ab) 的**抗血清** (anti-serum) 或**單株抗體** (monoclonal Ab) 的製作,在臺灣均有多家生技公司提供這項服務,但價格不菲。

4-5
免疫相關技術

同樣利用抗原與抗體之間親和性反應的各類免疫技術,由於專一性及靈敏度高且快速,被廣泛應用在生物技術的各個領域中,以下即以常用的技術作代表來說明。

● 一、ELISA

全名為**酵素聯結免疫分析** (enzyme linked immunosorbent assay)(如圖4-6),主要用於偵測抗體或抗原的強度,靈敏度極高。

1. **偵測抗體**:原理是將抗原固定在 96 孔的培養盤中,並將欲偵測的血清樣本進行連續稀釋,進行接下來的免疫反應之後,即可如同西方墨點實驗般產生有顏色或螢光的反應物,由於反應物是水溶液,可藉由儀器來判讀結果。在臨床上,常用來檢測病人血液中某種特定抗體的濃度,而實驗室中,常用來分析所製作的抗體是否達到某一強度標準。

2. **偵測抗原**:先將特定的一級抗體固定在 96 孔的培養盤中,加入欲偵測的樣本,再依序加入另一種辨認相同抗原的一級抗體、二級抗體,即可如前述方法得到結果。此方法又稱三明治ELISA,在臨床上可用來檢測病人血液中某種特定抗原的濃度。

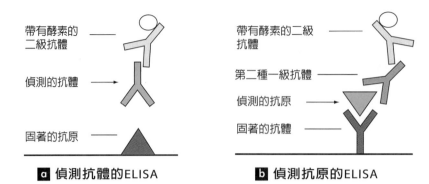

帶有酵素的 ——
二級抗體

偵測的抗體 ——→

固著的抗原 ——

a 偵測抗體的ELISA

帶有酵素的二級 ——
抗體

第二種一級抗體 ——

偵測的抗原 ——→

固著的抗體 ——

b 偵測抗原的ELISA

圖 4-6　ELISA 原理：可以用來偵測抗體或抗原，二者方法不同

a 欲偵測抗體，需先將抗原固著在 96 孔的培養盤中，加入待偵測抗體的樣本，再加入帶有酵素的二級抗體，即可利用酵素受質的反應來偵測訊號。

b 欲偵測抗原時，則需先將抗體固著，加入待偵測抗原的樣本，然後再加入第二種能認識抗原不同位置的一級抗體，再加入帶有酵素的二級抗體，同樣可得到結果。一般所謂的三明治 ELISA 即指此方法，因為其利用兩種一級抗體來確認抗原。

二、免疫染色標定 (Immunostaining)

　　這項技術由於快速、專一性及靈敏度高，被廣泛應用在各種生物的樣本中，若以化學呈色，則稱為**免疫化學標定** (immunocytochemistry)；若是以螢光標定，則稱為**免疫螢光標定** (immunofluorescence)。樣本種類可分為：

1. **切片：**如冷凍切片、石蠟切片，這是將組織切片以暴露出抗原所在的位置，同時也讓組織構造清晰顯露，可以用來標定某抗原在樣本中所分佈的組織或細胞。

2. **細胞：**在某些時候也會以細胞株進行免疫標定，可以區分抗原在細胞內分佈的位置，是位於核中或是細胞質，甚至其他的**胞器** (organelle) 如核仁、**中心體** (centrosome) 等。

3. **整體類：**在許多生物中採用的**整體染色** (whole mount) 則是以整個胚體、器官等進行反應，可以瞭解抗原蛋白質在整個生物體中的分佈狀況，普遍使用在發育生物學的研究上。

在免疫染色的過程手續上，會依不同的樣本種類及物種而有差異，但大致原則如下：

1. **樣本固定**：其目的是要保持抗原在生物樣本中的原本狀況，不因製作過程而破壞或改變，因此一定要有**固定 (fixation)** 這個步驟。固定的方式也依樣本的製作方式而有差異，以切片而言，冷凍切片是以急速冷凍的方式，在冷凍狀態下切片後脫水並固定；石蠟切片則是先固定，脫水後再以石蠟置換，也就是所謂的包埋，然後切片；整體染色則是需要以甲醛 (formaldehyde) 先行固定。針對不同的生物種，都有各自的特殊處理步驟。

2. **抗體反應**：如同西方墨點實驗，一級抗體及二級抗體的反應程序是固定的，而較特別的是二級抗體的標定除了酵素之外，更常使用的是螢光標記。採用螢光標記的優點是可以同時標定多個抗體，在多抗體的標定時需要注意的是一級抗體的來源必須有所區隔，例如以兔子及小鼠來源的兩種一級抗體即可同時標定，而抗兔子免疫蛋白及抗小鼠免疫蛋白的二級抗體則必須標以不同的螢光，如圖 4-7。

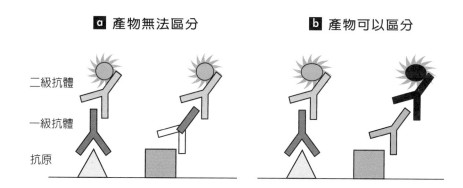

a 產物無法區分　　**b** 產物可以區分

二級抗體
一級抗體
抗原

圖 4-7　雙重免疫染色

當同時進行兩種抗體的偵測時，需要能夠分辨兩者的訊號結果，最方便的方式即是使用兩種不同來源的一級抗體。如圖 **a** 中假設兩種一級抗體都是由兔子產生的，雖然是兩種不同的抗體，但供二級抗體辨認的只有一類－都是兔子抗體，因此無法分辨其訊號。而圖 **b** 中的兩種一級抗體來自不同的動物，假設分別為兔子及老鼠，二級抗體即分別針對兔子及老鼠，這兩類二級抗體可以攜帶不同的螢光，在顯微鏡下可輕易分辨訊號。

3. **結果偵測：** 如果是酵素標定的二級抗體，可以如前面西方墨點
   實驗的呈色反應一樣偵測反應物的呈色結果，並直接以顯微鏡
   觀察，如果是以螢光標定，則以螢光顯微鏡觀察結果。

⬇ 三、免疫沉澱法（Immunoprecipitation，簡稱 IP）

即利用抗體將細胞或組織萃取物中的特定蛋白質抓下來，除了
純化該蛋白質藉以分析其特性之外，最常配合西方墨點實驗，偵測
抓下來的沉澱物中是否有其他有興趣的蛋白質，用作分析證明這些
蛋白質是否與特定蛋白質在一起。

⬇ 四、染色絲免疫沉澱法（Chromatin Immunoprecipitation，簡稱 XChIP）

相關內容請參考第 2 章 DNA 基本技術。

4-6 偵測標記

偵測標記可以用在核酸及蛋白質上，目的是便利接下來後續的
偵測工作。在此節中將分五類標記作介紹。

⬇ 一、放射性元素標記

除了標記核酸探針之外，放射性元素可以用磷酸激酶 (kinase)
將 ^{32}P 標在蛋白質受質上，同時也可以在進行細胞培養時加入
^{35}S-Methionine，標記新合成的蛋白質，或是進行試管內轉譯時，
標記 ^{35}S-Methionine。

⬇ 二、親和性分子標記物

可以用特殊的類核酸物質或在核苷酸原料上標記。

1. **Biotin 標記**：以 Biotin 標記核酸探針或蛋白質的目的在於可以利用 Avidin-Biotin 之間具有類似抗原－抗體之間的親和性，如圖 4-8(a)。Avidin 是由四個次分子蛋白質所組成，因此可以與四個 Biotin 分子結合，若將酵素也標上 Biotin，則可藉此放大反應訊號。例如在免疫染色實驗中，可以將 Biotin 標在二級抗體上，再利用 Avidin 以及 Biotin 標記的酵素，相對於直接將酵素標記在

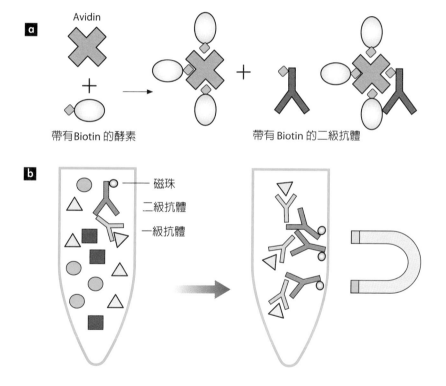

圖 4-8 各種偵測標記之原理

a Avidin-Biotin：一個 Avidin 可以抓住四個 Biotin 分子，若在二級抗體及酵素上均標有 Biotin，在二級抗體反應完成後，藉由 Avidin 結合帶有 Biotin 的酵素，二級抗體即相當於接有三個酵素，利用此原理可以放大訊號。

b 磁珠粉末的利用：如圖在試管中利用一級抗體來抓住細胞萃取物中的特定抗原蛋白質，再加上帶有磁珠的二級抗體，將試管放在磁鐵座上，即可將抗體及抗原聚集在管壁上，同時，其他成分也很容易被洗去。磁珠粉末也被用來純化各種生物分子。

二級抗體上的反應，有放大訊號的效果，特別是以單株抗體進行的實驗，放大效果特別顯著。

2. **DIG (Digoxigenin) 標記**：DIG 是類固醇類的分子，可以標在核酸上，合成的大分子核酸，進行各種實驗後，可用抗 DIG 的抗體來偵測訊號，由於靈敏度高，雜訊低，是目前發展性極佳的非放射性偵測系統。

3. **磁珠標記**：如圖 4-8(b)，磁珠粉末可以標記在抗體上或核酸上，用在純化目的，當反應完成後，以磁鐵座將帶有磁珠的樣品吸附在試管底部或一側，即使不斷沖洗均不會流失。

三、報告者蛋白質 (Reporter)

這類蛋白質多為酵素，與即將分析的啟動子或蛋白質接在一起，用來分析啟動子的強弱，來代表該啟動子所主導的基因表現情形，啟動子越強，製作出的酵素越多，活性越強，在有效濃度內，受質所反應出的產物也越多。在許多實驗中，不同的蛋白質或不同的藥物對啟動子的影響，均可以此法分析，詳見圖 4-9。

1. **CAT (Chloramphenicol acetyl transferase)**：此酵素可將 ^{14}C 標記的 Acetyl-CoA 之甲基群轉移至 Chloramphenicol 上，藉由產物的多寡來分析啟動子強弱。

2. **β-gal (β-galactosidase)**：這是最早開始作為記錄蛋白質的一種酵素，受質種類很多，不但可以利用樣本萃取物 (extract)，在試管內進行酵素活性分析。同時也可將細胞或組織的樣本固定，利用受質 X-gal 反應的藍色產物直接呈現在樣本上，以觀察結果，更可利用抗 β-gal 的抗體進行免疫染色。這個酵素並不因為其歷史悠久而被淘汰；相反的，也因為有深厚的研究基礎而應用範圍越來越廣。

3. **Luciferase（螢光酵素）**：這是取自螢火蟲的螢光酵素，由於靈敏度高，偵測快，比 CAT assay 易操作，成本低，同時儀器偵測螢光產物的有效反應濃度範圍可達萬倍，比起一般酵素反應的數十倍要靈敏。

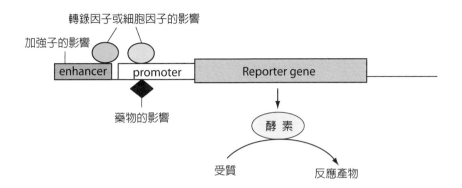

圖 4-9 報告者基因之作用原理

報告者基因的用途在於以酵素活性反映啟動子的強弱，將欲分析的啟動子接於報告者基因之前，可用來分析各種對啟動子的影響因素，如加強子的影響、轉錄活化因子的影響或藥物的影響。

四、蛋白質特殊序列

這類標記的目的主要是為了純化方便或是加入特定的抗原片段，以利後來的免疫偵測，如基因表現、存在位置、蛋白質交互作用及純化等目的，就像是增加一個標籤一般，所以目前均以 tag 稱之。大部分的 tag 均有現成的抗體販售。這類片段在生物體中都是不太常出現的，製作時可先把 DNA 序列接在質體上，再經由基因選殖接入其他基因，才會作出帶有 tag 的蛋白質，通常會放在 C 端或 N 端。

1. FLAG：其字意本身也有插上標籤的意味，這是由八個胺基酸所組成的片段，這個**抗原決定位 (epitope)** 的親水性高，在生物體中出現的頻率極低，因此抗體的專一性極高，可供西方墨點實驗偵測或蛋白質純化之用。

2. HA (hemagglutinin)：這是取材自**流行性感冒病毒 (influenza virus)** 的蛋白質片段，因此在大多數的生物體中均不會出現類似的蛋白質，抗體專一性高。其他取自病毒的 tag 尚有 SV40 的 T 抗原及 T7 噬菌體的 T7 tag。

3. Myc：取材自人類致癌基因 c-myc，在不具有此致癌基因的生物中可以使用。

4. **(His)₆**：這是由六個連續的 Histidine 所組成的片段，主要以純化蛋白質為目的，因為這六個 Histidine 可以與 Ni 形成錯化合物的結構，即可利用含 Ni 的管柱將其純化，如圖 4-10。目前也有抗體可使用，但只能用在細菌等簡單的生物，在其他較複雜的生物體中，也會有一些其他的蛋白質與其反應。

5. **其他**：β-galactosidase 也可算是一種很好的蛋白質標籤，而能自行產生螢光的**綠螢光蛋白質 (GFP)** 也同樣有此用途。

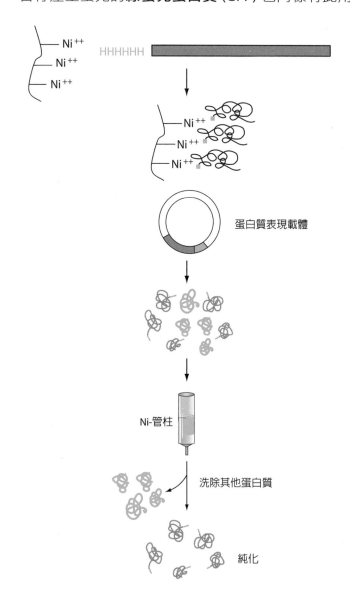

圖 4-10　以分離管柱純化帶有 (His)₆ 的蛋白質

帶有六個連續 Histine 的蛋白質可以與 Ni 離子形成錯化合物，藉此抓住蛋白質，可用來純化分離大量表現的蛋白質。

五、螢光標記

最普遍用於抗體的標記，目前有許多生技公司有現成的商品可供實驗室自行標定蛋白質，只需將試劑加入蛋白質，再經過管柱分離未標上的螢光即可，十分方便。

4-7
螢光技術

螢光技術已廣泛使用在各個生物技術領域，不僅是因為靈敏度高，其偵測系統的進步，在量化及快速這兩個科技化的必要條件上有極大的優勢。以目前較熱門的 DNA 定序及生物晶片而言，都利用螢光作為偵測反應的訊號來源，其重要性確實不可忽視。

一、常用的標記螢光

螢光分子本身化學結構是一種光子 (photon)，原理是以固定光波來源將其**激發 (excition)**，光子會**釋放 (emission)** 出另一波長的光，同時，光子也會因此衰退一些。無論是以螢光顯微鏡直接觀看、拍照或以共軛焦 (confocal) 顯微鏡將螢光訊號轉成圖像，甚至分析訊號，目前都是十分方便而快速的方法。主要常用的標記螢光如圖 4-11 所示，常用的是以 543 nm、488 nm、633 nm 以及紫外光波長作為激發光源的光子，他們各自會放出某一範圍的光波。因各家公司的光子不同會有不同的名稱，研發的方向以耐激發、衰退慢、強度高的光子為主。

二、螢光蛋白質

在另一方面具自發性螢光的一些蛋白質也是目前十分熱門的研究方向。螢火蟲的螢光是需要**螢光酵素 (luciferase)** 對受質進行反應而釋出螢光的，只能作為偵測酵素反應強度方面的應用，作為 reporter。但水母的螢光則是自發性的，蛋白質經過特定光

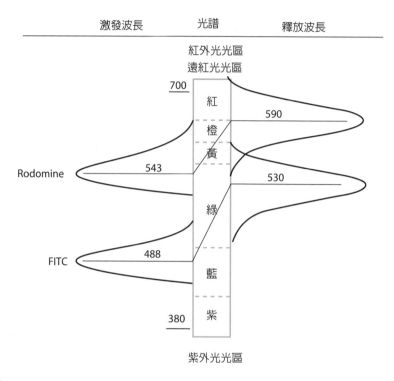

激發波長　　　　　光譜　　　　　釋放波長

紅外光光區
遠紅光光區

700

紅

590

橙

黃

Rodomine　　　543

530

綠

FITC　　　488

藍

380　　紫

紫外光光區

圖 4-11　螢光技術所使用的光波圖示

以光譜說明常用螢光 FITC 及 Rodomine 的使用。光譜中的可見光區的光波長約在 380~700 nm 之間，以下為紫外光光區，以上為遠紅光及紅外光光區。當我們以 FITC 及 Rodomine 這兩類光子標記樣本後，可以分別以波長 488 及 543 nm 的光波來激發，他們各別會釋放出一個區域的光波，我們可以利用濾鏡來觀察特定區域的光波，成為訊號來源，我們常說 Rodomine 放紅光，FITC 放綠光即是此意，透過顯微鏡則可以得知樣本的什麼位置有螢光訊號。圖中標示的波線為光子在激發或釋放時的範圍，通常是選高峰處作為激發或釋放的集中範圍。

波的激發後，本身就會發出螢光，因此可以用來直接看蛋白質的各種狀態及分佈，這也就是**綠螢光蛋白質（green fluorescence protein，簡稱 GFP）**的雛型。GFP 在 1992 年開始被應用到生物技術上，生技公司利用突變的方式，產生更亮而穩定的 eGFP，以及其他波長的變種螢光蛋白質，例如發黃光的 YFP 以及紅光的 RFP，改良的 GFP 使用上已較早期的螢光蛋白質方便且多樣化。

　　GFP 之所以會發光是因為其蛋白質中的 Ser-65、Tyr-66、Gly-67 可以形成環狀構造，且被包覆在一群 β-sheet 之中，物理性質十分穩固，不但耐實驗室用來將蛋白質變性的尿素 (urea)、**介面活性**

劑 (detergent) 及酵素分解，高低溫變性，同時在免疫染色的甲醛固定 (formaldehyde fixation) 之後仍保有自發螢光之特性，因此應用價值很高，目前的基因轉殖發光生物多是以此類螢光蛋白質製作的，即利用選殖方式將其他蛋白質與 GFP 相接，讓表現的蛋白質帶有螢光。在基礎科學研究上，利用螢光蛋白質可觀察並錄製活體中蛋白質的動向，逐漸取代過去經過組織細胞固定或包埋之後，再以抗體標記染色的實驗，提供研究人員更可信的活體結果。

 問題及討論 Exercise

一、選擇題

1. 下列何者是蛋白質二級結構？ (A) 螺旋狀的 α-helix　(B) 胺基酸排列順序　(C) 長條平板狀的 α-sheet　(D) double helix　(E) hairpin

2. 蛋白質在 280nm 波長的吸光值，主要源自何種胺基酸？ (A) 苯丙氨酸 (phenylalanine)　(B) 色胺酸 (tryptophan)　(C) 甘氨酸 (glycine)　(D) 脯氨酸 (proline)　(E) 絲氨酸 (serine)

3. 關於試管內轉譯 (in vitro translation) 利用的系統，下列何者錯誤？ (A) 可用兔子的 reticulocyte lysate　(B) 小麥胚芽萃取物 (wheat germ extract)　(C) 利用萃取物中帶有的本身 DNA 及 mRNA　(D) 萃取物中含有製造蛋白質所需的 tRNA、核醣體 (ribosome) 及各種胺基酸　(E) 只需將特定的 mRNA 加入樣本中即可製出指定的蛋白質

4. 關於 SDS-PAGE 電泳的敘述，下列何者錯誤？ (A) 蛋白質在 SDS-PAGE 中為變性狀態　(B) SDS-PAGE 中蛋白質可依大小分離　(C) 帶正電的 SDS 將蛋白質包裹　(D) 是利用蛋白質上 SDS 多寡的特性來進行電泳　(E) SDS 破壞蛋白質的二、三級結構

5. 關於蛋白質 2-D 膠體電泳的敘述，下列何者錯誤？ (A) 利用蛋白質的等電點 (PI) 的差異　(B) 在等電聚焦（isoelectrofocusing，簡稱 IEF）柱狀膠體中依不同 pH 分離　(C) 以 SDS-PAGE 進行水平方向的第二次電泳，將蛋白質一一分開　(D) 在膠體上每個不同的蛋白質點幾乎就代表不同的蛋白質　(E) 優於 SDS-PAGE 只能分辨出蛋白質的分子大小的特性

6. 關於西方墨點實驗的敘述，下列何者錯誤？ (A) 電泳是將蛋白質樣本經過 SDS-PAGE 將各個不同大小的蛋白質分開 (B) 轉漬 (transfer) 是將膠體上的蛋白質轉漬到晶片上 (C) 阻斷 (blocking) 是以適當的血清或乳蛋白將膜上沒有蛋白質的部分佔滿，防止抗體沾佈，以降低雜訊 (D) 二級抗體認識一級抗體固定區 (constant region) (E) 二級抗體上的標記酵素進行適當的受質反應後可呈現結果

7. 下列何者非免疫技術之優點？ (A) 專一性 (B) 靈敏度高 (C) 快速 (D) 抗體易取得 (E) 應用範圍廣泛

8. 關於二級抗體的敘述，下列何者錯誤？ (A) 二級抗體是以一級抗體的固定區 (constant region) 為抗原所製出的抗體 (B) 二級抗體上可有特殊的酵素標記 (C) 二級抗體上可有特殊的螢光標記 (D) 可以同時使用同種的兩個二級抗體 (E) 不同的二級抗體來源可同時使用

9. 關於免疫呈色反應的敘述，下列何者錯誤？ (A) 可用鹼性磷酸酶 (alkaline phosphatase) 酵素 (B) 可用過氧化酶 (peroxidase) 酵素 (C) 化學物質的受質產生有顏色的反應物 (D) 反應沉澱在抗體所在的位置 (E) 抗體標記螢光

10. 關於冷光反應特性的敘述，下列何者錯誤？ (A) 使用螢光標記的二級抗體 (B) 受質經化學反應會產生螢光冷光 (C) 二級抗體以酵素標記 (D) 冷光不必特定的光源激發 (E) 靈敏度高

11. 關於 ELISA 的敘述，下列何者錯誤？ (A) 全名為酵素聯結免疫分析 (enzyme linked immunosorbent assay) (B) 靈敏度極高 (C) 可用於偵測抗體或抗原的強度 (D) 二級抗體固定於測盤中 (E) 反應物是水溶液，可藉由儀器來判讀結果

12. 關於免疫染色標定的樣本切片的敘述，何者為非？ (A) 可以石蠟包埋切片 (B) 可以冷凍切片 (C) 隱藏抗原所在的位置 (D) 讓組織構造清晰顯露 (E) 標定某抗原在樣本中所分佈的組織

13. 以細胞株進行免疫標定，可得知抗原之何種特性？ (A) 可以得知抗原的結構 (B) 可以區分抗原在細胞內分佈的位置 (C) 可以純化出抗原 (D) 可以區分抗原及抗體 (E) 可以定量抗原

14. 整體染色 (whole mount staining) 的敘述何者為非？ (A) 可以整個胚體進行反應 (B) 可以瞭解抗原蛋白質在整個生物體中的分佈狀況 (C) 可以單一器官進行反應 (D) 組織不需固定 (E) 可以比較不同器官之分佈

15. 樣本進行免疫反應實驗前之固定步驟目的，何者為非？ (A) 保持抗原在生物樣本中的原本狀況　(B) 避免抗原因製作過程而破壞或改變　(C) 冷凍切片是急速冷凍切片後脫水並固定　(D) 石蠟切片先固定，脫水後以石蠟置換包埋，然後切片　(E) 固定步驟使用甲醯胺 (formamide)

16. 關於免疫沉澱法 (immunoprecipitation) 的敘述，下列何者錯誤？ (A) 利用抗原將細胞或組織萃取物中的特定蛋白質抓下來　(B) 可證明某些蛋白質是否與特定蛋白質與在一起　(C) 常配合西方墨點實驗　(D) 可偵測抓下來的沈澱物中是否有其他有興趣的蛋白質　(E) 可純化該蛋白質藉以分析其特性

17. 下列何者非親和性分子標記物？ (A) Biotin 標記　(B) DIG　(C) 磁珠標記　(D) 螢光標記

18. 下列何者非反應報告蛋白質 (reporter)？ (A) Biotin　(B) CAT　(C) β-Gal(β-galactosidase)　(D) luciferase（螢光酵素）

19. 下列何者非可當標記的蛋白質特殊序列？ (A) FLAG　(B) HA　(C) (HIS)6　(D) Myc　(E) Biotin

20. 下列何者非標記蛋白質特殊序列的功用？ (A) 利後來的免疫偵測　(B) 利於偵測基因表現、或存在位置　(C) 利於固定　(D) 利於進行蛋白質交互作用　(E) 利於純化

21. 下列何者非來自病毒或噬菌體的標記蛋白質特殊序列？ (A) HA　(B) T7　(C) (HIS)6　(D) T 抗原

22. 下列何者是來自流感病毒的標記蛋白質特殊序列？ (A) HA　(B) T7　(C) c-Myc　(D) T 抗原

23. 關於螢光技術的敘述，下列何者為非？ (A) 螢光分子本身化學結構是一種光子 (photon)　(B) 以固定光波來源將其激發 (excition)　(C) 光子會釋放 (emission) 出同波長的光　(D) 光子也會因激發而衰退一些　(E) 顯微鏡技術將螢光訊號轉成圖像

24. 關於螢光蛋白質的敘述，下列何者為非？ (A) 是自發性螢光蛋白質　(B) 螢火蟲的螢光也是一種　(C) 最早發現的綠螢光蛋白質來自水母　(D) 目前有發黃光的螢光蛋白質　(E) 目前有發紅光的螢光蛋白質

25. 關於 GFP 螢光蛋白質的敘述，下列何者為非？ (A) 物理性質十分穩固　(B) 不耐蛋白質變性劑尿素 (urea)　(C) 免疫染色的甲醛固定 (formaldehyde fixation) 之後仍保有自發螢光之特性　(D) 耐高低溫變性　(E) 螢光蛋白質可觀察並錄製活體中蛋白質的動向

二、問答題

1. 何謂蛋白質的一、二、三及四級結構？

2. 蛋白質在 280nm 波長的吸光值，主要源自何種胺基酸？

3. 除了測 OD280nm 波長的吸光值，還有什麼方式來定量蛋白質？

4. 進行試管內轉譯 (in vitro translation) 常用何種系統？

5. SDS-PAGE 為何能將蛋白質變性，使之失去電性，只依分子量大小進行電泳？

6. 簡要說明蛋白質 2-D 膠體電泳的原理？

7. 簡要說明西方墨點實驗的流程。

8. 免疫技術有何優點，因而被廣泛使用？

9. 免疫反應中所使用的二級抗體有何特別之處？又如何認識一級抗體？

10. 免疫呈色反應常用的酵素為何？如何進行？

11. 冷光反應有何特性？

12. 試述 ELISA 的原理。

13. 免疫染色標定的樣本需切片的目的為何？

14. 以細胞株進行免疫標定可以得知抗原之何種特性？

15. 整體染色 (whole mount staining) 的目的為何？

16. 樣本固定 (fixation) 的目的為何？

17. 同時標定兩種抗體時，需考慮什麼因素？

18. 請描述 Avidin-Biotin 之間的反應，並舉應用例子說明。

19. 如何利用報告者蛋白質 (reporter) 來分析基因表現的強弱？

20. 試述 β-galactosidase 在利用上的優點。

21. 什麼樣的序列可作為蛋白質標籤，請舉例說明。

22. 六個連續的 histidine 如何作為純化蛋白質的工具？

23. 試述螢光光子釋放螢光之原理。

24. GFP 螢光蛋白質與螢火蟲的螢光有何不同？

25. 方墨點實驗中，阻斷 (blocking) 的功能為何？

解答：（1）A （2）B （3）C （4）C （5）C （6）B （7）D （8）D （9）E （10）A
（11）D （12）C （13）B （14）D （15）E （16）A （17）D （18）A （19）E （20）C
（21）C （22）A （23）C （24）B （25）B

CHAPTER

05

基因選殖
Cloning

BIOTECHNOLOGY

在分析或應用基因的各種方法或實驗中，大多都需要先進行基因選殖這個步驟，也就是將想要使用的基因放到質體中，以方便操作分析或大量繁殖。先得到選殖基因的質體，才能進行下一階段的實驗或更進一步的利用，例如基因表現、基因轉殖，甚至基因治療等，都必須先把基因選殖到適當的載體上，才能送入細胞或動物胚胎中。即使是在試管內作些分析實驗，也都同樣要經過這個步驟，所以大部分的實驗室普遍都會利用到這項技術。而很多更進一步的技術也是從基因選殖衍生而來的，同樣需要有這樣的處理手續做為其中的一步驟，例如基因庫 (library) 的製作，是把一群基因分別選殖到以噬菌體為主體的載體上成為一個基因庫。因此各位應將這個部分的知識當成分子生物實驗的基本常識。完全瞭解了這項技術的基礎，將來才有可能再進一步學習其他的進階技術。

5-1 基因選殖的基本流程

在基因選殖的過程中最常利用的工具材料有下列數種：

1. **質體 (plasmid)**：通常質體包括有：

   (1) **複製原 (ori)**：才能在細菌中大量複製，如圖 5-1。

   (2) **耐抗生素基因**：以利選殖出帶有此質體的細菌株。

   (3) **選殖位置 (multiple cloning sites, MCS)**：供選殖基因接入的位置。

2. **限制酶 (restriction enzyme)**：限制酶可以認識特別的 DNA 序列，將質體 DNA 切開，以便選殖的片段接入。

3. **接合酶 (ligase) 及其他特別的酵素**：接合酶負責將兩段 DNA 接合，將已切開的質體與選殖片段接成新的質體。

4. **勝任細胞 (competent cell)**：這種經過特殊處理的細菌，可以接受外來質體進入。勝任細胞原文的意思係指這種細胞對於接受外來質體的能力足以勝任，故稱之。

圖 5-2 即為基本的基因選殖流程，這樣的簡單圖解說明，只能告訴各位基因選殖的大綱，並不能很清楚實際操作細節，在瞭解以下各節的詳細說明之後，再回來看這個圖就更能明瞭了。

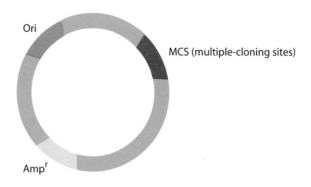

圖 5-1 　**質體的基本元素**

質體的基本元素包括複製原、耐抗生素基因及可供選殖的限制酶位置。

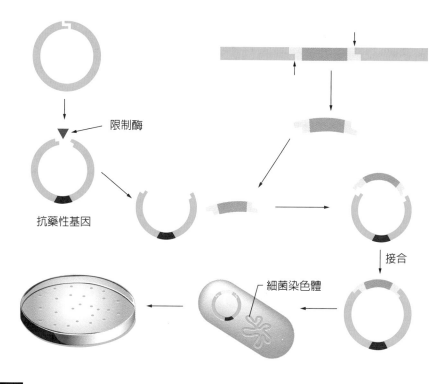

限制酶

抗藥性基因

接合

細菌染色體

圖 5-2  基因選殖的流程

將欲選殖的基因以適當的限制酶切割出 DNA 片段，接入亦經限制酶切割過的載體中，並需考慮二者之切口是否能吻合。將接好的質體送入細菌中，讓細菌轉型成具抗生素的抗藥性，即可自帶抗生素的培養基中長成菌落，再篩選出帶有正確質體的菌落。

5-2 質 體

　　細菌大部分的遺傳物質都存在於染色體上，也有些會存在於染色體以外的 DNA 也就是質體 (plasmid) 上。如圖 5-1，質體是圓形的 DNA，在細菌體中是獨立存在的，可自行複製，和細菌本身的染色體複製是不需要有關聯性的，這種形式的 DNA 稱作 episomic。質體是自行複製成多數，用非染色體遺傳的方式傳遞給下一代，會在細菌分裂時將質體直接分給下一代，與染色體的遺傳特性沒有關聯。但是，並不是所有的質體都可以平均分給下一代，也就是說，在細菌一分為二的時候，子代的兩個新細菌分到的質體數目不一定相同，甚至可能有些細菌會分配不到這種質體。基本上，質體對細菌而言，並不一定是生存所必須的，是否分配到質體並不影響新細菌的生長。但是，如果這個質體帶有抗藥性基因，在抗生素存在的狀況下，新細菌若沒有從上一代得到這種質體就無法生存。此時，這個質體就絕對是細菌生存所必須的。

⬇ 一、原生質體所帶的基因

近 50 年來對細菌的陸續研究發現，幾乎大部分的細菌都帶有質體。這些原本就存在的原生質體許多都帶有抗藥性基因，還有一些則是帶有能殺死其他種細菌的抑菌素基因，這些都成為生物技術上十分有用的工具。另外有一些具有經濟價值的質體，例如鏈球菌或其他相關菌種帶有一些發酵必須的酵素基因，是製造乳酪所必須的。除了質體所攜帶的特殊基因，這些細菌的原生質體的基本架構，在經過多年的研究後逐漸被改造成為實驗室可用的質體，對整個生命科學領域而言，貢獻良多。

⬇ 二、複製原起點 (Replication Origin) 及複製力

細菌複製圓形的質體時，都會由固定的起點開始，而複製原 (replicon) 的定義即為具有 **DNA 複製起點（origin，簡稱 ori）** 及相關調控元素的單位，因此，細菌每次複製質體都需要由複製原起點開始進行。目前約發現有 30 種以上的複製原，複製原的種類會決定質體在細菌中存在的數量多寡，如表 5-1 所示。在實驗室所使用的質體都是經過改造的，早期被用作工具的質體多為低複製力的 (low copy number)，在一個細菌中只能複製出 10 個左右的質體，經過不斷改良，現在用的質體多為高複製力的 (high copy number)，在一個細菌體內，可能可以複製到 500 個以上，很容易就可以利用細菌繁殖出大量的質體，十分方便於量產。

表 5-1　質體的複製原

質體	複製原	細菌體內可存在的數量	發明年代
pBR322	ColE1	15~20, low copy number	1977
pUC 系列	改良式 pMB1	500~700, high copy number	1982~1992

　　當然，並不是說低複製力的質體就該被實驗室淘汰，它還是有利用價值的，例如，在某些時候，選殖的基因在細菌體內大量表現時，會對細菌產生毒性，造成細菌生長不良或甚至死亡，這時就需要使用低複製力的質體來降低可能的不良影響。

　　複製原也決定各質體能否同時存在於同一個細菌中，相同複製原的質體屬於同一個不親和群體 (incompatibility group)，當細菌中已經先有了某種質體，複製原和它相同的質體就不能再進入。複製原來源不同的質體，可以同時存在同一個細菌中。

三、抗藥性基因

　　這些基因大多是從不同的菌種中所選殖出來的，它們所產生的蛋白質可能可以分解或破壞抗生素，都是細菌自己慢慢突變演化而產生的，科學家們再加以利用。在質體選殖時，可以利用抗生素來篩選帶有此質體的菌株。原本不具抗藥性的細菌因為得到了這個質體而產生了抗藥性，這個現象稱作細菌**轉型** (transformation)。我們可以在抗生素縮寫的右上角標上小寫的 r，代表這個質體或細菌的抗藥性。在具有抗生素的培養基上，這個轉型的細菌可以由一個細菌不斷生長分裂，長成一個**菌落** (colony)。現在在實驗室中，都把 "將質體送入細菌中" 得到可分析的菌落的這整個過程稱為 transformation。表 5-2 所列為常用的抗生素及作用機轉 (mechanism)，而抗藥基因則是產生能分解這些抗生素的蛋白質。

表 5-2　抗生素基因

Antibiotic（抗生素）	抗藥性基因	抗生素抑菌作用機轉
Ampicillin（安比西林）	amp^r	能抑制革蘭氏陰性細菌的細胞壁合成過程之最後一個步驟
Chlorophenicol（氯黴素）	chl^r	對 70S 核醣體作用，可以抑制細菌蛋白質的合成
Kanamycin（克耐黴素）	kan^r	阻礙細菌蛋白質的合成或讓其發生錯誤的轉譯
Tetracycline（四環素）	tet^r	能妨礙蛋白質轉譯

四、載　體

　　通常用來裝載選殖基因的這個質體泛稱為**載體 (vector)**，除了複製原起點及抗藥性基因這類必要條件外，向生技公司買來的載體通常還會有一段特別設計的序列，在短短的序列中密集分佈有很多種常用限制酶認識的序列，便於選殖利用，稱作 polylinker site，如圖 5-1，有時標記成 PCS (poly cloning-site) 或 MCS (multiple cloning site)，指的都是相同的東西，這些序列並不是質體本身所必備的，是人為改造成方便接入選殖基因用途的。

五、載體的種類

　　根據後續實驗的需要目的，會將選殖的基因接入各式各樣的載體中，如表 5-3。

　　當然，在選殖基因時也可利用載體將之與其他特別的標記相接，作出來的基因產物即帶有標記，如蛋白質章節的介紹。

表 5-3 依目的分類的質體載體種類

目的	適合的載體
大量生產 DNA	要選擇高複製力的質體,例如 pGEM、pBluescrips 系列
大量生產 RNA	要選擇帶有噬菌體啟動子的質體,如 T3、T7、SP6 等啟動子,將選殖的基因片段接在其後,即可產生大量的 RNA
大量生產蛋白質	要選擇具有啟動子、轉譯起點 ATG 的基因表現載體,此類載體通常為低複製力的,可以避免因大量表現蛋白質對細菌產生不良影響,如 pET 系列

　　此外,除了典型的質體之外,有時候要載接的 DNA 片段太大,細菌很難接受這樣大的質體,十分不易成功轉型,即使選殖成功,純化起來也不容易。於是就有其他類似的載體工具產生,最早使用的是噬菌體 λ,將 DNA 接入噬菌體的病毒 DNA 中,但受限於噬菌體外鞘包裝有限,扣除病毒 DNA 之後,無法攜帶太多 DNA,後來的 cosmid 是在質體上放有噬菌體 λ 用來穿透細菌所需要的基因,因此它不需要如質體 DNA 般利用物理方式轉型細菌,而是以噬菌體感染細菌的方式進入細菌中,再成為圓形質體,並可以在細菌體內繁殖。隨著不斷改良,有更多能裝載大段 DNA 的載體被研發出來,例如利用噬菌體 P1 載體,利用染色體為架構的 BAC (bacterial artificial chromosome)、YAC (yeast artificial chromosome) 等,這類載體主要是為了裝載較大的 DNA 片段,用來構築基因庫之用。表 5-4 即為常用的基因庫載體及其特性。

　　至於基因庫的製作請參考 DNA 技術的章節,有些公司或研究機構提供付費的篩選 YAC、PAC 及 P1 基因庫,將篩選到的**基因株 (clone)** 寄給需要的實驗室。

○ 表 5-4　選殖 DNA 及基因庫常用之載體

載體	可接入 DNA 大小	每隻細菌中之數量	特性	用途
Plasmid	~15 kb	High copy	圓形	一般基因選殖
λ Phage	~25 kb	High copy	直線型病毒 DNA，能直接感染細菌	基因體基因庫、cDNA 基因庫
Cosmid	30~45 kb	High copy	帶有噬菌體的 Cos site，使用時切成線形，接入 DNA，再被裝入噬菌體外鞘中，感染細菌，成為圓形質體	基因體基因庫
Phagemid	~12 kb	High copy	體外為直線型病毒形，進入細菌內可接成圓形質體	基因體基因庫、cDNA 基因庫
P1 phage	70~100 kb	1~20 個	圓形的病毒 DNA，有 cosmid 及 YAC 的優點，而無缺點，可利用 IPTG 誘導入 lytic cycle，大量繁殖 DNA	基因體基因庫
BAC	100~500 kb，可達細菌基因體之 1/4	1~2 個	利用 fertility(F)factor 送入細菌，圓形，可以像 plasmid 一樣從細菌中純化出來	基因體基因庫
PAC	130~150 kb	High copy	結合 P1 vector 及 BAC，需要用電穿孔的方式送入細菌中	基因體基因庫
YAC	250~1000 kb (1 Mb)		具有酵母菌的中節 (centromere) 及兩個端點 (telemere)，並有供篩選的兩個標記基因	基因體基因庫

5-3
酵 素

在基因選殖過程中可能利用到的酵素有很多種，在本書另有核酸酵素章節會一一作介紹，這裡只針對主要的三類作簡單的說明。

⬇ 一、限制酶

在基因選殖時經常需要用到限制酶將 DNA 切開，不只是在進行選殖的過程需要用到限制酶，在分析質體的時候，也會利用這個工具來判定質體是否帶有選殖的基因片段。當限制酶在質體上只有一個切口時，切開的質體會從圓形變成線形 (linear)，這個步驟一般稱為**線形化 (linearize)**。至少要有兩個限制酶切口，質體才能被分成兩個片段。

⬇ 二、接合酶

當選殖的基因片段要接入已切開的質體時，必須要有接合酶來進行這個接合的動作。兩者接合時，提供新質體大部分架構的質體可被稱為**載體 (vector)**，而選殖片段則稱為**插入體 (insert)**。二者的限制酶切口必須能互補配對吻合才能接合。通常由相同的限制酶所產生的切口最方便，直接就可以接合。即使來自不同限制酶所產生的切口，只要互相吻合，也是可以接合的。但常常遇到的情況是在想要接合的基因片段上並沒有相同的限制酶切口可利用，可能是一個平端要接上突端，或是一個 5' 突端要接 3' 突端，遇到這種情況，可以再利用其他的特別酵素將突端修平或補齊，再以平端對平端的方式接合。

三、切口修飾酵素

若想將不能直接吻合的兩個酵素切口相接，我們需要將切口整修成平端的方式來解決。對於 5' 突端，一般是利用 Klenow 將它補齊 (fill-in)，如圖 5-3(a) 所示，這是 DNA 複製時的主要酵素 DNA 聚合酶 I 中的部分具活性之酵素片段。由於自然的 DNA 複製是由 5' 端往 3' 端，因此對於 3' 突端，是沒有可利用的酵素能直接將缺口補齊的，而是要利用噬菌體的 T4 DNA 聚合酶將它多出的 3' 端核苷酸修剪成平端，如圖 5-3(b)。

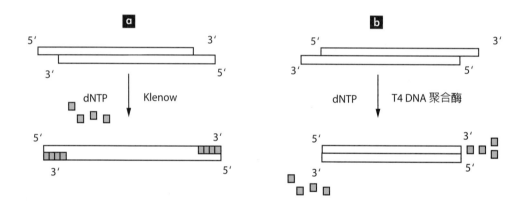

圖 5-3 對於切口不能配對的 DNA 片段，可以將其修整成平端再接合

a 針對 5' 端突出的 DNA 片段，可以用 Klenow 酵素將另一股 DNA 的 3' 端補至與 5' 端平齊。

b 針對 3' 端突出的 DNA 片段，可以用 T4 DNA 聚合酶將另一股 DNA 的 3' 端切至與 5' 端平齊。

5-4 勝任細胞

細菌之間可以相互傳遞質體，這可視為細菌突變的一項來源之一，例如一個細菌帶有具抗藥性基因的質體，在自然狀況下，除了這個細菌不斷分裂產生的後代會具有抗藥性，這種細菌也可能藉由**接合現象** (conjugation) 或其他方式將此質體傳給別的細菌，於是

另外有大批的細菌也帶有抗藥性。但是,在進行基因選殖時,不可能利用自然發生的低機率接合現象來完成細菌轉型的步驟,因此要利用其他人為的方式讓細菌的細胞壁組織改變,增加細胞膜的通透性,好讓質體很容易進入,這種被處理過的細胞稱為**勝任細胞 (competent cell)**,指的是它有相當的能力吃入外來 DNA 質體。目前常用的兩種方法為 $CaCl_2$ 化學處理及利用瞬間電流打洞的**電穿孔 (electroporation)** 方式。還有些生技公司有獨門的專利技術製作高轉型率的勝任細胞,不但商品化,同時也為客戶進行特殊菌種的勝任細胞製作。

⬇ 一、化學方式 − $CaCl_2$ Transformation

這是古老而傳統的方式,大約每 μg DNA 可以讓 10^7 個細菌得到質體。也就是說應該可以得到 10^7 個菌落。經由 $CaCl_2$ 連續處理過的細菌,它的細胞膜會因 $CaCl_2$ 而通透性增加,也就是說產生了一些開口,當 DNA 與其混合後,以短時間的瞬間熱處理,DNA 就會被細菌吃入。這是便宜簡單的常用方法,並不因為方法老舊而被淘汰。

⬇ 二、物理方式 − 電穿孔

在某些較困難的實驗中,由於預估的細菌轉型率可能很低,此時就要考慮採用一種能提高細菌吃入 DNA 能力的方式來進行細菌轉型,電穿孔方法就是一個不錯的選擇。細菌經由連續的低張溶液處理,與 DNA 混合後,接上電極,經由瞬間電流使細胞膜暫時通透,就可以把 DNA 送入細菌中。此法可以讓 80% 的細菌具有轉型能力,幾乎可以達到 10^9 / μgDNA 的轉型效率,意思是每 μg DNA 可讓 10^9 個細菌產生轉型。電穿孔是非常有效且可靠的方法,但機器設備較為昂貴,用途廣泛,不僅是細菌轉型,許多送 DNA 入細胞的技術都可能會用到它。

三、細菌品系的選擇

細菌有一定的生長曲線，從很少量的細菌開始繁殖時，初期生長較慢，在一定的時間內長到某個濃度後，就可達到每 20 分鐘分裂一次的生長旺盛期 (log phase)（如圖 5-4），生長再久一些，則會因為細菌養分不足而再度趨緩。製作勝任細胞必須要選用正處於生長旺盛期的健康細菌。現在大量被用來作實驗的細菌大部分都是大腸桿菌，只是品系 (strain) 不同，各種品系都有特殊的特性，例如防止細菌發生基因重組或突變等。

除了大腸桿菌之外，也有其他的細菌被用於質體技術，如 *Bacillius subtilis*，這是一種不具病原性的桿菌，常利用在工業用途，用以產生抗生素、殺蟲劑或工業酵素等。

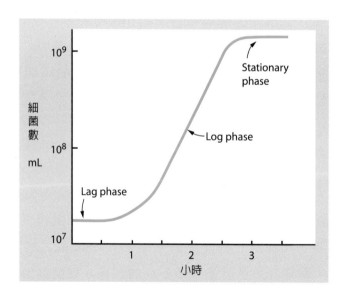

圖 5-4 **細菌的生長曲線**

細菌在有限的培養基內生長之初為遲滯期 (lag phase)，分裂及生長均較緩慢；當細菌開始達到每 20 分鐘分裂一次的快速生長時期，細胞濃度會成等比級數增加，稱作生長旺盛期 (log phase)；最後細胞濃度達到 10^9/mL 時，培養基內的養分也將耗盡，因此生長速度又趨緩，稱為靜止期 (stationary phase)。

5-5
基因選殖的篩選

當得到了轉型的菌落之後，必須確認這些細菌確實帶有我們想要的質體，通常會有數個階段的篩選。

⬇ 第一階段

要確定帶有質體，抗生素作了第一步的篩選，能活下來的細菌就是帶有質體的，質體上的耐抗生素基因即為篩選標記。

⬇ 第二階段

確定載體確實有接入一段 DNA。通常有幾種方式來區別細菌所帶的質體是原來的載體，或是有接入新的 DNA 片段。

1. **IPTG-X-gal 藍白試驗**：原始商用質體的 MCS 都設計有藍白試驗的位置，一旦有其他 DNA 接在此處，原本在該處的 β-galactosidase 就無法作出，如圖 5-5。此時若在培養基上塗有該酵素的受質 X-gal 及誘導產生酵素的 IPTG，能作出酵素的細菌就可以分解 X-gal，讓菌落成為藍色，這是帶有原本載體的細菌。反之，接入 DNA 的質體就無法作出分解 X-gal 的酵素，仍為白色的菌落。

2. **細菌電泳 (protoplasting)**：大部分的時候，實驗室的質體都經過很多步驟的剪剪接接，不再能用第一種方法來判斷，此時，還可以取少量的菌落溶解在特殊的溶液中，除去細胞壁直接在進行電泳分析時溶解細胞膜，可依其位置大小來判斷質體是否長大了一些。當然，如果接入的 DNA 小於質體的 1/10，會比較難區分。

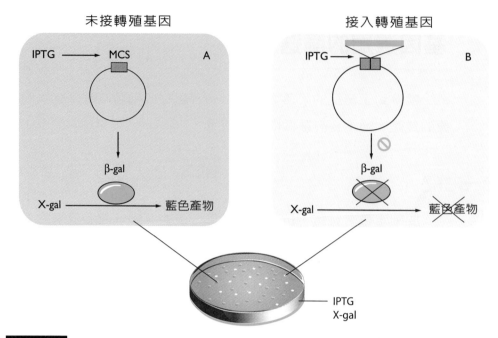

未接轉殖基因　　　　　　　　　接入轉殖基因

圖 5-5　以藍白試驗確認各菌落中的載體上是否插有 DNA 片段

細菌 A 中的質體是原來的載體，其 MCS 區完好，因此在 IPTG 的誘導下可以作出 β-gal 的蛋白質，β-gal 可將受質 X-gal 轉變成藍色產物。由此細菌長成的菌落，會在含有 IPTG 及 X-gal 的培養基上呈現藍色。而 B 細菌中的質體已接有另一段 DNA，載體上的 MCS 區已被破壞，IPTG 無法誘導出 β-gal 的表現，因此會長成白色的菌落，也是我們要挑選的菌落。

第三階段

確定接入的 DNA 是我們想要的，如圖 5-6。

通常需要進行質體的純化，以限制酶將接入的 DNA 片段切出來，觀察它的大小是否相符，或是該 DNA 片段上是否有特定的限制酶切口來判斷。在某些情況下，質體並未如我們預期一般接入我們想要的 DNA，而是接入其他的 DNA 片段，都可以用此法區別。而有些時候，需要精確的判斷接入的 DNA 序列是完全正確的，一字不差。特別是接入 PCR 的產物或是接入經過特殊酶素處理兩端的 DNA 片段時，那麼就需要藉由 DNA 的定序來確認。

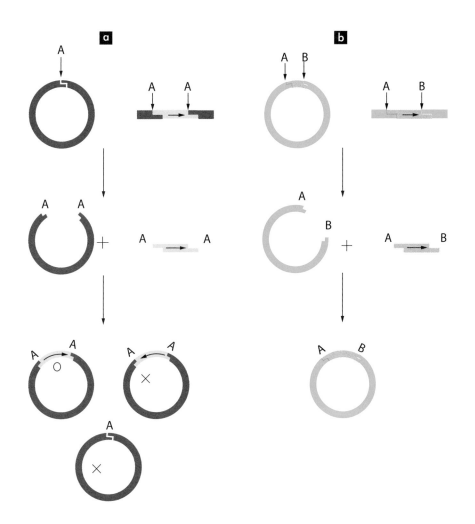

圖 5-6 DNA 接合之說明

以圖 **a** 為例，若將選殖片段以限制酶 A 切出，X 質體也以限制酶 A 切開，將 AA 片段接入 X 質體中，形成一個新的質體，此時 AA 片段可能以兩種方式接入 X 質體中，必須利用限制酶切割來判定接入的方向。而且 X 質體也很容易自行接合，成功率較低。若將選殖片段以限制酶 A 及 B 切出，X 質體也以限制酶 A 及 B 切開，如圖 **b**，再將 AB 片段接入 X 質體中，形成一個新的質體，此時 AB 片段即具有方向性，只會有一種方式可以接入 X 質體中，成功率較高。這是在設計質體時，應考量的基本因素。

5-6
質體接合原理

當我們處理好了載體和選殖的 DNA 片段，準備要將他們接在一起，希望如同我們設計的步驟一樣，順利產生正確產物。但常常因為忽略掉其他接合的可能性，而得到比例偏低的理想產物，甚至挑不到原本預期的產物。如果能完全瞭解接下來所介紹的一些重要概念，只要能把握這些原則，在設計質體及接合時就能避免產生困擾。

1. 分子碰撞：分子內自行接合易於分子間接合。

2. 相合的突端相接較兩個平端相接容易。

3. 相合的突端相接時需要的接合酵素約為平端相接的 1/10。

4. 突端接合與平端接合共存時，先接突端。

5. 考慮適當的載體與插入子的分子比例。

如圖 5-7，假設一個質體以一種限制酶切去一小段 DNA，再行接合，在完全切開而不個別純化的狀況下，可能會產生兩類產物：一個是少掉一小段 DNA 的質體，一個是接回去原來大小的質體。這兩種哪一類產物比較多呢？假設 100% 的質體均已被切開，那麼第一種的產物是 DNA 分子發生 "分子內" 碰撞，也就是 DNA 分子長鏈的兩個端點互相碰撞，因為是相同的切口，因此可以順利接合。而第二類的產物則是屬於 "分子間" 的碰撞，也就是不同的分子互相碰撞，原本切下來的 DNA 小片段又接回原本的質體，這種機率自然比前者低，同時，由於兩種 DNA 各有兩個相同的切口，相接時又有一半的機會可能是反接小片段的 DNA。由這個例子看來，在設計質體的構築時，若要接入一段 DNA 片段，最好是有兩個不同的切口，才不易發生載體自行接合的現象，同時，小片段的分子也不會反接入載體中。如此一來就可以增加預期產物的機率。

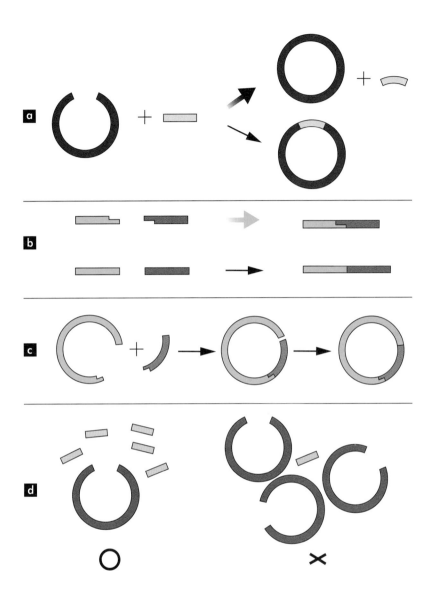

圖 5-7 DNA 接合時之分子碰撞關係

a 如果載體的兩端是相同的切口,很容易自行接合(分子內碰撞),而不利其他 DNA 的接入(分子間的碰撞)。

b 突端的接合易於平端的接合。

c 當有突端及平端需接合時,根據 **a** 及 **b** 的原則,在載體與插入的 DNA 間的碰撞關係下,應先接容易的突端,形成一個分子之後,再利用分子內碰撞的關係,接合平端,成功機率較高。

d 載體與插入 DNA 之間的數量關係應維持低載體數與高插入子數,才易成功。

　　除此之外，在接合時，我們也可以利用分子內或分子間碰撞機率的差異來增加接合成功的機率。例如兩個切口分別為平端和突端的載體要接入一小段切口相合的 DNA，此時可以考慮先以小體積反應方式增加分子間的碰撞機會，並提供低濃度的酵素先接合突端，此時，接合過突端的 DNA 只需再行分子內接合即可，因此可以加大反應體積增加分子內碰撞機會，再加強酵素濃度，平端自然可以順利接合。

　　在一個接合反應中，分別純化出載體及插入子的 DNA 後，應當進行膠體電泳來定出二者的量，要如何決定適當的載體及插入子的比例分配呢？在我們設計一個反應時，應該先瞭解載體及插入子的個別分子大小，假設載體分子為 4 kb，而插入子為 400 bp，那麼兩者的分子比例為 10:1，也就是説同樣重量的 DNA，載體的分子數量只有插入子的 1/10。

　　以一個接合反應中，插入子的分子數量應該至少要有載體的 2~5 倍。當然，插入子的量也不是加越多越好，因為插入子也可能自行相接，相接後不利接入載體中，反而浪費 DNA，即使能接入，也是複數個插入子，並沒有優點。

　　以上是基因選殖時比較重要的知識原理及操作原則，但真正的實驗設計可能需要考慮更多的因素，各位將來有機會實際操作時，自然會瞭解更多的細節。基因選殖其實是一項簡單而實用的技術，並沒有高深的學問或特別的技巧。在接下來的許多章節，各位即可瞭解基因選殖只是許多技術其中的一個步驟而已。由此可見，很多技術都需要利用到基因選殖，足見此技術之重要性及基礎性。只要各位完全瞭解此一技術的原理，掌握重要的原則，加以應用，一定可以解決大部分的問題。

問題及討論 Exercise

一、選擇題

1. 何者非質體的基本要件？ (A) 複製原 ori　(B) 耐抗生素基因　(C) 選殖位置 (mutiple cloning sites)　(D) 噬菌體啟動子

2. 質體上的什麼位置可供選殖基因接入？ (A) MCS　(B) ori　(C) Amp^r　(D) Kan^r

3. DNA 經限制酶切開後產生的 5' 突端，要如何修成平端？ (A) 利用 klenow 將它補齊 (fill-in)　(B) 利用 T4 DNA 聚合酶將它多出的 5' 端核苷酸修剪成平端 (C) 利用 T4 DNA 聚合酶將它補齊 (fill-in)　(D) 利用 klenow 將它修剪成平端

4. DNA 經限制酶切開後產生的 3' 突端，要如何修成平端？ (A) 利用 klenow 將它補齊 (fill-in)　(B) 利用 T4 DNA 聚合酶將它多出的 3' 端核苷酸修剪成平端　(C) 利用 T4 DNA 聚合酶將它補齊 (fill-in)　(D) 利用 klenow 將它修剪成平端

5. 抗生素 Ampicillin（安比西林）的作用機制為何？ (A) 能抑制革蘭氏陰性細菌的細胞壁合成過程之最後一個步驟　(B) 對 70S 核醣體作用，可以抑制細菌蛋白質的合成　(C) 阻礙細菌蛋白質的合成或讓其發生錯誤的轉譯　(D) 能妨礙蛋白質轉譯

6. 抗生素 Chlorophenicol（氯黴素）的作用機制為何？ (A) 能抑制革蘭氏陰性細菌的細胞壁合成過程之最後一個步驟　(B) 對 70S 核醣體作用，可以抑制細菌蛋白質的合成　(C) 阻礙細菌蛋白質的合成或讓其發生錯誤的轉譯 (D) 能妨礙蛋白質轉譯

7. 抗生素 Kanamycin（克耐黴素）的作用機制為何？ (A) 能抑制革蘭氏陰性細菌的細胞壁合成過程之最後一個步驟　(B) 對 70S 核醣體作用，可以抑制細菌蛋白質的合成　(C) 阻礙細菌蛋白質的合成或讓其發生錯誤的轉譯　(D) 能妨礙蛋白質轉譯

8. 抗生素 Tetracycline（四環素）的作用機制為何？ (A) 能抑制革蘭氏陰性細菌的細胞壁合成過程之最後一個步驟　(B) 對 70S 核醣體作用，可以抑制細菌蛋白質的合成　(C) 阻礙細菌蛋白質的合成或讓其發生錯誤的轉譯　(D) 能妨礙蛋白質轉譯

9. 關於細菌將質體 (plasmid) 傳遞給下一代的敘述，下列何者錯誤？ (A) 質體是自行複製成多數，用非染色體的方式傳遞給下一代　(B) 細菌分裂時將質體直接分給下一代　(C) 染色體的遺傳特性沒有關聯　(D) 所有的質體都可以平均分給下一代　(E) 質體對細菌而言，並不一定是生存所必須的

10. 關於複製原起點 (replication origin) 及複製力的敘述，下列何者錯誤？ (A) 細菌複製圓形的質體時，都會由固定的起點開始　(B) 複製原的種類會決定質體在細菌中存在的數量多寡　(C) 高複製性的 (high copy number) 複製原起點，在一個細菌體內，可能可以複製到 500 個以上　(D) 早期發現的原生質體多為低複製力的，已被淘汰　(E) 有些選殖的基因在細菌體內大量表現時，會對細菌產生毒性，造成細菌生長不良或甚至死亡

11. 關於複製原起點與親和性的敘述，下列何者錯誤？ (A) 複製原可決定各質體能否同時存在於同一個細菌中　(B) 相同複製原的質體屬於同一個親和群體 (incompatibility group)　(C) 細菌中已經先有了某種質體，複製原和它相同的質體就不能再進入　(D) 複製原來源不同的質體，可以同時存在同一個細菌中

12. 關於 cosmid 的特性及用途，下列何者錯誤？ (A) 在質體上放有噬菌體 λ 用來穿透細菌所需要的基因　(B) 是以噬菌體感染細菌的方式進入細菌中　(C) 進入細菌中形成圓形質體　(D) 可以在細菌體內繁殖，可攜帶較大的 DNA　(E) 需要如質體 DNA 般利用物理方式轉型細菌

13. 關於平端和突端在接合上的敘述，下列何者錯誤？ (A) 平端可以直接接合　(B) 突端接口若不吻合，需利用其他的特別酵素將突端修平或補齊　(C) 5' 突端可利用 klenow 將它補齊 (fill-in)　(D) 3' 突端利用 T4 DNA 聚合酶將它補齊 (fill-in)　(E) 5' 及 3' 突端處理方式不同

14. 關於抗藥性基因的敘述，下列何者錯誤？ (A) 這些基因大多是從不同的菌種中所選殖出來的　(B) 它們所產生的蛋白質可能可以分解或破壞抗生素　(C) 細菌自己慢慢突變演化而產生的　(D) 質體選殖時，可以利用抗生素來篩選帶有此質體的菌株　(E) 原本不具抗藥性的細菌因為得到了這個蛋白質而產生了抗藥性

15. 關於細菌的藍白試驗，下列何者錯誤？ (A) 帶有選殖基因的菌落呈白色　(B) 帶有原本質體的菌落呈藍色　(C) 培養基上有 X-gal 受質　(D) 利用的酵素為 β-galactosidase　(E) β-galactosidase 酵素不需誘導，可持續產生。

16. 若要製備大量的 DNA，需選擇哪一類質體？ (A) 高複製力的質體，例如 pGEM，pBluescrips 系列　(B) 帶有噬菌體啟動子的質體，如 T3，T7，SP6 等啟動子　(C) 具有啟動子，轉譯起點 ATG 的基因表現載體　(D) 以上均可

17. 若要製備某個 RNA，需選擇哪一類質體？ (A) 高複製力的質體，例如 pGEM，pBluescrips 系列　(B) 帶有噬菌體啟動子的質體，如 T3，T7，SP6 等啟動子　(C) 具有啟動子，轉譯起點 ATG 的基因表現載體　(D) 以上均可

18. 若要製備某個蛋白質，需選擇哪一類質體？ (A) 高複製力的質體，例如 pGEM，pBluescrips 系列　(B) 帶有噬菌體啟動子的質體，如 T3，T7，SP6 等啟動子　(C) 具有啟動子，轉譯起點 ATG 的基因表現載體　(D) 以上均可

19. 下列何者容易攜帶 100kb 以上的 DNA ？ (A) plasmid　(B) BAC　(C) Cosmid　(D) Phagemid　(E) λPhage

20. 關於勝任細胞的敘述，下列何者錯誤？ (A) 人為處理讓細菌的細胞壁組織改變，增加細胞膜的通透性，讓質體很容易進入　(B) 細菌細胞膜 $CaCl_2$ 連續處理過後，通透性會增加　(C) 當 DNA 與 $CaCl_2$ 處理的勝任細胞混合後，以短時間的瞬間熱處理，讓質體容易進入　(D) 細菌經由連續的加熱處理，與 DNA 混合後，接上電極，經由瞬間電流使細胞膜暫時通透，就可以把 DNA 送入細菌中　(E) 電穿孔製成的勝任細胞轉型率比 $CaCl_2$ 處理的高

21. 質體與 DNA 接合時，需注意的原則中，下列何者錯誤？ (A) 分子內自行接合易於分子間接合　(B) 相合的突端相接較兩個平端相接難　(C) 突端接合與平端接合共存時，先接突端　(D) 考慮適當的載體與插入子的分子比例　(E) 平端相接需要較多接合酶

二、問答題

1. 試述質體的基本要件。

2. 何謂質體上的 MCS ？

3. DNA 經限制酶切開後，如何利用酵素將切口修齊？

4. 列舉常用的抗生素及其作用機轉。

5. 細菌如何將質體 (plasmid) 傳遞給下一代？

6. 自然狀況下，細菌如何將質體傳給其他的細菌？

7. 試比較細菌轉型之化學方法與電穿孔方法之差異。

8. 試述質體複製原之重要性。

9. 今有一勝任細胞，具有 $10^9/\mu g$ 的轉型效率，若取 100ng 的 DNA 進行細菌轉型，理論上應得到多少個菌落？

10. 何謂質體的不親和性？

11. 就目的分類，試述常用的細菌載體種類。

12. 根據本章所介紹的內容，請試著在圖 5-2 中加添未列出的步驟。

13. 試述基因選殖的篩選過程。

14. 試述 cosmid 的特性及用途。

15. 平端和突端在接合上有何差異？

16. 如果同時有平端和突端需要接合，應如何進行？

17. 一個 5' 突端和一個 3' 突端需要如何處理才能相接合？

18. 相同重量的 5kb DNA 和 2kb DNA，分子數量比例如何？

19. 何謂細菌的藍白試驗？

20. 如何以限制酶確定細菌所帶的質體是我們想要的？

解答：（1）D （2）A （3）A （4）B （5）A （6）B （7）C （8）D （9）D （10）D
（11）B （12）E （13）D （14）E （15）E （16）A （17）B （18）C （19）B （20）D
（21）B

CHAPTER

06

限制酶及其他核酸酵素
Restriction Enzyme and Other Modification Enzymes

BIOTECHNOLOGY

凡是能作用於 DNA 或 RNA 的酵素均可被稱為核酸酵素，在分子生物實驗中所利用的核酸酵素種類繁多，均取材自各種生物，他們原本即具有一定的角色功能，無論是製造或分解核酸的能力，均有可能成為實用的工具，實驗室中只是充分利用他們的特性來完成製造或分解核酸的工作。

限制酶是一種廣泛使用於 DNA 技術的核酸酵素，在實驗室中使用頻繁，不只是在進行基因選殖的過程需要限制酶，在分析質體的時候，也會利用這個工具來判定質體是否帶有選殖的基因片段。由於它能認識某種特定的 DNA 序列，而將 DNA 切開，在鑑別及分析 DNA 上十分方便而有用，常被使用於定序之前的初步確認步驟，可說是非常有用的分子生物工具。

6-1
限制酶的發現

　　限制酶是來自細菌的一類酵素，是細菌為了保護自己的遺傳訊息，而演化出之一種能認識特定 DNA 序列的酵素蛋白質。早在 1953 年，細菌學家就發現不同的大腸桿菌品系之間在傳遞 DNA 時，外來的 DNA 在細菌體內並不會被完全分解，而是被切成片段。細菌學家認為這種現象顯示細菌體內必然有某種特別的酵素存在，它可以切斷外來的質體，防止已入侵的質體在細菌體內任意複製，有了這種防禦機制才能確保自己的基因體不受其他細菌的 DNA 所污染。直到 1970 年，科學家們終於找到答案，才真正從 *Haemophilus influenzae* 細菌中純化出第一個限制酶 HindII 出來，科學家們也成功地證實它的確可以將萃取出來的大腸桿菌 DNA 切成片段，卻不會切來自於 *Haemophilus influenzae* 本身的 DNA。當然這是因為細菌本身也有特別的機制保護自己原本的染色體不受這種限制酶的作用，我們會在後面部分解釋這種現象。

　　從此之後，來自於各種菌種的限制酶也陸續被發現，目前為止，大約有 200 種以上的限制酶被商品化。科學家們也就可以從 DNA 中切割出想要研究的部分片段，因為這在基因的研究上是一項重大的突破，在分子生物學尚未崛起的年代中，生物化學是生命科學的主流，一般的生化實驗室都有能力自行純化限制酶，也由於限制酶來源的普遍性，讓它在生物科技的發展史上扮演了重要的角色。伴隨而來的是其他各式各樣能修飾或改造核酸片段的酵素也一一被發現，並且廣泛應用在基因工程技術或生化技術上。現在各大生技公司幾乎都可供應限制酶及其他的各種核酸酵素。

6-2
限制酶的命名

限制酶的命名是根據取材來源的菌種學名縮寫而來。表 6-1 所列舉的限制酶是分別從很多種菌種所純化出來的。例如 EcoRI 酵素的名稱中，Eco 表示大腸桿菌 (*E. coli*)，R 代表從 RY13 品系 (strain) 中純化出的，I 表示第一種限制酶，以此類推，EcoRV 則是大腸桿菌 RY13 品系中純化出的第五種限制酶。

限制酶之所以被稱為限制酶，意思是每一種酵素只認識某種限定的 DNA，大部分的限制酶都是認識特別的對稱序列，稱作**迴文序列** (palindrome)，原來的意思是正著讀或反著讀都相同，在這裡的引申意義則是這段序列的兩股 DNA 從 5' 端往 3' 端唸起來都是相同的，例如圖 6-1。

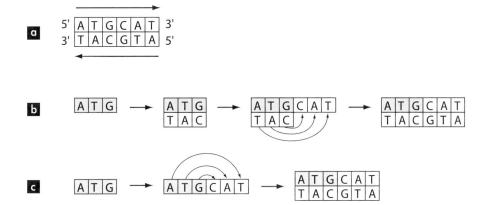

圖 6-1　限制酶認識的典型迴文序列

a 六個核苷酸的迴文序列，上方股從 5' 往 3' 或是下方股從 5' 往 3' 所讀出的序列均相同。我們可以輕易地以三個核苷酸寫出一個完整的迴文序列，如 **b** 先寫出另一股的三個互補核苷酸，再依其寫出第一股剩餘的三個核苷酸，然後得到最後三個核苷酸。或是如 **c** 直接依原先的三個核苷酸寫出第一股剩餘的三個核苷酸，再寫出另一股的互補序列。

各位別忘記，在前面的章節中，我們談過在讀或寫 DNA 序列時，都是從 5' 端往 3' 端。因此在圖 6-1 這段序列中，上面那股由左到右是 5' ATGCAT 3'，下面那股從右到左也是 5' ATGCAT 3'。我們也介紹過兩股 DNA 是呈互補的，也就是 A 對 T，C 對 G。所以，這組迴文序列中，只要利用上面那股的起始三個 ATG 核苷酸序列，就可以知道另外一股是與它們互補的 TAC，然後就可以依據 TAC 反寫出上面那股剩下來的三個核苷酸序列 CAT，如此一來就很容易定出一個完整的迴文序列。如果再仔細看看這樣的序列，又會發現對單股 DNA 而言，序列是頭尾互補的，也就是第一二三個核苷酸和倒數第一二三個核苷酸互補，因此，也很容易從單股 DNA 序列中找出迴文序列，不一定要寫出全部的雙股序列。各位可以利用這種方式熟悉迴文序列。在習題部分也列了一些序列供大家練習。

表 6-1 限制酶範例

菌種	限制酶		認識之序列及切口	
Haemophilus aegytius	HaeIII	5'	GG|CC	3'
		3'	CC|GG	5'
Desulfovibrio desulfuricans	DdeI	5'	C|TNAG	3'
		3'	GANT|C	5'
Moraxella bovis	MboII	5'	CAAGA(N)8	3'
		3'	CTTCT(N)7	5'
Escherichia coli	EcoRI	5'	G|AATTC	3'
		3'	CTTAA|G	5'
	EcoRV	5'	G|ATATC	3'
		3'	CTATA|G	5'
Providencia stuartii	PstI	5'	CTGCA|G	3'
		3'	G|ACGTC	5'
Nocardia otitidis-caviarum	NotI	5'	GC|GGCCGC	3'
		3'	CGCCGG|CG	5'

6-3
限制酶的選用

在一般實驗中，會遇到的實際情況是有一段很長的 DNA 序列，我們需要先找出各種限制酶的位置，才能決定如何將我們想要的片段切出來。目前有許多特別設計的電腦軟體可以為我們完成這項工作，然後我們再挑出能切合適位置的限制酶來進行實驗。當然，選擇適當的限制酶要考慮它在 DNA 上出現的頻率不能太高，否則一方面切成太多片段，二方面也不容易從多個片段中區分出真正要的 DNA。以下就說明在選擇限制酶時，需要考慮的一些因素。

通常限制酶可能可以認四個（表 6-1 中的 HaeIII）、六個 (EcoRI) 或八個 (NotI) 甚至更多**鹼基對（base pair，簡稱 bp）**的迴文序列，但在實際應用價值上，還是以認六個鹼基對的限制酶最常使用。因為以或然率來計算，在每一個位置都會有 A、T、C、G 四種不同的核苷酸出現的可能，所以六個核苷酸的序列組合總類是 $4 \times 4 \times 4 \times 4 \times 4 \times 4 = 4^6 = 4096$ 個核苷酸序列組合，也就是說每種核苷酸組合平均在 4096 bp，才可能會出現一次，這樣的出現機率在基因選殖的過程中比較容易利用。四個核苷酸的序列則是 $4 \times 4 \times 4 \times 4 = 256$，因為出現太頻繁，DNA 可能切成許多太小太碎的片段，不太容易利用；而八個核苷酸的序列則很難出現。同樣的，可以從廠商買到的限制酶也是以認識六個核苷酸序列的居多，對細菌本身而言在限制酶的原始功能上，認識六個核苷酸序列也是較為經濟實惠的自然選擇，因此來源較多。認四個核苷酸序列的其次，八個的極少。有些時候，從不同的菌種可以純化出認識相同序列的限制酶，但名稱不同，這類酵素被稱為 isoschizomer。

另外有一些限制酶，認識的序列較特別，並非迴文序列，有時甚至無對稱可言，如表 6-1 中所舉的例子：認五個鹼基對序列的（如 DdeI）；或是在某些位置可以是任何一種嘌呤（A、C 標示為 Pu）或任何一種嘧啶（T、G 標示為 Py）；甚至四種均可的（標示成 N，如 DdeI）；有些還可以認奇奇怪怪的非迴文序列（如 MboII），讀者若有興趣，可以查閱各家廠商提供的目錄，都會有仔細的說明，接下來介紹的主要以認識迴文序列的限制酶為主。

限制酶在切開 DNA 時會有一定的對稱切法。認識相同序列的不同限制酶不一定有相同的切法，例如圖 6-2 所示。由於序列是對稱的，所以無論是從哪一股 DNA 的 5' 端讀起，切口都是固定的位置。例如 2/6 表示切口在六個核苷酸中從 5' 端數起第二個核苷酸的位置。根據切口的不同，可分成兩大類：一類稱作**平端 (blunt end)**，如圖 6-2(c)；一類稱作**突端 (sticky end)**，而突端又可分成 5' 突端如 EcoRI，或 3' 突端如 PstI，參考表 6-1 及圖 6-2。

如果質體只有一個切口，切開的質體便從圓形成為線形 (linear)，這個步驟一般稱為**線形化 (linearize)**。質體至少要有兩個切口，才能被分成兩個片段。

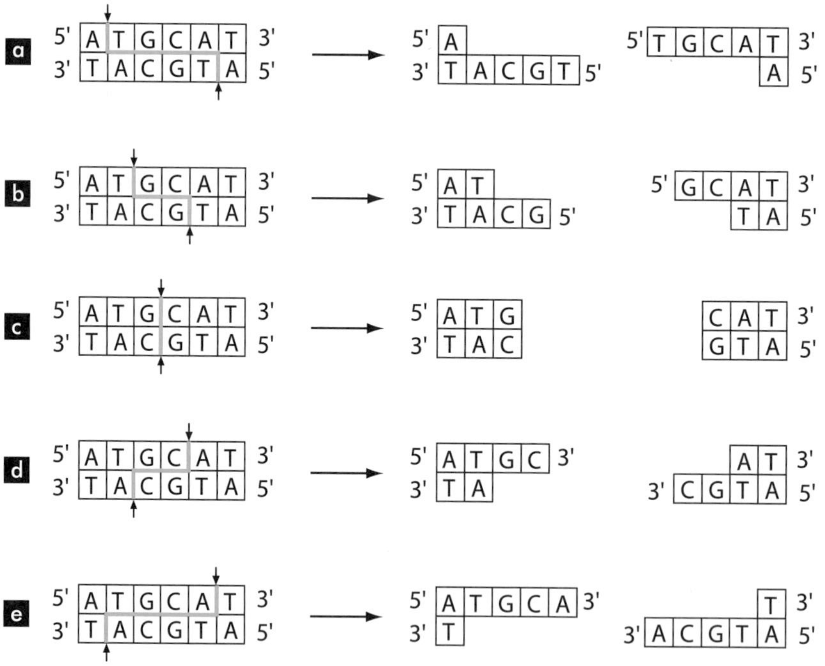

圖 6-2 同一個迴文序列可以有五種不同的對稱式限制酶切法

a 及 **b** 切出的兩類切口端點稱為 5' 突端，**d** 及 **e** 的切口端點稱為 3' 突端，而 **c** 的切口則為平端。

在最開始我們提過，限制酶主要是細菌用來切除外來的質體，保護自己基因體的工具，那麼細菌為什麼不會切自己的 DNA 呢？這是因為細菌有一種酵素可以修飾自己的 DNA，把 A 或 G 的位置**甲基化 (methylation)**，每種細菌的甲基化模式不同，細菌可以辨識，若 DNA 的甲基化模式和自己的相似，這個 DNA 即具有免疫力，不會被此細菌的限制酶攻擊，反之，DNA 就會被分解。

6-4 切口修飾酵素

在基因選殖過程中，切出的 DNA 片段可能需要接到其他的質體上，但有時候因為突出端並不相互補，需要互相接合的切口就不能直接吻合，此時，這兩個酵素切口可以用特殊的酵素加以修飾成平端，即可接合。針對不同的突端，有不同的酵素可利用。

一、Klenow 片段 (Klenow Fragment)

對於 5' 突端，一般是利用 DNA 複製時的主要酵素 DNA 聚合酶 I 中的部分酵素－Klenow 片段將它補齊 (fill-in)，如圖 5-3 所示。Klenow 片段利用 5' 突端作為模板，在短缺的 3' 端加上互補的核苷酸，而將 5' 突端補成平端，保留住原本的 5' 突端序列。當然，在反應進行時，一定要提供製作 DNA 的原料 dNTP，也就是 dATP、dCTP、dTTP 及 dGTP。

因為 Klenow 片段原本是 DNA 聚合酶中具有 5' 至 3' 方向聚合活性的部分，也就是說在合成新的 DNA 時，它是真正能合成 DNA 長鏈的酵素部分，因此相較之下，對於應付這種只需補齊幾個核苷酸的工作，Klenow 片段是不費吹灰之力就能完成的。因此它是相當常用的一種核酸酵素，廣泛應用在許多的技術上，相關技術可以列舉如下：

1. **補齊：**在基因選殖時，將 DNA 片段 5' 突端補成平端，以利接合。

2. **解讀 DNA 序列 (Sequencing DNA)：**以適當的引子，用特別標記的 dNTP，Klenow 片段就能依據模板合成可解讀的序列。

3. **體外突變 (*in vitro* mutagenesis)：**利用合成的單股突變寡聚核苷酸作為引子，Klenow 片段可以繼續合成質體，而突變的寡核苷酸即成為質體的一部分，便產成帶有突變的質體，如圖 6-3 所示。

4. **合成 cDNA（互補 DNA）的第二股：**當以 mRNA 當模板，利用反轉錄酶可以作出 cDNA，這只是單股的 DNA，再利用 Klenow 片段即可以合成第二股 DNA，如此，就得到完整的 cDNA，請參考 RNA 技術。

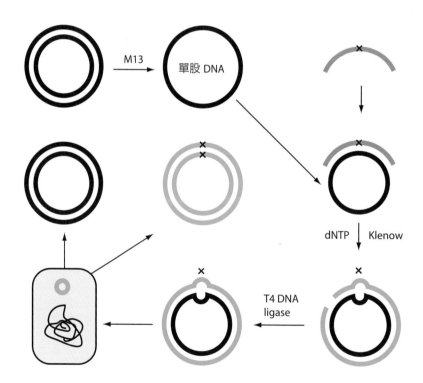

圖 6-3 Site directed *in vitro* mutagenesis

先以 M13 質體製作出單股的質體 DNA，然後製作一段帶有突變的寡聚核苷酸，利用其為引子，加入 Klenow 酵素，即可製出另一股質體，二者只在突變位置處無法黏合。再以 T4 DNA ligase 將缺口接合，之後即可送入細菌中，質體在細菌內繁殖，可能產生兩類細菌，一類帶有原來的質體，另一類則是帶有突變的質體。

5. **單股探針：**在許多的實驗中，會需要用到能與特定 DNA 或 RNA **雜交 (hybridize)** 的**探針 (probe)**，利用特別標記的 dNTP 當原料，Klenow 片段即可合成這類探針。

6. **Random priming：**這是另一種標記探針的方法，以隨機組合的六個核苷酸長度的寡聚核苷酸當成引子，即可從 DNA 的隨機位置開始合成 DNA 探針，如圖 2-10 所示。

以上的各種應用技術均可在適當的章節找到詳細的介紹。

二、T4 DNA 聚合酶 (T4 DNA Polymerase)

由於自然界的 DNA 複製是由 5' 端往 3' 端，因此對於 3' 突端是沒有可利用的酵素能直接將短缺的 5' 端缺口從 3' 端開始補齊，在這種情況下，解決辦法是利用 T4 噬菌體 (bacteriophage) 的 DNA 聚合酶將突出的 3' 端核苷酸修剪成平端，如圖 6-4。

值得注意的是，雖然 T4 DNA 聚合酶是將多出的 3' 突端切除，但此酵素的作用機制實際上是先從 3' 往 5' 端切除很多核苷酸，再將之補齊至與 3' 端相當。此時，一定要補充足量的 dNTP。否則 T4 DNA 聚合酶無法正確地完成應有的切除工作，這也是以 T4 DNA 聚合酶處理 DNA 常產生錯誤的序列，無法得到預期產物的原因。

由於兩種酵素都有合成長片段 DNA 的能力，對於幾個核苷酸的作用均只需短時間即可完成，因此使用後一定要完全去除活性，否則會影響後續的實驗進行。此外，如果一段 DNA 片段的兩端分別是 5' 及 3' 突端，均需要處理成平端才能繼續下一步的接合工作，此時要依序先以 Klenow 片段處理，再以 T4 DNA 聚合酶處理。否則未經 Klenow 片段處理的 5' 端，很容易被 T4 DNA 聚合酶切成短缺。這是兩種酵素同時使用時需要特別注意的地方。

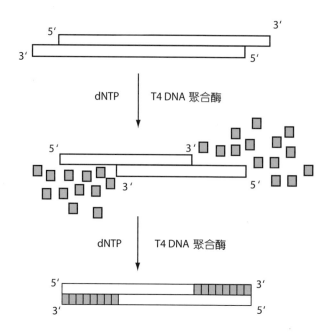

圖 6-4　T4 DNA 聚合酶的作用機制

在圖 5-3 中，我們簡單地介紹了 T4 DNA 聚合酶可以將 DNA 的 3' 突端修齊為平端，事實上，T4 DNA 聚合酶是先將 3' 突端往內部吃掉很多的核苷酸，之後再補至與 5' 端齊平為止，因此在反應進行時絕對要加入 dNTP 原料，否則會得到不正確的反應產物。

6-5
其他核酸聚合酶

除了 Klenow 片段及 T4 DNA 聚合酶兩種 DNA 聚合酶之外，尚有一些較常用的聚合酶會使用在多種技術中。

一、*Taq* DNA Polymerase

這種聚合酶是從硫磺中的細菌中純化出來的，也就是在 PCR (polymerase chain reaction) 中使用的聚合酶，由於它的耐熱性，可以在 DNA 加熱至 95°C 變性以便分開雙股螺旋時，仍具有相當活性，因此 DNA 模板可以不斷再被引子黏合，反覆這種連續性的聚合反應。此外尚有其他類似的聚合酶，同樣耐熱，且有其他更具優勢的特點。我們在本書中另有章節對於 PCR 技術作專門介紹。

二、Terminal Deoxynucleotidyl Transferase (TdT)

這種聚合酶可以在任何單股 DNA 突出的 3' 端連續加上 10~40 個長串單種核苷酸，常用在標記 DNA 的 3' 端，或加上單種核苷酸長串供黏合用。這種作用是不需要有另一股作為模板，但是需要有限制酶或其他核酸酵素先將 DNA 切成 3' 突端。

三、T7 RNA Polymerase 及 T3 RNA Polymerase

這是分別從不同的噬菌體中純化出的 RNA 聚合酶，只要提供正確的啟動子，這些聚合酶便可轉錄出下游的 RNA，常被利用為體外轉錄 (*in vitro* transcription) 系統，以合成適當的轉錄產物，請參考 RNA 技術。

四、Reverse Transcriptase（反轉錄酶）

此酵素可以 DNA 為模板，反轉錄出 DNA，這是許多 RNA 病毒都具有的酵素，由於它的獨特性完全不同於傳統的 DNA → RNA 的觀念，反而提供生物學家一個有用的利器，利用這種特性以 mRNA 為模板反轉錄出 cDNA。一般常用的反轉錄酶是取材自病毒 AMV 及 MLV，請參考 RNA 技術。

6-6
具有外切酶功能的核酸水解酵素

凡是能切 DNA 或 RNA 的酵素均可被稱為**核酸水解酶** (nuclease)。依作用的位置不同，又可分為內切酶或外切酶。限制酶是一種典型的**內切核酸酶** (endonuclease) 代表，也就是直接切在 DNA 的中間，而**外切核酸酶** (exonuclease) 則是從 DNA 的 3' 端開始將核苷酸一個一個切除，這種動作又稱為**水解** (hydrolyze)，大部分的核酸水解酶都是如此作用的。

⬇ 一、DNase I － DNA 水解酵素 I

這是最典型的核酸水解酵素，幾乎能將 DNA 完全分解，若某些實驗中必須完全除去 DNA，就會利用到它。此外，當 DNA 上有蛋白質結合在某些位置時，DNase I 的作用就會被蛋白質阻擋，不能再繼續水解，殘留下固定長度的 DNA。這也就是 **DNase I 蛋白質足跡實驗** (DNase I footprinting) 技術的原理，如圖 6-5。

⬇ 二、Exonuclease III － DNA 外切水解酵素 III

其會從雙股 DNA 上任何缺口 (nick) 處開始，將核苷酸從 3' 端往 5' 端一一水解，最後的產物是平端，會依作用時間長短而產生不同長度的 DNA 片段。在製作一系列不同長度的**刪減突變株** (deletion mutant) 時，十分有用。其他有類似功能的尚有 mung bean nuclease 及 Bal 31 nuclease 也都可以用來產生刪減突變株。

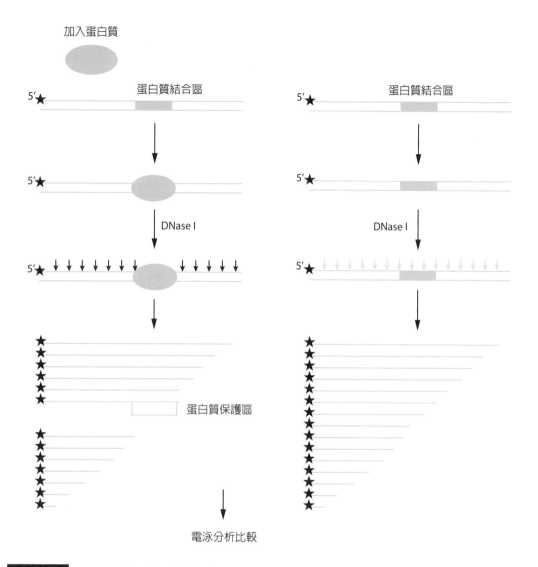

圖 6-5 DNase I 蛋白質足跡實驗

將欲分析的 DNA 片段端點標記，在加入特定蛋白質後，只要 DNA 上有此蛋白質認識的
DNA 結合位置 (DNA binding sites)，蛋白質即會坐在該處，當以 DNase I 或其他化學方式
進行 DNA 的切解時，DNA 原本會在許多位置均可能被切開，但該處的 DNA 由於被蛋白質
保護住，不會被切到，因此得不到該特定長度的產物。在與未加入蛋白質的對照樣本比較之
後，即可得知蛋白質保護區也就是蛋白質與 DNA 結合的區域。參考圖 2-11。

6-7
與 RNA 有關的核酸水解酵素

某些核酸水解酵素是分解 RNA，或是認識 DNA-RNA 雜交物 (hybrid)，在不同的實驗中會分別利用到。

1. **S1 nuclease**：認識 RNA-DNA，將其中比 RNA 5' 端長出的 DNA 部分水解，可以定出 5' RNA 相對應的 DNA 序列位置，這是常被用來定出 mRNA 轉錄起點的酵素。請參考 RNA 技術。

2. **RNase A**：是一種核醣核酸酶 (endoribonuclease)，切在單股 RNA 中嘧啶的 3' 端，作用在 RNA-DNA 或 RNA-RNA 中露出的單股 RNA，因此可以把 RNA 切碎、分解，常被用在純化 DNA 時去除 RNA。

3. **RNase T1**：類似 RNase A 的作用，切在 G 位置的 3' 端，同樣能將 RNA 切碎。

4. **RNase H**：認識 DNA-RNA 雜交物，將其中的 RNA 部分水解。通常在反轉錄病毒中，RNase H 是與反轉錄酶在一起，當反轉錄病毒以 RNA 作模板，反轉錄出 DNA 之後，RNase H 就負責分解原來的 RNA。它不會切單股的核酸、雙股 DNA 及雙股 RNA，因此在以 mRNA 為模板合成第一股 cDNA 後，可以利用此酵素將 mRNA 去除，以便繼續合成第二股 cDNA。

 問題及討論 Exercise

一、選擇題

1. 八對鹼基對的特定序列平均在多長的 DNA 出現一次？ (A) 2^8 (B) 8^2 (C) 4^8 (D) 8^4 (E) 8KB

2. 下列何者是迴文？ (A) ATGGTA (B) ATGCAT (C) ATGGAT (D) ATCGCG (E) ATCATC

3. 下列限制酶，何者不符合命名方式？ (A) BamHI (B) EcoRI (C) HindIII (D) pstB (E) SalI

4. 下列各種核酸酵素中，何者可作用於 DNA 及 RNA？ (A) Klenow　(B) T4 polymerase　(C) reverse transcriptase　(D) Taq polymerase　(E) TdT

5. 何謂 isoschisomer？ (A) 從不同的菌種可以純化出認識相同序列，切在同位置的限制酶　(B) 從同一種菌純化出認識不同序列的限制酶　(C) 從不同的菌種可以純化出切割出相同突端序列的限制酶 (D) 認識相同序列，但切割位置不同的限制酶　(E) 以上皆非

6. 請問在進行 cDNA 合成時，不會用到下列哪種酵素？ (A) reverse transcriptase　(B) DNA polymerase　(C) RNaseH　(D) Taq polymerase　(E) 以上都會用到

7. 在反轉錄病毒的反轉錄酵素中，常帶有何種 RNase 活性？ (A) RNaseA　(B) RNaseH　(C) RNaseT1　(D) 反轉錄酵素中沒有 RNase 活性

8. 製作一系列的刪減突變株 (deletion mutant) 時，可以利用哪些酵素來進行刪減 DNA 的作用？ (A) Bal 31 nuclease　(B) mung bean nuclease　(C) Exonuclease III　(D) 以上均可　(E) 以上均不可

9. 進行蛋白質足跡 (footprinting) 實驗時，用何種核酸酵素？ (A) Bal 31 nuclease　(B) mung bean nuclease　(C) Exonuclease III　(D) DNaseI　(E) Taq polymerase

10. 何種酵素可以在 DNA 的 3' 端連續加上核苷？ (A) Taq polymerase　(B) T4 polymerase　(C) TdT　(D) klenow　(E) reverse transcriptase

11. 下列哪種酵素切在 DNA 的中間？ (A) Exonuclease III　(B) 限制酶　(C) 外切核酸酶 (exonuclease)　(D) DNase I　(E) 以上都切中間

12. 關於 T4 DNA 聚合酶的作用，下列何者錯誤？ (A) 將突出的 3' 端核苷酸修剪成平端　(B) 會先從 3' 往 5' 端切除很多核苷酸，再將之補齊至與 3' 端相當　(C) 不需補充 dNTP　(D) T4 DNA 聚合酶處理 DNA 常產生錯誤的序列 (E) 同時具有 DNApolymerase 及 DNase 的功能

13. 下列何者非 DNA 聚合酶的 klenow 片段的應用範圍？ (A) 合成 cDNA（互補 DNA）的第一股　(B) 將 DNA 片段 5' 突端補成平端　(C) 以適當的引子，用特別標記的 dNTP，Klenow fragment 就能依據模版，合成可解讀的序列 (D) 利用合成的單股突變寡聚核苷酸作為引子，Klenow fragment 可以繼續合成質體，而突變的寡核苷酸即成為質體的一部分，便產成帶有突變的質體　(E) Random priming，以隨機組合的六個核苷酸長度的寡聚核苷酸當成引子，即可從 DNA 的隨機位置開始合成 DNA 探針

14. 下列何者非 Taq DNA polymerase 的特點？ (A) 是從硫磺中的細菌中純化出來的　(B) DNA 加熱至 95 度 C 變性以便分開雙股螺旋時，仍具有相當活性　(C) 是 PCR(Polymerase chain reaction) 中使用的聚合酶　(D) 耐熱性高　(E) 經反覆加熱完全不失活性

15. 下列何者非反轉錄酶特別之處？ (A) 以 RNA 為模版　(B) 產生 DNA　(C) 可用於產生 cDNA 第二股　(D) 存在於多種病毒中　(E) 一般常用的反轉錄酵素是取材自病毒 AMV 及 MLV

16. RNase A 的作用為何？ (A) 認識 RNA-DNA，將其中比 RNA 5' 端長出的 DNA 部分水解 (B) 水解在 RNA-DNA 或 RNA-RNA 中露出的單股 RNA　(C) 認識 DNA-RNA 雜化物，將其中的 RNA 部分水解　(D) 水解雙股 RNA(E) 以上皆非

17. 限制酶的命名根據為何？ (A) 發現人的姓名縮寫　(B) 發現地的縮寫　(C) 由發現的實驗室命名　(D) 來源的菌種學名縮寫而來　(E) 以上皆非

18. 實驗選擇適當的限制酶不需考慮哪些因素？ (A) 在 DNA 上出現的頻率不能太高　(B) 八個核苷酸的序列出現機率較低　(C) 六個核苷酸序列是較為經濟實惠的自然選擇　(D) 四個核苷酸出現太頻繁　(E) 以上均需要考量

19. 要製作特定 DNA 或 RNA 雜化 (hybridize) 的探針 (probe)，利用特別標記的 dNTP 當原料，可用何酵素合成？ (A) T4 polymerase(B) 限制酶　(C) DNase I (D) reverse transcriptase　(E) Klenow fragment

20. S1 nuclease 的作用為何？ (A) 認識 RNA-DNA，將其中比 RNA 5' 端長出的 DNA 部分水解　(B) 可以定出 3' RNA 相對應的 DNA 序列位置　(C) 切碎 DNA　(D) 切 DNA-RNA 雙股部分　(E) 以上皆非

二、問答題

1. 請計算八對鹼基對的特定序列平均在多長的 DNA 出現一次。

2. 請找出下列序列中的六迴文序列，並寫出迴文的另一股 DNA 序列：

   5' ATCGTACGTGTACAATGACTACGTAGGCAACACTGAGGACTTATACGTAG3'

3. 請如圖 6-2 畫出序列 ACGCGT 可能被限制酶作用的位置及產生之兩端切口。

4. 請問從 Bacillus amyloliquefaciens strain H 純化出之第一種限制酶應如何命名？

5. 請問下列各種核酸酵素是作用於 DNA 或是 RNA？ (1)Klenow fragment　(2) S1 nuclease　(3)Taq　(4)reverse transcriptase

6. 請解釋 isoschisomer 的定義。

7. 請問在進行 cDNA 合成時，會利用到本章所提及之哪三種酵素？

8. 細菌的限制酶為什麼不會切自己的 DNA？

9. 如何將 5' 突端處理成平端？

10. 如何將 3' 突端處理成平端？

11. 在反轉錄病毒的反轉錄酵素中，常帶有何種 RNase 活性？

12. 試舉出體外轉錄 (*in vitro* transcription) 常用的轉錄酵素。

13. 欲製作一系列的刪減突變株 (deletion mutant) 時，可以利用哪些酵素來進行刪減 DNA 的作用？

14. 進行蛋白質足跡實驗 (footprinting) 時，用何種核酸酵素？

15. 何種酵素可以在 DNA 的 3' 端連續加上核苷酸？

16. 內切核酸酶 (endonuclease) 及外切核酸酶 (exonuclease) 如何區別？

17. T4 DNA 聚合酶的作用究竟是切除或聚合 DNA？使用時應注意什麼？

18. Klenow fragment 究竟是什麼酵素的片段？與原來的酵素有何差別？

19. 反轉錄酶特別之處為何？目前使用的反轉錄酶大部分是何種物種的酵素？

20. 具有高度耐熱性的核酸酵素可以利用在何種技術？

解答：（1）C （2）B （3）D （4）C （5）A （6）D （7）B （8）D （9）D （10）C （11）B （12）C （13）A （14）E （15）C （16）B （17）D （18）E （19）E （20）A

聚合酶鏈反應
Polymerase Chain Reaction; PCR

BIOTECHNOLOGY

選 殖 (cloning)、DNA 定序 (DNA sequencing) 及聚合酶鏈反應（polymerase chain reaction，簡稱 PCR）是目前分子生物領域中最重要的三項基本技術，其中，被應用最廣泛、最多元化的就屬 PCR。PCR 的理論最早是在 1970 年代由 H. G. Khorana 和其同僚所提出，但在當時基因還不能被定序，而且寡聚核苷酸 (oligonucleotide) 也不易人工合成，因此 Khorana 的構想很快就被遺忘了。15 年後，PCR 的技術再次被 Kary Mullis 和其同僚所提出，不同的是，此次這些科學家將其實際化，而且把這個方法正式命名為聚合酶鏈反應。此第一次的 PCR 實驗是使用 Klenow DNA 聚合酶，因 PCR 的反應過程中有一步驟需加熱至 95℃，在此溫度下會使 Klenow DNA 聚合酶失去活性，因此每次加熱過後要再加新的 Klenow DNA 聚合酶，這是非常耗時且費工的。不久之後，以熱穩定 DNA 聚合酶 (thermostable DNA polymerase) 取代 Klenow DNA 聚合酶，因熱穩定 DNA 聚合酶不會因高溫而失去活性，不僅大大的提高了 PCR 反應的效率，也使此技術進入自動化的方式。至今，PCR 因其簡單、快速，而且應用範圍廣，從基本的分子生物技術「選殖」，到醫學上的「病毒或細菌檢驗」、胎兒的「遺傳疾病篩檢」，皆可以 PCR 技術做到，因此 PCR 已成為目前分子生物技術中最基礎且重要的一環。

7-1
PCR 的基本原理及做法

　　要開始進行 PCR 之前，必須要知道待增幅 (amplify) 區域兩端的序列，以設計一對引子 (primers)，如圖 7-1。PCR 由下列三個步驟不斷反覆而成：

1. **變性 (denaturation)**：以 95℃ 加熱的方式將模板 (template) 雙股 DNA 分開。

2. **引子黏合 (primer annealing)**：此時要降低溫度，使引子可與序列互補 (complementary) 的單股模板 DNA 特異性地黏合。由於每一種引子和模板 DNA 黏合所需的溫度不同，每對引子均需先測試出一個信號最強，背景值最低之引子黏合溫度，一般是 55℃ 左右。

3. **延展 (extension)**：DNA 聚合酶可接著引子 3' 端進行聚合反應，合成與模板 DNA 互補的序列，形成新的雙股 DNA。一般 DNA 聚合酶的延展最佳反應溫度是 72℃。

　　將此三步驟作為一個循環 (cycle)，接下來反覆變化溫度進行「變性－引子黏合－延展」另一循環，如此又可合成更多雙股 DNA。一般一個 PCR 反應需進行 25~30 個循環，此種增幅方式是以等比級數增加標的片段的數量，因此理論上來說，只要進行 25 個循環，可產生之標的片段 DNA 是 10^6 倍於模板 DNA 數量。

　　在前言曾提到因使用熱穩定 DNA 聚合酶，使得 PCR 反應可以自動化方式進行。一般進行 PCR 反應的機器基本上是一個導熱快速的金屬塊，其上有凹槽，只要將 PCR 反應所需之試劑全放入管子內，再將管子放入金屬凹槽，設定好實驗者需要的程式後，機器便可自動控制溫度變化及反應時間。PCR 機器最基本的要求是溫度的變化要夠快，到達設定溫度以後，溫度之維持必須要穩定。

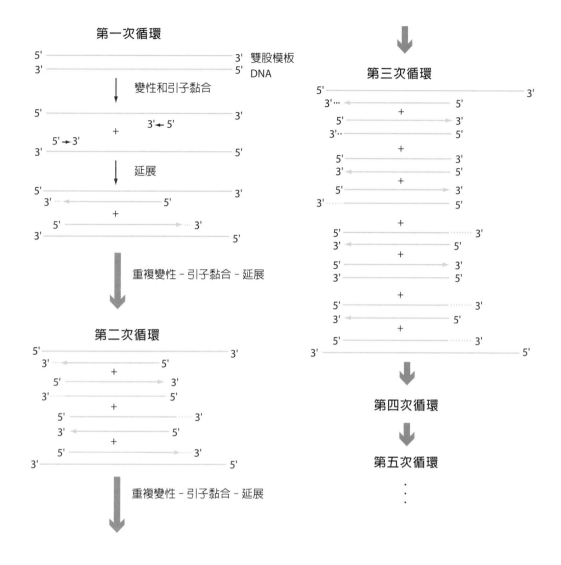

圖 7-1 PCR 反應

PCR 反應是以變性―引子黏合―延展三個步驟作為一個循環，反覆不斷進行多次，本圖只畫出進行至第三個循環；←和→符號代表引子。

7-2 PCR 的基本要件

上節已簡單地介紹 PCR 的基本原理，本節將更進一步來說明 PCR 反應中，每項基本要件的原理、條件及設計之需求。

一、熱穩定 DNA 聚合酶 (Thermostable DNA Polymerase)

目前最常用之熱穩定 DNA 聚合酶－*Taq*，是從嗜熱性細菌 *Thermus aquaticus* 所分離出來的。可是 *Taq* 本身有一些缺點，例如合成之 DNA 片段的長度有限，更由於其不具有校正 (proofreading) 之功能，因此會出錯，錯誤率約為 1.3×10^{-5}，意思是約每合成 10^5 個核苷即會出現一個錯誤，我們稱之為忠實度 (fidelity) 不高，影響正確度，因此生技公司根據 *Taq* 及其他類似的 DNA 聚合酶進行改良，發展出許多不同特性之熱穩定 DNA 聚合酶，甚至要合成 20 kb 以上都不成問題。目前市面上的熱穩定 DNA 聚合酶廠牌眾多，效力及正確度都極佳，我們可以根據不同的需要，選擇不同的聚合酶來進行實驗，如表 7-1。

表 7-1　選擇熱穩定 DNA 聚合酶之參考特點

特性	說明
校正力 (Proofreading)	具有 3' → 5' 外切核酸酶 (exonuclease) 能力者，可以修正錯誤
正確度 (Accuracy)	有校正力的聚合酶，正確度才高，可忠實反應模板的序列
速度	一般是 1 分鐘可以產生 1 kb，高效力之聚合酶可以更快，可以製出較長的產物
熱啟動 (Hot start)	需要加熱才能活化聚合酶，可避免引子自行配對所形成之產物
耐熱性	耐熱性強的聚合酶可以在多個循環之後仍維持一定的效力，因此產量高

二、引子 (Primers)

PCR 的引子是以人工合成的寡聚核苷酸 (oligonucleotide)，每一條的使用濃度為 0.1~0.5 μM 之間，一般而言，這種濃度就足夠進行 30 個循環的 PCR 反應。在大部分的 PCR 實驗中，引子的設計常是決定 PCR 能不能成功最重要的因素，目前雖有一些設計引子之軟體應用程式可利用，然而即使完全符合好的引子的條件，PCR 的反應也不一定可以成功，但要注意的是，如不符合條件的話是一定不會成功的。基本上一個好的引子要有以下的條件：

1. 長度為 18~25 個鹼基，兩條引子的長度不可相差大於 3 個鹼基數。

2. 一條引子內不可出現會在引子內部產生互補的 3 個以上連續之鹼基，因為這種序列會在引子內形成分子內二級結構，因而影響引子和模板黏合的效率。

3. G/C 的比例，也就是 (G+C)/(A+T) 的值大約是 40~60%，而且四種鹼基的分佈要平均。

4. 引子 3' 端之序列不可和其他的引子有互補的情形，否則一旦有分子間配對，會產生**引子二聚物 (primer dimer)**，所謂的引子二聚物就是引子互相黏合，且互為模板而進行聚合反應之產物，這會消耗可和模板黏合的引子、聚合酶及 dNTPs 等，進而減少了標的 DNA 之增幅效率。

5. 兩條引子的**解鏈溫度（melting temperature，簡稱 Tm）**要相近，不可相差 5℃以上。解鏈溫度之定義是 50% 的 DNA 為單股時的溫度，主要和 DNA 的長度以及 G/C 比例有關，有許多方程式可用來計算解鏈溫度，以下提供一簡單的方程式。

$$Tm\ (℃) = 2(A+T) + 4(G+C)$$

⬇ 三、三磷酸去氧核苷酸（Deoxyribonucleotide Triphosphates，簡稱 dNTPs）

dNTP 包含了四種同濃度的三磷酸去氧核苷酸：dATP、dTTP、dCTP 和 dGTP。dNTP 是用來作為合成 DNA 的**受質 (substrate)**，一般 dNTP 的使用濃度是 200~250 μM，也就是 dATP、dTTP、dCTP 和 dGTP 各是 200~250 μM 的濃度。此外，如果要利用 PCR 合成帶有標記的 DNA，可以在 dNTP 之中以一種帶有標記之三磷酸去氧核苷酸取代原本的三磷酸去氧核苷酸，例如以放射性元素 ^{32}P 標 w 記之 dCTP 取代單純之 dCTP，或是 DIG 標記的 dATP。

⬇ 四、MgCl$_2$ 濃度

所有的熱穩定 DNA 聚合酶都需要游離型態的鎂離子 (Mg^{2+}) 才有活性，雖然一般 PCR 反應是使用 200 μM 的 dNTP 配 1.5 mM 的 MgCl$_2$，但因為 dNTP、寡聚核苷酸、焦磷酸根 (pyrophosphate, PPi) 及 EDTA 都會和鎂離子結合，因此最佳的鎂離子濃度對不同的 PCR 反應是不同的。一般販售熱穩定 DNA 聚合酶的公司都會隨著酵素附加三種試劑，一個是含有 1.5 mM MgCl$_2$ 的緩衝液，一個是不含 MgCl$_2$ 的緩衝液，另一個是 MgCl$_2$ 溶液，如果使用含有 1.5 mM MgCl$_2$ 的緩衝液不能得到好的 PCR 反應，這時就必須試驗含不同濃度之 MgCl$_2$ 的緩衝液，以找出最佳的反應條件。

⬇ 五、模板 DNA (Template DNA)

模板 DNA 可以是雙股或是單股的 DNA，基本上模板 DNA 越純，PCR 反應的成功機會就越大，因為不純的 DNA 也許會含有聚合酶的抑制物，這會影響 PCR 的效率。模板 DNA 的量也會影響 PCR 的結果，太多太少都不好，基本上每次 PCR 反應，人類基因體 DNA 需要 500 ng 的模板 DNA，質體 DNA 需要 0.1~1 ng 的模板 DNA。

除了上述五項 PCR 反應要件，我們還需特別注意一點，因為 PCR 的反應非常靈敏，即使只有少量的 DNA 污染也可作為模板，產生出我們不要的 PCR 產物，叫做**偽結果 (false positive)**，因此在 PCR 的實驗操作上我們必須要特別小心，避免將其他的 DNA 污染到 PCR 反應內，而且每組 PCR 實驗都一定要多做一個**負對照組 (negative control)**，其包含了所有的 PCR 試劑，例如引子、聚合酶、dNTP 及緩衝液等，但不加模板 DNA。因此，一次成功的 PCR 反應在負對照組中應該看不到 PCR 產物的產生，如果有得到任何的 PCR 產物，代表此次 PCR 實驗可能被除了模板之外的 DNA 所污染，或是有引子二聚物之產生。

7-3
PCR 的應用

因為 PCR 可以很方便快速地大量增幅一段 DNA，因此在分子生物實驗上常被用來做為篩選工具，例如，在基因選殖的實驗當中，若有適當之引子可特異性地增幅要選殖之序列，我們便可以 PCR 來篩選選殖成功之菌落。此外，PCR 可以由非常少量的模板 DNA，增幅出大量相同的 DNA，因此如果想做基因選殖的 DNA 片段來源非常少量時，我們可先以 PCR 方式增幅出大量的 DNA，再進行一般的基因選殖方式即可。以下將用較多篇幅來仔細介紹一些比較特殊之 PCR 應用技術。

一、反轉錄 PCR（Reverse Transcriptase-PCR，簡稱 RT-PCR）

一般之 PCR 是以 DNA 當作模板，但在一些實驗中，我們想增幅之模板卻是 RNA，例如，我們想做選殖的材料來源是 mRNA 時；或是我們想看在不同的組織，基因的表現是否會不同，而基因之表現是以 mRNA 存在與否作代表。在這些實驗中，尤其是當 mRNA 的量非常少時，我們就可利用到 RT-PCR 的技術。如圖 7-2，RT-PCR

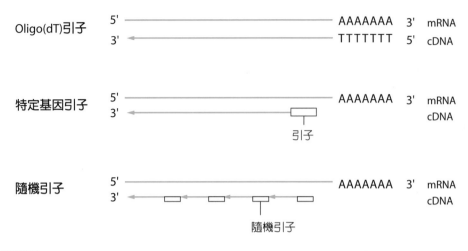

圖 7-2 三種由 RNA 製造 cDNA 的方法

的第一步是以反轉錄酶 (reverse transcriptase) 從 RNA 製造其互補 DNA（complementary DNA，簡稱 cDNA），再以 cDNA 當作模板，用兩股特定之引子做 PCR，增幅特定之序列。在製造 cDNA 時，依照不同之需求，可使用**寡聚胸苷酸 (oligo(dT))** 引子，或是**特定基因之引子 (gene-specific primer)**，或是**隨機引子 (random primers)**。因為 mRNA 的 3' 端帶有一段聚合腺苷酸尾巴 (poly A tail)，若是使用 oligo(dT) 當作引子，則可合成所有 mRNA 的 cDNA；若是使用特定基因引子，則只會合成此基因之 cDNA。而隨機引子是長度為 6 個鹼基之寡聚核苷酸，但鹼基之種類及順序是隨機組成的，因此隨機引子可黏合至 RNA 的任一個位置，合成出長度不一之 cDNA，在某些情況下，例如 mRNA 很長，或是 mRNA 內部有二級結構，使得 cDNA 合成效率很差時，就可使用隨機引子來替代其他引子。

二、同步 PCR (Real Time PCR) 和定量 PCR（Quantitative PCR，簡稱 Q-PCR）

一般的 PCR，因為反應多已達到飽和（如圖 7-3），所以結果不能用來定量比較原始的模板。若要用傳統的 PCR 方法來做定量 PCR，要對同一樣品同時做不同循環數之 PCR 反應，增幅出之產物要用電泳分離，再以溴化乙錠 (ethidium bromide) 染色或是南方墨

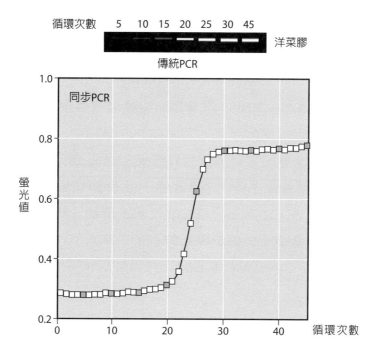

圖 7-3 傳統 PCR 與同步 PCR 的比較

上圖是傳統 PCR 產物經洋菜膠電泳分離後以溴化乙錠染色的結果，若反應超過 30 個循環以上皆已達到飽和狀態，而且 PCR 產物要在反應結束後才可偵測，不同循環各要做一次 PCR 反應；下圖是同步 PCR 的結果曲線圖，產物量是以螢光值作為代表，只要一次 PCR 反應即可偵測每次循環的產物量，而且 PCR 產物可在每次循環過程中立即偵測。

點實驗 (Southern blot) 來偵測 PCR 產物，最後，將樣品與標準值做比較，即可推測出樣品之定量。這種方法的缺點是耗時費工，對同一樣品取樣多次又易造成污染，而且電泳分析之靈敏度也不高。但若將螢光技術用在 PCR 產物之偵測，再加上設計 PCR 儀器可同步進行 PCR 反應及偵測螢光，即可達到進行 PCR 過程時也可同時測量 PCR 產物，這種技術就稱為同步 PCR。同步 PCR 的好處除了靈敏度較高（因螢光偵測較靈敏），所需之時間較少（不需做電泳分析及染色），另一重要的特點是可定量，因我們可以隨時記錄 PCR 反應之結果，經過計算後可做模板之定量，不像傳統之溴化乙錠染色或是南方墨點實驗都必須在 PCR 反應結束後才可進行比較。下面會做較詳細之說明。

目前同步 PCR 常用的螢光技術有三種，分述如下：

1. **DNA 結合染劑 SYBR Green I**（圖 7-4）：SYBR Green I 會很特異
   性地和 DNA 雙股螺旋的小溝 (minor groove) 結合，在水溶液中，
   單獨的 SYBR Green I 只會發出少量背景值螢光，但和 DNA 結合
   後會發出很強的螢光，因此在 PCR 過程中，我們可在每一循環
   的延展步驟結束時測量代表雙股 DNA 的螢光強弱，即可知每次
   PCR 循環產生了多少 PCR 產物。但 SYBR Green I 可和所有的雙股
   DNA 結合，並無法分辨特異性 PCR 產物（標的產物）和非特異
   性 PCR 產物（例如最常見的引子二聚物），此時可用解鏈曲線
   (melting curve) 分析來區分出特異性或非特異性的 PCR 產物（見
   下述）。

2. **雜交探針 (Hybridization probe)**（圖 7-5）：雜交探針是兩條以
   相鄰之方式可和標的片段雜交的寡聚核苷酸，位於 5' 端之探針
   的 3' 尾端標記了一種**螢光轉換素 (fluorophore)**，稱之為**給予者
   (donor)**，而位在 3' 端之探針的 5' 尾端標記了另一種螢光轉換素，
   稱之為**接受者 (acceptor)**。本質上，給予者受到光源的刺激會發
   出較短波長之螢光，但如果給予者和接受者靠得很近時，給予
   者會把光源刺激的能量傳給接受者，接受者就會發出另一較長
   波長之螢光。在 PCR 的過程中，雜交探針可在引子黏合的步驟
   和標的片段結合，此時就可測量較長波長之螢光量，此螢光量
   即代表每次 PCR 循環產生了多少的 PCR 產物。因為雜交探針是
   特異性地和標的片段結合，因此不似 SYBR Green I 有偵測到非
   特異性之 PCR 產物的缺點。

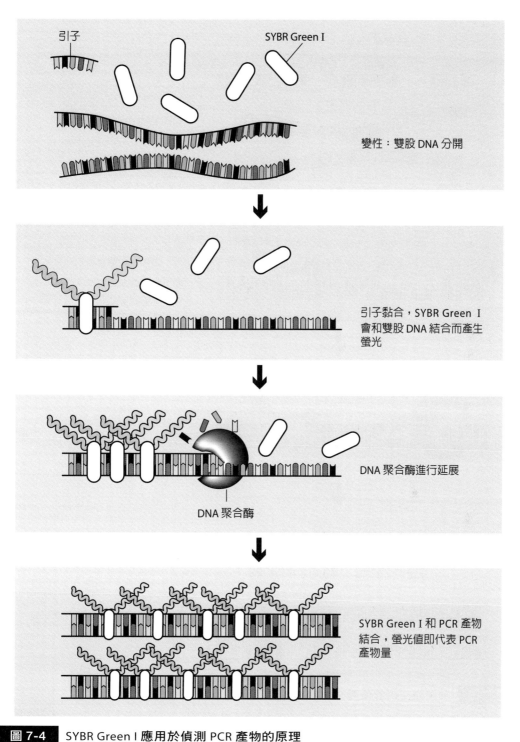

圖 7-4 SYBR Green I 應用於偵測 PCR 產物的原理

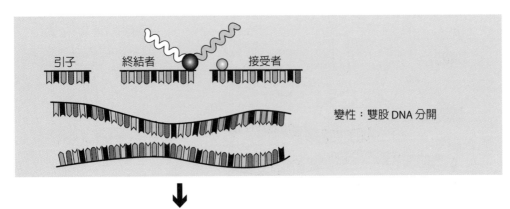

引子　　　終結者　　　接受者

變性：雙股 DNA 分開

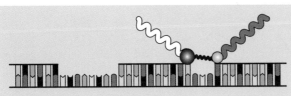

引子以及雜交探針和標的片段結
合，給予者和接受者互相靠近，
給予者將能量傳給接受者，接受
者發出螢光值代表 PCR 產物量

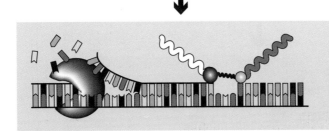

DNA 聚合酶進行延展，遇到雜交
探針時會使探針和標的片段分離

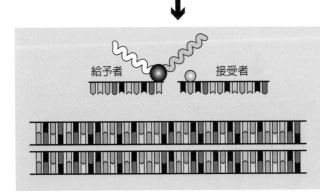

給予者　　　接受者

延展結束，給予者和接受者分開

圖 7-5　利用雜交探針偵測 PCR 產物的原理

3. **水解探針**（Hydrolysis probe，又名 TaqMan probe）（圖 7-6）：
   水解探針是一條寡聚核苷酸，兩端各標記了不同的螢光轉換素，
   在 5' 端的稱為**報告者** (reporter)，3' 端的稱為**熄滅者** (quencher)。
   當報告者和熄滅者都在同一條寡聚核苷酸上時，報告者接受刺
   激後之發光能量會被熄滅者抑制，所以發出之螢光波長較長。
   應用水解探針的 PCR 反應需要使用一種帶有 5' 至 3' 外切核酸酶
   (exonuclease) 活性的特殊 *Taq* 聚合酶，在延展步驟時，*Taq* 聚合
   酶由引子尾端進行聚合反應，當遇到水解探針時，*Taq* 聚合酶的
   外切核酸酶會水解掉水解探針，如此報告者便會被釋放出來，
   其發出之螢光的能量就不再被熄滅者所抑制，此時就發出較短
   波長之螢光，因此當 PCR 產物越多時，被釋放出之報告者就越
   多，短波長螢光也就越強。同樣的，水解探針也是特異性地和
   標的片段結合，因此不會偵測到非特異性之產物，可是如果水
   解探針保存得不好，在未進行 PCR 反應前已有部分水解，這樣
   會造成背景值之增加。

   目前較常使用的方法仍是第一種 SYBR Green I 方式，但一定要
先設計出不會形成雙引子產物的引子，結果才有意義，各家儀器廠
商都有提供設計軟體供使用者設計出最佳之引子。

   至於要如何利用同步 PCR 來做定量呢？首先，因機器在每一個
PCR 循環皆可測到螢光值，以循環數目對螢光值可畫出如圖 7-7(a)
的曲線圖，在同樣的螢光值下，若模板的量越少，對應出之循環
次數就越多。找出每一種模板濃度，其螢光值進入 log 直線區域的
那一點，可看出這些點都位在同一直線上，此直線稱為**交叉直線**
(crossing line)。因此利用不同模板濃度之 log 值和其交叉直線上的
循環次數，可畫出如圖 7-7(b) 的迴歸直線，可作為標準曲線。如此，
若要得知一個未知樣本的模板濃度，只要知道其位於交叉直線那一
點所對應的循環次數，就可推算出此樣本之模板濃度。

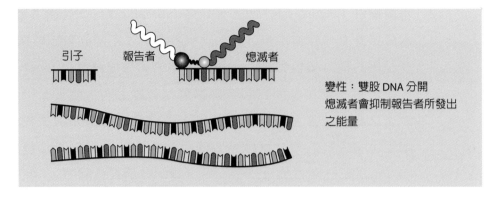

引子　　報告者　　　　　　熄滅者

變性：雙股 DNA 分開
熄滅者會抑制報告者所發出
之能量

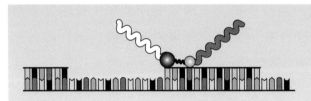

引子以及水解探針和模板結合

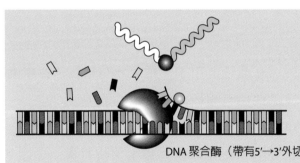

DNA 聚合酶（帶有5′→3′外切核酸酶）

DNA 聚合酶進行延展，遇
到水解探針會將其水解，
報告者被釋放出來，其發
出之能量不再被抑制

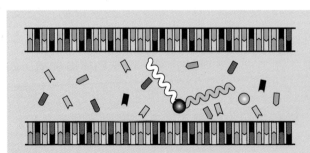

延展結束，報告者發出之螢
光值代表 PCR 產物量

圖 7-6 利用水解探針偵測 PCR 產物的原理

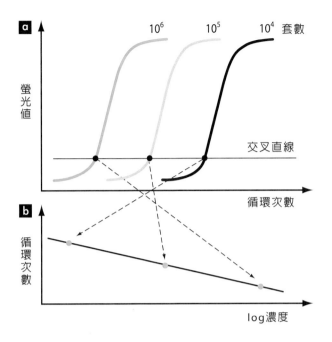

圖 7-7 **利用同步 PCR 做模板定量**

a 使用不同量的模板做出之 PCR 曲線圖，同樣的螢光值，若模板的量越少，所需之循環次數越多；**b** 不同模板濃度之 log 值對同樣螢光值下每個濃度的循環次數，可畫出一條迴歸直線，未知濃度的樣本可利用此迴歸直線算出樣本濃度。

　　定量的方法可分為兩種，一是絕對定量，一是相對定量。絕對定量就如同上述，要使用已知濃度之模板做出一條標準曲線，利用此標準曲線可算出樣本的真正濃度（圖 7-8(a)）；相對定量之目的是要比較不同樣本之間的差異，計算方式之原理和絕對定量一樣，例如我們想比較兩組不同處理之樣本的基因表現量是否有差，兩組樣本同時進行標的基因以及**參考基因** (reference gene) 之比較，一般是使用**固定表現基因** (housekeeping gene) 作為參考基因，且其表現必須不受實驗處理所影響之 PCR，利用上述之計算方法，得到個別 PCR 結果之相對值，再以參考基因進行標的基因的校正，這樣就可以得到這兩組樣本標的基因的相差倍數（圖 7-8(b)）。

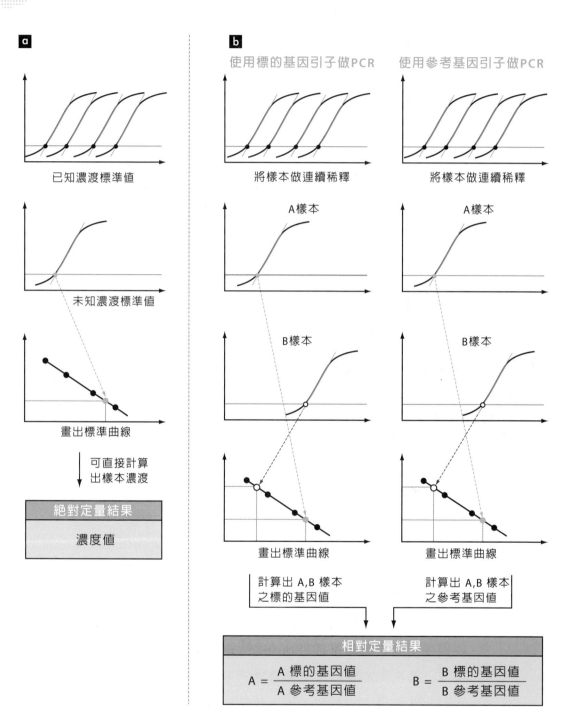

圖 7-8 兩種定量方法

a 絕對定量；**b** 相對定量。

三、解鏈曲線分析

同步 PCR 還有一項特點是可以在 PCR 完成後利用**解鏈曲線** (melting curve) 來分析 PCR 之產物，用途為 PCR 產物之鑑定及偵測突變。解鏈溫度和 DNA 長度及 G/C 比例有關，因此解鏈溫度可以用來分辨產物中不同的 DNA 片段。解鏈曲線分析可以應用在使用 SYBR Green I 以及雜交探針的 PCR，但卻不適用於水解探針，因水解探針在 PCR 過程中已被水解。

如圖 7-9 以 0 套、10 套和 10^4 套的模板為例，即使是不加模板，若是引子自己即可配對，以 SYBR Green I 為染色方式還是可以偵測到螢光的增加，這表示 SYBR Green I 染色無法分辨非特異性產物；在進行完 PCR 反應後，持續增加溫度並同時記錄螢光值之變化，可得到如圖 7-9(b) 的曲線圖，當溫度到達解鏈溫度時，雙股 DNA 分開，螢光值會驟降，但在 10 套和 10^4 套的曲線可看出有兩次的溫度驟降，這代表有兩種 PCR 產物。因為螢光值對溫度的曲線圖較難看出差異，所以我們可以對曲線做一次微分（代表每單位溫度螢光的變化），相對於溫度重新畫出圖 7-9(c) 的曲線圖。在這新的圖中，三個不同濃度模板的差異就比較容易分辨，位於左邊的波峰代表引子二聚物，因為長度較短，因而解鏈溫度較低；右邊的波峰溫度較高，代表是標的產物。0 套的曲線沒有模板 DNA 就沒有右邊的波峰，但有左邊引子二聚物的波峰；而模板數量少，能得到的特異性產物相對的也較少，因此 10 套的曲線其右邊波峰較 10^4 套低。使用 SYBR Green I 做完 PCR 後可以用解鏈曲線分析是否有非特異性產物，如果有，就必須更改 PCR 反應條件或重新設計引子，以去除非特異性產物的產生。

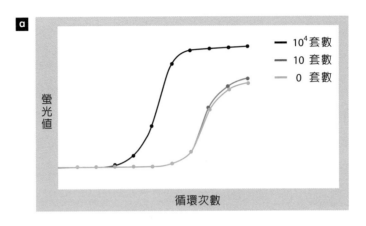

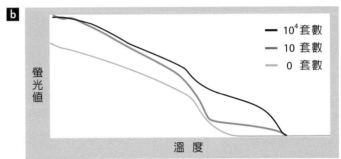

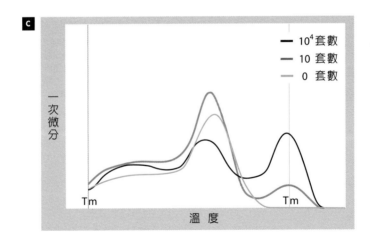

圖 7-9　同步 PCR 之解鏈曲線分析

a 不同量的模板做出之 PCR 曲線圖，要注意的是即使不加模板，螢光值還是有增加，這是指非特異性 PCR 產物之生成；**b** 螢光值 vs. 溫度的曲線圖，持續增加溫度，雙股 DNA 會因變性而分開，造成螢光值下降；**c** 一次微分 vs. 溫度的曲線圖，波峰可代表 Tm 值，左邊波峰代表引子二聚物之 Tm 值，右邊波峰代表特異性產物之 Tm 值。

除了可辨別產物特性，解鏈曲線分析還可用來偵測突變，如圖 7-10，如果將雜交探針設計成可雜交至突變點的位置，完成 PCR 反應後，進行解鏈曲線分析，因**錯誤配對 (mismatch)** 會降低解鏈溫度，所以從圖 7-10(c) 可看出右邊波峰代表野生型，左邊波峰代表突變型，在**基因型 (genotype)** 鑑定上可分辨成如果只有右邊波峰代表是**同型野生型 (homozygous wildtype)**，如果只有左邊波峰代表**同型突變型 (homozygous mutant)**，而如果兩個波峰都有，就代表**異型突變型 (heterozygous mutant)**。

四、鑑定科學 (Forensic Science)

在人類的基因體中，有許多地方存在著 DNA **多型性 (DNA polymorphism)**，可以用來作為人類 DNA 之檢測。DNA 多型性分為兩類：一類是**序列多型性 (sequence polymorphism)**，是因為基因序列上有少數鹼基差異而產生的多型性；另一類是**長度多型性 (length polymorphism)**，是重複 DNA 序列所造成，因 DNA 重複之次數不同，因而長度不同。其中長度多型性 DNA 稱為**變異性重複序列**（variable number tandem repeat，**簡稱 VNTR**），早期這些變異是以限制酶切割位置來區分，稱為**限制酶片段多型性**（restriction fragment-length polymorphism， 簡稱 RFLP）；之後，利用 PCR 技術來分析 VNTR，稱為**增幅長度多型性**（amplified fragment-length polymorphism，簡稱 AMP-FLP）。

在 VNTR 中有一群所謂的**短重複序列**（short tandem repeat，**簡稱 STR**），STR 是由 2~7 個鹼基對重複排列所組成，一般在基因體內的長度是 100~400 鹼基對之間，目前已知有幾十萬個 STR 基因座 (loci)，因為對同一個 STR 基因座來說，不同的個體其 STR 的長度不同，因此我們可以利用 STR 的特性，作為鑑定一個人身分的方法，而且分析 STR 比分析其他 DNA 多型性快速且方便，所以較常被使用。因 PCR 可以分析非常少量的 DNA（只有 nanograms 的 DNA 也可做到），而且即使檢體之 DNA 有部分被分解，因 STR 的長度很短（100~400 鹼基對），所以 PCR 技術還是可以增幅且分析

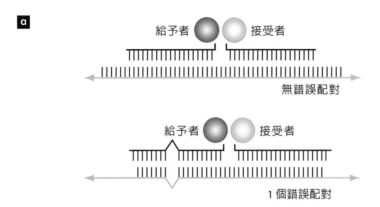

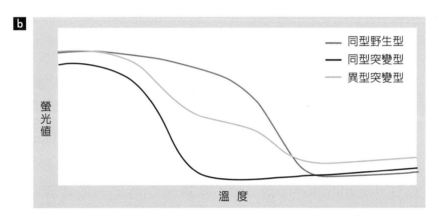

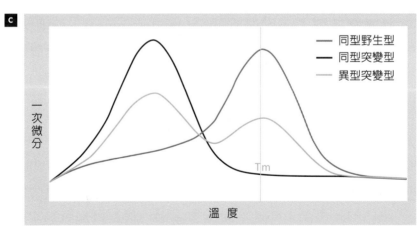

圖 7-10　利用雜交探針和解鏈曲線分析來偵測突變

a 雜交探針可雜交至點突變的位置，雜交探針和點突變的錯誤配對會降低解鏈溫度；**b** 螢光值 vs. 溫度的曲線圖；**c** 一次微分 vs. 溫度的曲線圖，此圖可區分樣本的基因型。

STR。如圖 7-11(a)，以親子鑑定為例，利用 PCR 增幅 STR 基因座之後，再以電泳方式分離不同長度之 DNA 片段，Y 樣品帶有 AB 片段，Z 樣品帶有 BC 片段，對 X 樣品而言，它的 A 片段可從 Y 遺傳而來，C 片段可從 Z 遺傳而來，因此 X 可能是 Y 與 Z 之子女，只要再比對更多的 STR 基因座，即可更進一步確定 X 是否為 Y 與 Z 之子女。在犯罪案件中，如果被害人與嫌疑犯之檢體無法分離，例如在強暴案件中由陰道採得之精液檢體（含有精子細胞和陰道細胞），如圖 7-11(b)，分析 STR 系統可知，M 檢體之結果包含了 ABCD 片段，而被害人有 AB 片段，嫌疑犯有 CD 片段，因此精液有可能來自此嫌疑犯。

除了 STR 系統之外，粒線體 DNA（mitochondrial DNA，簡稱 mtDNA）也常作為一種鑑識方式。在精子與卵子結合過程中，精子只有細胞核（帶有遺傳物質）會進入卵子內而形成受精卵，因此從受精卵發育完成之個體的粒線體（位於細胞質內）是完全遺傳自母親一方。粒線體本身含有單套的遺傳物質，其遺傳方式不同於細胞核內雙套基因體的孟德爾遺傳定律方式，稱為**母系遺傳 (maternal inheritance)**。一個細胞可有數百至數千個粒線體，也就是說一個細胞可帶有數百至數千個套數 (copy number) 的 mtDNA，因此當檢體數量非常少或是嚴重腐敗時，mtDNA 可用作鑑識的方法。在 mtDNA 內有兩段**高變異區域 (hypervariable regions)** — HV1 及 HV2，以 PCR 方式增幅 HV1 和 HV2 後，再定出其 DNA 序列，比較 HV1 和 HV2 之 DNA 序列，若有同一母系親緣關係的個體會有共同的相似差異度，此法可鑑定兩個體是否為同一母系而來。

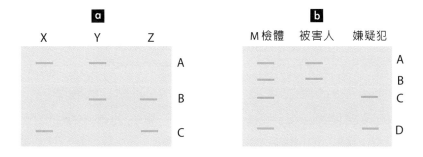

圖 7-11 利用 STR 鑑定身分

ⓐ 分析親屬關係，X 是未知身分，Y 是父親，Z 是母親；ⓑ 從混合檢體分析嫌疑犯的身分。

一、選擇題

1. PCR 反應中，以 95℃ 加熱的方式將模板 (template) 雙股 DNA 分開的步驟稱作什麼？ (A) 解鏈 (melting)　(B) 變性 (denature)　(C) 增幅 (amplification)　(D) 延展 (extension)　(E) 以上皆非

2. PCR 反應所使用的 DNA 聚合酶之校正力 (Proofreading) 來自於哪一項能力？ (A) $3' \rightarrow 5'$ 外切核酸酶 (exonuclease) 能力　(B) $5' \rightarrow 3'$ 外切核酸酶 (exonuclease) 能力　(C) $5' \rightarrow 3'$ 內切核酸酶 (endonuclease) 能力　(D) $3' \rightarrow 5'$ 內切核酸酶 (endonuclease) 能力　(E) $3' \rightarrow 5'$ 聚合酶 (polymerase) 能力

3. 為避免引子自行配對所形成之產物，需要加熱才能活化的聚合酶，這種加熱過程稱作？ (A) 熱反應 (hot reaction)　(B) 變性 (denature)　(C) 熱啟動 (Hot start)　(D) 熱活化 (Hot activate)　(E) 以上皆非

4. 最早使用的熱穩定 DNA 聚合酶－ Taq 有什麼不足之處？ (A) 無法合成長段 DNA　(B) 不具校正能力　(C) 錯誤頻率高　(D) 速度不夠快　(E) 以上皆是

5. 下列何者非 PCR 反應所必須的？ (A) $MgCl_2$　(B) dNTP　(C) Ca　(D) 引子　(E) 模版 DNA

6. 關於 PCR 的延展 (extension) 步驟，下列何者錯誤？ (A)DNA 聚合酶可接著引子 5' 端進行聚合反應　(B) 合成與模板 DNA 互補的序列　(C) 形成新的雙股 DNA　(D) 延展最佳反應溫度是 72℃　(E) 在引子黏合之後進行

7. 關於 PCR 引子的設計，不需考量何因素？ (A) 長度為 18~25 個鹼基　(B) 兩條引子的長度需相同　(C) 引子內不可出現會在引子內部產生互補的 3 個以上連續之鹼基　(D) 引子 3' 端之序列不可和另一引子有互補的情形　(E) 兩條引子的解鏈溫度（melting temperature，簡稱 Tm）要接近

8. 解鏈溫度（melting temperature，簡稱 Tm）之定義是？ (A) 雙股 DNA 開始分開的溫度　(B) 雙股 DNA 完全分開的溫度　(C) 50% 的 DNA 為單股時的溫度　(D)DNA 重新黏合的溫度　(E) 保持 DNA 不黏合的溫度

9. PCR 實驗的負對照組 (negative control)，不需下列哪一項？ (A) 引子　(B) dNTP　(C) 聚合酶　(D) 模版 DNA　(E) 緩衝液

10. 熱穩定 DNA 聚合酶和游離型態鎂離子 (Mg^{2+}) 的關係，下列何者敘述錯誤？ (A) 不同的 PCR 反應需要不同的鎂離子濃度　(B) 所有的熱穩定 DNA 聚合酶

都需要游離型態的鎂離子 (Mg^{2+}) 才有活性　(C)PCR 反應中之 dNTP 及 EDTA 會和鎂離子結合　(D) 除上述之外，反應中其他試劑不會和鎂離子結合

11. 關於模版 DNA 的敘述，下列何者錯誤？ (A) 可以是雙股或是單股的 DNA (B) 不純的 DNA 模版可能會含有聚合酶的抑制物　(C) 模板 DNA 的量越多越好　(D) 少量的 DNA 污染都可能成為偽結果　(E) 模板 DNA 越純越好

12. 關於反轉錄 RT-PCR 的敘述，下列何者錯誤？ (A) 當需要擴增的材料來源是 mRNA 時　(B) 第一步是以反轉錄酶 (reverse transcriptase) 從 RNA 製造其互補 DNA（complementary DNA，簡稱 cDNA）　(C) 可使用寡聚胸苷酸 (oligo(dT)) 引子反轉錄出特定 mRNA　(D) 隨機引子可合成所有 mRNA 的 cDNA　(E) 特定基因之引子可反轉錄出特定 mRNA

13. 關於同步 PCR (real time PCR) 的敘述，下列何者錯誤？ (A) 可以定量　(B) 靈敏度較高　(C) 使用螢光技術　(D) 在每一循環的變性步驟結束時測量螢光之強弱　(E) 可用解鏈曲線 (melting curve) 分析來區分出特異性或非特異性的 PCR 產物

14. Real time PCR 中使用 DNA 結合染劑 SYBR Green I 來判定訊號，下列敘述何者正確？ (A) 與雙股 DNA 結合後會發出很強的螢光　(B) 可以分辨特異性 PCR 產物（標的產物）和非特異性 PCR 產物　(C) 不會與引子二聚物結合 (D) 和 DNA 雙股螺旋的大溝 (major groove) 結合　(E) 以上皆非

15. 關於粒線體 DNA（mitochondrial DNA，簡稱 mtDNA）的敘述，下列何者錯誤？ (A) 完全遺傳自母親一方　(B) 遺傳方式不同於細胞核內雙套基因體 (C) 粒線體本身含有雙套的遺傳物質　(D) 一個細胞可有數百至數千個粒線體，也就帶有數百至數千個套數 (copy number) 的 mtDNA　(E) mtDNA 內有兩段高變異區域 (hypervariable regions) 可用作鑑識之用

16. DNA 多型性中，何者不是 DNA 重複之次數的差異？ (A) 序列多型性 (sequence polymorphism)　(B) 長度多型性 (length polymorphism)　(C) 變異性重複序列（variable number tandem repeat，簡稱 VNTR）　(D) 短序重複序列（short tandem repeat，簡稱 STR）　(E) 以上皆是

17. PCR 的反應非常靈敏，即使只有少量的 DNA 污染也可作為模板，產生出我們不要的 PCR 產物，這種偽結果可能來自於何種污染？ (A) 引子　(B) 模板 (C) dNTP　(D) 緩衝液　(E) 以上皆有可能

18. 何謂引子二聚物？ (A) 引子互相黏合，且互為模板而進行聚合反應之產物 (B) 引子頭尾相接　(C) 引子內互補形成的二級結構　(D) 引子無法以熱處理分開　(E) 以上皆非

二、問答題

1. 請簡述 PCR 的三個步驟及原理。

2. 選擇 PCR 所使用之聚合酶時，考量的特性為何？列舉三項以上。

3. 一個 PCR 反應需加入哪幾項試劑？

4. 請試述一個好的 PCR 引子有哪幾個條件？

5. 試述每次 PCR 反應都要做何種對照組以排除偽結果之產生？

6. 除了本章列舉的三個 PCR 應用，請試著提出任一種可利用到 PCR 技術之應用。

7. 試述反轉錄 RT-PCR 中 RT 的原理。

8. 為何同步 PCR (Real Time PCR) 可在進行 PCR 的同時偵測出 PCR 之產物？

9. 同步 PCR 中螢光是如何標記至 PCR 產物？

10. 醫學鑑定主要是以 PCR 增幅哪兩種 DNA ？

11. DNA 的多型性分為哪兩類？

12. 解鏈溫度 (Tm) 之定義為何？

解答： (1) B　 (2) A　 (3) C　 (4) E　 (5) C　 (6) A　 (7) B　 (8) C　 (9) C　 (10) D
　　　 (11) C　 (12) C　 (13) D　 (14) A　 (15) C　 (16) A　 (17) E　 (18) A

CHAPTER

08

基因轉殖及基因剔除技術
Transgenic and Knock-out Technique

BIOTECHNOLOGY

由 於分子生物技術的發展，我們對於基因調控的機制有了更多的瞭解，但大部分的實驗結果是在試管內／體外 (in vitro) 得到的，亦即是在體外培養之細胞或是將分子由細胞內抽離出，放在試管內作實驗，因為體外培養之細胞大多已轉型 (transform) 成永生狀態 (immortalized)，與一般的細胞不同，所以觀察到的結果並不能完全反映真正在動物體內的情形，也就是說，在體外所得到之研究結果大多要在動物體內得到印證才可廣泛地被採信。多年來，科學家們致力於發展出各種動物模式來做體內 (in vivo) 實驗，在早期，由於技術的限制，非哺乳類動物，例如果蠅 (Drosophila melanogaster)、線蟲 (C. elegans) 或是蟾蜍 (Xenopus laevis) 等動物之研究發展較為快速，因為它們的胚胎發育是在母體外進行，而且發育時期較短，因此是比較方便且容易觀察研究的動物模式。但是，因為人類是屬於哺乳類動物，胚胎之發育是在母體內進行，而且許多生理反應或是基因調控機制，在哺乳類動物之間也較類似。要瞭解人類之發育或是遺傳疾病之成因，利用哺乳類動物來做研究是比較恰當的。目前較常用之哺乳類實驗動物是以小鼠（mouse，學名為 Mus musculus）為主，早期小鼠的研究大多是放在生理研究上，但隨著實驗技術的進步，科學家們可以在體外培養或是操作小鼠胚胎，也可成功地再把胚胎放回母體內繼續成長發育；此外，胚胎幹細胞（embryonic stem cell，ES 細胞）的培養成功，使得我們可以利用分子技術將 ES 細胞內的遺傳物質做改變，再將 ES 細胞和胚胎混合，此改造過之胚胎可再放回母體內發育成長，以研究動物體內之基因調控。本章將會介紹兩種目前最常用到以小鼠為材料的生物技術：基因轉殖 (gene transgenic) 及基因剔除 (gene knock-out)，讓讀者瞭解利用小鼠個體做基因調控研究之基本方法，以奠定進一步瞭解其他動物基因改造實驗的基本知識。

8-1 ─────
小鼠早期胚胎發育的簡介

　　小鼠的體積小（一隻成鼠約為 30~40 克），壽命為 1.5~2.5 年，一年四季皆可繁殖，妊娠所需的時間為 19~20 天，每胎約可產生 6~8 隻幼鼠，6 週大的小鼠即性成熟，因此在哺乳類動物中是一個較適合作為研究的實驗動物。

　　母鼠的生理週期是受到**促濾泡激素**（follicle-stimulating hormone，簡稱 FSH）以及**促黃體激素**（luteinizing hormone，簡稱 LH）的控制，在最佳的狀況下，其生理週期為 4 天，每次約可排 8~12 個卵，但如果以**懷孕母馬血清性腺激素**（pregnant mare's serum gonadotropin，簡稱 PMSG）和**人類絨毛膜性腺激素**（human chorionic gonadotropine，簡稱 hCG）來代替 FSH 和 LH 之功能，施打於 4~6 週之母鼠，可促使其大量排卵，每次約可排出 20~30 個卵，因為基因轉殖和基因剔除技術皆需要利用到很多的受精卵及胚胎，因此使母鼠大量排卵的方法可減輕收集受精卵和胚胎的工作量。此外，基因轉殖和基因剔除技術也需要用到假懷孕之母鼠，假懷孕之母鼠是指正常母鼠和不孕公鼠交配後，其子宮會變化成適合使受精卵著床的狀況，但因公鼠不孕，故母鼠之卵子無法受精，此母鼠即為假懷孕。

　　在正常情況下，小鼠是在半夜交配，因此若受精成功，交配後第一天中午之受精卵為**交配後第 0.5 天**（0.5 day post-coitum，簡稱 0.5dpc）。如圖 8-1，早期胚胎發育得很慢，受精後第 0.5~2.5 天為分裂期，受精卵由一個細胞分裂為多個細胞，此時整個胚胎雖然細胞數變多，但大小不變。受精後第 3.5 天，胚胎之細胞開始分化，細胞形狀變得較平，細胞間接觸較緊密，細胞中細胞膜及細胞質的不同部位也漸漸發育成不同特性，最後內部緊密的細胞發育成**內細胞質團**（inner cell mass，簡稱 ICM），外層細胞發育成**滋養外胚層**(trophectoderm)，胚胎中間形成一個空腔，此時之胚胎稱為囊胚 (blastocyst)。內細胞質團具有**多元分化** (pluripotent) 的能力，可

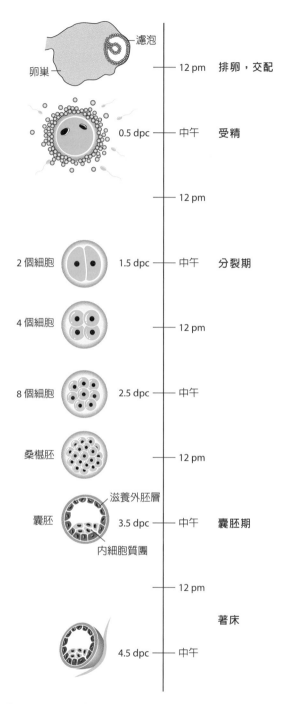

濾泡

卵巢

12 pm　排卵，交配

0.5 dpc　中午　受精

12 pm

2 個細胞　1.5 dpc　中午　分裂期

4 個細胞　12 pm

8 個細胞　2.5 dpc　中午

桑椹胚　12 pm

滋養外胚層

囊胚　3.5 dpc　中午　囊胚期

內細胞質團

12 pm

著床

4.5 dpc　中午

圖 8-1 小鼠胚胎之早期發育圖解

　　以分化成胚胎的各個構造，ES 細胞就是從內細胞質團培養而來，因此也具有多元分化之能力。第 4.5 天時胚胎會著床至子宮內膜，胚胎發育進入**原腸胚形成 (gastrulation)**，之後胚胎快速發育生長，至第 19.5 天發育成一完整個體。

8-2 基因轉殖

大多數的基因調控研究是以體外培養之細胞，利用 DNA 轉染 (transfection) 技術做到的。如果將類似的原理用在動物上，也就是說，利用分子生物技術改造遺傳物質，再以遺傳工程技術使小鼠具有此改造之遺傳物質，這種技術就是基因轉殖。

一、基因轉殖小鼠之製造流程

1. **設計轉殖基因 (transgene)**：轉殖基因要包含可使基因表現的所有條件，也就是啟動子 (promoter) 及編碼區域 (coding region)，啟動子可控制基因之表現，編碼區域則是可經由轉錄和轉譯過程而產生基因產物－蛋白質。

2. **產生基因轉殖小鼠**：以基因選殖方式得到我們要的轉殖基因株後，再把轉殖基因 DNA 片段從質體分離純化出來，如圖 8-2，以**顯微注射 (microinjection)** 之方式把轉殖基因 DNA 打入單細胞之受精卵，再將此受精卵送回至假懷孕之母鼠子宮內，19~20 天之後即可生出小鼠。打入受精卵之轉殖基因 DNA 會隨機地插入染色體的任何一個位置，並隨著染色體進行複製而遺傳至小鼠體內的每一個細胞，如此便得到**基因轉殖小鼠 (transgenic mice)**，此段外來之 DNA 也就稱為**轉殖基因 (transgene)**。

3. **篩選基因轉殖小鼠**：要篩選轉殖成功之小鼠，首先要取得小鼠之基因體 DNA (genomic DNA)。我們可以剪一小段約 0.5 公分之小鼠尾巴，即可純化出夠做篩選之基因體 DNA。最常見之篩選方式是利用 PCR 技術，設計一組可特異地增幅出屬於轉殖基因部分序列的引子，即可以此方式篩選出帶有轉殖基因之小鼠。另外，也可以南方墨點實驗 (Southern blot) 來偵測轉殖基因，只要以轉殖基因當作探針，即可在轉漬膜上測出含有轉殖基因的片段，而且以此方式更可計算出有多少套數 (copy number) 的轉殖

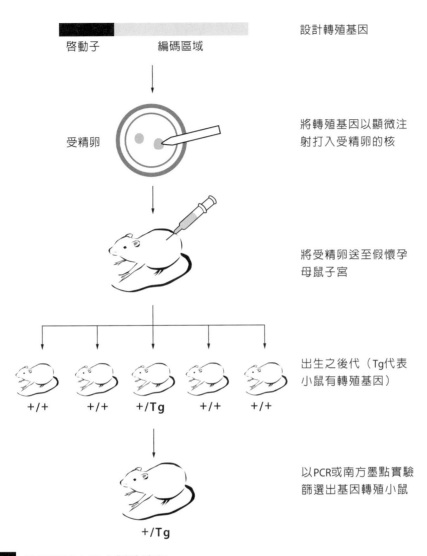

啓動子　編碼區域　設計轉殖基因

受精卵　將轉殖基因以顯微注射打入受精卵的核

將受精卵送至假懷孕母鼠子宮

出生之後代（Tg代表小鼠有轉殖基因）

+/+　+/+　+/Tg　+/+　+/+

以PCR或南方墨點實驗篩選出基因轉殖小鼠

+/Tg

圖 8-2　基因轉殖小鼠之製造流程

基因。統計的結果發現，如果轉殖基因的套數太多，反而會抑制轉殖基因的表現，因此轉殖基因的套數對轉殖基因的表現是一項重要的資訊。

二、轉殖基因的表現

轉殖基因的表現受到許多因素影響，首先是轉殖基因插入染色體之位置，如果轉殖基因插入之位置附近有靜默子 (silencer) 或加強子 (enhancer)，這些都會影響轉殖基因的表現，會促進或抑制轉殖基因的表現。此外，轉殖基因套數也會影響轉殖基因之表現，研究發現轉殖基因 DNA 片段多是以頭尾相連的多套形式，一起插入染色體內，若轉殖基因的套數太多，會抑制轉殖基因的表現，但真正之原理目前並不清楚。由以上之說明可瞭解，目前的技術很難控制轉殖基因的表現，因此在做轉殖小鼠的研究時，需要集合多個轉殖小鼠的結果，以證明研究結果之可信度，同時轉殖基因常有**異位性表現 (ectopic expression)**，也就是在不該表現的地方表現，因此檢查轉殖基因表現時要特別注意這部分。

三、應用

如果要研究一基因之啟動子區域，我們可在此啟動子後接上一報告者基因 (reporter gene)，如此便可以報告者基因之表現量多寡來代表待研究之啟動子之強弱。如果要分析一基因之產物，我們可在此基因前接特定之啟動子（視研究者需要而定），例如選用只在肝組織表現之啟動子，如此便可研究此基因在肝組織表現會有何影響。此外也可在基因本身作定點突變，藉此在動物體內研究此突變對基因之產物的功能有何影響，或是此突變之產物對實驗動物會造成何種生理之改變。

8-3
基因剔除

早期的分子生物技術發展，大多是著重在生物體外，在較單純的環境下以分子的階層來研究個別基因之功能，得到的結果也是單純且直接的。但在生物體內，基因的功能其實是非常複雜的，因為基因和基因之間會互相調控，不同基因產物之組合會有不同的功能產生，或是在不同的生理條件下基因的表現或功能也會不同，因此體外研究並無法完整解釋基因的功能。為了研究基因在生物體內之重要性，因而發展出了基因剔除之技術。基因剔除是指將生物體身上每一個細胞的某個特定基因破壞掉，因為生物體沒有這個特定基因，不僅可看出此基因對生物體的重要性為何（若缺乏是否會致死），也可用來研究基因缺陷造成何種發育或是生理上之問題。

能夠製造出基因剔除小鼠的兩個重要條件是 ES 細胞之培養和基因之**同源重組 (homologous recombination)**。ES 細胞是尚未分化之細胞，若將之混入早期未分化之胚胎中，ES 細胞可以分化成身體的任何一種細胞，包括了能將遺傳物質傳給下一代的生殖細胞 (germ cell)，因此如果我們在 ES 細胞的遺傳物質上做改變，此改變之遺傳物質便有可能因 ES 細胞可分化成生殖細胞，而傳至下一代。至於要如何改造遺傳物質，主要是利用同源重組的原理，在細胞內，兩段相似或是一致之 DNA 序列，可以產生**重組 (recombination)**，也就是 DNA 互相交換，如圖 8-3(a)，如果在某片段的兩端都產生重組，如圖 8-3(c)，B 片段則會從 I 被置換到 II，這就是同源重組。

⬇ 一、基因剔除小鼠之製造流程

（一）設計標的載體 (Targeting Vector)

如圖 8-4，標的載體主要包含了三個要素：

1. 和 ES 細胞同源的兩段標的基因序列。

2. 一個放在兩段同源序列中間的**正向篩選標記 (positive selection marker)**：一般都是使用抗藥性基因，常用的標記為**抗新黴素基因（Neomycin-resistance，簡稱 neo）**，篩選之方式是在培養 ES 細胞的培養液內加入 G418 藥劑，G418 會抑制蛋白質的合成，造成細胞死亡，而 neo 基因之產物可將 G418 代謝成無毒之形式，因此帶有 neo 之細胞即可存活在含有 G418 的培養液中。此方法是要篩選帶有 neo 的 ES 細胞，故 neo 叫做正向篩選標記。

3. 一個放在兩段同源序列外的**負向篩選標記 (negative selection marker)**：常用的標記有**胸苷激酶（thymidine kinase，簡稱**

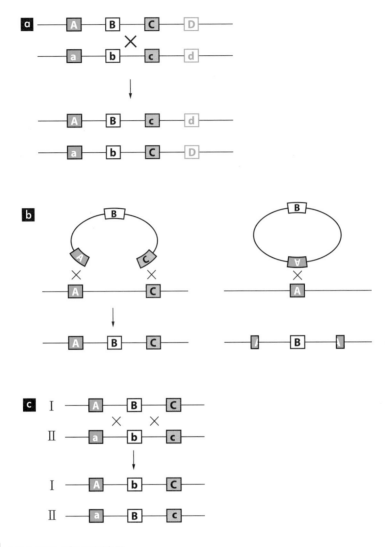

圖 8-3　DNA 發生重組的結果

a DNA 互相交換；**b** 整個 DNA 片段插入；**c** 同源重組，也就是 I 的 B 和 II 的 b 互換。

TK）或**白喉毒素**（diphtheria toxin，**簡稱 DT**）。使用 TK 標記的原理是，若培養液內含有**核酸類似物 gancyclovir**，TK 蛋白會將 gancyclovir 磷酸化，細胞的 DNA 聚合酶若使用這種不正常之核苷，會使 DNA 合成中斷，因此會表現 TK 的細胞無法存活在含有 gancyclovir 的培養液中；而 DT 是一種蛋白毒素，會抑制真核細胞的蛋白質合成，若細胞會表現 DT，就會殺死自己。因此負向篩選標記的目的是要篩選不帶有 TK 或 DT 的 ES 細胞。

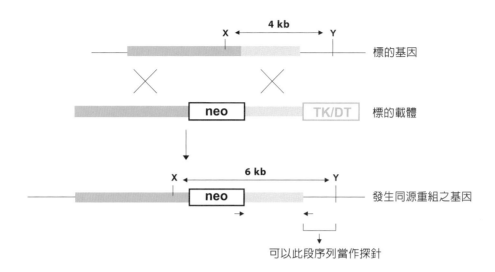

圖 8-4 產生基因剔除的方法

在細胞核內，標的載體和標的基因產生同源重組，即可使 neo 插入基因中間，因而破壞基因
結構，造成基因剔除。X 和 Y 代表限制酶切割位置，箭號代表引子。

　　一個完整的標的載體除了包含以上三個要素之外，為了要破壞
基因，我們可以設計將基因的重要部位或是大部分的編碼區域刪
除，以 neo 代替，或是將 neo 插入編碼區域中，藉以破壞基因之
表現。

（二）產生發生同源重組（或是基因剔除）之 ES 細胞

　　構築好標的載體後，一般是以效率較高之電穿孔
(electroporation) 方式將標的載體送入 ES 細胞中。為了篩選帶有
標的載體之 ES 細胞，我們可以 G418 來篩選帶有 neo 的 ES 細胞。
可是送入 ES 細胞之 DNA 大部分是以隨機的方法插入染色體內，
此 ES 細胞就會同時帶有 neo 和 TK 或 DT 標記，這並不是我們要的
ES 細胞，但 G418 藥劑不會殺死這些細胞。我們要的是兩段同源序
列同時發生重組，如此被破壞的基因才會被置換入染色體的同源
位置，此種 ES 細胞是帶有 neo 但不帶有 TK 或 DT。因此同時利用
正向和負向篩選標記（同時在培養液中加入 G418 和 gancyclovir，
若是使用 DT，只加 G418 即可），便可篩選出有同源重組之 ES 細
胞。這種改變特定染色體基因的方法，就叫做**基因標的法** (gene

targeting)；而如果是造成基因功能破壞之改變，就叫做**基因剔除** (gene knock-out)。

（三）篩選發生同源重組（或是基因剔除）之 ES 細胞

　　雖然正向和負向篩選標記可以幫助挑出發生同源重組之 ES 細胞，但這些篩選標記的效果並不是百分之百，因此需要以南方墨點實驗進一步篩選確認有同源重組之 ES 細胞，其做法是在設計標的載體時也要先同時設計限制酶切割位置，在篩選時，使用此限制酶來切割 ES 細胞之基因體 DNA，利用切割出不同長度之 DNA 片段來分辨出同源重組之 ES 細胞。以圖 8-4 為例，一個切割位置位於標的載體一端以外之標的基因序列上，一個切割位置位於 neo 另一邊之標的序列上，利用標的載體以外之標的基因序列作為探針，如果是原來的基因體結構，偵測到之片段是 4 kb；如果是有同源重組之基因體結構，因多了 neo，所以偵測到的片段是 6 kb；如果是隨機插入，因為是使用標的載體以外之標的基因序列作為探針，所以偵測不到任何片段。此外，PCR 也可用來篩選有同源重組之 ES 細胞，其引子之設計是一個位於 neo 內，另一個位於用作標的載體以外之標的基因序列上，如此才可分辨出是非同源重組之 ES 細胞（做不出 PCR 產物），或是同源重組（可做出 PCR 產物）。

（四）產生基因剔除小鼠

　　得到基因剔除之 ES 細胞後，如圖 8-5，將此 ES 細胞以顯微注射打入囊胚 (blastocyst)，再將此囊胚移至假懷孕母鼠的子宮內，ES 細胞（灰色）會和野生型之囊胚細胞（黑色）混合，發育生長成一個混合之個體，稱為**嵌合體 (chimera)**。由於 ES 細胞帶有顯性非黑色毛色基因 (agouti)，囊胚細胞帶有隱性黑色毛色基因 (nonagouti)，而 ES 細胞可分化成任一個細胞，因此產生之**嵌合小鼠 (chimeric mice)** 身上的毛色有可能是黑色，也有可能是非黑色。我們可以非黑色毛色的比例來判斷 ES 細胞發育成生殖細胞的機率，因為如果非黑色毛色越多，代表 ES 細胞佔嵌合體的比例越大，ES 細胞發育

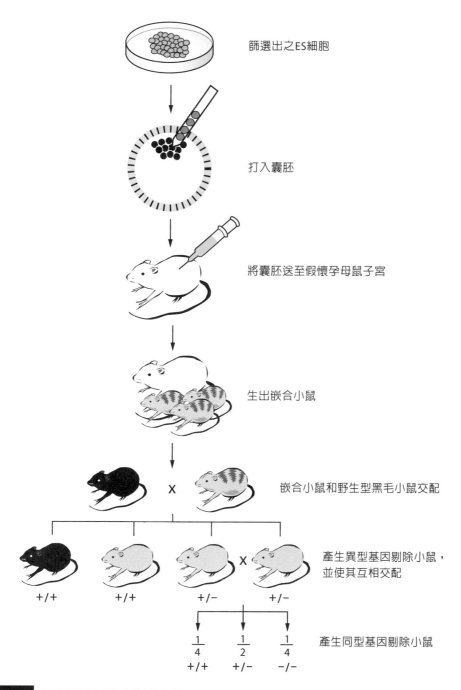

篩選出之ES細胞

打入囊胚

將囊胚送至假懷孕母鼠子宮

生出嵌合小鼠

嵌合小鼠和野生型黑毛小鼠交配

+/+   +/+   +/-   +/-

產生異型基因剔除小鼠，
並使其互相交配

$\frac{1}{4}$ $\frac{1}{2}$ $\frac{1}{4}$

產生同型基因剔除小鼠

+/+   +/-   -/-

圖 8-5　產生基因剔除小鼠的方法

ES 細胞和囊胚混合後可產生嵌合小鼠，因 ES 細胞帶有顯性非黑色毛色基因，囊胚帶有黑色
毛色基因，如果 ES 細胞發育成嵌合小鼠的生殖細胞，嵌合小鼠和野生型黑毛小鼠交配，會
生出非黑毛之小鼠；若囊胚細胞發育成嵌合小鼠的生殖細胞，則會生出黑毛小鼠，以此毛色
篩選方法可方便地篩選掉大部分非基因剔除小鼠。其中非黑毛小鼠有一半的機會可遺傳到剔
除之基因（因為 ES 細胞只有一套剔除基因，另一套是野生型基因），此時就必須以 PCR 或
是南方墨點實驗篩選帶有剔除基因之小鼠。

成生殖細胞的機率就越大，如此可將剔除之基因遺傳至後代的機會也就越大。經由和 ES 細胞同樣的篩選方法來篩選嵌合小鼠之後代（如南方墨點實驗或 PCR），得到單套基因剔除小鼠 (heterozygous gene knock-out mice) 後，再使其互相交配，即可有四分之一的機會可得到同型基因剔除小鼠 (homozygous gene knock-out mice)。

二、應 用

條件性基因剔除 (Conditional Gene Knock-Out)

一般產生之基因剔除小鼠是將小鼠身上每一個細胞的某一基因完全破壞掉，但常常我們將基因破壞掉之後，會造成小鼠在胚胎時期即已死亡，這會造成研究上的困難。因此，如果我們可以只在小鼠發育的某個時期，或是只在小鼠的某個組織內做基因剔除，不僅可以減少胚胎時期小鼠死亡之機率，也可以特定地研究此基因在某發育時期或某組織內之重要性。而要做到特定發育時期或特定組織之基因剔除，就必須利用到 Cre-loxP 系統。

Cre 是 P1 噬菌體的重組酶 (recombinase)，loxP 是一組含有 34 個特定核苷酸之序列，且具有方向性。如圖 8-6，Cre 可以特定地認得 loxP 序列，若有兩個 loxP 是同方向的，Cre 會把兩個 loxP 中間之序列刪除，留下一個 loxP；若兩個 loxP 是反方向的，Cre 會把兩個 loxP 中間之序列做倒轉。除了 Cre-loxP 系統外，另有一相同原理之系統是從酵母菌而來，叫做 Flp-FRT 系統。以下主要以 Cre-loxP 系統來解釋如何應用到基因剔除小鼠上（見圖 8-7）：首先，我們要有一個由特定啟動子控制之 Cre 重組酶的基因轉殖小鼠，此特定啟動子是依需要而定，我們可選擇只在某特定發育時期或只在某特定組織表現之啟動子。此外，我們還需重新設計標的載體，為了篩選正確之 ES 細胞，標的載體必須含有正向及負向篩選標記，其中只有正向篩選標記會留在標的基因內，為了不使正向篩選標記影響基因表現，我們可將正向篩選標記放在內子／插入序列 (intron) 內，以減少對基因表現之影響，然後再將兩個同方向之 loxP 放在

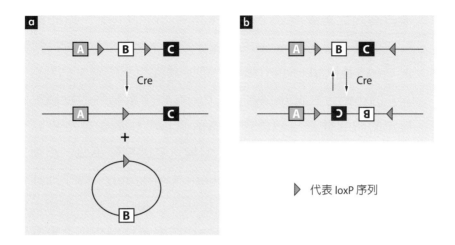

▶ 代表 loxP 序列

圖 8-6 Cre-loxP 系統可造成 DNA 序列重組

a 若兩個 loxP 是同方向，Cre 會把兩個 loxP 中間之序列 B 刪除，留下一個 loxP；**b** 若兩個 loxP 是反方向，Cre 會把兩個 loxP 中間之序列 BC 做倒轉。

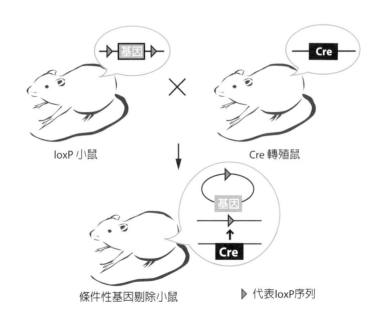

圖 8-7 條件性基因剔除

分別產生 Cre 轉殖鼠和 loxP 小鼠後，再使其互相交配產生同時含有 Cre 以及 loxP 的小鼠，Cre 在特定啟動子的控制下，表現出 Cre 重組酶後會將兩個 loxP 中間之序列剔除，如此，我們就可得到條件性基因剔除小鼠。

標的基因之重要外子／表現序列 (exon) 的兩旁，以此標的載體利用上述基因標的法產生之小鼠，稱為 loxP 小鼠。當我們已各別產生 Cre 轉殖鼠和 loxP 小鼠後，再使其互相交配產生同時含有 Cre 及 loxP 的小鼠，在此小鼠身上，Cre 在特定啟動子的控制下，表現在特定的時間或是組織後便會將兩個 loxP 中間之序列剔除，如此，就可得到特定發育時期或特定組織之基因剔除小鼠，這種方式稱為**條件性基因剔除 (conditional gene knock-out)**。除了上述可在特定發育時期或某特定組織做基因剔除外，條件性基因剔除也可應用在其他方面，例如利用受特定藥物或荷爾蒙控制表現之啟動子來表現 Cre，如此以藥物或荷爾蒙來餵食或施打小鼠，便可在研究者需要的時間或情況下來剔除基因。

8-4
基因突變的製作

　　本章前文所介紹之基因剔除法是將基因完全破壞掉，因此稱為基因剔除，但若將相同之基因標的法應用在多加東西至基因內而不是刪除東西，例如在某基因之編碼區域內加上外來基因之編碼序列，使外來基因之表現可受此基因之啟動子所調控，這種方法特稱為**基因殖入 (gene knock-in)**。另外，也可利用基因標的法將內源基因 (endogenous gene) 做點突變，若點突變是位在啟動子區域，可研究調控因子對基因表現之重要性；若點突變是位在編碼區域，而造成基因產物蛋白質的突變，則可研究蛋白質之突變對其功能有何影響。

　　基因剔除的做法與方向是先將一已知基因以插入抗藥性基因片段 (neo) 方式置換掉基因，再研究此基因所影響之功能，但許多人類遺傳疾病之突變是屬於點突變，而且目前大部分之遺傳疾病尚不知突變的位置；因此試著以相反方向思考，如果我們已有一突變的動物模式，利用此突變的動物模式研究造成此性狀的機制，這不是更接近於實際需要嗎？以下就介紹目前製作基因突變的方法及未來可能研發出的新技術：

⬇ 一、ENU (n-ethyl-n-nitrosourea)

這是一種很有效率的突變劑，可以對 DNA 產生破壞，在基因體上會造成隨機的點突變，因此將 ENU 打入小鼠之生殖器官，可引發其生殖細胞產生基因突變，藉此可產生大量不同的突變鼠，然後再依突變表現型 (phenotype) 進行分類與篩選，即可研究不同突變之成因。由於 ENU 突變鼠計畫需要用到的資源及人力是非常的龐大，因此目前此計畫多是以整合型計畫實行，也就是以研究單位為主，多個實驗室一起合作進行。在美國、加拿大、德國、英國、澳洲和日本等先進國家皆已進行 ENU 突變鼠之篩選研究，臺灣也在民國 90 年由中研院成立基因體蛋白體中心之一環－基因突變鼠核心實驗室 (Mouse Mutagenesis Program Core Facility)。此單位主要進行製造突變鼠、建立快速疾病表現型的篩選方法，藉此幫助各個研究單位找出人類疾病的相關基因、建立疾病之動物模式，以開發出與疾病相關之預防和治療方法，並藉此帶動臺灣基因科技醫藥產業。

⬇ 二、DNA 跳躍子 (Transposon)

在生物體中存在有多種小型的 DNA 跳躍子，可以插入基因體中的任何位置。其最早是在玉米中發現的，它可以造成隨機的紫色玉米粒，每一種跳躍子都需要相對的一種**跳躍酶 (transposase)** 對跳躍子兩端的跳躍元素 (transposable element) 作用，讓它在特別的序列中跳進跳出。利用跳躍子的這種特性，不但可以插在基因體中的任何地方造成基因的破壞，只要找出跳躍子的位置，就知道是哪一個基因出了問題，比起化學或物理性的破壞更容易定出位置；而跳躍元素中更可攜帶其他標記基因，更可以進行大規模的篩選。這種技術在果蠅等實驗動物中均行之有年，在哺乳類動物中卻十分困難，雖然哺乳類基因體中有各種跳躍子，約佔基因體的 40% 區域，但在 5 千萬年前即不再跳動了。近幾年才有適合的跳躍子成功地在人類細胞及小鼠的基因體中跳躍。這些跳躍子最大的特色是沒有特定的宿主，異於以往對跳躍子的認知。

1. **睡美人跳躍子（sleeping beauty，簡稱 SB）**：這是原本在鮭魚基因體中的跳躍子，在一千四百萬年前插入基因體之後累積了一些突變，就不再動了，像沉睡了一般。在 1997 年，科學家們將其改造，如同甦醒的睡美人，可以在人類細胞株基因體中再跳躍。2005 年，科學家們又成功地利用 SB 進行小鼠的突變篩選，當基因轉殖多個連續 SB (T2/onc) 的小鼠與帶有基因轉殖跳躍酶 (SB10) 的小鼠交配後，後代基因體中的 SB 即任意跳躍到各種不同的位置，SB 的插入位置是 TA 序列。由於小鼠體內原本沒有這種跳躍子，因此很容易就找出位置，當跳躍酶不存在的狀況下，SB 即不再跳躍。但目前而言，它的跳躍頻率仍不太高，不足以進行大規模的篩選突變，目前有改良的跳躍酶 (SB11) 基因，可產生更大量的跳躍酶，配合更多的連續 SB (T2/onc2)，而在基因體中可以跳得更多更廣。此外，它所跳躍的範圍仍靠近原本的位置，這些都可能在逐一研究之後慢慢改良。

2. **PB 跳躍子（PiggyBac，簡稱 PB）**：這是原本在菜蛾基因體中的跳躍子，可以攜帶 14 kb 的 DNA，在果蠅等生物中可以任意跳躍、插入，而且沒有特定的區域，只需要是 TTAA 序列；相較於 SB，PB 在整個基因體中均可以任意跳躍。2005 年，中國大陸的復旦大學師生將這個系統成功地運用在人類細胞株及小鼠的基因轉殖系統，成為小鼠突變株篩選的另一個更有潛力的新工具。

　　除此之外，這些非病毒攜帶的跳躍子不會引起病毒插入基因體所造成的種種影響，可能有機會取代病毒載體成為基因治療的新一代載體。

一、選擇題

1. 下列何者不是可控制母鼠排卵的激素？ (A)PMSG (B)hCG (C)FSH (D)GH (E)LH

2. 基因轉殖和基因剔除技術需要用到假懷孕之母鼠，何謂假懷孕？ (A) 不孕母鼠和正常公鼠交配後，其子宮會變化成適合使受精卵著床的狀況 (B) 正常母鼠和不孕公鼠交配後，其子宮會變化成適合使受精卵著床的狀況 (C) 不孕母鼠和不孕公鼠交配後，其子宮會變化成適合使受精卵著床的狀況 (D) 正常母鼠和正常公鼠交配後，其子宮未形成適合使受精卵著床的狀況 (E) 以上皆非

3. 關於囊胚的敘述，下列何者錯誤？ (A) 內部緊密的細胞發育成內細胞質團 (inner cell mass，簡稱 ICM) (B) 外層細胞發育成滋養外胚層 (trophectoderm) (C) 胚胎中間形成一個空腔 (D) 滋養外胚層具有多元分化 (pluripotent) 的能力，可以分化成胚胎的各個構造 (E)ES 細胞是從內細胞質團培養而來

4. 轉殖基因的表現受什麼影響？ (A) 轉殖基因插入染色體之位置 (B) 插入之位置附近有靜默子 (silencer) 會抑制轉殖基因的表現 (C) 附近有加強子 (enhancer) 會加強轉殖基因的表現 (D) 轉殖基因的套數太多，會抑制轉殖基因的表現 (E) 以上皆正確

5. 轉殖基因常有異位性表現 (ectopic expression) 是指什麼現象？ (A) 在不該表現的地方表現 (B) 表現量過高 (C) 表現量過低 (D) 表現出來不正確的基因產物 (E) 以上皆非

6. 何謂基因剔除？ (A) 將細胞的某個特定基因破壞掉 (B) 將某群基因剔除 (C) 將某群細胞破壞掉 (D) 將某個組織破壞 (E) 以上皆非

7. 下列何者非 ES 細胞特性？ (A) 可以分化成身體的任何一種細胞 (B) 可以體外培養 (C) 在 ES 細胞的遺傳物質上做改變，均可傳至下一代 (D) 是尚未分化之細胞 (E) 可利用同源重組的原理改變 ES 細胞的遺傳物質

8. 設計標的載體 (targeting vector) 包含的要素不包括下列哪一項？ (A) 正向篩選標記 (positive selection marker) (B) 負向篩選標記 (negative selection marker) (C) 兩段任意序列發生重組 (D) 和 ES 細胞同源的兩段標的基因序列 (E) 將基因的重要部位或是大部分的編碼區域刪除，以 neo 代替，或是將 neo 插入編碼區域中

9. 常用的正向篩選標記 (positive selection marker) 為抗新黴素基因（neomycin-resistance，簡稱 neo），使用方式何者為非？ (A) 餵小鼠吃抗生素　(B) 在培養 ES 細胞的培養液內加入藥劑　(C) 對應抗生素 G418　(D) 此抗生素會抑制蛋白質的合成　(E) 要篩選帶有 neo 的 ES 細胞

10. 關於負向篩選標記 (negative selection marker) 的敘述，下列何者錯誤？ (A) 常用的標記有胸苷激酶（thymidine kinase，簡稱 TK）　(B) 常用的標記有白喉毒素（diphtheria toxin，簡稱 DT）　(C)TK 會將培養液內含有的核酸類似物Gancyclovir磷酸化　(D) 細胞的 DNA 聚合酶會使用這種不正常之核苷，使 DNA 無法合成，因此會表現 TK 的細胞可以活在含有 Gancyclovir 的培養液中　(E)DT 是一種蛋白毒素，會抑制真核細胞的蛋白質合成，若細胞會表現 DT，就會殺死自己

11. 正負向篩選標記的目的是要篩選哪種組合的細胞？ (A) 同時帶有 TK 及 neo 的 ES 細胞　(B) 帶有 neo 及 DT 的 ES 細胞　(C) 不帶有 neo 及 DT 的 ES 細胞　(D) 帶有 neo 不帶有 TK 的 ES 細胞　(E) 不帶有 neo 帶有 DT 的細胞。

12. 何謂基因標的法 (gene targeting)？ (A) 找到特定基因的位置　(B) 利用同源重組之 ES 細胞，改變特定染色體基因　(C) 找到細胞有缺陷的基因　(D) 標記特定基因　(E) 以上皆非

13. 在進行基因剔除實驗時，嵌合體 (chimera) 是如何產生的？ (A)ES 細胞會抑制野生型之囊胚細胞，發育生長成一個混合之個體　(B)ES 細胞會和野生型之囊胚細胞重組，發育生長成一個混合之個體　(C)ES 細胞會和野生型之囊胚細胞混合，發育生長成一個混合之個體　(D) 野生型之囊胚細胞會突變成 ES 細胞，發育生長成一個混合之個體　(E) 以上皆非

14. 來如何判斷 ES 細胞發育成生殖細胞的機率？ (A) 利用 ES 細胞帶有顯性非黑色毛色基因 (agouti)　(B) 利用囊胚細胞帶有隱性黑色毛色基因 (nonagouti)　(C) 以非黑色毛色的比例來判斷　(D) 非黑色毛色越多，代表 ES 細胞佔嵌合體的比例越大，ES 細胞發育成生殖細胞的機率就越大　(E) 以上皆是

15. 關於條件性基因剔除 (conditional gene knock-out) 的敘述，下列何者為非？ (A) 只在小鼠發育的某個時期，或是某個組織內做基因剔除　(B) 可以減少胚胎時期小鼠死亡之機率　(C) 利用到 Cre-loxP 系統　(D)Cre-loxP 系統從酵母菌而來　(E) 選擇只在某特定發育時期或只在某特定組織表現之啟動子

16. 關於 Cre-loxP 系統的敘述，下列何者為非？ (A)Cre 是 P1 噬菌體的重組酶 (recombinase)　(B)loxP 是一組含有 34 個特定核苷酸之序列　(C)loxP 認識 Cre 序列　(D)loxP 具有方向性　(E) 在基因剔除步驟中常使用

17. 關於 Cre-loxP 系統的敘述，下列何者正確？ (A) 兩個 loxP 是同方向的，Cre 會把兩個 loxP 中間之序列刪除，完全剔除 loxP　(B) 兩個 loxP 是反方向的，Cre 會把兩個 loxP 中間之序列剔除　(C) 兩個 loxP 是同方向的，Cre 會把兩個 loxP 中間之序列刪除，保留一個 loxP　(D) 兩個 loxP 是同方向的，Cre 會把兩個 loxP 中間之序列刪除，保留二個 loxP　(E) 以上皆非

18. 利用 Cre-loxP 系統進行基因剔除，下列何者為非 (A)loxP 小鼠帶有標的基因，兩端有反向的 loxP 序列　(B) 配合特定啟動子控制之 Cre 重組酶的基因轉殖小鼠　(C)Cre 轉殖鼠和 loxP 小鼠交配後，產生同時含有 Cre 及 loxP 的小鼠　(D)Cre 在特定啟動子的控制下，便會將兩個 loxP 中間之序列剔除　(E) 在特定的時間或是組織表現後剔除基因，稱為條件性基因剔除 (conditional gene knock-out)

19. 關於 ENU(n-ethyl-n-nitrosourea) 突變劑的敘述，下列何者為非？ (A) 是一種很有效率的突變劑　(B)ENU 突變鼠製作容易　(C)ENU 打入小鼠之生殖器官，使生殖細胞產生基因突變，藉此可產生大量不同的突變鼠　(D) 可以對 DNA 產生破壞　(E) 對基因體造成隨機的點突變

20. 關於 DNA 跳躍子 (transposon) 的敘述，下列何者為非？ (A) 可以插在基因體中的任何地方造成基因的破壞　(B) 跳躍酶 (transposase) 對跳躍子兩端的跳躍元素 (transposable element) 作用　(C) 跳躍子可以攜帶其他 DNA　(D) 跳躍子最大的特色是沒有特定的宿主　(E) 哺乳類基因體中有各種跳躍子，仍可再跳動

二、問答題

1. 如何使母鼠大量排卵？
2. 基因轉殖技術中是將 DNA 打入小鼠的哪一種細胞？
3. 轉殖基因之表現受哪些因素影響？
4. 試述基因剔除技術的兩個重要原理為何。
5. 請簡述基因剔除技術中，標的載體所需的要件？
6. 基因剔除技術中利用到的小鼠胚胎是哪個時期之胚胎？
7. 何謂嵌合體？
8. 哪一種方法可知嵌合小鼠身上約有多少比例之細胞是從 ES 細胞來的？
9. 請解釋 Cre-loxP 系統的原理。
10. 試述 Cre-loxP 系統可使基因剔除技術達到何種研究應用。

11. 跳躍子如何在基因體中跳躍？

12. 睡美人跳躍子從何而來？名稱由何而來？插入的序列為何？

13. 睡美人跳躍子如何應用到小鼠的突變株製作？

14. 睡美人跳躍子的限制為何？

15. PiggyBac 跳躍子從何而來？有何特性？插入的序列為何？

16. 比較 ENU 與跳躍子的突變製作各有何優缺點？

17. 轉殖基因 (transgene) 在設計時要包括什麼要素？

18. 轉殖基因常有異位性表現 (ectopic expression) 是指什麼現象？

19. 何謂基因剔除 (gene knock-out)？

20. 何謂基因標的法 (gene targeting)？

21. 何謂基因殖入 (gene knock-in)？

解答：(1) D (2) B (3) D (4) E (5) A (6) A (7) C (8) C (9) A (10) D (11) D (12) B (13) C (14) E (15) D (16) C (17) C (18) A (19) B (20) E

CHAPTER

09

單株抗體及其應用發展
Monoclonal Antibody and It's Application

BIOTECHNOLOGY

單株抗體 (monoclonal Ab) 可說是生物體自然產生的科學利器,它是針對某種特定抗原不斷產生的抗體,可以對抗或幫忙排除身體內的入侵或異常的物質。科學家們一直希望能應用此一自然機制來研究免疫現象,或拓展至生命科學其他領域,甚至加強對生物體所能提供的保護機制。此技術是 1975 年由 Georges Kohler 及 Cesar Milstein 首先發表,經過三十多年,此項技術讓人類對於抗體有更進一步的認識及利用,不僅開啟了免疫學革命性的發展,同時對其他生命科學領域及臨床上的應用都有極大的貢獻。在這一章,我們將從單株抗體的原理開始,讓各位對單株抗體有些基本的認識,之後再就抗體其他新技術的發展做一簡單介紹。

9-1 免疫系統及抗體

人體的免疫系統可簡單分成細胞免疫及體液免疫兩類，如圖 9-1 所示，這兩類細胞都是由**骨髓** (bone marrow) 中的**造血幹細胞** (hematopoietic stem cell) 分化而來的。造血幹細胞分化成兩支，一支會發展成血液中的**血球細胞** (myeloid)，另一支會發展成**淋巴細胞** (lymphoid)；其中淋巴細胞又再分化成可產生抗體的 B 淋巴細胞（B lymphocyte，簡稱 B 細胞）及 T 淋巴細胞（T lymphocyte，簡稱 T 細胞），這些淋巴細胞即成為人體免疫系統的重要成員。

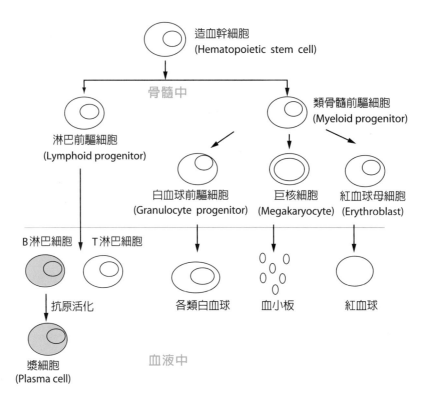

圖 9-1 血球細胞與淋巴細胞的來源

骨髓中的造血幹細胞具有全能的分化性，可以分化成淋巴及類骨髓兩大支細胞前身，前者會再分化成 B 淋巴細胞及 T 淋巴細胞，而後者則會分化成血液中的主要紅、白血球等。這是目前較被接受的分化過程圖說，更詳細的分類請參考圖 13-3。其中，B 淋巴細胞經抗原活化後會分化成可分泌抗體的漿細胞，而漿細胞變成的癌症稱為骨髓瘤 (myeloma)。

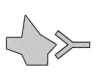 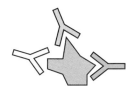

單株抗體 1   單株抗體 2   多株抗體

圖 9-2 單株抗體與多株抗體之差異

每個抗原蛋白質會有許多的抗原決定位 (epitope)。每種單株抗體只會針對一個 epitope，而抗血清主要是多株抗體，是多種抗體的集合，可認識一個抗原之各個 epitope。

當一個抗原出現時，身體中有多個 B 細胞會被活化，利用基因重組來合成特定的抗體以對抗這個抗原。每個 B 細胞經過抗原的誘導所產生的抗體只針對抗原的一個 epitope，這就是**單株抗體** (monoclonal Ab)。事實上一個抗原有多個**抗原決定位 (epitope)**，每一類 B 細胞認一個 epitope，在血液中就有**多株抗體 (polyclonal Ab)** 來對抗同一個抗原，因此**抗血清 (anti-serum)** 就是多株抗體，圖 9-2 顯示單株抗體與多株抗體的區別。B 細胞產生的抗體類別有很多種，與免疫系統對付外來抗原最直接相關的是 IgG；IgA 則是可隨同體液被分泌出來，如唾液、眼淚甚至乳汁中所含的抗體即屬於此類；過敏反應則與 IgE 有關。本書不對抗體及各類淋巴細胞作詳細介紹，各位可以參考基本的免疫學課本。

9-2 單株抗體的原理

單株抗體技術的原理是基於每一個 B 細胞都產生一種具有單一特性的抗體，但是他們在成熟至可以產生抗體之後，有一定的壽命，不可能不斷地生長，對科學應用而言，要想大量繁殖取得抗體是十分困難的。因此科學家希望能讓 B 細胞對於某種抗原產生具有專一性的抗體之後，想辦法讓 B 細胞永生，能夠繁殖，只要能在實驗室中進行細胞培養，就可以源源不斷地得到這種抗體。從 B 細胞

轉變來的腫瘤細胞稱為**骨髓瘤** (myeloma) 是自然產生的，骨髓瘤的
發現對於抗體的研究有十分大的幫助，骨髓瘤可以不斷分裂產生新
細胞，由於它只產生單一抗體，這些抗體都是同一種蛋白質，可以
純化並解析抗體蛋白質分子的構造，提供生物學家一個豐富的研究
材料來源，因而對抗體的結構有更進一步的認識。

⬇ 一、單株抗體製作原理

　　雖然骨髓瘤這麼好用，如果要等待 B 細胞自己轉變成骨髓瘤，
一方面機率低，另方面由於大部分的骨髓瘤都不太清楚產生的抗體
是針對哪一種抗原，我們很難知道這種抗體是對抗何種抗原，更難
知道這樣的骨髓瘤有無其他的變異。於是就有人開始研發能產生特
定抗體的骨髓瘤。Georges Kohler 及 Cesar Milstein 在 1975 年發表
利用細胞融合的方式將特定抗原處理的 B 細胞及不產生抗體之骨髓
瘤融合成**融合瘤** (hybridoma) 的技術，由於骨髓瘤與 B 細胞的來源
最相似，融合的成功機率也最高。這種融合瘤細胞兼具這兩種來源
細胞的特性，一方面可以像骨髓瘤一般持續生長分裂，另一方面也
能針對已知抗原產生特定的抗體，而這種細胞所產生的抗體就是所
謂的**單株抗體** (monoclonal antibody)。

　　在進行細胞融合的時候，利用的是一種基因突變的骨髓瘤細
胞，它缺乏一種 DNA 合成過程所需要的酵素 — HGPRT，在正常的
培養過程中都需要從培養基中補充，在與 B 細胞進行融合時的培養
基中並無添加，那麼就只有與 B 細胞融合之後的骨髓瘤細胞才會存
活，而沒有融合到骨髓瘤的 B 細胞，也不會無限制地繁殖。圖 9-3
是合成核苷酸時的兩種途徑，左邊的途徑是正常的合成步驟，當左
邊的原料缺乏或被阻礙時，正常細胞會利用備用的補救途徑來替
代，利用其他的中間產物來當原料，如果沒有 HGPRT 酵素，就無
法利用這種途徑來合成核苷酸。利用這種方式就可以篩選到產生針
對特定抗原之抗體的細胞株。

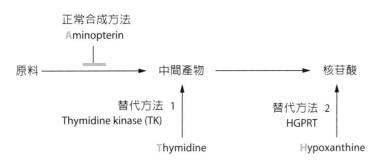

圖 9-3 製作融合瘤所利用到的核酸合成途徑

細胞合成核苷酸的可能途徑有二，一為全新合成 (*de novo* pathway)，這是正常的途徑；當原料不足或功能受阻時，就必須採替代的補救方案，利用一些其他的成分作為原料，稱為 Salvage pathways。在製作融合瘤時所用的 HAT 培養基中，由於含有 Aminopterin，阻礙了正常合成核苷酸的途徑，而又提供了 Thymidine 及 Hypoxanthine，因此細胞可以採用替代方法來合成核苷酸。而原來的骨髓瘤細胞因為不帶有 HGPRT 或 TK 基因，因此也無法利用替代方法來合成核苷酸，唯有與 B 細胞融合才能存活。

二、融合瘤的產生流程

圖 9-4 是融合瘤產生的流程圖。當老鼠注射 X 抗原之後，將製造 B 細胞的脾臟組織取出，在這些脾臟中的 B 細胞，有些可以產生對抗 X 抗原的抗體，利用 PEG 將他們和突變的骨髓瘤細胞融合，突變的骨髓瘤細胞並不會產生抗體，也缺乏 HGPRT 酵素，在合成 DNA 原料核苷酸時，無法利用備用方式來合成，因此在右邊的骨髓瘤細胞只能在正常的培養基中生長，如果使用 HAT 培養基，阻礙了合成核苷酸的正常途徑，骨髓瘤細胞本身在無法利用替代途徑的狀況下，是無法存活的。而 B 細胞並不能永久生長分裂，只能培養 1~2 週。如此一來，只有融合成功的融合瘤細胞可以存活。通常在篩選前都會將細胞稀釋成每個槽中只有一個細胞，再由這個細胞長成一 "株" 細胞，存活的每株融合瘤細胞需要經過抗原篩選，確認是認識 X 抗原，此時要再經過稀釋培養，再篩選，以保證每株融合瘤細胞都是從一個細胞分裂而來的。

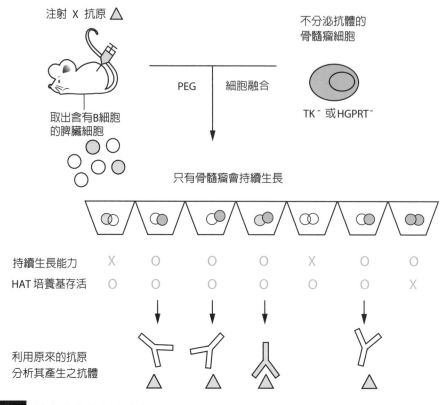

圖 9-4　融合瘤的產生方式

將 X 抗原注射老鼠讓其產生抗體，然後取出含有 B 細胞的脾臟細胞，讓其與特殊的骨髓瘤細胞融合，這種骨髓瘤不會分泌抗體，同時帶有 HGPRT 基因的缺陷，如圖 9-3 的說明。當融合過的細胞養在 HAT 培養基時，缺乏 HGPRT 的骨髓瘤細胞無法單獨存活，同時，B 細胞不具有持續分裂生長的能力，因此只有骨髓瘤與 B 細胞的融合瘤可以存活下來。由於脾臟細胞中有多種 B 細胞，可產生各式各樣的抗體，必須經過篩選才能得到認識 X 抗原的融合瘤。

　　為了要確定融合瘤產生的抗體的確是認識 X 抗原，且能分辨各單株抗體的強弱，必須使用免疫反應方式來定性定量。常用的篩選方式有**免疫放射分析（radioimmunoassay，簡稱 RIA）**及 ELISA (enzyme-linked immunosorbent assay)，請參考圖 4-6。一般常用後者，是將抗原固定在 96 孔的培養盤上，加入培養過融合瘤的培養液，此培養基中含有融合瘤分泌出的單株抗體，再加入帶有酵素的二次抗體，以反應強度來判斷該抗體的強弱。

9-3
嵌合式單株抗體的發展

　　當單株抗體大量在實驗室應用之後，自然會希望能讓這種技術有效地應用在臨床上，最終希望能用人類細胞產生單株抗體，於是就有異種間重組的單株抗體不斷地在嘗試中。前面所提的傳統單株抗體是第一代抗體，是源自老鼠的 B 細胞融合瘤，目前主要使用在實驗室的一般實驗技術，雖然在實驗診斷上十分有用，但並不適合於人體醫療，因為人體會視老鼠的抗體為異物，而再產生免疫反應來排除。在 1980 年代早期，單株抗體在臨床試驗上多為失敗收

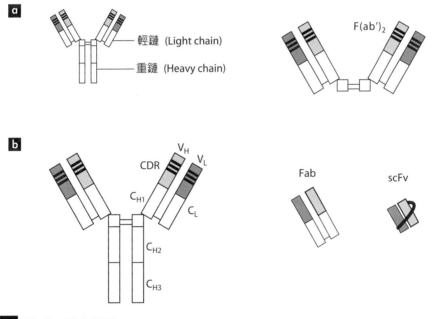

圖 9-5　抗體的基本構造

如圖 a ，抗體由兩條重鏈 (heavy chain) 及兩條輕鏈 (light chain) 所組成。從圖 b 可知在重鏈及輕鏈的末端均有一段變異區 (V, variable region)，是負責抗體專一性的部分，其他的部位是固定區 (C, constant region)。在變異區中有三個區域變異性特別高，是真正的與抗原結合的部位，稱抗原決定區（complementarity-determining regions，簡稱 CDR）。在製作重組抗體時，主要利用的也是變異區，只包括部分固定區及所有變異區的 F(ab')$_2$ 及 Fab，以及完全結合變異區的單鏈變異區（single chain variable fragment，簡稱 scFv）。

場，因此此類單株抗體在醫療上的發展潛力不大。唯一的例外是在 1986 年美國食品藥物管理局核准的 muromonab-CD3，這種抗體是用在腎臟移植的病人身上，用來避免急性排斥用途的。由於病人已經施以其他降低免疫反應藥物，免疫力極低，體內的免疫反應十分不靈敏，因此不會將之排除，因此可以接受這樣的抗體治療。有了這個成功經驗後，科學家們便開始研究不會被人體排斥的單株抗體，增加這類分子成為臨床藥物的可能性，圖 9-5 為抗體的構造組成，利用各種抗體部分而組成的各式重組抗體陸續被發展出。

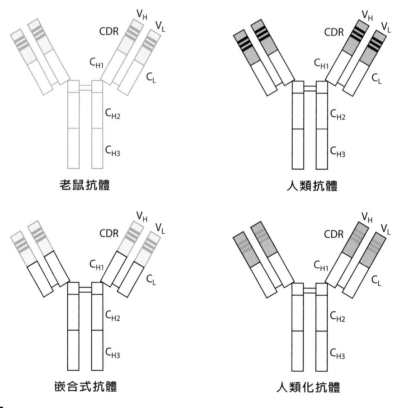

圖 9-6 抗體的重組

重組單株抗體的目的是為了能讓人體接受，而不產生排斥，嵌合式的單株抗體是取老鼠的抗體變異區接在人類的固定區，而人類化的單株抗體只採用了老鼠抗體的抗原決定區。

　　人類融合瘤即是使用相同方式產生的，但由於人類的 B 細胞株十分不穩定，不如老鼠的 B 細胞株，只能產生少數的抗體，在 1980 年代末期進入臨床試驗階段。在 1984 年有人發展出人類或似人類的單株抗體，例如利用遺傳方式做出的人類－老鼠嵌合式 (chimeric)，甚至 "人類化 (humanize)" 單株抗體，如圖 9-6。早期由 2/3 人源＋ 1/3 鼠源組合而成，在 1987 年進行臨床試驗，至 1988~1991 年，只剩抗原辨識區為鼠源，只佔整個抗體的 5~10%，其餘絕大部分已是人類的抗體來源，這是目前較有潛力的單株抗體之一。表 9-1 即為各類嵌合式單株抗體的組成方式。

◇ 表 9-1　各種不同來源的嵌合式抗體之定義

抗體種類	定義
正常抗體 (Ab)	由 B 細胞產生，可以對抗或幫忙排除入侵身體或異常的物質
單株抗體 (mAb)	從單一個 B 細胞所產生的抗體，認識單一個抗原基
鼠類單株抗體 (murine mAb)	完全源自老鼠的單株抗體，特別指的是由老鼠的 B 細胞及骨髓瘤融合成的融合瘤所產生之單株抗體
嵌合式單株抗體 (chimeric mAb)	單株抗體的變異區源自老鼠，而固定區源自人類
人類化單株抗體 (humanized mAb)	只有抗原辨識區源自老鼠，其他的固定區、變異區都是源自人類
靈長類化單株抗體 (primatized mAb)	變異區源自獼猴，而固定區源自人類
人類單株抗體 (human mAb)	整個單株抗體都是來自人類，由基因轉殖鼠或噬菌體攜帶。也可以從人類的融合瘤或 EB 病毒處理的 B 細胞株產生。這類細胞都不太穩定，產生的單株抗體非常少。

9-4 單株抗體的量產

　　傳統的單株抗體都是在細胞株中培養，用作醫療用途的單株抗體也不例外，目前在美國上市的 17 種單株抗體大多都是在中國鼠卵巢細胞株（Chinese hamster ovary，簡稱 CHO）或是小鼠骨髓瘤細胞株（mouse myeloma，簡稱 NS0）中培養量產。此方法雖然可行，但由於細胞培養無論設備或培養液均較昂貴，而這些單株抗體大多是重組蛋白質，不一定要使用細胞株來培養，因此開始有其他的培養技術產生。例如從最簡便的細菌發酵槽到基因轉殖動物、植物等技術都在嘗試之列。表 9-2 為幾種使用中的不同生產系統之比較。

表 9-2　各種不同的單株抗體量產方式之比較

系統	抗體形式	取得來源	用途
細菌	小鼠抗體片段	菌體	診斷，治療
果蠅	小鼠抗體片段	培養液	診斷
哺乳類細胞株	嵌合式完整抗體或片段、人類化完整抗體	培養液	治療
融合瘤	小鼠完整抗體、人類完整抗體	培養液	治療
基因轉殖鼠	嵌合式完整抗體	乳汁	研究實驗用
基因轉殖羊	嵌合式或人類完整抗體	乳汁	治療
基因轉殖菸草	嵌合式完整抗體	葉片	治療
基因轉殖玉米	人類化完整抗體	種子	治療
基因轉殖大豆	人類化完整抗體	所有綠色組織	治療
基因轉殖水稻	小鼠抗體片段	種子	診斷，治療
基因轉殖小麥	小鼠抗體片段	種子	診斷，治療

⬇ 一、細菌生產

　　細菌生產的方式較為便宜，但由於細菌並沒有**醣化作用**(glycosylation)，無法對人類蛋白質產生正確的修飾，這個作用對於簡單的蛋白質分子也許影響不大，但醣化作用在抗體及抗原之間的辨識上，影響十分大，只有不發生醣化作用的抗體片段才考慮用此系統來量產。什麼情況會使用抗體片段呢？由於抗體片段分子較小，對於腫瘤細胞的穿透性可能較佳，因此對於這類目的，可以使用抗體片段，以達較佳效果；而若是考慮進入人體後的穩定性等因素，就應選擇整個抗體。

⬇ 二、酵母菌系統

　　即使在細菌中可以量產抗體類的醫療產品，有時反而不適合使用較為高等的單細胞真核生物酵母菌作為生產來源。因為在酵母菌中的醣化作用與哺乳動物類差異很大，因此產生出的人類蛋白質分子不一定會有正確的結構。

⬇ 三、哺乳動物細胞培養

　　完整的抗體是較複雜的分子，因此細菌並非產生抗體分子的最佳來源。此時高等生物即為較佳的選擇。目前所有的上市抗體均可以 CHO 或 NS0 細胞株生產，是以製作永久細胞株的方式來培養，也就是將帶有重組抗體基因的質體送入細胞中，使之插入染色體中，經過篩選即可永久持續表現這種重組抗體。經過逐漸改良送入細胞的載體，找出表現量較佳的插入位置，細胞也在最佳生長狀況等技術的配合之下，已經有效增加產量，因進展順利，已符合此類產品長期而穩定之需求，即使仍有成本昂貴的缺點，但其平穩而安全的特色，仍為目前大多數醫療性蛋白質的量產方式之主要選擇。

⬇ 四、基因轉殖動物

對於需求量十分大的抗體，最佳的考量生產方式是基因轉殖動物，以羊而言，只需一群基因轉殖羊的供乳量，即可供第一階段的臨床試驗兩年期的需求。目前已有一些醫療用途的蛋白質正轉往此系統，當然也包括抗體。相較於細胞培養的 300~1000 元美金，基因轉殖動物真可謂物美價廉，在本書之另一章基因轉殖動物的應用中，對於此技術有介紹，各位可以更詳細地瞭解此系統。

⬇ 五、基因轉殖植物

以基因槍的方式製作基因轉殖植物，可以在葉片、種子等組織產生人類的抗體。目前也有發展出以誘導方式的技術來生產，也就是將作物採收後，在符合 GMP 管理的製造廠中將蛋白質誘導產生，而不會讓這類蛋白質流散在田間，造成其他的問題。當然，以植物生產的產品也同樣和酵母菌一樣有蛋白質修飾差異的問題，在植物中碳水化合物的組成方式與哺乳類動物十分不同，以致於許多醣化作用的結果有差異。但研究顯示在植物中所生產的一些抗體，即使缺乏這些醣化作用，與在動物細胞培養出的抗體比較之後顯示特性無太大差異，且成本更低廉，如表 9-3，因此植物系統仍是可行的。

⬡ 表 9-3　各種抗體產生途徑之成本比較

生物系統	CHO 細胞	基因轉殖雞	基因轉殖羊	微生物發酵	植物
生產方式	純化	蛋	羊乳	純化	組織
每克成品之成本	300 美金	1~2 美金	1~2 美金	1 美金	0.1 美金

六、其他製作單株抗體的技術

　　儘管單株抗體的專一性高，價值非凡，但發展多年以來，針對人類蛋白質產生的單株抗體不過數百株，雖然量產不是問題，然而在製作過程上有其困難之處，於是有各種改良式篩選單株抗體的技術或重組抗體的技術產生，例如在噬菌體、細菌及酵母菌中表現重組抗體，再以抗原去篩選抗體，可降低篩選的成本，甚至可以生物晶片的方式來篩選，相較於融合瘤的篩選方式，這些技術屬於體外 (in vitro) 篩選。這也是可以表現人類單株抗體的技術。以噬菌體表現的抗體基因庫 (phage display library) 為例，自 1991 年起，即有許多實驗室開始製作這類基因庫。當老鼠以特定抗原處理後，脾臟細胞中的某些 B 細胞的抗體基因變異區即會發生基因重組，產生可對抗此抗原的抗體。在傳統的單株抗體技術中，是將此脾臟細胞組織與骨髓瘤細胞融合，再經由篩選而得到融合瘤。噬菌體抗體則是以 PCR 方式取得所有 B 細胞的抗體基因變異區部分，與噬菌體外套蛋白基因接在一起，如圖 9-7。如此，每個噬菌體都可表現一個特定的抗體，再從其中篩選出可與原本抗原反應的抗體，再經過幾次循環篩選，即可得到反應最佳的抗體變異區基因。這類特定的基因庫，大約是 $10^7 \sim 10^9$ 個噬菌體種類，絕對可以涵蓋與原本的抗原反應的抗體，在篩選上，比較容易且快速，目前已有數百種抗體是以這種方式製造出的。

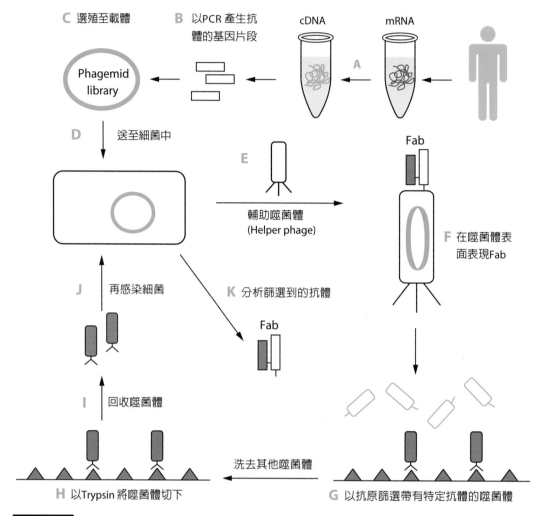

C 選殖至載體　B 以PCR 產生抗體的基因片段　cDNA　mRNA

Phagemid library

A

D 送至細菌中

E 輔助噬菌體 (Helper phage)

Fab

F 在噬菌體表面表現Fab

J 再感染細菌

K 分析篩選到的抗體

Fab

I 回收噬菌體

洗去其他噬菌體

H 以Trypsin 將噬菌體切下　　　G 以抗原篩選帶有特定抗體的噬菌體

圖 9-7 **以噬菌體表現抗體基因庫 (phage display library) 之方法**

抽取人類或小鼠的 mRNA 製成 cDNA，然後再以 PCR 方式繁殖出抗體基因，接入 phagemid，製成抗體基因庫，送入細菌中。藉由輔助噬菌體的幫助，讓 phagemid 上的抗體基因表現在噬菌體的表面，細菌釋出的這些噬菌體，每一個都會在表面表現一種抗體。經由特定抗原的篩選之後，即可抓住這些噬菌體，然後利用 Trypsin 將噬菌體切下，即可回收這些噬菌體。再送回細菌之後即可再繁殖出更多的噬菌體及抗體，便於分析，同時，也得到了抗體的基因。

9-5
單株抗體在臨床上的應用

　　人類及其他動物都有天生的免疫防禦能力，在治療理論上說起來，科學家只要能有效利用人體的自然防禦機制，應該就能充分克服各種如癌症、腫瘤等難纏的疾病。由於其特殊的專一性極具潛力，單株抗體仍是目前除了疫苗以外，各藥廠及實驗室研發數量最高的治療項目。其可用來利用作為治療藥物的機制如下：

1. 阻擾重要的細胞生長因子或受體。

2. 直接引起**細胞凋零** (apoptosis)。

3. 抓住標的細胞，召喚其他如抗體引起的細胞毒殺作用 (cytotoxicity) 或補體毒殺作用。

4. 攜帶具細胞毒性的放射性元素或毒素至標的細胞。

　　截至 2001 年 5 月，有登記為醫療研發目的的 186 種單株抗體中，核准上市的只有 10 種，包括有自體免疫、癌症、病毒及細菌感染等疾病。近年來由於單株抗體的改良，也提高了臨床試驗的成功率，例如人類化及嵌合式單株抗體都有令人振奮的表現，在此十種單株抗體中，有五種是人類化單株抗體，四種為嵌合式單株抗體。表 9-4 即為自 1980~2005 年止，單株抗體在臨床上的成績。從統計數字中可看出此兩類抗體的核准成功率均有 1/4 左右，而其中較晚開始的人類化單株抗體較具潛力，增加了之後的成功機率。表 9-5 為目前美國已核准上市的 25 種單株抗體，以及這些成功的單株抗體在臨床上的用途。

　　人類化單株抗體技術是由 Protein Design Labs (PDL) 公司研發出來的，目前以技術轉移的方式供製藥公司使用。人類化抗體的發展成功可說是單株抗體在臨床應用的一個新的里程碑，也奠定了此項技術在臨床應用時的新標準。雖然在基因轉殖動物或噬菌體表現的抗體絕對都是人的抗體，但這些抗體要達到量產的階段，還有許多技術上的困難，科學家們最終還是希望能有更新、更好的人類抗體生產技術，能克服目前人類抗體研發上的瓶頸。在 2002 年底，第一個由噬菌體表現的抗體即已成功上市成為新藥，足見此技術之潛力，有更多的公司投入此領域，由於此技術的產品專一性高，療效卓著，是目前成長最快速的蛋白質藥物。

表 9-4　各種型式的單株抗體之成功率（2005 年止）

抗體種類	數量	中止研究	成功	核准成功率 (%)	完成率 (%)	臨床試驗至核准率 (%)
嵌合式單株抗體（全部）	39	19	5	13	62	21
抗癌嵌合式單株抗體	21	9	2	10	52	18
免疫性人類化單株抗體	9	7	2	22	100	22
嵌合式單株抗體 (1987-1997)	20	12	5	25	85	29
人類化單株抗體（全部）	102	41	9	9	49	18
抗癌人類化單株抗體	46	13	4	9	37	24
免疫性人類化單株抗體	34	17	4	12	62	19
人類化單株抗體 (1988-1997)	46	24	9	20	72	27

表 9-5　目前美國已核准在臨床使用的單株抗體（至 2010 年底）

抗體名稱（商品名稱）	公司	抗體形式	標的	核准時間	用途
Muromonab-CD3 (Orthoclone)	Ortho Biotech	Murine	CD3	1986	防止腎臟移植時急性排斥
Abciximab (ReoPro)	Centocor	Chimeric		1994	抗凝血藥物
Rituximab (Rituxan)	Genentech	Chimeric	CD20	1997	非 Hodgkin 氏淋巴癌
Daclizumab (Zenapax)	Hoffman-La Roche	Humanized	IL-2 受體	1997	防止腎臟移植時急性排斥
Basiliximab (Simulect)	Novartis	Chemiric		1998	防止腎臟移植時急性排斥
Palivizumab (Synagis)	MedImmune	Humanized	RSV protein	1998	孩童呼吸道病毒感染
Infliximab (Remicade)	Centocor	Chimeric	TNF-α	1998	Crohn 氏病及類風濕性關節炎；支持療效

表 9-5　目前美國已核准在臨床使用的單株抗體（至 2010 年底）（續）

抗體名稱 （商品名稱）	公司	抗體形式	標的	核准 時間	用途
Trastuzumab (Herceptin)	Genentech	Humanized	HER2	2000	Her-2 陽性乳癌
Gemtuzumab ozogamicin (Mylotarg)	Wyeth-Ayerst	Humanized Calicheamicin 毒 素標記	CD33	2000	複發性急性骨髓 性血癌
Alemtuzumab (Campath)	Millennium/ILEX	Humanized	CD52	2001	慢性淋巴性血癌
Ibertumomab tiuxetan (Zevalin)	IDEC pharmaceuticals	Murine ^{90}Y 標記	CD20	2002	非 Hodgkin 氏淋 巴癌
Adalimumab (Humira)	Abbott	Humanized phage display	TNF-α	2002	類風濕性關節炎
I-^{131}Tositumomab (Bexxar)	Corixa	Murine 放射性標 記	CD20	2003	非 Hodgkin 氏淋 巴癌
Omalizimab (Xolair)	Genentech	Humanized	IgE	2003	持續性哮喘
Efalizumab (Raptiva)	Genentech	Humanized	CD11a	2003	牛皮癬症
Cetuximab (Erbitux)	imClone /BMS	Chimeric	EGFR	2004 2006	轉移性結腸癌或 直腸癌頭及頸部 癌症
Bevacizumab (Avastin)	Genentech	Humanized	VEGF	2004 2006	轉移性結腸癌或 直腸癌，非小細 胞肺癌
Panitumumab (Vectibix)	Amgen	Recombinant humanized	EGFR	2006	轉移性結腸癌或 直腸癌
Ranibizumab (Lucentis)	Genentech	Antibody fragment	VEGF-A	2006	新生血管型老年 性黃斑部病變
Eculizumab (Soliris)	Alexion Pharm	Recombinant humanized	補體 C5	2007	陣發性夜間血尿 症之溶血
Natalizumab (Tysabri)	Biogen IDEC	Humanized	VLA-4	2008	Crohn 氏病（克 隆氏病）
Certolizumab (Cimzia)	UCB	Humanized	TNF-α	2008 2009	Crohn 氏病（克 隆氏病）及風濕 性關節炎
Tocilizumab (Actemra)	Roche	Humanized	IL-6	2009	中到重度類風濕 性關節炎
Golimumab (Simponi)	Centocor	Humanized	TNF-α	2009	風濕性關節炎， 乾癬性關節炎， 僵直性脊椎炎
Denosumab (Prolia)	Amgen	Human mAb	NF-κB ligand	2010	停經後骨質疏鬆

9-6 單株抗體在癌症治療的應用

儘管單株抗體在臨床應用上開始漸露曙光，但對於腫瘤的治療效果仍十分有限，可能因為抗體很難進入腫瘤細胞，或是單只靠抗體所引起的**細胞毒弒作用** (cytotoxicity) 並不足以殺死惡性腫瘤。針對這樣的問題，科學家們開始對抗體進行一些改造，如增加毒性的免疫毒素，增加抗體反應具**雙重專一性** (bispecific) 的雙抗體分子等，以期能增加對惡性腫瘤的消除效果。在這一節，我們將介紹一些例子作為代表。

在抗體標的選擇上，適合作為抗原的條件如下：

1. 在癌細胞中表現量高，或在正常細胞中完全不表現的。

2. 在腫瘤細胞的表面且分子狀況穩定的。

3. 幾乎大部分的腫瘤細胞均有表現，或多種腫瘤均會表現。

4. 該分子的功能與腫瘤的形成過程關係密切。

根據以上這些條件，目前已核准的或在臨床實驗末期的治癌單株抗體藥物，多為針對下列分子所產生的抗體：

1. **細胞表面受體**：如參與腫瘤癌化的細胞訊息傳遞的 Tyrosine 激化酶。

2. **CD**（cluster of differentiation，分化叢集分子）：這類分子如 CD20、CD22、CD33 及 CD52 等已知在腫瘤細胞之表面均會過量表現，特別是**造血幹細胞** (hematopoietic) 來源者。

3. **Oncofetal 蛋白質**：這類蛋白質的定義是指只在胚胎時期會短暫表現，成體不表現，但在癌細胞中又再度不正常表現的蛋白質。

4. **腫瘤的血管組織** (vasculature)：由於腫瘤的生長與**血管新生作用** (angiogenesis) 有密切關係，以腫瘤的血管作為標的有多種優於傳統細胞毒弒作用的好處：

(1) 抗原在腫瘤**內皮細胞** (endothelium) 穩定表現，不太容易產生抗藥性。

(2) 適用於各種腫瘤。

(3) 對正常細胞無毒害。

(4) 更能有效阻止癌細胞移轉 (metastasis) 所造成的癌細胞擴散現象。

因此抗血管新生藥物也成為目前治癌藥物中較具吸引力的一個方向之一，只要有效阻撓參與血管新生作用的各種訊息傳遞途徑，即可達到目的。

5. **腫瘤間質** (stroma)：有越來越多的研究顯示腫瘤細胞間質與癌細胞之間的關係密切，如細胞**基底層** (basement membrane) 的性質及成分等，對癌細胞從生長到癌細胞移轉均有影響。

6. **支持療法**：單株抗體不僅可以用於治療癌症，也可以提供癌症病人支持療效。例如已知 TNF-α (tumor necrosis factor α) 與癌症病人的體重減輕及**體能消耗現象** (cachexia) 有密切關係，以單株抗體阻礙 TNF-α 的功能，即可減緩病人衰弱的症狀。

在實際使用抗體治療時，不僅可以直接阻撓蛋白質的功能，同時也可以利用下列方式來達到毒斃腫瘤細胞的目的：

1. **放射性標記的抗體**：將放射性物質與抗癌抗原的抗體結合，讓抗體把放射性物質帶至癌細胞，並將癌細胞殺死。這種技術有其缺點，由於治療癌症的放射性元素只需低劑量即有效果，難保抗體不會將放射性物質送至正常的組織；另一方面，對於代謝這類分子的器官如肝臟，也可能有毒害作用。再者，帶有放射性物質的抗體，雖然仍具有專一性，卻可能因此改變在體內原本的醫療特性，目前已上市的 Zevalin 及 Bexxar（見表 9-5）是這類抗體的成功代表。

2. **免疫毒素**：簡單的說，就是將生物性的毒素蛋白與抗體結合，利用抗體將毒素帶至癌細胞，例如細菌的毒素即可與認識癌細

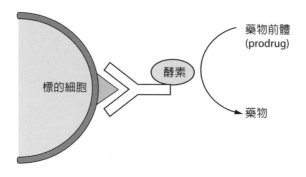

圖 9-8　抗體攜帶藥物前體的作用方式

酵素與抗體結合時，可將酵素帶至抗原處，當病人再施以藥物前體時，只有標的細胞附近的藥物前體會被酵素轉化為真正的藥物。

胞的抗體結合，將毒素帶至癌細胞，但由於能攜帶的劑量十分低，對於惡性腫瘤的清除仍不太有效。目前已上市的 Mylotarg（見表 9-5）攜有細菌的 Calicheamicin 毒素，會與 DNA 結合，使 DNA 斷裂，進而細胞凋零，是此類代表。

3. **攜帶藥物前驅體 (precursor)**：另一種方式是將藥物前驅體分子與抗體結合，當抗體到達癌細胞之後，藥物前驅體分子即可進入細胞，並轉變成真正的藥物，進而清除惡性腫瘤。

4. **免疫酵素**：將酵素與抗體結合，讓抗體攜帶酵素至腫瘤，然後施以**藥物前體 (prodrug)**，酵素即可在細胞上將藥物前體轉化成為真正的藥物，如圖 9-8。

 ## 9-7
單株抗體的其他價值

由於此融合瘤技術的出現，讓許多原本困難的科學問題，有了較容易的方法來解決。單株抗體的優勢在於它只認識某一抗原的特定部位，對於同一抗原，有可能在各個不同部位產生特定抗體，如此一來，針對許多蛋白質的重要位置，都可以產生具有專一性的抗體。

1. **找出特定細胞特別表現的特徵**：目前對白血球中淋巴細胞及吞噬細胞的分類，都是靠多種能夠分辨這些細胞表面不同特定標記的單株抗體來區別，其能夠區分各個分化階段的不同細胞族群。

2. **免疫鑑定**：許多感染或全身性的疾病，需要靠一些單株抗體來鑑定在血液或組織中的特殊抗原或抗體，以確認病因或病情。例如 B 型肝炎感染，可藉由不同的抗體來鑑別病人體內是否會產生具有感染力的病毒，或只是不具感染力的帶原者。

3. **腫瘤鑑定及治療**：除了以單株抗體進行腫瘤治療之外，許多腫瘤細胞都會出現特定的抗原，利用單株抗體可以辨認組織是否已癌化，或是處於癌變的何種時期。

4. **蛋白質功能分析**：例如細胞功能分析，可以利用單株抗體與細胞表面分子結合，可能刺激或抑制某些細胞功能，進而瞭解該分子在細胞功能上所扮演的角色。

　　隨著單株抗體的發展，對於參與免疫反應的另一類 T 細胞的研究，也提供了較佳的途徑，對於 T 細胞分化過程也有更深一層的認識。基本上，產生抗體的 B 細胞都經過基因重組，每個 B 細胞株的免疫球蛋白基因部分都不同。但來自同一生物體的所有的 T 細胞的基因卻都是相同的，均可視為單株來源，這些 T 細胞株例如認識特定抗原的 T 細胞株或 T 細胞融合瘤，以及可以表現 T 細胞受體的 T **淋巴瘤 (lymphoma)** 等，對於 T 細胞本身分化及受抗原活化的各種基礎研究十分有用，例如訊息傳遞、T 細胞繁衍、分化成具有特定功能的 T 細胞群及細胞素分泌等。

　　除此之外，在生命科學的各個領域，單株抗體都提供很大的方便，雖然新的應用技術不斷發展出來，單株抗體仍是生命科學研究上不可忽略的基本實驗技術。

問題及討論 Exercise

一、選擇題

1. 何者非多株抗體的特性？ (A) 專一性 (B) 認識多個抗原決定位 (epitope) (C) 是多種抗體的集合 (D) 抗血清是一種 (E) 以上均是

2. 關於 B 細胞的敘述，下列何者錯誤？ (A) 每一個 B 細胞都產生一種具有單一特性的抗體 (B) 可以不斷地生長，一直產生抗體 (C)B 細胞轉變來的腫瘤細胞稱為骨髓瘤 (myeloma) (D) 每個 B 細胞經過抗原的誘導所產生的抗體只針對抗原的一個 epitope (E) 產生的抗體是單株抗體 (monoclonal Ab)

3. 關於骨髓瘤 (myeloma) 的敘述，下列何者錯誤？ (A) 是由骨髓細胞轉變來的腫瘤細胞 (B) 可以不斷分裂產生新細胞 (C) 大部分的骨髓瘤都不太清楚產生的抗體是針對哪一種抗原 (D) 製作融合瘤要使用不產生抗體之骨髓瘤 (E) 可以不斷地生長

4. 製作融合瘤時不會用到下列哪個試劑？ (A) Aminopterin (B) HGPRT (C) Thymidine (D) Hypoxanthine (E) 都會用到

5. 抗體與抗原結合的部位不包括下列何處？ (A) 固定區 (C, constant region) (B) 輕鏈的末端變異區 (C) 重鏈末端變異區 (D) 抗原決定區 （complementarity-determining regions，簡稱 CDR） (E) 都包括

6. 關於抗體部位的描述，下列何者錯誤？ (A) F(ab')2 是部分固定區 (B) Fab 是所有變異區 (C) scFv 是單鏈變異區 (D) 真正的與抗原結合的部位，稱抗原決定區 (E) 抗原決定區屬於輕鏈區

7. 嵌合式抗體之定義，下列何者錯誤？ (A) 鼠類單株抗體 (murine mAb) 是完全源自老鼠的單株抗體 (B) 嵌合式單株抗體 (chimeric mAb) 是單株抗體的變異區源自老鼠，而固定區源自人類 (C) 人類化單株抗體 (humanized mAb) 是只有抗原辨識區源自人類，其他的固定區、變異區都是源自老鼠 (D) 靈長類化單株抗體 (primatized mAb) 是變異區源自獼猴，而固定區源自人類 (E) 人類單株抗體 (human mAb) 整個單株抗體都是來自人類

8. 醣化作用在抗體及抗原之間的辨識上，影響十分大，因此哪些方式生產的抗體比較不會有此類問題？ (A) 細菌 (B) 酵母菌 (C) 細胞株 (D) 植物 (E) 以上皆會

9. 關於噬菌體表現的抗體基因庫 (phage display library) 的方法，下列何者錯誤？(A) 抽取人類或小鼠的 mRNA 製成 cDNA　(B) 以 PCR 方式取得所有 B 細胞的抗體基因固定區部分　(C) 接入 phagemid，製成抗體基因庫，送入細菌中　(D) 每個噬菌體都可表現一個特定的抗體　(E) phagemid 上的抗體基因表現在噬菌體的表面

10. 在癌症治療的應用上，適合作為抗體標的之抗原條件，不包括下列何項？(A) 在癌細胞中表現量高，或在正常細胞中完全不表現的　(B) 在癌細胞中表現量為動態的　(C) 腫瘤細胞的表面且分子狀況穩定的　(D) 多種腫瘤細胞均有表現　(E) 該分子的功能與腫瘤的形成過程關係密切

11. 單株抗體在癌症治療的應用上，下列何者錯誤？(A) 靠抗體所引起的細胞毒殺作用 (cytotoxicity) 便足以殺死惡性腫瘤　(B) 免疫毒素是將生物性的毒素蛋白與抗體結合　(C) 雙抗體分子是增加抗體反應具雙重專一性 (bispecific)　(D) 以腫瘤的血管作為標的優於傳統細胞毒殺作用　(E) 抗血管新生藥物也是目前治癌藥物方向之一

12. 何謂免疫毒素？(A) 是將生物性的毒素蛋白與抗體結合　(B) 利用抗體將毒素帶至癌細胞　(C) 是單株抗體在癌症治療的應用之一　(D) 達到毒殺腫瘤細胞的目的　(E) 以上皆是

13. 臨床實驗末期的治癌單株抗體藥物，何者不適合當抗體之標的？(A) 細胞表面受體　(B) CD（cluster of differentiation，分化叢集分子）　(C) 腫瘤的血管組織　(D) 腫瘤間質 (stroma)　(E)DNA

14. 關於放射性標記的抗體之敘述，下列何者錯誤？(A) 將放射性物質與認識癌抗原的抗體結合　(B) 抗體把放射性物質帶至癌細胞，並將癌細胞殺死　(C) 帶有放射性物質的抗體，其專一性有改變的可能性　(D) 抗體不會將放射性物質送至正常的組織　(E) 代謝這類分子的器官如肝臟，也可能有毒害作用

15. 關於抗體攜帶藥物前驅體 (precursor) 的作用方式，下列何者錯誤？(A) 將藥物前驅體分子與抗體結合　(B) 藥物前驅體分子轉換成藥物後被帶至癌細胞　(C) 進入細胞後轉變成真正的藥物　(D) 即可清除惡性腫瘤

16. 免疫酵素對腫瘤細胞的作用方式為何？(A) 將藥物前驅體與抗體結合，與酵素反應，再讓抗體攜帶藥物至腫瘤　(B) 讓抗體攜帶酵素至腫瘤，然後施以藥物前體 (prodrug)，酵素即可將藥物前體轉化成為真正的藥物　(C) 讓抗體攜帶酵素，然後施以藥物前體 (prodrug)，酵素即可將藥物前體轉化成為真正的藥物，進入腫瘤細胞　(D) 以上皆非

17. 單株抗體可針對特定細胞專有的表現特徵，有助於分辨下列何種細胞？ (A) 白血球中淋巴細胞及吞噬細胞的分類　(B) 能夠區分各個分化階段的不同細胞族群　(C) 可以區分不同組織來源的細胞　(D) 以上皆可

18. 在腫瘤鑑定上，單株抗體可以辨認哪些特性？ (A) 組織是否已癌化　(B) 組織為癌變的何種時期　(C) 癌變組織的來源　(D) 癌變是否已轉移　(E) 以上皆可

19. 關於 T 細胞與 B 細胞研究，何者為非？ (A) 產生抗體的 B 細胞都經過基因重組　(B) 每個 B 細胞株的免疫球蛋白基因部分都不同　(C) 同一生物體的所有的 T 細胞的基因都是不同的　(D) T 細胞分化過程產生不同的特定抗原可供辨識

20. 治癌單株抗體藥物以腫瘤的血管作為標的，何者非優於傳統細胞毒殺作用的特性？ (A) 抗原在腫瘤內皮細胞 (endothelium) 穩定表現，不太容易產生抗藥性　(B) 適用於各種腫瘤　(C) 對正常細胞無毒害　(D) 可通過血管運送　(E) 更能有效阻止癌細胞移轉 (metastasis) 所造成的癌細胞擴散現象

二、問答題

1. 請解釋單株抗體與多株抗體之差異。
2. 試述單株抗體的製作原理。
3. 用來製作單株抗體的兩類細胞：骨髓瘤及 B 細胞各有何特性？
4. 製作單株抗體時為何要一直稀釋細胞？
5. 用作醫療用途的 muromonab-CD3 是小鼠抗體，為何病人不會對其產生新抗體？
6. 試解釋嵌合式單株抗體 (chimeric mAb) 的組成方式。
7. 試解釋人類化單株抗體 (humanized mAb) 的構造。
8. 目前單株抗體的主要量產方式為何？有何優缺點？
9. 除了細胞培養之外，還有哪些量產單株抗體的方式是可行的？
10. 細菌可以量產單株抗體，但為何較高等的酵母菌不可以？
11. 如何在細胞株中製造出單株抗體？
12. 試述抗體的基本構造。
13. 是否有人類的融合瘤被成功製作出？
14. 試述噬菌體表現 (phage display) 單株抗體的製作及篩選方式。
15. 目前是否有醫療用的單株抗體上市？試舉例說明。

16. 在癌症治療上，適合作為抗體標的的抗原應符合哪些條件？

17. 目前被用於癌症治療的單株抗體多為針對哪些抗原分子？請舉例說明。

18. 為何參與血管新生作用的分子也被用作癌症治療的熱門標的？這種治療方式有何優點？

19. 單株抗體可以藉由哪些方式達到毒弒腫瘤細胞的目的？

20. 單株抗體在免疫鑑定上有何價值？

21. 單株抗體在腫瘤鑑定上有何價值？

解答：(1) A　(2) B　(3) A　(4) B　(5) A　(6) E　(7) C　(8) C　(9) B　(10) B　(11) A　(12) E　(13) E　(14) D　(15) B　(16) B　(17) D　(18) E　(19) C　(20) D

CHAPTER

10

基因改良食品及植物基因轉殖
Genetic Modified Food and Transgenic Plant

BIOTECHNOLOGY

什麼是基因改造生物？基因改良生物（genetically modified organisms，簡稱 GMOs）是指該生物的遺傳物質 DNA 是經由除了天然交配或自然發生基因重組以外的方式改造而成。其中可能利用了基因重組或基因工程的技術來篩選某單一基因在生物個體間的傳遞，來源不僅是同種生物，更多來自於其他物種。因此，基因改造食品不但是指被改造的作物，也可以包括許多使用此法改造的微生物，以及加工過的食品。

人們為什麼要對食品的來源進行基因改造呢？就以糧食作物為例，在 1960 年代，由於醫藥科技進步，死亡率下降，人口增加，人類平均壽命增加，對糧食的需求與日俱增，農業土地的利用達到極限，相關國際組織開始警覺到自然資源及糧食短缺的危機。於是，農業發展歷經了綠色革命，以雜交方式引進其他野生種的優勢性狀，篩選高產量的新品種，再加上農業技術的改良之後，度過了此危機。現階段的農業發展目的則在抗病蟲害或抗除草劑及惡劣環境等基因的改造，可以讓單位面積的產量增加，或是減少栽培期間的人力物力，以節省成本，此皆可以在消耗珍貴自然資源最低的程度下，達到增加糧食產量的目的。例如：在馬鈴薯的生產過程中，傳統的方式需要耗費大量的殺蟲劑來維持一定的產量，製造殺蟲劑也要耗費相當的金錢及能源，而使用抗蟲的品種就可以減少這些成本。在生物技術日新月異的帶動下，利用生物技術進行作物的基因改造，可以有效縮短使用傳統雜交及篩選所需要的時間，而對日趨重視的環境保護也有下列優點：

1. 減少殺蟲劑的使用，增加作物本身對病蟲害的抵抗能力。

2. 可以保護土壤表層，避免因化學融蝕而流失，或污染水源。

3. 有效利用有限農地。

我們將在這一章中，從植物的組織培養開始介紹，並就基因轉殖方式及基因改良作物的發展作一說明，更進一步探討其對人體健康及對整個生態環境的影響。

表 10-1　作物改良的歷史大事

年　代	歷史大事
數千年前	人們已知利用細菌來製造新的或改良的各種食品，或利用酵母菌或發酵方式來製造各種酒類及飲品
1700 年代	自然學家們開始利用不同植物品種間雜交的方式來育種，得到各式各樣的新品種
1900 年代	歐洲植物學家利用孟德爾定律改良植物品種
1950 年代	試管內成功培養出整株再生的植物
1980 年代	科學家成功地將一段基因片段從一個生物個體傳遞到另一個生物個體，並且讓這個生物表現得到的性狀特徵，這就是所謂的遺傳工程－在生物技術中廣泛利用的一項技術。利用剪接及重組的技術，科學家們可以輕易地讓植物得到新的遺傳訊息，做出新的蛋白質或得到新的性狀，例如抗病或抗蟲等
1983 年	第一株具有抗生素抗藥性的基因轉殖菸草產生
1986 年	美國核准第一株基因改造的抗病毒菸草
1988 年	基因槍 (gene gun) 研發成功
1990 年	歐洲官方組織發表基因改造生物在環境中使用及散布的法則，菸草葉綠體基因轉殖成功
1992 年	基因改造作物被歸類為原生種的不同新品種
1994 年	歐洲准許第一種基因改造植物－抗 bromoxynil 抗生素的菸草上市 第一種基因改造食品 FlavrSavr 蕃茄醬經美國 FDA 核准上市
1995 年	歐盟組織准予孟山都公司所研發出的基因改造大豆 "Roundup Ready" 用於供人食用的食品及畜牧業。這種大豆對該公司所生產的一種同名除草劑 "Roundup" 有抵抗力
1997 年	抗除草劑棉花品種在美國上市
1998 年	抗除草劑玉米品種上市，抗蟲玉米上市；阿拉伯芥葉綠體基因轉殖成功；全球 4 千萬公頃耕地已種植基因改良作物，包括大豆、棉花、油菜、玉米等
2000 年	富含維生素 A 的黃金米研究成功，阿拉伯芥完成定序
2001 年	阿拉伯芥的基因被轉殖入蕃茄基因體中，成功產生可耐高鹽之作物
2002 年	水稻基因體草圖完成
2003 年	英國核准抗除草劑玉米可供作牛的飼料用途
2006 年	美國核准基因改良稻米可以供人食用
2010 年	歐盟核准供工業用途的基改馬鈴薯
2011 年	美國開放基改玉米供工業生產酒精
2012 年	蜂巢崩潰，蜜蜂數量銳減成為世界關注問題

10-1 植物組織培養技術

植物的高分化組織仍具有相當的可塑性，只要經過適宜的培養，即可重新分化，再成為新的植株，這種特性稱為**全能發展性** (totipotency)。因此植物的組織培養技術不僅在於無性繁殖量產，更成為植物生物科技發展應用的一項重要技術。進行植物的組織培養通常希望達到快速繁殖的目的，宜選擇未分化完全的組織，如芽、根尖、嫩莖或發芽的種子等，一般均以帶有**生長點** (meristem) 的部位進行繁殖。由組織碎片長出一團未分化的細胞團塊，也就是**癒傷組織** (callus)，即可培養出小苗，重新分化成完整的成株，這就是微體繁殖；或經癒傷組織分散成細胞個體，藉細胞懸浮培養，再由一個細胞長成團塊，也可以繁殖出新的植株，分化的方式也與組織的來源有關，如圖 10-1。而植物的組織培養應用範圍廣泛，以下即分別介紹：

⬇ 一、基因轉殖必要步驟之一

植物進行基因轉殖時，新的基因送入植物中後，無論是篩選或繁殖，均需經過植物組織培養的過程，才能得到基因轉殖植物。

⬇ 二、微體繁殖

同樣的植株利用組織培養技術可以無限制的大量無性繁殖，以達到量產相同性狀之植株的目的，尤其是在觀賞植物的繁殖上使用最多，無論是生長點或營養器官均可成功，例如蝴蝶蘭的花梗、腎蕨的氣根等之培養。更由於植物的生長點組織是無病毒感染的，因此也可以藉此方式來繁殖無病的幼苗。

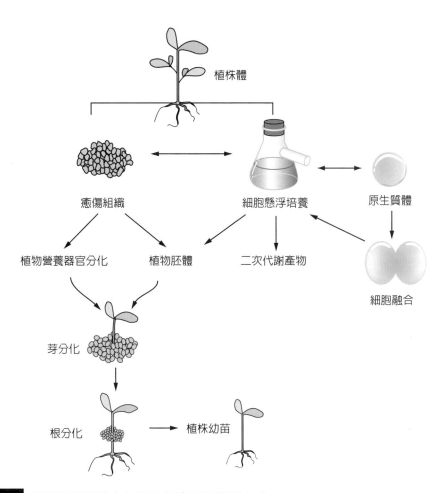

圖 10-1 植物組織培養之各種分化途徑及繁殖方式

三、二次代謝產物

植物的二次代謝產物為其代謝過程無法再分解的副產物，對其他生物卻常有醫療效果或毒性，無論中西方均有關於這類產物的醫療研究。因此利用組織培養技術來生產植物的二次代謝產物已成為近年來相當熱門的研究方向，由於自組織培養懸浮液中萃取產物較容易，同時據研究指出組織培養之產量也較一般植株高，國內相關單位也鼓勵中藥萃取物之研究。如抗癌藥物紫杉醇 (Taxol) 是紅豆杉之二次代謝產物，其他如人蔘的 ginsenosides、黃蓮的 berberine 及罌粟的 sanguinarine 等均有成功的報告。

四、單倍體培養

即利用花藥進行組織培養，獲得單倍體植株，藉此顯現隱性基因之性狀以利篩選，如圖 10-2，可以利用此純系品種再多倍體化，有效縮短篩選時程，以達快速品種改良之目的，如甘藷、玉米、水稻等。

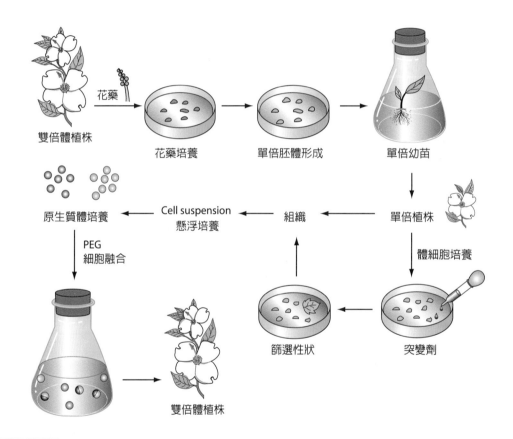

圖 10-2 單倍體培養技術及應用

以雙倍體的植株之花藥可培養出單倍體之植株，可以篩選原本在雙倍體中不易表現的隱性基因，同時再藉由組織培養及細胞懸浮培養之方式得到原生質體，再行細胞融合，即可有雙倍體植株。另一方面，以單倍體進行突變亦較容易篩選。

五、體細胞雜種的產生

利用去除細胞壁的**原生質體 (protoplast)** 細胞的培養,可以進行不同品種的體細胞融合,可以獲得優良性狀之品種,甚至異種同屬之間的體細胞雜種也可以成功,如蕃茄與馬鈴薯之體細胞雜種馬鈴茄 (Pomato)。但以此法製作出來的新種,常為不稔性,且在遺傳性質上不穩定。

10-2 植物的基因轉殖技術

根據農委會對植物基因轉殖之定義為:使用基因工程或分子生物技術,將外源基因轉入植物細胞中,產生基因重組之現象,但不包括傳統的雜交、誘變、體外受精、細胞及原生質體融合、體細胞變異與染色體加倍等技術。由此可知,基因轉殖必定有送入外源基因的步驟。目前使用的方式在送入基因的步驟大致分為四種:

一、農桿菌轉殖

用於**農桿菌 (Agrobacteria)** 轉殖的載體為 Ti 質體,如圖 10-3,是改良自農桿菌中能讓植物長瘤的質體,帶有性狀表現基因及篩選標記。將質體送入農桿菌中,再將農桿菌與葉片一起培養,讓葉片感染農桿菌,也將 DNA 帶入,如圖 10-4。轉殖的基因可以像一般的基因正常表現,產生穩定的基因轉殖植物。雖然一般實驗室使用的作物如菸草、阿拉伯芥等可以感染農桿菌,也有許多田間作物卻無法感染,因為單子葉植物並非其宿主。近年來,經由載體的改良及轉殖條件之修正,越來越多的單子葉植物可以用農桿菌進行轉殖。

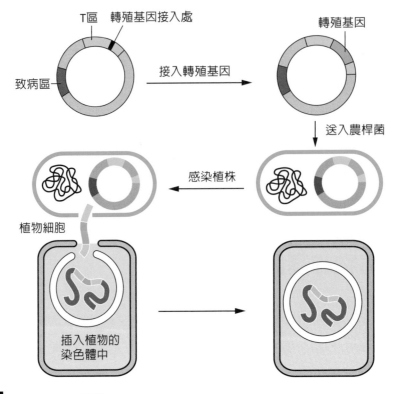

T區　轉殖基因接入處

致病區

接入轉殖基因

轉殖基因

送入農桿菌

感染植株

植物細胞

插入植物的
染色體中

農桿菌與 Ti 質體

農桿菌轉殖基因需要用到 Ti 質體，Ti 質體上的 T 區負責讓轉殖基因插入植物的染色體中，
而致病區則和細菌的致病性有關。當轉殖基因接入 Ti 質體中的 T 區後，即可送入農桿菌。
當植物感染此農桿菌時，Ti 質體中的 T 區即會帶著轉殖基因插入植物的染色體中。

二、基因槍

　　將 DNA 與金屬粉末相混，再以高壓方式像散彈槍一般快速打
入組織中，同時將 DNA 帶入，如圖 10-5。這項技術的出現讓農作
物的基因轉殖有了重大的突破，但此法製造出的轉殖基因較不精
準。

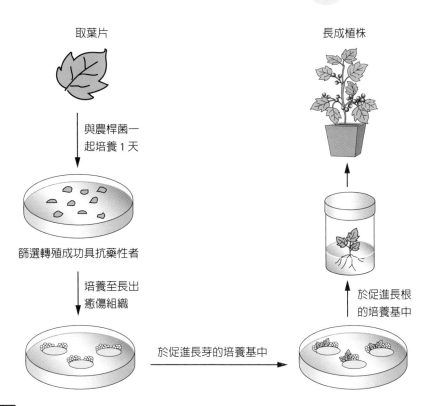

與農桿菌一
起培養 1 天

篩選轉殖成功具抗藥性者

培養至長出
癒傷組織

於促進長芽的培養基中

長成植株

於促進長根
的培養基中

圖 10-4 **植物利用農桿菌轉殖基因之過程**

帶有轉殖基因的農桿菌與植物組織一起培養 1 天之後，即會將基因轉殖入植物中，同時植物也獲得抗藥性狀，可在含抗生素的培養基上長出癒傷組織，先將此成團塊的癒傷組織移至含有促進長芽的培養基中，待其長出莖葉，再移至促進長根的培養基中，如此即可得到具有轉殖基因的小植株。

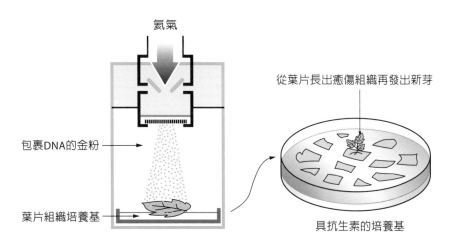

氦氣

從葉片長出癒傷組織再發出新芽

包裹DNA的金粉

葉片組織培養基

具抗生素的培養基

圖 10-5 **基因槍的構造**

利用氣壓將包裹 DNA 的金粉打到下方的葉片組織上，帶有抗藥性基因的 DNA 若能插入植物的基因體中，即可於具抗生素的培養基上存活，然後長出癒傷組織，再形成新芽。

三、植物病毒感染

利用植物病毒為載體，放入轉殖基因，植物病毒不會插入植物的基因體，也不會藉種子傳給後代，因此不會有穩定的基因轉殖株建立。但病毒可以大規模地整株感染，建立植物的生物反應器，並快速產生大量重組蛋白質，如表 10-2 所列之重組蛋白質。

表 10-2　植物重組蛋白質

植物	生產方式	重組蛋白質產物
菸草	植株	生長激素、血清白蛋白、EGF、介白素
菸草	細胞懸浮培養	Erythropoietin
菸草	根	Placental alkaline phosphatase
菸草	種子	生長激素
菸草	葉綠體	生長激素
水稻	植株	干擾素
水稻	細胞懸浮培養	Antitrypsin

四、葉綠體基因轉殖

高等植物的葉綠體有自己的基因體 plastid，約 120~180 kb，在一個細胞中可以有許多個葉綠體存在，如果將基因轉殖至葉綠體基因體中，用來量產蛋白質是十分方便而有效率的方式，目前採用的轉殖方法為基因槍或 PEG 的方式，將質體送入，但若是質體中的複製原 (ori) 來自細菌，質體是不會插入葉綠體基因體，而一直以 episomic 的方式存在。當其帶有葉綠體基因體的片段，即能讓轉殖的基因換至葉綠體基因體相對的標的位置上，如圖 10-6。目前已有以葉綠體大量表現蛋白質的報告發表，在未來，這類質體的發展，將更有利於此技術的應用。

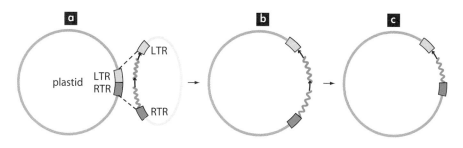

〰〰 轉殖基因　　〰〰 標記基因，如抗藥性基因等，供篩選用。

圖 10-6 **葉綠體質體 plastid 的轉殖方式**

a 為葉綠體質體原本的 plastid，送入一個如圖中綠色的質體，其與 plastid 有相同的區域，分為 LTR、RTR 左右兩區，轉殖基因及標記基因則插在其中，利用同源互換的原理，轉殖基因及標記基因即可換入葉綠體 plastid 中成為 **b**，再將標記基因去除後即可得到基因轉殖的 plastid，如 **c**。

五、其他方式

　　阿拉伯芥可以用另外一種真空吸入法，省去組織培養的步驟，作法是將分化中的花芽浸在農桿菌液中，利用抽真空的方式把 DNA 吸入，將來長出的每顆種子都有可能是轉殖植物，甚至有報告指出連抽真空的步驟都可以省略，而以直接浸泡的方式完成基因轉殖。但目前為止，應用到其他植物都不能成功，這也是阿拉伯芥在植物遺傳研究上十分方便之處。

　　Chimeraplasty 則是另一種新的方法，在菸草及玉米已成功地讓植物基因體中的某一個位置發生位移變化，精確地破壞某個基因，例如過敏蛋白質基因的去除，而且省去轉染的步驟，適合各種作物，安全性更高，未來可以更有發展。

　　送入的基因通常利用抗生素進行篩選，挑出帶有轉殖基因的組織。而培養基主要的營養成分中含有平衡的植物荷爾蒙，能讓組織處在未分化的狀態，再藉由組織培養重新分化成帶有轉殖基因的新植株。

　　有時為了避免不必要的細菌 DNA 片段有不良的影響，會在原來的質體中設計有一對重組酵素 (Cre) 的辨認位置 (lox)，當此轉殖

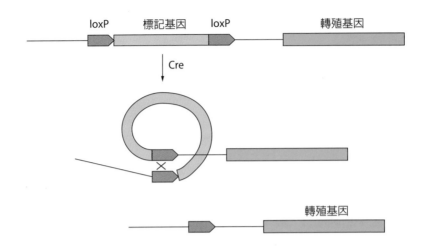

圖 10-7 利用特定位置的重組方式，在插入基因體之後，可將標記基因移除

標記基因位在兩個 loxP 位置之間，loxP 為重組酵素 Cre 的作用位置，藉由 Cre 的作用，兩個 loxP 之間的 DNA 即會被重組酵素移除。此系統廣泛使用在各種生物中。

作物與帶有重組酵素的植株交配，就可以將兩個 lox 位置間的 DNA 移除不必要的質體片段，如圖 10-7。

製作基因改造作物必須要進行小規模的田間實驗，確定性狀，例如抗蟲、抗除草劑等。此外，還有食用安全性及對環境影響等評估作業，且通過有關單位核准才能真正上市。

10-3
基因改造食品實例

從 1996 年起，基因改良作物的耕作面積大幅增加，在 1999 年間，基因改造作物的栽種面積增加了 40%，而有 72% 的作物是種在美國，其次是阿根廷的 17%、加拿大的 10%、中國大陸的 1%，2000 年則增加了 11%；目前大約有 16% 的作物為基因改良品種，約有兩個美國的面積。有越來越多的農夫因為高產量、低成本的原因而選用這類作物。即使是中國大陸，都已經有棉花、蕃茄、甜椒等作物核准，所佔面積比例已達 4%，如果尚在試驗當中的也開始種植，那麼數量就更為可觀。估計全世界的大豆有 51% 種植的是基因改良品種，棉花有 70%，玉米和油菜各有 30% 及 20% 之多。目前改良作物發展最成功的公司是孟山都 (Monsanto)，這是有百年歷史的種子公司，而作物能改造的性狀大致有下列數種：

⬇ 一、抗除草劑

最有名的是 "Roundup Ready" 品種，可以不受 "Roundup" 除草劑的影響，直接噴灑除草劑仍能正常生長，目前有玉米、棉花及大豆產品。現今市面上的基因改良大豆絕大部分均是抗除草劑的。而種植的基因改良作物中有 75% 是抗除草劑的品種。臺灣在 2008 年已核准種植大豆第二代的產品。

⬇ 二、抗 蟲

如玉米的根蟲病，過去只能用輪作及殺蟲劑對抗，經由基因轉殖蘇力菌（*Bacillus thuringiensis*，簡稱 Bt）的毒素基因，即可抗蟲。而不同種的蘇力菌中已發現很多不同的毒素可以對付各種害蟲，如 cry1Ab 基因，以及 2003 年上市的第二代毒素基因 cry3Bb1、cry1Fa2，使 Bt 毒素成為廣泛應用的一種生物農藥。抗蟲作物佔有 17% 的基因改良作物面積。

⬇ 三、抗 病

讓植物自行產生抗病能力的方式，針對不同的植物病害，常用的方式如下：

1. 反義 RNA：最常利用的是以基因轉殖方式讓植物作出病毒的反義 RNA，以阻止病毒蛋白質的形成。

2. 病毒交互作用：以基因轉殖方式讓植物作出病毒的外鞘蛋白，佔住病毒感染的路徑，藉此阻止病毒之感染，例如木瓜的輪點病毒、黃瓜的鑲嵌病毒等。

⬇ 四、抗環境

例如可讓植物耐乾旱，如蕃茄轉殖 AVP1 基因後，根系的發展較佳，因而抗旱，也因此長得較好。一般田間的蕃茄若 5 天沒有水，就會造成植株永久的損害，但 AVP1 轉殖的蕃茄可以撐到 13 天，而且施水之後立刻可以復原。這項技術可以應用到其他的作物，有助於改善農業糧食的生產，特別是水資源不足的情況越來越嚴重，更應克服各種環境因素，有效利用現有耕地。

⬇ 五、控 熟

阻礙乙烯的合成可控制果實的後熟過程，以提早或延後成熟時間，或是改變開花時期等，以錯開盛產期，充分調節供需。例如在基因轉殖的甜瓜中，利用病毒的酵素分解乙烯合成過程中的重要成分，或是在蕃茄中直接降低乙烯合成過程中的中間產物的生成，均可延緩果實成熟。

⬇ 六、增加營養成分

例如含維生素 A 的黃金米，由於米粒本身不會製造葉綠素及胡蘿蔔素，因此呈白色，營養成分中不含鐵及維生素 A 前驅物，且成分中的 phytate 反而讓鐵在腸道中的吸收變差。瑞士的稻米研究單位將水稻改良成富含鐵及維生素 A 前驅物的 β 胡蘿蔔素。大約每天食用 300 克的黃金米，即可避免維生素 A 缺乏。但因原本使用水仙的基因，引起相關單位質疑其食用的安全性，目前已改用玉米的基因，其 β 胡蘿蔔素的含量更高，只需一碗飯即足夠一天的需求。經過 20 年的研究，克服許多困難，2008 年終於在菲律賓進行黃金米的田間實驗，希望之後可廣泛栽種在第三世界的貧困國家，農民不需支付任何技術費用，可以持續保留種子繼續栽種，這些國家人民的營養可以因此藉糧食獲得改善。

⬇ 七、產生醫療用途的蛋白質

即是以植物作為生物反應器，量產轉殖的基因產物，請參考表 10-3。另外也可以藉由植物產生病源的抗原，讓人類在食用後即產生抗體的食用疫苗 (edible vaccine)。如以馬鈴薯產生的 B 型肝炎疫苗，但由於人體對於以腸道吸收方式的食物抗原常產生耐受性 (tolerance)，為了避免接受疫苗者無法產生抗體，因此目前只核准其作為追加劑，不能用作第一劑注射之用。

⬇ 八、加工品改良

改變加工原料作物的性質或成分，以利加工生產過程或增加產品風味等。1994 年最早在美國上市的蕃茄，即是利用轉殖反向 DNA 抑制軟化酵素基因表現的方式讓蕃茄的果實較為可口，同時以其製成之蕃茄醬也因加工產生的殘渣量降低，有效降低成本。

⬇ 九、改變成分

基因轉殖的油菜改變種子油脂成分，其中增加大量的 lauric acid 及 mystric acid，以替代來自椰子油及棕櫚油的來源，供糕餅烘焙或油炸之用。另外也有增加 oleic acid 的油菜及大豆品種，這是花生油及橄欖油的主要成分之一，是單一不飽和脂肪酸，可改善高不飽和脂肪酸 (linoleic acid, linolenic acid) 在高溫不穩定的缺點。

10-4
基因改造食品的安全性

近幾年由歐洲推廣而來的基因改造食品及作物，一般人其實存在有相當的隱憂，最主要的反對原因不外乎：

1. 不知道由基因改造作物所製造出的食物是否對人體有害？

2. 栽培這些作物是否對生態環境有害？

3. 認為這種改造"基因"的技術在本質上是錯誤的,因此根本排
斥這種新技術。

　　早在 1990 年代開始,歐盟就開始有了相當的法令條文來規範
對這類動植物的管理及使用,經過了二十多年,這些法條也逐步根
據科技的進步而更新,務必使其更周延而謹慎,一方面考慮到對人
體健康的影響及對環境的衝擊,也希望同時創造一個生物科技的新
市場。每一項全新的產品上市前,都需要一步一步仔細地長期評估
其對人體健康或動物生長及對環境的影響。由於人類是食用整個食
品,而非只食用單一改良成分,因此不能採用過去對食品添加或藥
品的實驗方式來進行對健康的影響之評估。雖然人們已經大量食用
基因改造作物多時,並未發現有不良的影響,但基因食品的安全性
仍是當前十分重要的課題。

　　基因改造食品不只在歐美,其他如澳洲、亞洲的日本、印度等
地都有各種環保團體對政府施壓,即使不能禁止,也希望能有相關
的法令條文來規範這些食品的使用,讓消費者有選擇吃或不吃的權
力。臺灣也於 2001 年 2 月,公布「以基因改造黃豆及基因改造玉
米為原料之食品標示事宜」等相關規範,規定一定要有相當的標
示,凡超過 5% 基因改良作物之食品及加工品,於 2003 年起均需
標示為基因改良食品。我國每年從美國進口的 250 萬噸黃豆中約有
60% 為基因改造黃豆,然而相關法規目前仍不周全,仍待努力。總
之,基因改造食品應為現階段在食品農業發展上的趨勢,它對整個
生物生態環境的影響,仍有待時間累積才能瞭解,下列就各個較受
人質疑的項目作說明:

1. **轉殖基因在食用後的狀況**:很多人擔心這些轉殖基因被食用後
會經由腸壁進入人體或動物體,導致基因的改變。事實上,用
來表現轉殖基因的植物病毒啟動子在哺乳類動物體中是沒有功
能的,況且 DNA 經過烹調,進入口腔或消化道就被各種酵素分
解成碎片了,再加上胃酸作用,DNA 是很難再復原的,即使有
小片段的 DNA 殘存,在自然狀況下,也很難傳遞給腸道細菌。

2. **產生的重組蛋白質是否對人體有害**：由於基因在原來生物和植物體中表現出來的蛋白質可能會有不同的修飾，不一定能具有一樣的功能，卻有可能影響其他基因的表現。有 90% 對食物過敏的人不外乎是對牛奶、小麥、核果、豆類、蛋及海鮮等。如果轉殖基因是來自這些蛋白質，其引起過敏的可能性就很高。目前對於蛋白質的毒性分析技術已經很純熟，但是否會引發過敏則很難偵測，現在所採用的客觀標準是：

(1) 過敏原常常耐熱。

(2) 過敏原常常不會被腸道酵素分解。

(3) 有些過敏原具有特定的胺基酸序列，可以辨識。

許多科學家認為這是一項重要的評估，不容忽視。過去即有一種餵動物的星聯玉米 (Starlink) 在美國下市，只因為基因轉殖的蛋白質產物不會被酵素分解，而認定此成分可能引發過敏；另外還有會產生巴西核果白蛋白的大豆也因為可能讓原本對核果過敏的人無法食用，而未上市。

廣義的基因改造食品還涵蓋利用基因技術在食品的應用，食品產生的方式及來源並不限於轉殖的植物，即使是利用改造的微生物或再加工過的食品，都應納入管理範圍內，這類細菌的選用或利用都要審慎考量：

1. 利用微生物或黴菌生產食品加工的酵素及食品添加物等，例如可以讓菌種表現牛的 Chymosin，可加在乳酪製造過程中作為凝結劑；讓酵母菌表現**澱粉酶 (amylase)**，加速澱粉分解，可以改良發酵的過程，產生低卡路里的啤酒等就屬於此類基因食品。

2. 加工食品又是另一種代表，如蕃茄醬，讓蕃茄表現 polygalacturonidase 基因的反義 RNA，可以有效阻止讓果實軟化的酵素產生，不但可以增加蕃茄的產量，並降低損傷率，同時果膠的含量也增加許多。

3. 植物的其他衍生物，如來自抗除草劑基因改造作物的麵粉或油脂，已經是部分或純化的成分。

這些食品的安全性考慮有別於單純的轉殖作物，需要依實際情況另訂標準。

10-5
基因改良食品的檢測

為了要能偵測食品或食品原料是否有含基因改良之作物，許多生技公司開發出各種試劑供檢測之用。按歐盟規定，1% 以下的污染是准許存在的，目前採用的技術如下，表 10-3 則為這些方法之比較。

1. **偵測蛋白質**：對於轉殖基因的蛋白質產物，有下列方式來進行檢測，靈敏度約為每塊組織中含 10 μg 左右，能被偵測出，大約也就是超過 1% 的含量，如西方墨點實驗、ELISA 等，前者較適用於實驗室中檢測，不太適合大規模檢驗之用途。事實上，有許多的生技公司已開發出各種方便操作的檢驗試紙試劑，供消費者採用。至於究竟該檢測哪些蛋白質呢？例如抗除草劑的基因轉殖大豆，會帶有農桿菌的 EPSPS 蛋白質、抗蟲的玉米及帶有 CryI 毒素的棉花等。

2. **檢測 DNA**：直接偵測食品來源中是否帶有轉殖基因，可用的技術如南方墨點實驗、定量 PCR 及正在發展中的生物晶片。諸如轉殖基因上的啟動子區域、基因區及其他標記區均可用來作為檢驗的標的。歐洲的 GENESCAN 公司發展出的生物晶片－ GMO chip 是針對歐洲常見的一些基因轉殖作物進行檢測，對象包括基因轉殖的玉米、大豆及水稻中可能出現的一些 CaMV 啟動子區、Bt 毒素基因區等。

表 10-3 檢測基因食品污染之方法的比較

方法	蛋白質檢測方法			DNA 檢測方法			
	西方墨點	ELISA	試紙	南方墨點	PCR	稀釋 PCR	定量 PCR
操作方便	★★★	★★★★	★★★★★★	★★	★★★	★★★	★★★
機器設備	○	○	×	○	○	○	○
靈敏度	★★★	★★★	★★★	★★	★★★★	★★★	★★★
時效性	★★	★★★★	★★★★★	★★	★★	★★	★★
經濟考量	★★★	★★★★	★★★★★	★★★	★★	★	★
定量分析	×	○	×	×	×	○	○
田間使用	×	○	○	×	×	×	×
適用範圍	實驗室	檢驗室	田間	實驗室	檢驗室	檢驗室	檢驗室

目前比較令人擔心的其實是對來源基因的分析，無論是對人體、對植物甚至對環境的影響都需要謹慎，主要需要考量的重點如：

1. **此作物的基因組成有何改變**：例如轉殖基因的來源是何種物種，此基因分子層面的詳細分析、剪接的過程及方式，以及來源的基因為何，而轉殖的基因插入植物基因體何處等。通常送入的基因是會插入基因體中的任意位置，甚至同時插入數個，可能在同一位置或在不同位置。目前植物基因轉殖最常利用的方法是基因槍高壓打入基因，此法有可能會造成 DNA 重新排列的現象，而斷出的小片段 DNA 可能插到基因體的其他地方，這種變化在檢驗 DNA 時很難發現。這些小小的變異，都可能對植物或人體健康有影響。

2. **抗藥性基因傳遞**：目前大多使用抗生素的抗藥性基因作為篩選標記，特別是 nptII 基因，產生的蛋白質可分解 Neomycin 及 Kanamycin 讓植物產生抗藥性，雖然這兩種抗生素不是人類醫療用途的主要用藥，此基因若沒有在後來的步驟進一步去除，有可能傳給植物體內的其他細菌，因此應嚴格要求將標記基因去除。有些公司選用其他一般醫療用途常用抗生素的抗藥性基因，有可能導致自然界的細菌得到抗藥性，間接對人類的健康有極大影響，而且這類基因並未經過改造，常帶有原本的啟動子，更增加危險機率。

此外，加拿大研究發現極高比例的孕婦血液中有 Bt 毒素，由新生兒檢測證實可經由胎盤送至胎兒。儘管農藥公司有很多研究報告說明 Bt 毒素對人體無害，是否有長期及未知的影響，目前無法定論。也由於栽植抗除草劑基改品種，讓除草劑的使用廣泛，在美洲地區的成人血液、尿液及母乳中都可測到除草劑的分子。顯見不僅是食用問題，栽植本身即已造成對環境的影響，這才是更值得深思的問題。

10-6
基因改造作物對生態環境的影響

基因改造技術的推廣之初主要是經濟上的考量，認為可以改善作物的產量，同時在工業革命引進大量機械取代人工之後，再一次的農業改革。然而，在基因改造作物蔚為風潮之後，隨之而來的各種問題都回歸到自然科學本身。如同第一次綠色革命時代利用雜交的方式，引進了其他野生品種無數的基因來改良農作物。基因改造作物則是引進一個或數個少數的基因，理論上而言，應該不會有很大的衝擊，然而根據推測，再過 20 年，大多數的作物基因都會被基因改造，而到了 2100 年的時候，大概就沒有所謂的野生種作物了。這種不能回頭的趨勢讓科學家不得不心生警惕，除了著重於基因改造作物對人體健康的安全之外，更要加強對環境生態的影響評估。

一、同種雜交的影響

植物的栽種和動物的培養是不同的，基因轉殖的動物是侷限在可管制的環境範圍內，不會到處繁衍。然而，作物的栽植不是實驗性質的規模，而是在田間大面積栽種，花粉會藉風力或蟲鳥媒介傳送，可能會散佈到其他農地，這是基因改造作物目前所面臨的最大挑戰。在各種作物的新品種研發出來，以及基因改造作物的栽種面積越來越多之後，純種的作物基因保存反而成了一個重要課題。

花粉的污染已經是很普遍的一個現象，有些農民的農田在不知情的狀況下被污染，反而會被種子公司控告侵權。如果以栽培天然有機作物的農場被污染，更可能對農民造成很大的損失。

⬇ 二、同類近親植物雜交的影響

苜蓿、油菜及水稻雖然已經被馴化成農業栽培，但有一些像具有野草特性的近親能夠和它們雜交，後代有可能會得到轉殖基因而容易蔓延生長。如果只是抗除草劑，在野外生長並沒有影響；但若得到了抗蟲基因，不僅得到相對的生長優勢，對自然環境的昆蟲也會造成威脅，更對整個生態有極大的影響。除了這些作物，棉花也有近親，然而這些野生種必須在栽培地附近，且花期又要剛好相符才有可能。當然這種可能性是比較低的，但並不是不可能。大豆則在北美地區是外來種，沒有近親，比較沒有這樣的問題；玉米、馬鈴薯則因近親無法交配而不受影響。

⬇ 三、對其他昆蟲的影響

有一些實驗證實某些昆蟲在餵食基因轉殖作物飼養的蟲或沾有大量花粉的葉片後會影響生長，甚至造成死亡，雖然實驗的餵食方式引起爭議，但這是值得注意的現象；但也有人證實基因轉殖植物所產生的抗蟲毒素其實比真正的毒素容易被分解，因此並不見得對環境有太大的影響。但需要注意的是更長遠的影響，例如新近發現造成蜜蜂大量消失的原因是一種類尼古丁的農藥所造成的，這種合法的農藥雖然不會使蜜蜂死亡，卻會使蜜蜂幼蟲失去學習能力，由於大量的工蜂離巢之後無法找到回家的路，以致無法歸巢，這個現象稱作**蜂群崩解症候群（colony collapse disorder，簡稱 CCD）**。近年來全世界的蜜蜂數量銳減，許多作物都無法授粉，農作物因而

減產。有鑑於這種對大自然不可回復的傷害，無論是基因轉殖作物或是生物農藥的使用都需要更加謹慎。

四、害蟲抗毒性的產生

就生態平衡上來說，植物和昆蟲的演化是相輔相成的，植物具有抗蟲的毒素基因，大量分泌之後，會加速篩選出具有抗毒能力的昆蟲，目前已有報告指出害蟲產生了抗毒性，而發現的抗毒基因都是隱性的。

五、對土壤微生物的影響

轉殖基因最有可能因為植物受傷流出 DNA 傳遞給微生物，雖然機率很低，但並非不可能。這有可能影響作物生長環境的菌生態改變，特別是土壤及根部。用來對付昆蟲的 Bt 毒素基因其實大多來自土壤微生物，因此這類基因應該是原本就存在於土壤環境生態的，應該沒有太大的影響，而且在田間的環境下，尚未有植物將基因傳遞給細菌的研究報告。雖然植物殘留在土壤中的 DNA 可以因為黏土及土壤的有機物保護而不被分解，保存數月至數年之久，殘存的 DNA 仍可以轉殖到細菌中，可是只有 10^{-17}~10^{-9} 的機率。

六、解決之道

目前對於花粉散佈的問題已有解決的方法：

1. 利用同源重組的技術將轉殖基因換到葉綠體的基因體中，由於花粉不具有葉綠體，因此不會將此基因到處散佈；而果實的非綠色種子部分也不帶有葉綠體，這一部分是較具發展潛力的。

2. 利用不稔性的原理，讓這類作物授粉之後產生的種子無法栽種，而農民必須每年再向公司購買新的種子。新一代的作法則是種植不產生花粉的品種，無法自行授粉，需再以另一"回復"品種授粉，即可產生種子，下一代即可正常授粉。

問題及討論 Exercise

一、選擇題

1. 為何要對作物進行基因改造？ (A) 篩選高產量的新品種 (B) 讓單位面積的產量增加 (C) 減少栽培期間的人力物力 (D) 消耗珍貴自然資源最低的程度下，達到增加糧食產量的目的 (E) 以上皆是

2. 植物的高分化組織仍具有相當的可塑性，只要經過適宜的培養，即可重新分化，再成為新的植株，這種特性稱為 (A) 全株性 (B) 全能發展性 (totipotency) (C) 全啟性 (D) 全塑性 (E) 全種性

3. 下列植物的哪些部位不可進行微體培養？ (A) 芽 (B) 根尖 (C) 主根 (D) 嫩莖 (E) 以上均可以

4. 一般選擇帶有何種組織進行微體培養？ (A) 木質部 (B) 韌皮部 (C) 生長點 (meristem) (D) 維管束的部位進行繁殖

5. 微體培養時，由組織碎片長出一團未分化的細胞團塊，稱作？ (A) 木質部 (B) 韌皮部 (C) 生長點 (D) 癒傷組織 (E) 維管束

6. 關於植物的二次代謝產物之敘述，下列何者錯誤？ (A) 代謝過程中間的暫時性中間物 (B) 代謝過程無法再分解的產物 (C) 代謝過程中的副產物 (D) 植物體沒有酵素能分解的物質 (E) 正常代謝固定產生的產物

7. 何者非植物的二次代謝產物的用途？ (A) 植物可以再利用 (B) 可能對其他生物有毒性 (C) 可能對其他生物有藥效 (D) 可能可再製成其他產品

8. 關於單倍體培養的敘述，下列何者錯誤？ (A) 可用花藥培進行組織養 (B) 可用種子進行組織培養 (C) 獲得單倍體植株 (D) 藉此顯現隱性基因之性狀以利篩選 (E) 可以利用此純系品種再多倍體化，有效縮短篩選時程，以達快速品種改良之目的

9. 關於體細胞雜種的敘述，下列何者錯誤？ (A) 利用去除細胞膜的原生質體 (protoplast) 細胞的培養 (B) 不同品種的體細胞融合 (C) 可以獲得優良性狀之品種 (D) 異種同屬之間的體細胞雜種也可以成功 (E) 製作出來的新種，常為不稔性，且在遺傳性質上不穩定

10. 關於農桿菌的敘述，下列何者錯誤？ (A) 用於農桿菌 (Agrobacteria) 轉殖的載體為 Pi 質體 (B) 改良自農桿菌中能讓植物長瘤的質體 (C) 帶有性狀表現基因及篩選標記 (D) 將質體送入農桿菌中，與葉片一起培養感染，將 DNA 帶入 (E) 單子葉植物並非其宿主

11. 關於基因槍的敘述，下列何者正確？ (A) 將 DNA 與金屬粉末相混，再以低溫方式像散彈槍一般快速打入組織中　(B) 將 DNA 與金屬粉末相混，再以低壓方式像散彈槍一般快速打入組織中　(C) 將 DNA 與金屬粉末相混，再以高溫方式像散彈槍一般快速打入組織中　(D) 將 DNA 與金屬粉末相混，再以高壓方式像散彈槍一般快速打入組織中

12. 關於植物病毒感染，下列何者錯誤？ (A) 植物病毒不會插入植物的基因體　(B) 會藉種子傳給後代　(C) 不會有穩定的基因轉殖株建立　(D) 病毒可以大規模地整株感染　(E) 快速產生大量重組蛋白質

13. 關於葉綠體基因轉殖，下列何者錯誤？ (A) 葉綠體有自己的基因體 plasmid　(B) 一個植株中可以有許多個葉綠體存在　(C) 目前採用的轉殖方法為基因槍或 PEG 的方式將質體送入　(D) 若是質體中的複製原 (ori) 來自細菌，質體是不會插入葉綠體基因體　(E) 質體會一直以 episomic 的方式存在

14. 關於抗病基因的轉殖方式，下列何者錯誤？ (A) 最常利用的是病毒的反義 RNA　(B) 是讓植物得到抗體疫苗產生抗病能力的方式　(C) 也可植物作出病毒的外鞘蛋白，佔住病毒感染的路徑　(D) 木瓜的輪點病毒為一例　(E) 黃瓜的鑲嵌病毒為一例

15. 抗蟲基因轉殖的 cry 系列毒素來自於何種菌？ (A) 農桿菌　(B) 蘇力菌　(C) 綠膿桿菌　(D) 蘇美菌

16. 植物基因改良的性狀有哪些？ (A) 抗除草　(B) 抗蟲　(C) 抗病　(D) 抗環境　(E) 以上皆是

17. 下列何者為控制果實的後熟過程的物質？ (A) 乙烷　(B) 乙炔　(C) 乙烯　(D) 二氧化碳　(E) 二氧化氮

18. 食物過敏原則很難偵測，現在所採用的客觀標準是？ (A) 過敏原常常耐熱　(B) 不會被腸道酵素分解　(C) 有些過敏原具有特定的胺基酸序列　(D) 以上皆是

19. 偵測食品或食品原料是否有含基因改良之作物常用什麼技術偵測蛋白質？ (A) RFLP　(B) 南方墨點實驗　(C) ELISA　(D) PCR　(E) 北方墨點實驗

20. 偵測食品或食品原料是否有含基因改良之作物常用什麼技術偵測 DNA？ (A) 抗生素測試　(B) 西方墨點實驗　(C) ELISA　(D) PCR　(E) 北方墨點實驗

二、問答題

1. 基因改良生物的定義為何？

2. 為何要對作物進行基因改造？

3. 何謂植物的全能發展性？

4. 何謂植物的微體培養？

5. 如何利用組織培養得到無病毒的植株苗？

6. 何謂植物的二次代謝產物？有何用途？如何量產？

7. 利用花藥進行單倍體的培養，有何應用價值？

8. 植物的體細胞雜種如何產生？

9. 說明農桿菌進行基因轉殖之步驟。

10. 說明基因槍如何進行基因轉殖。

11. 以植物病毒進行基因轉殖有何特點？

12. 阿拉伯芥的基因轉殖有何過人之優勢？

13. 舉例說明基因轉殖作物可以改良的性狀有哪些？

14. 為何基因改良食品對人體的影響與其他食品添加物之評估方式有所不同？

15. 當您食用基因改良食品之後，轉殖基因在您的體內可能發生什麼事？

16. 目前對過敏原的客觀認定標準為何？

17. 要如何檢測您所吃的食品是否為基因改良食品？

18. 基因轉殖植物的栽種和動物的培養在防範轉殖基因的散布上有何不同？

19. 如果基因轉殖作物的野生近親得到了轉殖的基因，可能發生什麼樣的後果？

20. 目前對於基因轉殖作物的花粉散布問題有何解決的方法？

解答：（1）E　（2）B　（3）C　（4）C　（5）D　（6）A　（7）A　（8）B　（9）A　（10）A　（11）D　（12）B　（13）A　（14）B　（15）B　（16）E　（17）C　（18）D　（19）C　（20）D

CHAPTER

11

基因轉殖動物的應用
Application of Transgenic Animal

BIOTECHNOLOGY

由於小鼠的基因轉殖技術成熟，也帶動許多哺乳類動物基因轉殖技術的研究及發展。目前畜產動物的基因轉殖技術已有很大的進步，科學家們已經可以利用其他動物來轉殖人類基因，製造蛋白質。對於一些簡單的蛋白質如胰島素之類，過去在細菌或酵母菌中表現的蛋白質即可使用，但是一些較複雜的蛋白質就需要在較高等的哺乳類動物中表現才會形成正常的蛋白質結構或進行正確的蛋白質修飾，特別是具有醫療用途的蛋白質，此時，基因轉殖動物是最佳的選擇。此外，海生動物的食用價值也因為魚類的基因轉殖技術的發展成熟，而大大提升。在這一章中，我們將對哺乳類動物及魚類的基因轉殖技術的應用作介紹。

11-1
哺乳類動物量產蛋白質的特點

哺乳類動物在產製蛋白質上，有優於其他生物的特點：

1. **產量高**：能產生大量的蛋白質，比傳統的培養方式產量高。

2. **能力高**：由於哺乳類動物有特殊的泌乳構造，可以產生較複雜的蛋白質。

3. **成本低**：有效降低生產成本，充分利用"生物反應器"製造產物。

利用哺乳類動物製造蛋白質時，需要研究如何收取這些蛋白質，最初的構想是從這類動物的三種體液（包括乳汁、血液及尿液）中找出最佳的純化來源。首先必須讓蛋白質能在這三種體液中表現，而在乳汁中的表現方式發展最成功。同時，就量產而言，畜牧業早已有現成的採乳設備，且乳汁中的蛋白質種類較少，其中 90% 為懸浮狀的乳糜蛋白很容易就去除，在進一步純化蛋白質上較為簡便，只需將剩餘的乳汁經過層析及過濾，即可有 99.999% 純度的異源蛋白質。當然，這類技術的應用，也因具有在乳腺中表現的基因之研究基礎而得以發展，只要有了這些基因的調控區，如乳漿酸性蛋白、乳白蛋白、乳糜蛋白等，人類的基因只需接在這些調控區之後，進行基因轉殖就可在動物乳腺中表現，隨乳汁分泌出。目前有很多生技公司提供牲畜基因轉殖的服務，如牛、羊、豬等家畜都可以進行人類的基因轉殖，產生人類的蛋白質，以供商業醫療之用。

根據表 11-1 的發展現況統計顯示，在商業醫療用途上，基因轉殖技術已可以廣泛應用在大多數的動物中，從製作基因轉殖動物到量產甚至於臨床試驗階段，都有令人滿意的表現。

表 11-1　基因轉殖技術在商業上的發展現況

1. 用來轉殖基因的顯微注射技術已在多種動物中發展成功

2. 基因轉殖率已可達 10%

3. 核轉移技術（複製）也已在多種動物中發展成功

4. 許多異源蛋白質已可在哺乳類動物的乳腺中分泌出

5. 異源蛋白質的表現量可達每公升 1~40 克

6. 已發展出可將乳汁中 53% 的異源蛋白質純化出 99.999% 純度的技術

7. 已能有效地移除生產過程中其他不必要的蛋白質或去除其活性

8. 量產的製程已發展成功

9. 由動物基因轉殖產生的產物其安全性上，也已開始有臨床試驗

10. 由動物基因轉殖產生的產物已可以商品化

11-2
動物工廠

　　以動物量產蛋白質是畜牧業的另一個附加產業，利用相同的設備生產生物技術的產品，雖然這樣的生產方式較其他來源方便，成本較低，即使轉殖動物的技術已趨成熟，但在製作基因轉殖動物這件事上，仍是十分昂貴的。目前已被用來生產人類蛋白質的基因轉殖動物包括：牛、山羊、綿羊、兔子及豬，每種動物都有各自的優缺點。在製程上，從動物的基因轉殖開始，當得到基因轉殖動物之後，首先要交配以產生後代，能開始製造生產蛋白質的時間與孕期長短及開始泌乳的時間有關，例如山羊從顯微注射開始算起約 18 個月之後，即可泌乳。而牛隻則需 3 年才能得到下一代的牛，並取得乳汁，但泌乳量十分可觀，請參考表 11-2。這種技術再配合核轉移的複製技術，可以很快地繁殖遺傳基礎相同的基因轉殖動物，以供量產之用。

表 11-2　基因轉殖動物量產蛋白質之比較

動物	孕期	後代數目	成熟時間	首次泌乳	年產乳量	蛋白質年產量	產生的蛋白質種類代表
雞	20 天	250	6 個月	（取蛋）		250 克	單株抗體、lysozyme、胰島素、生長激素、人類血清蛋白、抗生素
兔	1 個月	8	5 個月	7 個月	4~5 公升（2~3 期）	20 克	生長激素、類胰島素生長因子、介白素 2、α-glucosidase
牛	9 個月	1	16 個月	33 個月	8000~9000 公升	40~80 公斤	乳鐵蛋白 (lactoferrin)、α-lactalbumin
山羊	5 個月	1~2	8 個月	18 個月	800~1000 公升	4 公斤	Antithrombin III、tissue plasminogen activator、單株抗體、生長激素、α1-antitrypsin
綿羊	5 個月	1~2	8 個月	18 個月	500 公升	2.5 公斤	α1-antitrypsin factor VIII、fibrinogen、類胰島素生長因子、第七及九凝血因子
豬	4 個月	10	6 個月	16 個月	300 公升（2 期）	1.5 公斤	第八凝血因子、protein C、血紅素

一、牛

　　雖然牛的乳產量很高，但製作基因轉殖牛十分困難，成本較高，生育能力低，孕期較長。目前牛的胚胎幹細胞已成功地被培養出，應該可以改善對於基因轉殖製作上的困難。而牛的乳產量十分高，其生產設備較完備，也是不錯的考量。

⬇ 二、綿 羊

桃莉羊在 1997 年公開，在 1998 年首先在綿羊進行基因轉殖，產生由乳汁中分泌出的第九凝血因子。足見在實驗操作的成功率上，十分有優勢。

⬇ 三、山 羊

山羊的乳產量為綿羊的兩倍，且與**狂牛症（Bovine spongiform encephalopathy，簡稱 BSE；或 mad cow disease）**相關之羊搔癢症 (scrapie) 的發生率較低，其孕期短、成熟快、分泌蛋白質含量高，特別適合作為生物醫療產品的生產動物。目前大約有 60 種醫療產品是使用基因轉殖山羊製造，其中有 11 種可達每公升 1 克的產量。例如奈及利亞羊的 BELE 品種在 3 個月即可成熟，十分方便。

⬇ 四、豬

豬有別於前面所提的其他動物，其多產、孕期短，且每胎產量多，遠高於其他的動物。但豬的胚胎在基因轉殖技術上始終很難操作，成功率較低，對於豬的基因轉殖研究，大多是為了異種器官移植之用，目前已有較佳的轉殖技術，但必須先解決病毒傳染的問題。另一方面，豬的生理與人較為接近，對於人類的疾病研究十分有用。

⬇ 五、雞

相較於一般的實驗動物，雞的生殖方式較為特別，當蛋一受精之後，經過生殖道約需 24 小時便有硬殼形成，直到被生出來，已經過 3 萬次的細胞分裂。體細胞的複製目前仍不可行，但有科學家在嘗試胚胎幹細胞的基因剔除，以及以精蟲進行基因轉殖。目前有報告顯示可將人類的抗體基因接在卵白蛋白啟動子之後，進行基因轉殖至幹細胞，雖然轉殖基因不會傳遞給後代，卻會分泌在雞蛋的

卵白中，每毫升卵白可有 50~150 μg，已達到量產的目的。使用雞的優點在於便宜易養殖，且孕期短。

⬇ 六、兔 子

在 1985 年即有兔子的核轉移技術，由於牠的孕期短，很快即成熟，後代多，是十分好的實驗系統，兔子的脂類代謝系統與人相似，因此對於研究動脈硬化等疾病相當有用，但目前為止，還沒有報告成功地從成兔細胞複製出兔子。

11-3 醫療動物實例

目前使用動物基因轉殖方式製造的蛋白質大多為醫療用途。這類的動物所產生的醫療成本十分低廉，舉例而言，α1-antitrypsin factor VIII 是一種幫助凝血的蛋白質，對於中風及心臟病患治療十分重要，目前帶有 α1-antitrypsin factor VIII 的基因轉殖羊所生產的 ATryn，已成為由此技術所生產的醫療品中，第一個獲得美國食品藥物管理局核准上市的產品，這項靜脈注射產品每年約有 20 億美元的市場，目前有 200 隻基因轉殖羊可供應需求量，而連同前後過程，每隻動物每年的平均成本也不過 50 萬美元，由此可見獲利極為可觀。參與製作桃莉羊及 Polly 的 PPL 公司在生產基因轉殖動物上一直居於領先地位，在 1998 年，他們製造了複製牛，帶有治療**纖維囊腫 (cystic fibrosis)** 的蛋白質及其他醫療用蛋白質，但許多都在臨床前試驗階段即中止。而近兩年在其出售多項專利及技術部門之後，已不再具有優勢。而許多生技公司所開發的產品也同樣因面臨到瓶頸而中止，特別是狂牛症所造成的影響，最後能順利上市的產品才算是真正成功，這是生物技術產品的一項風險。

相較於過去生產這類蛋白質所使用的細胞培養技術，基因轉殖動物的成本仍是較低的。特別是細胞培養技術的相關製程都必須符合 GMP 標準，實驗室的設備需要達到一定的水準，才能確保某種程度的安全性，而每個基因轉殖動物可以有 7~10 年的壽命。有報告指出，這樣的技術，至少能將成本降至十分之一以下。同樣的蛋白質，以一隻基因轉殖牛而言，每年自牛乳中純化的產量約等於 1 萬公升的細菌、酵母菌或細胞培養槽的生產量。因此許多已由細胞培養技術成功建立的醫療產品，開始積極轉向基因轉殖動物的系統。以這類已有成功經驗作為基礎的產品出發，將加速基因轉殖產品的成功應用在人類醫療用途。目前積極應用這類技術進行醫療產品商品化的公司及產品如表 11-3：

表 11-3　基因轉殖動物生產的主要醫療用蛋白質產品

公司	產品	醫療用途	目前研發階段
GTC	Antithrombin III (ATryn)	冠狀動脈繞道手術、遺傳性抗凝血素缺乏症	2009 年上市
Pharming	Alpha-glucosidase	肝醣貯積症	第一及二階段臨床試驗
Pharming	C1-inhibitor（Ruconest，歐洲）（Rhucin，美國）	遺傳性血管水腫	2010 年於歐洲上市，美國、以色列及挪威等國家亦已上市
Pharming	Collagen（膠原蛋白，type I）	組織修復	臨床前試驗階段
Pharming	Collagen（膠原蛋白，type II）	類風濕性關節炎	臨床前試驗階段
Pharming	第七凝血因子	出血	臨床前試驗階段
Pharming	第九凝血因子	血友病	臨床前試驗階段
Pharming	Fibrinogen（纖維蛋白原）(rhFIB)	外科、外傷用組織膠	臨床前試驗階段
Pharming	Lactoferrin（乳鐵蛋白）	預防腸胃道感染	第一階段臨床試驗

儘管有了成功的產品上市，但某些醫療產品距離用在人的身上，仍有一段路要走。由於歐洲地區的狂牛症無法根絕或防範，除了牛乳產品之外的產品，是否保證不會攜帶動物疾病，仍有待考驗。美國農業部 (USDA) 有相當的程序及規範來監控這些動物是否攜有狂牛症或其他傳染性疾病的可能。總之，這項技術改革了醫療產品的生產過程，讓醫療的應用範圍擴及過去較不易量產的蛋白質產品，是醫藥界的一大福音。

除了前面提的 ATryn 之外，我們另外將進行較順利的幾個產品作實例介紹，如：

⬇ 一、Fibrinogen

紅十字會與 Pharming 公司合作開發一種新的手術用繃帶，將人類的 **fibrinogen（纖維蛋白原）**基因轉殖至牛中，這種蛋白質在人體血液中扮演的角色是在傷口形成薄膜絲狀，可將血液攔阻，幫助凝血。含有這種纖維蛋白原的生技繃帶可以立即凝固傷口出血，即使是大量湧血的致命性傷口，都可在 15 秒內止血，是已經成熟的手術醫療產品。目前纖維蛋白原的來源都是從人類捐血的血漿中萃取，但有易感染疾病的可能性，且品質不穩定，加上來源有限，以 2005 年的用量估算每年需要超過 500 公斤，需要從 1.5 噸的捐血中取得。若這項生產技術成功，將可大大地改善許多外傷病人因出血或傷口感染而致死的機會。目前已成功在每公升牛乳中產生 1~3 克的纖維蛋白原。目前美國軍隊已同意試用此產品 (rhFIB)，以評估其功效。

⬇ 二、第八凝血因子

紅十字會和 Pharming 公司及 Infigen 公司合作生產治療血友病及大量出血的第八凝血因子，雖然目前也有以單株抗體為製造來源的產品，卻十分昂貴，一個血友病病人的花費每年高達 2~4 萬美金。假若有 100 隻的基因轉殖牛，即可供應全世界大部分這類血友病病人，可說是病人的一大福音。

● 三、人類乳鐵蛋白

人類乳鐵蛋白是母乳中的重要成分之一，對於人類的免疫及腸道消化系統十分重要，可促進消化道的益菌平衡，同時存在於淚腺及肺部的分泌液中，當眼睛或肺部因分泌失常發生疾病時，可以用人類乳鐵蛋白治療。Pharming 公司將基因重組的人類乳鐵蛋白轉殖至牛，可作為健康食品的奶粉製品。從牛乳中純化製成醫療用產品，目前只有中量的生產，每公升牛奶最多可產生 2.5 克的人類乳鐵蛋白，可製成兩類醫療用品，一為口服用，另一則為高度純化的產品可供靜脈點滴注射之用，更可以液體成品供乾眼症病人使用。大約 20 頭牛即可供全美國一年之眼科用量。

● 四、C1-inhibitor

遺傳性血管水腫 (hereditary angioedema) 會因缺乏 C1-inhibitor 而造成各種器官及軟組織的急性水腫，目前常用的是以雄性激素來治療，但有許多副作用。另一個選擇是以 C1-inhibitor 來治療，Pharming 公司為了避免狂牛症的影響，將人類基因置於牛的特定泌乳啟動子之後，以基因轉殖兔的方式使每公升兔奶產生 12 克的 C1-inhibitor，目前已經到了第三階段臨床試驗。而且已獲得美國 FDA 預防及治療遺傳性或後天性血管水腫的**孤兒用藥**（orphan drug，盛行率低之罕見疾病的特殊用藥）認定，並於 2010 年在歐洲上市，這是相當成功的例子。

11-4
其他蛋白質產品

非醫療用途的蛋白質如 Nexia 公司以羊乳汁分泌蜘蛛絲的蛋白質，並將這種生物纖維稱為"生物鋼"(Biosteel)。這種生物性的材料比其他任何纖維都強韌，同時質輕，可生物分解，十分環保。蜘蛛絲具有高延展性，富彈性的天賦特性，可算是一種極輕的纖維，若織成平面，每平方英吋可耐 40 萬磅的壓力，比鋼還堅固 10 倍，是防彈衣材料的 3.5 倍。科學家們已在 35,000 多種蜘蛛中，找到約 10 種蜘蛛的蜘蛛絲蛋白。在蜘蛛的腺體中，蜘蛛絲蛋白是呈高濃度的液狀，當蜘蛛分泌蜘蛛絲時是像擠牙膏一般將蜘蛛絲液擠出，蛋白質分子呈凝聚纖維狀，也發現蜘蛛分泌蜘蛛絲的腺體與羊的乳腺相似，並於 1998 年成功地製造出蜘蛛絲蛋白基因轉殖的奈及利亞羊，2000 年開始生產蜘蛛絲蛋白，並從乳汁中分離出蜘蛛絲蛋白，再以線軸將其纏成絲線。蜘蛛絲的用途主要用在製造質輕而彈性佳的盔甲或防彈衣，可供軍警或法庭等處使用；當然，也可以供各種軍用、民航及太空飛行器使用。同時，更可應用在運動器具及衣料上；甚至釣魚線、手術縫合、人工肌腱等，即使是防彈衣的市場，每年的需求量即相當可觀，因此美軍也對發展這項技術感興趣。

11-5 器官移植技術的用途

　　每年全世界約有數十萬的人正在等待器官的捐贈，主要的器官種類包括心臟、腎臟、肺臟及肝臟，其中心臟已有人工心臟可以代替，而肝臟有部分活體捐贈即可能成功，肺臟及腎臟則由於結構及生理功能十分精細，一定要進行器官移植，其中又以腎臟的需求量最高，且每年持續增加中，但捐贈的人數卻在減少。科學家們不斷地在嘗試新的途徑，目前最有希望的是豬的**異種器官移植** (xenotransplantation)，原因是在畜類中，豬的體型大小與人類最接近，同時，飼養最快，基因轉殖豬即是為了這個目的發展出的，當然，首先要考慮的是排斥問題。PPL 公司在 2000 年配合複製技術已經複製 5 隻相同的基因轉殖豬，他們已經剔除某些會引起人體排斥的豬特有基因，可再進一步供作器官移植之用，已在 2004 年開始進行臨床試驗。但因為有其他異種器官移植危險性的報告出現，而使這個計劃趨緩。由於豬體帶有原生的反轉錄病毒 (PERV)，以及其他的**豬小病毒 (parvovirus)**、**豬環狀病毒**（circovirus，引起肝病），可能因器官移植而帶給人類。實驗指出，當老鼠經過減免疫處理，進行這種模擬的移植手術後，這種病毒會從移植的器官隨著血液進入身體其他部位，感染其他器官組織，雖然並未產生任何病癥，可能在人體也不會有任何疾病，但潛在的危險性十分大，其中**人畜共通傳染病 (zoonosis)** 即是一個存在而可能因此擴散的疾病。美國也因此立法嚴格管制這類的實驗，這是在排斥問題之外的另一個重要安全議題。特別是在 2003 年引起全球疫情的**嚴重急性呼吸道症候群**（severe acute respiratory syndrome，**簡稱 SARS**），極可能是人類病毒與動物或禽類病毒在感染同一生物體之後，病毒發生基因重組的現象，而產生對人類具致命性感染力的全新冠狀病毒。因此這類應用到異種生物的技術一定要特別謹慎，在研究工作上必須審慎評估各項風險。

由於其他動物的細胞對人體而言是外來細胞，會在移植後數小時內立即被人類的免疫系統摧毀，在異種器官移植的研究上，需要克服的不止是簡單的排斥問題，其中包括超急性、急性及慢性排斥作用。超急性排斥作用是抗體及補體負責的，急性排斥作用是凝血之血管性排斥作用，慢性排斥作用是 T 細胞等的免疫反應，而主要的解決原則如圖 11-1。

1. 將豬體內會造成異種動物排斥的主要基因剔除，例如 GAL (beta-1,3-galactosyltransferase) 這個基因主要是在豬細胞膜上加上半乳糖分子，為豬細胞特有的標記，而這也是引起人類免疫反應造成排斥的主要抗原之一。半乳糖會引起補體與抗體的作用而引起第一道「超急性排斥反應」。然而新的研究顯示，細胞膜上有其他的碳水化合物，不只是 beta 1,3-GT 的作用，仍有其他的酵素具有類似的功能或是做出其他的修飾，並不如想像地單純，需要有更進一步的研究。

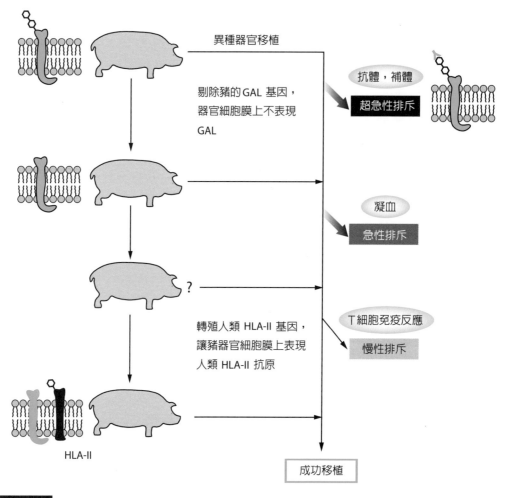

剔除豬的 GAL 基因，
器官細胞膜上不表現
GAL

異種器官移植

抗體，補體
超急性排斥

凝血
急性排斥

T 細胞免疫反應
慢性排斥

轉殖人類 HLA-II 基因，
讓豬器官細胞膜上表現
人類 HLA-II 抗原

HLA-II

成功移植

圖 11-1 豬的異種器官移植

豬的異種器官移殖需要克服的關鍵是以基因轉殖或基因剔除的方式來避免人體對豬器官的各
種排斥作用。如剔除表現豬特定抗原的 GAL 基因，讓人類抗體不會對豬細胞作用，再轉殖
人類 HLA-II 基因，讓豬器官細胞膜上表現人類 HLA-II 抗原，人類 T 細胞就會將其認成人類
來源的細胞。

2. 加入新的人類基因以減低豬器官對人體的異源性，例如讓豬的
   細胞表現人類細胞特有的抗原 HLA-II，來自這種人類化的動物器
   官，可在狒狒身上存留 8 週，這種器官可能可以供作病人等待
   器官期間，暫時在體外維生之用。又如，1993 年劍橋大學科學
   家們成功培育帶有人類 DAF（human decay accelerating factor，
   加速分解因子）的基因轉殖豬，可避免補體所引起的免疫反應，
   其確實可以減緩異種器官移植時，產生的超急性排斥現象。

這類免疫反應已改造的基因轉殖豬，是犧牲了原本的免疫抵抗力來表現外來的基因，所以十分容易夭折，飼養要求遠高於其他的醫療用動物的需要。日本及 PPL 公司甚至臺灣均有自己的方式來製作複製豬。這類豬隻必須嚴格管控生長環境，即使是出生，也要在無菌環境中以剖腹直接取出，而不經過母體產道。食物飲水等都有一定的標準，而且要定期檢測病毒、細菌及其他疾病，務求無任何感染。在臺灣，動物科技研究所也將原來的種豬廠房重新規劃、設計成無特定病原（specific pathogen free，簡稱 SPF）的動物房，同時提供國內發展生技產業所需的這類服務。對進行人體試驗的考量方面，美國各個相關單位也訂定程序，要求將來這類人體試驗必須要終生監控接受移植病人的狀況。

在另一方面，科學家們也希望人體的幹細胞研究，能發展至體外培養出各種器官供移植之用，如此一來，就不需要冒險求助於其他的動物。但是這個方向是有許多道德上的限制。無論來源為何，據專家估計，大約在 2020 年，95% 的人體組織或器官部位都可以在實驗室培養出來。

11-6
魚類基因轉殖技術的應用

魚類目前是實驗動物模式中，小鼠之外另一種廣泛研究的脊椎動物。其中斑馬魚的遺傳研究發展最佳，斑馬魚由於飼養簡單，每代 3 個月，比小鼠容易研究遺傳問題，是蛋白質體學一個極佳的研究模式。魚類的基因轉殖技術有下列優勢（圖 11-2）：

1. **產卵量高**：每條成魚可排數百至數千個魚卵。
2. **體外受精**：不必送回母體繼續發育。
3. **胚體為透明狀**：在發育生物學的研究上，十分方便。
4. **轉殖方式多樣化**：目前可以顯微注射、電穿孔、精子攜帶或基因槍等方式進行。

(1) 顯微注射：與一般的哺乳類動物胚胎注射相同，但不同的魚種存活率不一，有些插入基因體的機率也較低。

(2) 電穿孔：每次可進行之數量很多，目前廣泛用在商業魚種。一些熱帶魚種魚卵分裂時間較短，不太適用顯微注射，或是一些卵膜太硬及魚卵不太透明的魚種都可以用電穿孔來完成。

(3) 精子攜帶：對精子進行電穿孔殖入基因，再藉受精送入胚胎中。特別是一些不耐電穿孔的魚種。

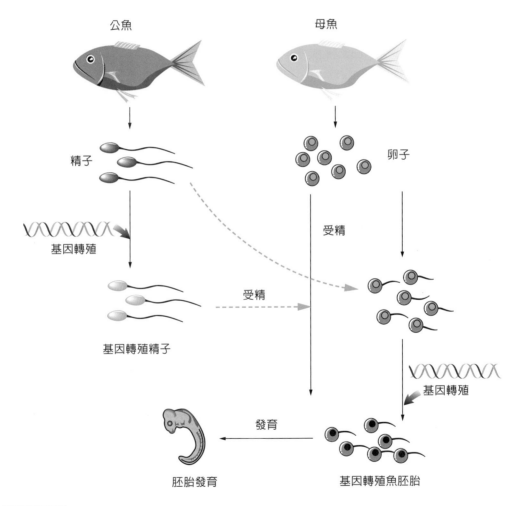

公魚　　　　　　　母魚

精子　　　　　　　卵子

基因轉殖

受精

基因轉殖精子　　　受精

基因轉殖

發育　　　　基因轉殖魚胚胎

胚胎發育

圖 11-2　魚的基因轉殖

由於魚是將卵排於體外受精，因此可以先將精子進行基因轉殖再與卵子結合成為基因轉殖魚胚胎，或是將受過精的受精卵進行基因轉殖，亦可得到基因轉殖魚。

在進行基因轉殖上，魚類的胚胎幹細胞 (ES cell) 尚未有較佳的發展（在 2001 年日本的研究團隊曾成功地培養出魚類的胚胎幹細胞），再加上轉殖基因插入基因體的機率較低，基因轉殖遺傳給後代的機會也很低。因此魚類的胚胎幹細胞研究也是目前科學家們努力的方向。

近年來，由於海洋生物的數量漸減，而需求量卻逐年增加，養殖漁業興盛。為瞭解決養殖的問題，以及增加生產速度等，魚類的基因轉殖技術的應用範圍相對增加。相較於哺乳類動物的基因轉殖應用方向，魚類的基因轉殖的主要目的在於改善魚類的飼養、增加食用價值、抗病等，較為單純。同時，基因轉殖魚也是目前最早進入消費市場的一種動物，目前的應用範圍如下：

⬇ 一、增加生長速度

過去是以餵食**生長激素 (growth hormone)** 的方式來達到增加魚群體型大小及生長速度的目的，目前直接以生長激素進行基因轉殖，可有效增加魚苗的生長速度，如鮭魚、鯉魚、泥鰍等均可有 2 倍左右的生長速度。

⬇ 二、抗凍基因轉殖

在某些極地氣候區的海洋生物，有一種抗凍基因能讓體內血液中的水分不因外界低冷氣候而形成冰晶，因而抗凍。目前具經濟價值的食用魚種都沒有這種基因。在加拿大地區，許多鮭魚的養殖受限於氣候，即使他們有廣大的海岸，可使用的地理區域卻很少。目前加拿大正努力進行將抗凍基因轉殖入鮭魚的研究，以拓展養殖漁類的氣候適應力。

⬇ 三、抗 病

高密度的養殖常增加魚群受感染的機會，往往只要開始感染發病，就可能造成收穫劇跌，甚至必須結束養殖才能解決問題，除了利用他種生物技術方式，如魚用疫苗達到抗病效果外，目前也有利用基因轉殖技術的方法改善此問題。

1. **RNA 抗病：** 利用病毒的反義 RNA 及 Ribozyme 原理，均可以阻止或切解 RNA 的方式，降低病毒的基因表現。

2. **病毒表面抗原基因轉殖：** 讓病毒表面抗原佔滿細胞膜表面的抗原**受體 (receptor)**，利用**中和效應 (titrate)**，真正的病毒就無法藉由此受體進入細胞中。

　　這兩類技術也是在其他物種中用以對抗病毒常採行的方式。

　　大部分的基因轉殖動物都是用來生產蛋白質，萃取供醫療或其他用途，唯一供人類食用的是 2013 年美國 FDA 的核准的 AquAdvantage 鮭魚，它是基因轉殖鮭魚，帶有帝王鮭的生長激素基因，能加速生長，帝王鮭可以長至 15 公尺，此生長激素基因讓原本需三年才長成的鮭魚，縮短成 16~18 個月。基因轉殖鮭魚被核准在巴拿馬內陸高地的養殖場繁殖，未接近海洋，公司宣稱他們生產的鮭魚在魚卵時都經過處理，是三套體 (triploid) 的母鮭魚，無法繁殖，因此不會對野生鮭魚產生影響。目前年產約 10 噸，只佔全部鮭魚需求量 1,600 萬噸的極少部分。

 問題及討論 Exercise

一、選擇題

1. 下列何者非使用基因轉殖動物生產人類蛋白質的優勢？(A) 產量高　(B) 生產能力高　(C) 基因轉殖容易　(D) 生產成本低

2. 何者非乳汁中純化轉殖基因的蛋白質產物之優點？(A) 畜牧業早已有現成的採乳設備　(B) 乳汁中的蛋白質種類較少，其中 90% 為懸浮狀的乳糜蛋白很容易就去除　(C) 在乳腺中表現的基因之研究基礎而得以發展　(D) 人類的基因只需接在這些基因之後，進行基因轉殖就可在動物乳腺中表現 (E) 乳腺中表現的基因包括乳漿酸性蛋白、乳白蛋白、乳糜蛋白

3. 目前已被用來生產人類蛋白質的基因轉殖動物不包括 (A) 牛　(B) 山羊　(C) 綿羊　(D) 狗　(E) 豬

4. 下列動物從交配懷孕到可以泌乳，何者需要的時間最久？ (A) 牛　(B) 山羊　(C) 綿羊　(D) 兔　(E) 豬

5. 下列動物從交配懷孕到可以泌乳，何者需要的時間最短？ (A) 牛　(B) 山羊　(C) 綿羊　(D) 兔　(E) 豬

6. 利用牛作為生產人類蛋白質的基因轉殖動物，下列敘述何者錯誤？ (A) 牛的乳產量很高　(B) 製作基因轉殖牛容易　(C) 成本較高　(D) 生育能力低　(E) 孕期較長。

7. 利用豬作為生產人類蛋白質的基因轉殖動物，下列敘述何者錯誤？ (A) 豬多產、孕期短，且每胎產量多，遠高於其他的動物　(B) 但豬的胚胎在基因轉殖成功率較低　(C) 對於豬的基因轉殖研究，大多是為了異體器官移植之用　(D) 豬的病毒不會傳染人　(E) 豬的生理與人較為接近，對於人類的疾病研究十分有用

8. 利用雞作為生產人類蛋白質的基因轉殖動物，下列敘述何者錯誤？ (A) 蛋受精之後，經過生殖道約需 24 小時便有硬殼形成，直到被生出來，已經過 3 萬次的細胞分裂　(B) 體細胞的複製目前仍不可行　(C) 可將人類的抗體基因接在卵白蛋白啟動子之後，進行基因轉殖至幹細胞　(D) 轉殖基因可以傳遞給後代　(E) 產物會分泌在雞蛋的卵白中，已達到量產的目的

9. 關於 fibrinogen（纖維蛋白原）製造的繃帶特點，下列敘述何者錯誤？ (A) 這種蛋白質在人體血液中扮演的角色是在傷口形成薄膜絲狀，可將血液攔阻，幫助凝血　(B) 含有這種纖維蛋白原的生技繃帶可以立即凝固傷口出血，即使是大量湧血的致命性傷口，都可在 15 秒內止血，是已經成熟的手術醫療產品　(C) 目前纖維蛋白原的來源都是從人類捐血的血漿中萃取，但有易感染病病的可能性，且品質不穩定，來源有限　(D) 纖維蛋白原的來源可以從基因轉殖牛的血漿中萃取　(E) 改善許多外傷病人因出血或傷口感染而致死的機會

10. 關於人類乳鐵蛋白的敘述，下列何者錯誤？ (A) 是母乳中的重要成份之一，對於人類的免疫及腸道消化系統十分重要　(B) 同時存在於淚腺及肺部的分泌液中，眼睛或肺部因分泌失常發生疾病時，可以用人類乳鐵蛋白治療　(C) 高度純化的產品可供靜脈點滴注射之用　(D) 將基因重組的人類乳鐵蛋白轉殖至牛，可作為健康食品的奶粉製品　(E) 可以液體成品供青光症病人使用

11. 關於 C1-inhibitor 基因轉殖動物的敘述，下列何者錯誤？ (A) 缺乏 C1-inhibitor 會造成遺傳性血管水腫 (Hereditary angioedema) 進而使各種器官及軟組織的急性水腫　(B) 以雌性激素來治療，會有許多副作用　(C) 將

人類基因置於牛的特定泌乳啟動子，以基因轉殖兔的方式使兔奶產生 C1-inhibitor，以避免狂牛症的影響　(D) 目前已在歐美國家上市

12. 使用豬器官進行異種器官移植 (Xenotransplantation) 的敘述，下列哪一項錯誤？(A) 在畜類中，豬的體型大小與人類最接近，飼養最快　(B) 異種器官移植是製作基因轉殖豬主要目的之一　(C) 進行異種器官移植，首先要考慮的是排斥問題　(D) 豬體帶有的病毒不會傳染給人類　(E) 人畜共通傳染病可能因此擴散

13. 關於解決豬器官進行異種器官移植 (Xenotransplantation) 的排斥作用之敘述，何者為非？(A) 將豬體內會造成異種動物排斥的主要基因剔除　(B) 加入新的人類基因以減低豬器官對人體的異源性　(C) 讓豬的細胞表現人類細胞特有的抗原 HA　(D)Gal (beta-1,3-galactosyltransferase) 基因主要是在豬細胞膜上加上半乳糖分子，為豬細胞特有的標記　(E) 半乳糖會引起補體與抗體的作用而引起第一道「超急性排斥反應」

14. 豬器官進行異種器官移植 (Xenotransplantation) 的排斥作用，下列何者為非？(A) 超急性排斥作用是抗體及補體負責的　(B) 急性排斥作用是凝血之血管性排斥作用　(C) 慢性排斥作用是 B 細胞等的免疫反應　(D) 半乳糖會引起補體與抗體的作用而引起第一道「超急性排斥反應」　(E) 異種器官可能可以供作病人等待器官期間，暫時在體外維生之用。

15. 下列何者非魚類的基因轉殖技術之優勢？(A) 產卵量高　(B) 體外受精　(C) 胚體為透明狀　(D) 魚卵較大　(E) 轉殖方式多樣化

16. 下列何者非魚類的基因轉殖可採用之方式？(A) 顯微注射　(B) 浸泡法　(C) 電穿孔　(D) 精子攜帶　(E) 基因槍

17. 魚類的基因轉殖的主要目的在於？(A) 增加生長速度　(B) 增加食用價值　(C) 抗病　(D) 增加對環境的抵抗力　(E) 以上皆是

18. 關於改善鮭魚在極地環境生長的敘述，下列何者錯誤？(A) 利用抗凍基因轉殖　(B) 抗凍基因能讓魚體形成保護膜而抗凍　(C) 目前具經濟價值的食用魚種都沒有這種基因　(D) 是為拓展養殖魚類的氣候適應力　(E) 許多鮭魚的養殖受限於氣候，可生存的地理區域很少

19. 除了使用魚用疫苗達到抗病效果外，目前也有利用哪些基因轉殖技術的方法改善魚病問題？(A) 利用病毒的反義 RNA 降低病毒的基因表現　(B) 利用 Ribozyme 原理切解病毒 RNA　(C) 病毒表面抗原基因轉殖　(D) 使細胞自行產生病毒表面抗原，佔滿細胞膜表面的抗原受體 (receptor)，產生中和效應 (titrate)　(E) 以上皆是

20. 關於 2013 年美國 FDA 的核准的 AquAdvantage 基因轉殖鮭魚的敘述，下列何者錯誤？ (A) 是唯一供人類食用的基因轉殖動物　(B) 帶有帝王鮭的生長激素基因　(C) 生長激素基因讓原本需三年才長成的鮭魚，縮短成 16~18 個月　(D) 放養於大西洋海域　(E) 鮭魚在魚卵時都經過處理，是三套體 (triploid) 的母鮭魚，無法繁殖

二、問答題

1. 使用基因轉殖動物生產人類蛋白質有何優勢？
2. 目前基因轉殖動物的技術成熟發展至什麼樣的程度？
3. 自乳汁中純化轉殖基因的蛋白質產物有何優點？
4. 在動物量產基因轉殖蛋白質上，各種動物各有何優缺點？
5. 動物量產基因轉殖蛋白質與已發展多時的細胞株培養方式相比，有何優點？
6. 以 fibrinogen（纖維蛋白原）製造的繃帶有何優點？
7. 將動物量產的基因轉殖蛋白質應用在人體醫療用途時，要注意什麼？
8. 豬除了用在量產基因轉殖蛋白質之外，還有什麼其他醫療用途？
9. 異種器官移植面臨什麼樣的問題？
10. 以生物技術的發展為出發點，蜘蛛絲有什麼應用價值？
11. BELE 品種的奈及利亞羊在作為量產基因轉殖蛋白質動物上有何優點？
12. 雞的生孕過程和其他常用的基因轉殖動物有何不同？
13. 若要以豬作為異種器官移植的來源，要如何避免排斥現象？
14. 嚴重急性呼吸道症候群 (SARS) 的致病新病毒最有可能是如何產生的？
15. 魚類的基因轉殖技術有何優勢？目前實驗用的魚種主要為何？
16. 有關魚類基因轉殖的技術有哪些？其基因轉殖的主要目的何在？
17. 如何利用基因轉殖讓魚類快速生長，增大體型？
18. 將抗凍基因轉殖至魚群的目的為何？
19. 如何利用基因轉殖方式達到魚群抗病的效果？請舉例說明。
20. 如何利用中和的方式，阻止病毒進入細胞中？
21. 試舉一例說明目前較成功的醫療用蛋白質之製作方法。

解答：(1) C　(2) D　(3) D　(4) A　(5) D　(6) B　(7) D　(8) D　(9) D　(10) E　(11) B　(12) D　(13) B　(14) C　(15) D　(16) B　(17) E　(18) B　(19) E　(20) D

CHAPTER

12

複製動物
Animal Cloningd

BIOTECHNOLOGY

由於科學進步，在遺傳學的發展有了革命性的突破後，新的挑戰自然浮現：
既然人們可以不斷地大量製造相同的機器、書本、衣料及電腦等各式各樣的產品，為什麼不能以生物方式製造出遺傳訊息完全相同的生物個體？自然的生命發生現象太難預期、變化太大、費時太長。何不以人為方式大量複製產生相同的動物呢？如此一來，就不用擔心每隻高乳產量的乳牛後代是否仍能繼續維持相同的產量，肉質精良的畜類可以一再繁殖等。這樣的技術如果能夠研究成功，將來在合法的範圍內，甚至人體的器官組織都可以輕易複製，對於器官組織的移植等技術也極具有醫療價值。

為了這個目的，相關的研究發展約已有 40 年的歷史，科學家們不斷嘗試挑戰新的技術來製造生命，而複製一個完全相同的生命個體是許多實驗室的努力目標。

12-1
複製生物的歷史

　　在一世紀之前，科學家就發現植物及動物都有自然無性生殖的現象，例如細菌的分裂、酵母菌的出芽生殖及植物的營養繁殖（扦插、塊莖等）都屬於此種形式。在某些昆蟲或動物也有這種現象，如蚯蚓、海星可行無性繁殖，而蜜蜂可以產生單套基因體的後代等，稱為**孤雌生殖** (parthenogenesis) －即子代的遺傳物質完全來自母親的單套細胞。也有科學家成功地以人工化學方式刺激未受精卵，而使海膽等動物產生胚胎。

　　早在 1952 年，Broggs 及 King 成功地將青蛙受精卵 A 中的核置換成另一隻青蛙 B 的核，產生和核來源的青蛙 B 相同的後代，換言之，這隻青蛙 B 被成功地複製了。這個成功的例子，對複製技術的進展而言，是相當重要的里程碑，這項成就甚至早於 1953 年所發表的 DNA 雙螺旋結構。對於較困難的哺乳類動物的複製，約繼續經歷二十多年的時間才有基因轉殖動物的出現，許多與人類疾病相關的基因研究才得以在動物實驗中進行。1978 年，各方矚目的第一個試管嬰兒露意絲出生，更開啟了生殖醫學在生物複製發展上的一扇大門。1980 年中期，科學家們成功地從胚胎細胞複製出羊及牛，但都是來自受精卵的複製，遺傳物質仍來自雙親，而非完全複製母體。1990 年代中期之後，複製技術的進展才加快許多。桃莉羊在 1996 年誕生，直到 1997 年初才公開，其細胞來源是取自母體的乳房細胞。1998 年則從成鼠複製出小鼠，並能提供遺傳訊息完全相同的三代實驗鼠，對於實驗用鼠的利用價值上，相當有幫助。隨後，有許多不同單位的科學家們以不同的方式成功地製作出不同的複製動物。其中最成功的例子是在日本，以母牛的生物切片檢體複製出八頭牛，而且成功率達 80%。此外，尚有來自受精卵人工分裂而成的複製猴，雖然他的遺傳物質是來自受精卵，但卻是較有實驗價值的靈長類。

當人類複製這個課題正面臨倫理及道德的考量時，畜產動物的基因轉殖技術已有很大的進步，在應用價值上，基因轉殖動物可以成為製造生物醫療分子的工廠，而複製動物可以增加生產的整體品質，不但不需一再地進行基因轉殖，同時不必再從後代中篩選出遺傳到轉殖基因的個體。至今，第一個試管嬰兒已經成年，第一個複製動物桃莉羊則已過世，當這些都已經不再是新聞時，我們希望在這一章的介紹中，能讓各位瞭解與複製生物相關技術的進展（表 12-1）。

12-2
複製技術

↓ 一、核轉移技術

桃莉羊的複製流程如圖 12-1，在這個實驗中，科學家利用三種不同外觀的羊來區別桃莉羊的遺傳來源。桃莉羊的卵來源是黑臉羊 B 的未受精卵，其核已經先行去除，然後與白臉羊 A 的乳房細胞融合，將這個卵在體外培養成胚胎後，再送入代理孕母黑腳羊 C 的子宮中著床，產下的小羊即為白臉羊桃莉，顯見遺傳物質是來自白臉羊的乳房細胞。

桃莉羊的誕生回答了科學家們多年來的一個疑問：來自成熟個體已分化的動物細胞，他們的遺傳物質是否已經經過了某種不可逆的改變，才使得動物細胞無法像植物一樣重新發育成一個全新的個體？這個問題，在桃莉羊身上有了令人振奮的答案。只要能將成體細胞的遺傳物質送入未受精的胚胎中，一個全新的分化及發育過程即可展開。而桃莉羊公開時已經 7 個月大，顯示成體細胞的遺傳物質並未被改變，仍然可提供胚胎正常成長發育過程所需。而這項技術同樣能應用在其他的哺乳類動物，可見動物的分化是一序列基因表現的改變，以及細胞質中物質的變化與核之間的互動，而非遺傳物質的改變。然而桃莉羊的複製成功還有一個重要的關鍵點，就是提供核及細胞質的兩個細胞週期必須要同步化成 G0 靜止期階段。這個發現，在隨後其他動物的複製研究上，提供很大的幫助。

表 12-1　複製生物相關技術的進展

年份	進展
1938	Hans Spemann 開始進行核轉移實驗
1944	Oswald Avery 發現細胞中的遺傳訊息是由核酸所攜帶
1952	Robert Briggs 及 Thomas King 複製青蛙
1953	Watson 及 Crick 發現 DNA 的結構
1969	Shapiro 及 Beckwith 純化出第一個基因
1970	第一個限制酶被純化出
1972	Paul Berg 製作出第一個重組 DNA
1973	Cohen 及 Boyer 製作出第一個帶有重組 DNA 的生物
1976	Rudolf Jaenisch 將人類基因以顯微注射入老鼠的受精卵中，成功地製作出帶有人類基因的基因轉殖鼠，可將此轉殖基因遺傳至後代
1978	第一個人工受孕的試管嬰兒露意絲出生
1984	Steen Willadsen 成功地從胚胎細胞複製出羊
1986	Steen Willadsen 成功地從胚胎的分化細胞複製出水牛，同時，Neal First、Prather 及 Eyestone 從胚胎細胞複製出乳牛，這些從胚胎細胞複製出的羊及牛，如同多胞胎的原理
1995	Ian. Wilmut 及 Campbell 從成羊的已分化細胞培養出複製羊
1996	第一個完全複製自成羊母體的桃莉 (Dolly) 羊誕生
1997	Ian Wilmut 及 Campbell 又製造出帶有人類轉殖基因的複製羊 Polly
1997	Donald Wolf 複製出兩隻印度恆猴
1998	夏威夷大學的 Teruhiko Wakayama 發展出所謂的 Honolulu 技術，可以利用成體細胞製作出三代完全相同的複製鼠
1999	取自 21 歲的公牛細胞複製成功，這是最老的複製來源
2000	以不同於羊及牛的複製技術，利用胚胎分裂技術複製的印度恆河猴 "Tetra" 誕生。從成體細胞成功地複製豬
2002	從成體細胞成功地複製兔、貓
2003	桃莉羊過世，複製馬成功
2004	複製牛再複製成功
2005	複製狗成功

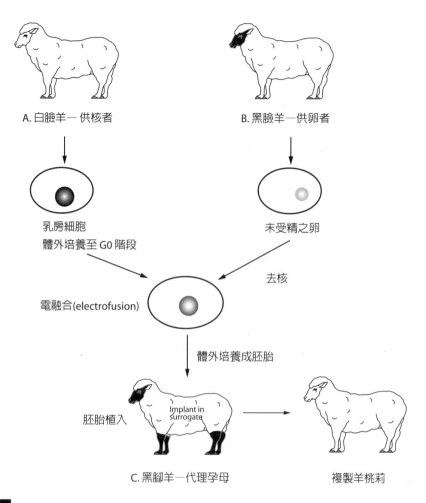

A. 白臉羊—供核者　　　　　B. 黑臉羊—供卵者

乳房細胞
體外培養至 G0 階段　　　　未受精之卵

去核

電融合(electrofusion)

體外培養成胚胎

胚胎植入　Implant in surrogate

C. 黑腳羊—代理孕母　　　　複製羊桃莉

圖 12-1 **利用核轉移技術產生之複製羊**

複製羊桃莉的核來源是取材羊乳房細胞，在體外培養後，將其與另一羊之去核未受精卵融合，
然後將細胞培養成胚胎，植入代理孕母之子宮中，生下來的小羊即為核來源之複製羊。

　　對畜牧業而言，複製技術的成功可以將乳產量高的抗病動物直
接複製，不必經由交配後再篩選具有此一性狀的後代，也省去找出
負責這些功能的基因之研究工作。當然，太多的複製族群，也可能
提高近親交配而產生不良後代的風險。但若是用作為生物工廠，產
生大量醫療用的轉殖蛋白質，這種技術仍是十分有價值的。

　　除了商業的應用價值，對於科學研究而言，產生遺傳物質完全
相同的動物，有助於實驗研究的進行，在許多實驗中，可以當成同
卵多胞胎個體來研究，以分析各種不同的處理組及對照組。實驗室
最常用的小鼠胚胎幾乎在一受精之後，立即會進行細胞分裂，而羊

則是在受精數小時之後才開始分裂，因此小鼠一直是被認為很難進行複製的動物。在 1998 年，夏威夷大學的 Teruhiko Wakayama 發展出所謂的 Honolulu 技術，可以利用成體細胞製作出三代完全相同的複製鼠。他們利用原本就停在 G0 階段的**卵丘 (cumulus)** 細胞提供核來源，如圖 12-2，即可達成目的。

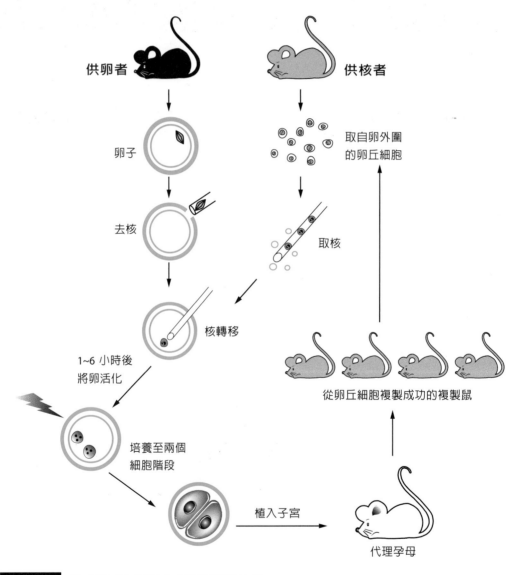

圖 12-2　從成鼠細胞複製成功的複製鼠技術

複製鼠的核來源是卵外圍的卵丘細胞，這些細胞有 90% 均在 G0 階段，將其核取出，轉移至已去核的卵子中，再將此卵子以體外培養將卵活化，卵子就可如受精卵一般發育成胚胎，培養至兩個細胞階段後即可植入代理孕母的子宮，出生後的幼鼠具有與卵丘細胞相同的遺傳物質，即為複製鼠，並可以此法繼續繁殖出更多遺傳性質完全相同的複製鼠，供實驗之用。

二、胚胎分裂技術

　　供實驗用途的動物不一定要從成體細胞複製。在 2000 年發表的印度恆河猴 Tetra，顯示早期的哺乳類胚胎在分裂為 8 個細胞時，以人為方式分裂之後產生的多個細胞團，仍可以再分化成新的胚胎（如圖 12-3）。如此一來，這些胚胎如同多胞胎，不只是細胞核相同，連同細胞質也相同，對於實驗的設計、結論及精密度都有相當大的幫助，是極佳的實驗材料，可以利用完全相同的動物，設計各種不同處理因子對照的實驗組，對於許多醫療研究十分有用。不同於牛羊的商業價值，猴子及老鼠的複製主要目的都是為了進行研究之用。雖然這不是第一個複製成功的猴子，卻是第一個利用分裂的胚胎重新分化而來的猴子，比起以成猴細胞複製更具有相當大的重要意義。

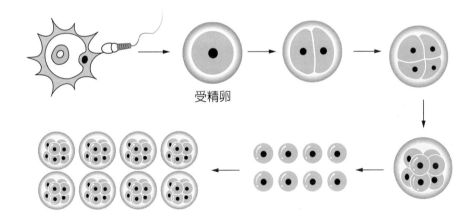

受精卵

圖 12-3 **胚胎分裂技術**

受精卵在長至 8 個細胞的時期，可將此 8 個細胞分開，由於這個階段的細胞仍未分化，可以再讓其重新分裂，分化長成胚胎，由這些胚胎長成的動物有如同卵多胞胎的性質，具有相同的遺傳物質，在實驗動物的應用上，十分有用。

三、基因轉殖動物的複製

　　在桃莉羊之後，有目的的動物複製也開始進行。Polly 即是一個代表，她的製作方式是先將人類的凝血因子基因送入羊的纖維細胞核中，再將這個核轉移至另一個已去核的卵子中，然後培養成胚胎，再著床於代理孕母體中，產生的小羊即為 Polly。她的遺傳物質是來自纖維細胞，而且還帶有轉殖的基因。這項技術也突破傳統製作基因轉殖動物的方式，提高轉殖成功率，克服過去將基因轉殖至受精卵中，待動物出生後才能鑑定基因轉殖成功與否的低機率。這種技術，可以讓醫療用途的基因在哺乳類動物乳汁中表現，隨著泌乳即可源源不絕地分泌大量醫療用蛋白質，這樣的生產方式可以用 "生物工廠" 來稱呼，再加上生產的蛋白質多為醫療用途，又有人稱牠們為 "醫療動物"。

四、其他複製動物

　　科學家們除了對實驗室的動物的複製有興趣之外，對於人類醫療用途具有價值的哺乳類動物也陸續複製成功，例如牛、豬、山羊等都已經有成熟的複製技術，在後面的章節會有較詳細的介紹。在科學家們不斷嘗試各種可能時，第一隻寵物貓 (copy cat) 已於 2001 年底複製成功，且經過 DNA 的驗證，其確實是複製而來，但她的花色及性情均與原來的貓不同，顯示複製技術雖然可以成功地複製出動物，卻無法製作出一個完完全全相同的動物，目前這個觀念也已被接受。之後狗及兔子也陸續複製成功，在市場上也同時出現為人複製寵物的服務。雖然這項技術尚未成熟，已有越來越多的主人開始保存他們的寵物基因體或冷凍精子，以便隨時可以進行複製，其中也有所謂的犬精子銀行的成立，特別是為了一些展覽或比賽犬服務。此外馬匹也有成功的例子，此對於優良賽馬的保存，也有相當的用途。

12-3
複製動物的問題

　　在 1999 年，桃莉羊 3 歲時，科學家們發現她的 DNA 有細胞老化的特徵，如同已 6 歲的核來源母親，這個現象是因為複製來源是較老的細胞，隨後在其他的複製動物身上也發現這種問題。在

1999 年，自 21 歲的公牛"機會"取出的細胞，也成功地複製出"第二機會"的公牛，這是第一個成功的公牛，也是複製來源最老的動物。在複製成功之後沒多久，機會即死亡。"第二機會"是否能繼續延續"機會"的生命成為各方的焦點。由於科學家已知細胞在分裂之後，DNA 的末端會有缺失，**端粒酶** (telomerase) 是負責修補 DNA 末端的重要酵素，細胞分裂越多次，端粒酶的活性越差，因此細胞每分裂一次，DNA 的末端就少了一些，導致越老的細胞其 DNA 的末端越短。

在 2000 年時，科學家發現重新複製的牛可以讓 DNA 末端的長度回復更年輕的狀況，可能是因為核的材料不同，在這組實驗中的核是取自胎牛的細胞，於體外培養，即使經過不斷的複製，等到細胞處於"老化"的狀況，才將核轉移至去核的胚胎中，仍可以形成遺傳物質很年輕的胚胎。相較於桃莉羊的遺傳物質顯示她的基因年紀遠大於她的實際年紀，複製牛能將遺傳物質年輕化的事實，在科學上的意義可能是"返老還童"在將來可望成真。人類可能可以汰換老化的器官及組織。

但在 2002 年對於這個現象又有了新的發現，複製牛的低存活率可能因為正常的雌性哺乳類的兩條 X 染色體中的一條是靜默的，基因並不會表現，而母複製牛的 X 染色體上的基因表現 90% 均不正常，顯現兩條 X 染色體的狀態有錯亂的現象，因而影響胚胎發育及存活。

在複製羊桃莉誕生 8 年之後，無論核取自胚體或成體之核轉移技術已經廣泛應用到多種哺乳類動物，這些複製動物帶有各種基因改變，如剔除或是外加基因等，但存活率仍然偏低，且許多後代都有缺陷，雖然存活者都是十分正常的。研究顯示，核轉移產生的胚胎胎兒及胎盤之基因表現多有明顯異常的現象，這說明複製動物失敗的主要原因是整個發育過程無法提供一個讓核 **"重新調整"** (reprogramming) 的環境，也就是說轉移的核無法調整成受精卵的起始狀態，並不是指 DNA 序列的不同，可能是染色體或核結構的各種修飾改變某些基因的狀態，這些修飾包括 DNA 的 **甲基化**

(methylation)、組蛋白的甲基化 (methylation)、**乙醯化 (acetylation)** 及磷酸化等。目前許多複製成功的動物都被證實可以再複製,或是正常繁衍下一代,其代表此技術可以克服這類問題,這些現象也被用來作為移置著床前篩選良好胚胎的一些指標,以提高存活率及成功率。

12-4
複製人的議題

1998 年成功培養出人類的胚胎幹細胞 (embryonic stem cell),並不斷地有報告顯示其可以被培養成各種不同的細胞種類,這也符合幹細胞具有全能發展 (totipotential) 的能力。然而,儘管幹細胞的功能極為重要,對人類的疾病治療上可能極具有潛力,但因其取自人類胚胎的幹細胞,所以在進行研究發展上仍舊爭議頗大。因此許多科學家也希望能從成體細胞中分離出成體的幹細胞。

複製人的製作更是面臨極大的倫理及道德的考驗,在大多數的國家均被嚴格禁止研究。1998 年聯合國大會通過了禁止複製人類胚胎的決議,包括科學研究及應用等範圍,因為不只是道德人權問題,一旦出生的嬰兒如實驗的複製動物一般具有各種缺陷,所引發的問題則更具爭議性。歐洲除了英國及德國,有 19 個國家也簽署類似的協定。儘管如此,生殖醫學不斷進步,有一些醫師及科學家正偷偷嘗試進行複製人的實驗。根據這些研究所公布的技術,是採用核轉移的技術,將被複製的核換入另一個卵子之中,如圖 12-4。

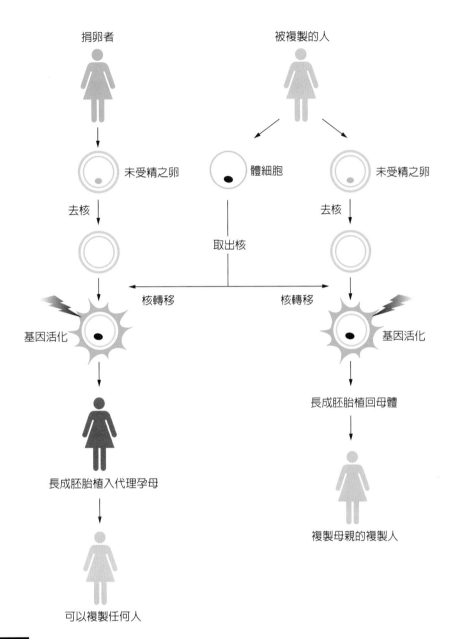

圖 12-4　複製人的可能製作途徑

理論上利用核轉移的技術可複製出任何人，更可由被複製的母親完全提供核及卵子且將胚胎植回，即可產生與母親完全相同的複製人。

12-5 臺灣在複製動物研究的進展

近幾年來臺灣在生物生殖技術的進展和世界的腳步十分接近。畜產試驗所及臺大動物科技研究所合作進行家畜體細胞複製的研究工作。臺灣動物科技研究所（原養豬科學研究所）也與臺大醫院合作致力於進行豬隻的基因轉殖研究，都有不錯的成果。

一、體細胞複製牛 "畜寶"

1999 年農委會畜產試驗所開始進行乳牛複製的研究。前面已提及，由於牛隻的基因轉殖較困難，牛的複製成功率也較低，這項技術的難度極高。複製乳牛胚胎供核細胞的來源可分為二種：一為未分化之胚細胞，是將受精卵培養至桑椹期後，去除透明帶，所得到的每一胚葉細胞均可成為供核細胞；另一類供核細胞的來源是已分化之成體細胞，種類很多，例如：卵丘細胞、胎兒纖維母細胞、皮膚細胞、耳朵細胞及乳腺上皮細胞等。這項計畫即是以卵丘細胞為供核來源，這種細胞原本就停留在 G0 期，母牛之懷孕率達 13.1%，與日本的 18% 懷孕率相當。2001 年 9 月成功以剖腹產誕生第一頭複製牛 "畜寶"。雖然 "畜寶" 只存活了 6 天，但這項成果確實為我國畜產人工生殖科技之一大進展。

二、牛耳細胞複製乳牛家族 "如意"

畜產人工生殖科技真正的成功案例為 "如意" 家族，這是農委會畜產試驗所與臺大動物科技研究所合作繁殖成功的複製乳牛家族，分別命名為如意二號至五號，牠們均是複製自一隻叫作 921 的乳牛之耳細胞，誕生於 2003 年年底至 2004 年年初之間。有趣的是牠們的額頭花紋幾乎一模一樣，身體上的花紋也極類似。其中的如意三號在複製胚體期間，經過了低溫快速冷凍保存，帶回臺灣之後才解凍培養並移置成功，是全球首例。而低溫冷凍胚胎著床成功率達 12.5%，代表此技術已成熟邁向商業化之可能。

三、雙胞胎複製羊"寶吉"及"寶祥"

2002 年 10 月公開的雙胞胎複製羊"寶吉"及"寶祥"是農委會較引人注目的另一成果，這是以臺東種畜繁殖場提供的阿爾拜因乳羊的耳細胞為核來源的複製羊。阿爾拜因乳羊是在阿爾卑斯山育成，對環境適應性強，小羊之育成率亦較高。此外阿爾拜因也是臺灣最受牧羊業歡迎的品種，是近十年來國內種羊進口數量增加最多之主要羊種，即使是不產乳的小公羊也有較佳的肉用價值。2001 年 9 月，研究人員將耳細胞以缺養分的培養液處理，讓細胞處於饑餓狀態而走出細胞週期，回復到 G0（靜止）階段，然後以核轉移技術將核轉置於去核的羊卵細胞中，再以電融合及激化處理，可同樣誘發受精後所產生的重新分化過程，於隔天進行胚胎移植。製作方式參考圖 12-5 之例子，這是繼複製牛之後，草食動物體細胞複製研究之重要突破。而寶祥也證實可以正常產生下一代。

四、基因轉殖複製羊"寶鈺"

2004 年農委會畜產試驗所與臺大動物科技研究所利用基因轉殖體細胞核，再經核轉移而產生的複製羊"寶鈺"亦成為第一隻基因轉殖複製羊。其所攜帶的轉殖基因為人類第八凝血因子，可用於治療血友病。轉殖基因的設計是讓羊乳分泌此蛋白質，進而純化。在 2005 年證實"寶鈺"所產生的後代"寶貝"亦攜帶此基因，顯示基因轉殖複製羊可以正常繁殖後代，對於量化生產醫療用蛋白質又成功向前邁了一大步。

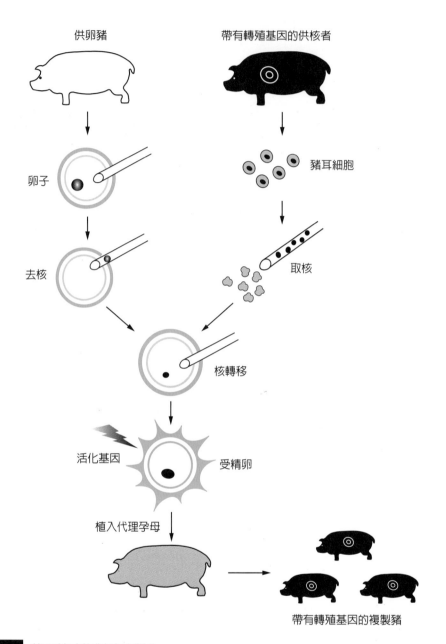

供卵豬

帶有轉殖基因的供核者

卵子

豬耳細胞

去核

取核

核轉移

活化基因

受精卵

植入代理孕母

帶有轉殖基因的複製豬

圖 12-5   **基因轉殖複製豬的製作**

以基因轉殖豬的豬耳細胞為核來源,將核轉移至已去核的卵子中,再經由基因活化的步驟,培養後植入代理孕母子宮中,即有能力繼續發育成胚胎,出生後的小豬就是帶有轉殖基因的複製豬。

⬇ 五、雙基因轉殖複製豬 "酷比"

這是臺灣動物科技研究所與臺大醫院合作成功培育出的雙基因轉殖複製豬三胞胎，為全球第一胎雙基因轉殖複製豬。牠們同時具有乳鐵蛋白及人類第九凝血因子雙基因，可從分泌的乳汁中獲得這兩項產物。牠們的核來源是經由兩種基因轉殖豬交配而得到的第一隻雙基因轉殖母豬，於 2002 年年初誕生。酷比複製豬是由這隻母豬的耳朵體細胞作為供核者，再移置已去核的卵細胞進行核轉移，經處理後使胚體重新分化，然後置回同種母豬的輸卵管中。目前生下三胎共 4 隻複製豬，一隻死亡，其餘均已長大，分別叫酷比一、二及三號。乳鐵蛋白可吸附鐵離子，在腸道中形成靜菌作用，可以減少幼畜下痢，也可治療人類胃潰瘍。未來技術更成熟後，可以作為奶粉添加劑的來源，這對臺灣的養豬業及人類健康都有相當幫助。人類第九凝血因子則可治療血友病，必須由人血中純化，目前在乳汁中所測得的量為正常人血漿中含量的 40~100 倍，如果利用基因轉殖豬來生產人類第九凝血因子，只需 30 頭母豬就可以供應全世界每年 B 型血友病患者所需，醫療費用也可下降，對病人而言，實在是一大福音。

⬇ 六、抗排斥基因轉殖豬

前面提過豬的基因轉殖或剔除技術，最有價值的用途在於器官移植，而最重要的關鍵則是解決排斥問題。目前臺灣動物科技研究所已成功培養出七系帶有人類白血球表面抗原 HLA-II 及兩系帶有與 hDAF 基因轉殖豬的抗排斥基因轉殖豬，HLA-II 基因轉殖已證實可解決與 T 細胞相關的慢性排斥反應，而 hDAF 基因則可更進一步解決補體所引發的超急性排斥反應。研究人員並計劃將此兩種轉殖豬交配，以得到抗排斥雙基因轉殖豬。含有單一抗排斥基因的公豬、母豬交配，只有約 1/100 的機率會生下帶有雙重基因轉殖豬的下一代，但是這類豬隻的免疫反應已經改造，本身即已較為脆弱，抗排斥雙基因轉殖豬的存活能力則理應更差，因此後續的挑戰將更為艱鉅。關於這一部分，在國際間的實驗已可成功將帶有 hDAF 基因的豬隻心臟、腎臟移植至免疫抑制的狒狒及獼猴身上，可存活約 1~3 個月之間。此外，另有 hHO-1 轉殖基因豬可對血管內皮形成保護。經由配種之後，將來得到多重基因轉殖豬，再對其進行 1,3-GT 基因剔除，更有機會成為異種移植之器官來源。

臺灣的畜牧業以養豬為大宗，複製豬技術不但具有複製器官的發展潛力，更可以用豬乳來生產各類醫療用蛋白質。若是家畜的基因轉殖及複製技術都能日趨成熟，不僅可讓過去只提供肉品及乳品為主的傳統家畜產業升級，增加養豬的附加價值，同時更可創造具競爭力的醫療用蛋白質新興產業，因此在生物技術的應用發展上，的確是十分值得研究人員投入的一個新領域。同時，複製羊及複製牛的成功，並成功地繁衍後代，表示利用乳汁純化醫療蛋白質的可行性大大提高，雖然產品從純化、分析、定性到動物實驗，再通過人體試驗約需要 10~15 年的時間，但此技術的成功顯示國內的 "動物醫療工廠" 的發展是極具潛力的。這些研究成果多是由多個研究團隊如農委會畜產試驗所、臺大動物科技研究所、臺灣動物科技研究所以及中興大學、屏東科技大學等合作努力完成的，如果後續能有生物醫技產品研發團隊參與，更可加速其產品化之進展。

 問題及討論 Exercise

一、選擇題

1. 關於核轉移技術的敘述，下列何者錯誤？ (A) 將 A 的細胞核轉移至已去核的 B 受精卵中　(B) 在體外培養成胚胎後，再送入代理孕母 C 的子宮中著床 (C) 長成的個體遺傳物質來自 A　(D) 供核及細胞質的兩個細胞週期必須要同步化成 G1 階段　(E) 體遺傳物質與 C 無關

2. 關於胚胎分裂技術的敘述，下列何者錯誤？ (A) 早期的哺乳類胚胎在分裂為 8 個細胞時處理當　(B) 以人為方式分裂之後產生的多個細胞團　(C) 細胞團仍可以再分化成新的胚胎　(D) 這些胚胎如同異卵多胞胎　(E) 他們的細胞核相同，連細胞質也相同

3. 關於核轉移的技術及胚胎分裂技術的敘述，下列何者正確？(A) 核轉移的技術使用的細胞核仍屬胚胎來源 (B) 胚胎分裂技術的細胞核來自成體細胞仍屬胚胎來源 (C) 核轉移的技術使用的細胞質仍屬胚胎來源 (D) 胚胎分裂技術的細胞質和細胞核來源不同 (E) 以上皆非

4. 關於 DNA 的末端在細胞分裂時發生的變化，下列何者錯誤？(A) 細胞在分裂之後，DNA 的末端會有缺失 (B) 端粒酶 (telomerase) 是負責修補 DNA 末端的重要酵素 (C) 細胞分裂越多次，端粒酶的活性越差 (D) 細胞每分裂一次，DNA 的末端就少了一些 (E) 越老的細胞其 DNA 的末端越長

5. 複製動物失敗的主要原因是整個發育過程無法提供一個什麼樣的環境讓核「重新調整」(reprogramming)？(A) 調整成受精卵的起始狀態 (B) 調整成讓核基因活化狀態 (C) 調整成正常分裂狀態 (D) 調整成與細胞質同步狀態

6. 受精卵的起始狀態是指染色體或核結構的各種修飾，改變某些基因的狀態，這些修飾不包括：(A) DNA 的甲基化 (methylation) (B) 組蛋白的乙醯化 (acetylation) (C) 甲基化 (methylation) (D) 磷酸化 (E) 乙基化 (ethylation)

7. 複製乳牛胚胎供核細胞的來源不包括？(A) 未分化之胚細胞 (B) 精細胞 (C) 卵丘細胞 (D) 胎兒纖維母細胞 (E) 皮膚細胞

8. 以已分化之成體細胞作供核細胞的來源不包括？(A) 卵丘細胞 (B) 胎兒纖維母細胞 (C) 皮膚細胞 (D) 耳朵細胞 (E) 肝細胞

9. 如何讓細胞進入 G0 靜止期階段？(A) 以缺養分的培養液處理，讓細胞處於饑餓狀態 (B) 加入抑制細胞分裂的抑制劑 (C) 低溫冷凍 (D) 與 G0 細胞融合

10. 動物轉殖基因之人類第八號凝血因子，可治何種疾病？(A) 貧血 (B) 血友病 (C) 蠶豆症 (D) 排斥反應 (E) 以上皆非

11. 對於實驗動物而言，何者非複製的目的？(A) 當成同卵多胞胎個體來研究 (B) 分析各種不同的處理組 (C) 篩選優良品種 (D) 有價值的對照組 (E) 以上皆是

12. 複製動物最常以卵丘細胞為供核來源，因為這種細胞有何特性？(A) 最接近卵子特性 (B) 原本就停留在 G0 期 (C) 細胞最容易取得 (D) 細胞尚未分化 (E) 以上皆非

13. 複製動物供核及細胞質的兩個細胞週期必須要同步化成什麼階段？(A)G1 (B)G2 (C)G0 (D)M1 (E)M2

14. 下列何種動物尚未成功製出複製體？(A) 狗 (B) 馬 (C) 貓 (D) 熊 (E) 羊

二、問答題

1. 何謂核轉移技術？

2. 以核轉移的技術或胚胎分裂技術得到的動物有何差別？

3. 請敘述桃莉羊的製作過程，您認為最重要的關鍵有哪些？

4. 對於實驗動物而言，複製最大的目的是什麼？

5. 如何可以連續得到多代遺傳物質相同的複製鼠？

6. 以胚胎分裂技術得到的複製猴有何重大意義？

7. 複製動物常出現提早老化現象，其可能是何原因？

8. 台灣目前關於家畜類的複製動物研究有何重要成果？

9. 目前台灣發展的抗排斥基因轉殖豬有何進展？

10. 複製牛畜寶、複製羊寶吉及寶祥的核的供應源各為何種細胞？

11. 目前已複製成功的哺乳類動物有哪些？

12. 複製動物失敗的主要原因是什麼？

13. 複製成功的哺乳類動物可以正常繁衍後代所代表的意義為何？

14. 複製胚胎的核部分會重新調整，指的是什麼樣的改變？

15. 如何讓細胞進入 G0 靜止期階段？

解答：（1）D （2）D （3）C （4）E （5）A （6）E （7）B （8）E （9）A （10）B
（11）C （12）B （13）C （14）D

13

幹細胞
Stem Cell

BIOTECHNOLOGY

自1998 年美國威斯康辛大學與約翰霍浦金斯醫學中心成功地培養出人類胚胎幹細胞（embryonic stem cell，簡稱 ESC）後，有關幹細胞 (stem cell) 的報導與研究便成了舉世注目的焦點。不僅限於胚胎幹細胞，人體由超過 220 種不同功能的細胞所組成，目前科學家已經找到能夠使幹細胞分化成血液、大腦、心臟、神經細胞或骨頭等超過 100 多種人類細胞的方式與條件，這些研究成果讓更多人對於幹細胞在未來醫學領域的貢獻懷抱著高度的期待。近年來對於幹細胞之研究，讓我們對於發育、形態及掌控器官組織之形成、維持、再生及傷後之修復等機制有更多的認識。同時對於胎兒、羊膜、臍帶血及成體幹細胞之基礎或臨床研究之成果，提供了多樣具有醫療用途的細胞種類及來源。研究顯示，幹細胞可經由刺激增生分化出具有功能之特化性細胞，再重新分佈到組織中，讓受傷組織出現再生的現象，此即是幹細胞原本在生物體內所扮演的角色及功能。在醫療上，這種特性可用來治療疾病及退化性病變，進而推動再生醫學及癌症治療科學之成形。

13-1 何謂幹細胞

一、幹細胞的基本特性

從細胞功能性來定義幹細胞，指的是處在細胞生物發育較早期的原始階段，具有自我更新 (self-renew) 能力，同時亦可分化 (differentiation) 成各種特定功能組織的細胞。一旦幹細胞分化成不同種類的**前驅細胞 (progenitor cell)** 後，這些具備特殊性的細胞就能夠進行更進一步的發育，成為特定品系的成熟功能細胞。依照幹細胞分化能力限制性的不同，又可大致區分為完整潛能性幹細胞和多元潛能性幹細胞。

1. **完整潛能性幹細胞 (Totipotent stem cell)**：Totipotent 這個字具有 "完全能力" 之意；totipotent stem cell 係指擁有自一個單細胞發育成一個完整生物個體的幹細胞，即精、卵結合後，受精卵 (zygote) 在細胞融合後會進行細胞分裂，當分裂進行至 8 個細胞時，將此時期任一個細胞單獨放入成熟雌體子宮內，均可發育成為單獨且完整的個體，具有此種能力的細胞即稱之（以圖 13-1 說明胚胎發育的過程）。人類受精卵發育成完整潛能性幹細胞的時期大約維持 4 天，之後，便進一步發育形成特殊分化細胞之原始**囊胚 (blastocyst)**。

2. **多元潛能性幹細胞 (Pluripotent stem cell)**：Pluripotent 這個字乃指具有能力但非完全之意。在囊胚時期，經過進一步分化後的細胞可大致區分成外層扁平的滋養層細胞 (trophoblast) 及內層的**內細胞質團（inner cell mass，簡稱 ICM）**。滋養層細胞將來和子宮壁結合發育成為胎盤及其他支撐組織，以備胚胎在子宮內發育之所需。內細胞質團的細胞則擁有進一步發育成為組織和器官的能力，但若將此時期的細胞單獨放入雌體子宮內，

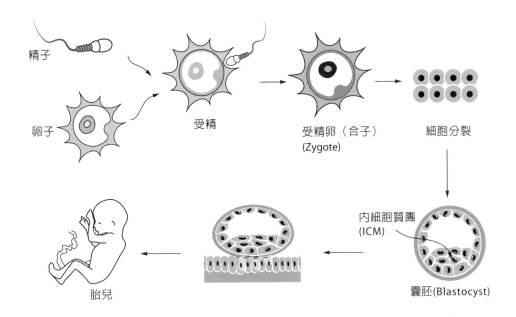

精子

卵子

受精

受精卵（合子）
(Zygote)

細胞分裂

內細胞質團
(ICM)

胎兒

囊胚(Blastocyst)

圖 13-1 胚胎發育的過程

精子、卵子結合後，受精卵在細胞融合後會進行細胞分裂，當分裂進行至 8 個細胞的時候，將此時期任一細胞單獨放入成熟雌體子宮內，均可發育成為單獨且完整的個體。細胞繼續分裂會形成具有外層扁平的滋養層細胞 (trophoblast) 以及內層的內細胞質團 (inner cell mass) 之特殊囊胚 (blastocyst) 構造。胚胎結構進一步著床並持續發育，最後形成胎兒。

則不能發育成為完整的生物體，且不具完整潛能性幹細胞的特性，故又稱這些能夠發育成為特定組織或器官的細胞為豐富潛能性幹細胞。如自 ICM 取出細胞後在體外培養的胚胎幹細胞 (ESC) 便屬於此類。

二、幹細胞來源

幹細胞在生命體由胚胎發育到成熟個體的過程中是最重要的原始細胞，但即使在個體發育成熟之後，幹細胞仍然普遍存在生命體內以擔負各組織或器官的細胞更新及受傷修復的功能。根據個體發育過程細胞出現的先後次序和分佈的不同，幹細胞又可以分為胚胎幹細胞和成體幹細胞兩大類，細分成下列說明：

1. **胚胎幹細胞：**出現在胚胎發育早期囊胚的內層中，具有繼續分化形成特定各種不同類型豐富潛能幹細胞的能力。將小鼠胚胎幹細胞分離出來後在體外操作培養，可以分化成神經細胞、造血幹細胞、心肌細胞等型態（參考表 13-1），且這些胚胎幹細胞還擁有發育成某些原始胚胎結構的能力。

2. **胚體相關來源：**除了胚胎幹細胞之外，來自胚胎組織的相關幹細胞包括**羊膜上皮細胞**（amniotic epithelial cell，**簡稱 AEC**）、羊膜間葉幹細胞、胎盤及臍帶血等，同樣具有分化能力。然而只有來自胚胎的胚胎幹細胞 (ESC) 及羊膜上皮細胞具有高度的**完整潛能性分化能力** (totipotential)，可以分化出**內胚層** (endoderm)、**中胚層** (mesoderm) 及**外胚層** (ectoderm) 的各種細胞來源。至於來自胎兒組織、胎盤及臍帶血等的幹細胞，就只能分化成某些限定的細胞，在性質上仍歸屬於成體幹細胞。

3. **成體幹細胞：**早期成體幹細胞的定位和能力不如胚胎幹細胞被大多數人所認可。當時認為各組織所發現的不同種類之豐富潛能性幹細胞只能繼續分化成該特定組織功能相關的晚期細胞，且無法在成人組織中找到各種不同類型幹細胞的存在。然而近年來發現，成人的組織也都具有自我更新之能力，並具有分化出多種細胞類型後代的多元分化潛力之幹細胞。大多數的成人組織及器官中都有特定的**利基** (nich) 可以提供特定的幹細胞生長的環境，包括骨髓、心臟、腦、肥胖細胞、肌肉、皮膚、眼睛、腎臟、肺、肝、腸道組織、胰臟、乳房、卵巢、前列腺及睪丸等組織。研究顯示某些來源的成體幹細胞具有較廣泛的分化能力，如骨髓來源即具有較廣的分化潛力，同時可經由血液循環移動到身體其他組織器官，被視為較佳的幹細胞來源，在人體受傷修復的功能上扮演相當重要的角色。即使成體幹細胞之可塑性不如胚胎來源的幹細胞，但在來源的取得上，較不具道德爭議，同時更具有自體來源可能的優勢，因此近年來吸引更多的實驗室投入研究。

這些幹細胞經由刺激生長後，無論是在試管內 (*in vitro*)、**體外** (*ex vivo*) 或體內 (*in vivo*)，在特定的培養條件下，經特定的生長激素或細胞素 (cytokines) 處理，即可以分化成某些特定的細胞種類。一般實驗室培養時，最常利用的方法是加上供給層細胞 (feeder layer)，如**基質細胞** (stromal cell) 及羊膜上皮細胞。下一節即針對幹細胞的分離及取得方式分別做介紹。

13-1　胚胎幹細胞 (ESC)、胎兒組織及臍帶血 (UCB) 幹細胞分化與其應用範圍

幹細胞種類的來源	分化成的細胞種類	適用疾病及病變
ESC，UCB，胎兒組織	造血細胞	血液及免疫病變，自體免疫疾病，再生不良性貧血，癌症
ESC，UCB，胎兒肝臟內皮前驅細胞，羊膜間葉幹細胞	內皮細胞	缺血性心臟病變
ESC，UCB 間葉幹細胞，胎兒間葉幹細胞，羊膜上皮細胞	造骨細胞，軟骨細胞，肥胖細胞，肌細胞	骨質疏鬆症，成骨不全症，軟骨病變，骨關節炎，肌肉病變，骨骼缺陷
ESC，羊膜上皮細胞，UCB 間葉幹細胞（CD133⁺ 細胞）	心肌細胞	心臟病變
ESC，UCB 多效前驅細胞，胎兒神經幹細胞	神經，多巴胺神經 (dopaminergic neuron)，星狀細胞 (astrocyte)，寡突細胞 (oligodentrocyte)	神經系統病變，巴金森氏病，神經髓鞘 (myelin) 病變
ESC，胎兒肺細胞	肺細胞	肺病變
ESC，胎兒肝細胞，羊膜上皮細胞，UCB	肝細胞	肝病變
ESC，胎兒胰臟細胞，UCB 羊膜上皮細胞，胎盤多效幹細胞	胰島素製造 β 細胞	第一及第二型糖尿病
ESC，胎兒神經幹細胞	角膜神經細胞，角膜細胞	角膜病變
ESC，胎兒組織，羊膜上皮細胞	皮膚細胞	皮膚及毛髮病變

13-2 胚胎幹細胞的分離及其潛力

⬇ 一、胚胎幹細胞的特徵

目前已經有數個來自於囊胚內質細胞的胚胎幹細胞株，儘管它們在分化能力或潛力上有些許不同，但都具有生化上的共同特徵，即表現**端粒酶 (telomerase)** 活性、一些生化特徵（如表現 CD9、CD24、Oct-4、Nanog 等）及一些特定階段性胚胎幹細胞抗原，此皆是用來鑑別胚胎幹細胞的標記。

⬇ 二、胚胎幹細胞的取得

目前獲得人類胚胎幹細胞的方式約略可分為以下幾種：

1. **自囊胚期細胞群中分離：**1998 年，美國威斯康辛大學醫學中心 Dr. Thosmson 的研究小組在取得不孕症患者夫婦同意後，由接受**體外受精（*in vitro* fertilization，簡稱 IVF）**（見圖 13-2(a)）所殘留胚胎的內細胞質團中分離培養出 5 株多元潛能性幹細胞。這些細胞株除了具有正常的染色體、能高度表現端粒酶的活性及某些和幹細胞相關的表面標誌之外，還可以進行分化形成外胚層、中胚層和內胚層的組織。

圖 13-2 以體外受精或體細胞核轉移的方式獲得胚胎幹細胞

ⓐ 體外受精 (*in vitro* fertilization) 法：將精子與卵子分別自體內取出後，在體外培養使之受精。受精卵進一步進行細胞分裂與分化形成囊胚結構後，將囊胚中內細胞質團的細胞取出作體外培養，此即為具豐富潛能性的胚胎幹細胞 (embryonic stem cells)。這些 ES 細胞進一步在體外培養後可繼續分化成具特殊功能的組織與細胞。

ⓑ 體細胞核轉移技術 (somatic cell nuclear transfer)：以微吸管操作將從捐贈者所分離出之體細胞核送入去核卵細胞內使二者進行融合 (fusion)。將融合細胞在體外培養進一步發育成囊胚組織後，取出囊胚內細胞質團的細胞進行分化，便可獲得不同型態與功能的組織細胞。

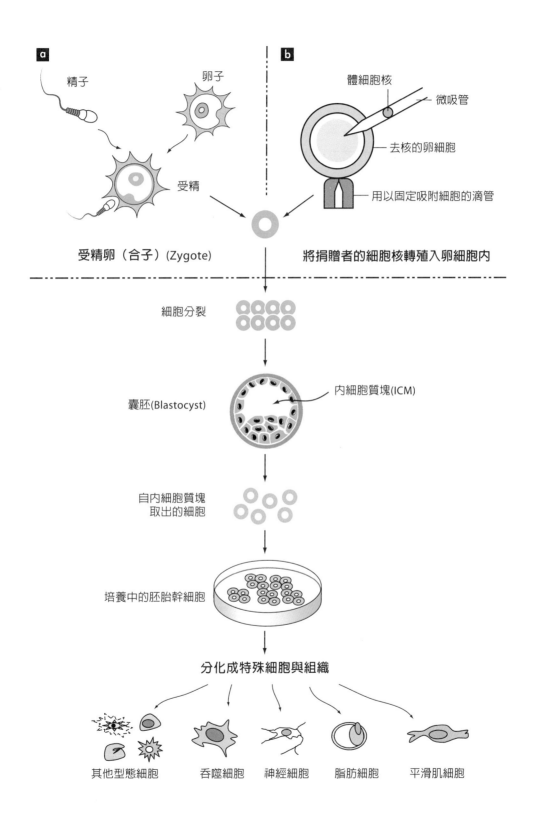

2. **自胎兒組織中分離**：1998 年，約翰霍浦金斯醫學中心 Dr. Gearhart 從妊娠終止流產的胚胎內取出卵巢或睪丸組織，並分離出**原始生殖細胞**（primordial germ cells，**簡稱 PGC**）後，培養而成。美國政府對於從胎兒組織中取得幹細胞的研究認為有其支持的合法性。雖然 Dr. Thosmson 和 Dr. Gearhart 兩個實驗室取得胚胎的方式不相同，但所培養出來的幹細胞特性是極為相似的。

3. **利用體細胞核轉移技術**（Somatic cell nuclear transfer，**簡稱 SCNT**）：以圖 13-2(b) 說明此技術。將卵細胞的細胞核移除成為**去核卵細胞** (enucleated oocyte) 後，再與捐贈者體細胞所分離出之細胞核進行融合，進一步使該融合細胞繼續發育成為囊胚，取出其內細胞質團細胞，此法亦可取得豐富潛能性幹細胞。

　　若在培養成囊胚後植入假懷孕婦女的子宮內，所生下的個體即與該提供體細胞的人擁有相同的基因體成分，這便是目前引發許多道德性爭議的複製人可能的製作過程。理論上來說，SCNT 可以產生與捐贈者基因物質一樣的個體，但去核卵細胞之細胞質內存有的 RNA、蛋白質、甚至是粒線體 DNA，這些物質對該融合細胞將來所發育而成的個體影響為何，目前仍不清楚。再者，因為體細胞已較胚胎幹細胞分裂次數多，核轉移技術所產生的個體生命週期可能因此減少，使這些生物體會面臨到提早衰老或生命期縮短的情形。日前桃莉羊去世的消息便引起科學家對這類問題的討論。這顯示，我們需要對這些操作的技術有更多的掌握與瞭解，才能更安全無虞的使用它們。

⬇ 三、胚胎幹細胞在臨床使用上的困難

　　就基因療法或複製的角度來說，胚胎或胎兒的幹細胞屬於發育過程階段較原始的未分化細胞，和成體幹細胞相較下，其不曾暴露於不良環境或發育過程的變異中，受到感染或疾病影響的機率較少，且這類幹細胞被誘導成各類細胞的可塑性和活力是最高的。由胚胎所獲得的幹細胞的純度和數目也遠較成體幹細胞體外培養的效

果高。因此從科學的角度來看，胚胎應該是較理想的原始幹細胞來源。對於再生醫療所需的大量移植細胞而言，胚胎幹細胞很容易經由培養分化及繁殖產生足夠的細胞量供移植之用。不論使用的目的為何，製造出多餘卻不正常的胚胎仍是科學操作上不可避免的，因此是否一定要使用此方式來操作，仍值得我們多加省思。此外，利用胚胎幹細胞分化而來的細胞在臨床使用上有著一些困難：

1. **免疫排斥**：接受來自於異體的細胞，接受者將會產生排斥現象。

2. **畸胎瘤 (Tetratoma)**：雖然胚胎幹細胞能分化成不同類型的組織細胞，但此分化是「非定位性」的，很容易導致畸胎瘤的發生。這種具有三個胚層的異常組織，甚至有發展成**畸胎瘤癌 (tetratocarcinoma)** 的可能性。事實上，實驗已證實有嚴重免疫缺陷的小鼠在接受胚胎幹細胞後，確實有畸胎瘤或畸胎瘤癌之發生。為了避免這樣的風險存在，胚胎幹細胞分化出之後代細胞在移植前，必須確保已將未分化胚胎幹細胞完全去除。

四、胚胎幹細胞的使用規範

美國總統布希在 2001 年 8 月 9 日簽署幹細胞的研究法案，規定聯邦研究經費的使用，只限於當時存有的 60 幾株人體胚胎幹細胞，反對破壞新的胚胎以獲取幹細胞，並且堅決反對複製人，並邀學者成立相關委員會，頒布胚胎幹細胞之使用規範，綱領中明確界定幹細胞株的胚胎來源必須合乎三項準則，才能夠接受聯邦經費資助：

1. 胚胎捐贈者必須知情並且同意。

2. 必須是幫助懷孕過程中創造出的多餘胚胎。

3. 診所或實驗室沒有給捐贈者任何金錢誘因。

聯邦經費不得用於涉及下列情形的研究：

1. 從新近摧毀的胚胎中得到幹細胞株。

2. 為了研究目的而產生人類胚胎。

整個綱領中限制了胚胎的取得方式，也禁止交易行為。這份決策對胚胎相關議題有嚴格的規範，但對來自於骨髓、臍帶血等動物與成人的幹細胞研究則不在此限制，目前這些準則也廣為其他國家所認可。

13-3
胎兒及臍帶血幹細胞

⬇ 一、臍帶血幹細胞的來源

來自胚胎組織的相關幹細胞包括羊膜上皮細胞、羊膜間葉幹細胞、胎盤及臍帶血。早年對於臍帶血的使用是存疑的，認為其所含之幹細胞只有骨髓的十至二十分之一，作為移植來源，不足以在**骨髓清除 (myeloablated)** 之病人體內產生足夠的新生骨髓。自 1988 年，法國第一次以**臍帶血**（umbilical cord blood，**簡稱 UCB**）成功的替罹患再生不良貧血症 (aplastic anemia) 的 5 歲男童施行移植手術後，使得臍帶血幹細胞的研究與使用日益受到重視。事實上，臍帶血幹細胞由於來源容易、成本低廉、移植配對要求比自骨髓取得的幹細胞來的低，且其所含的幹細胞數目也遠較骨髓和血液來的高。相較於其他成體幹細胞，臍帶血中的幹細胞遺傳組織相對年輕，未受外在環境之影響或污染。同時，近年來的研究顯示，臍帶中除了可以分離出**髓間葉幹細胞**（mesenchymal stem cell，**簡稱 MSC**）與**造血幹細胞**（hematopoietic stem cell，**簡稱 HSC**）之外，還存有功能上更強大的幹細胞（表 13-1）。由於從臍帶血所獲得的 HSC 及 MSC，其體外增生的能力比從骨髓或血液取得的幹細胞要容易許多，且移植時所產生的宿主排斥現象也較小，因而可取代骨髓移植，以此方式取得的細胞並不引發胚胎使用的爭議，此乃近幾年臍帶血幹細胞受矚目的原因。

新生兒之臍帶血中充滿造血幹細胞，其不同於胚胎幹細胞之完整分化潛能，僅具多元分化潛能。但因臍帶血中的幹細胞具有兩大特性，使得其具有移植優勢：

1. 臍帶血中的白血球不具免疫力，為 T 細胞之原型，因此對於異體移植時之組織抗原配對的要求較低。

2. 臍帶血中之造血幹細胞之分化能力比骨髓高，因此需要的細胞數量不多，如一個初生新生兒的臍帶血含量約 50~100 c.c.，其中之造血幹細胞即足夠提供一名孩童或年輕成人之移植。

就移植成功率而言，兒童急性血癌以臍帶血移植可達 5 年的未復發率，此與骨髓移植者不相上下。此外，臍帶血中更帶有其他的非造血幹細胞，如間葉幹細胞，其可分化成其他如肌肉、骨頭或軟組織等構造。

二、臍帶血幹細胞的潛力

臍帶是幫助胎兒獲得母體血液的組織，在胎兒出生時即刻將其冷凍，臍帶血幹細胞即可獲得保存，可以有效取代骨髓，成為治療用途的遺傳物質之簡易而安全的來源。由於沒有道德上的爭議，更可替代其他幹細胞之來源。因此，1993 年在紐約成立第一個非營利的公共臍帶血銀行，目前有 23 個國家，36 個公共臍帶血保存組織，提供 280,000 個以上的臍帶血，供全世界 500 個以上的移植中心中有需要的病人進行配對，這類病人包括癌症、骨髓衰竭、遺傳性代謝疾病等。至 2007 年止，已有超過 3,000 例以上移植成功之案例。至於隨之興起的私人臍帶血銀行則有 150 間以上，這些臍帶血銀行可提供更進一步的服務，例如將來有可能需要使用到的幹細胞自體移植、近親移植或細胞治療等。

近年來，臍帶血幹細胞成為細胞治療的來源之一，雖然目前臨床上只限於血液疾病及癌症的治療，仍有許多實驗室的研究顯示，臍帶血幹細胞在其他非血液疾病應用上之潛力，參考表 13-1。

13-4
成體幹細胞的來源及其潛力

　　近來在胎兒、兒童和成人組織中也發現有多功能幹細胞的存在，此即一般所稱的成體幹細胞 (adult stem cell)。越來越多實驗結果顯示，存在血液、骨骼、肌肉、乃至於中樞或周邊神經系統的特定細胞群，具有由幹細胞形成前驅細胞再成為成熟功能細胞的分化能力。這意味著幹細胞是存在於許多組織和器官之中，對於身體組織的修復和再生能力的維持提供了新的思考契機。目前被研究較多且臨床運用上較被重視的成體幹細胞大致有以下幾種，參考表13-2。

一、骨髓幹細胞（Bone Marrow-Derived Stem Cell，簡稱 BMSC）

　　骨髓內含有造血幹細胞 (HSC)、髓間葉幹細胞 (MSC) 及內皮前驅細胞 (endothelial progenitor cells) 等，共同參與造血及骨髓的再生。因此，源自骨髓之 HSC 與內皮前驅細胞可藉由血液循環送至身體各處參與新血管的形成，進而轉分化成受傷處的特定細胞類型，以達到修補的目的。先天性再生不良貧血症是第一個以骨髓移植進行治療的疾病，而淋巴癌是第一個以骨髓移植治癒的癌症。

　　現已證實 MSC 可分化成脂肪、軟骨、骨、肝臟、心肌和神經等不同型態與功能的細胞。由於 MSC 具有多元而廣泛的可塑性，也使得 MSC 未來在細胞療法、組織工程及再生醫學的研究上，有機會用於修復或更換受傷與發生病變的細胞或組織，對目前**脊髓損傷 (spinal cord injury)**、**中風 (stroke)**、**老年失智病（阿滋海默氏病，Alzheimer's disease）**、**帕金森氏病 (Parkinson's disease)** 等疾病，提供了治療的新契機。目前臨床試驗顯示，將 MSC 與 HSC 共同注射入體內後可加速血液系統恢復的速度，此說明 MSC 也扮演調節其他幹細胞功能的可能性。

↓ 二、造血幹細胞（Hematopoietic Stem Cell，簡稱 HSC）

HSC 是最早被認識的成體幹細胞，其在骨髓中持續自我增生，並能夠分化出血液中所有細胞種類的能力，可從骨髓、嬰兒臍帶血、成人周邊血液與胎盤中分離出來。有越來越多的實驗顯示，HSC 不僅能分化成所有血液組成細胞（來自胚胎中胚層）（見圖 13-3），在適當的培養條件下，這些細胞也能分化成為不同胚層組織的細胞，如內胚層的肺及腸的表皮細胞，或外胚層的皮膚組織。人體內未成熟及靜止的 HSC 原位於骨膜表面，一旦有受傷等的刺激，經由複雜的細胞素及生長激素控制機制而活化，很容易移動到血管利基 (nich) 處，在骨髓內的細微血管組織內散佈，伴隨血液循環至周邊組織修補。這些年來，對血液幹細胞和許多不同血液生長激素的研究有更多的瞭解，HSC 的移植在手續上比骨髓移植要簡化許多，其副作用也較輕微，因此利用體外培養血液幹細胞做移植的比例有增加的趨勢。

↓ 三、基質幹細胞

骨髓基質 (stroma) 及周邊循環組織之微血管壁利基處也帶有多元分化性之上皮前驅細胞（epithelial progenitor cell，簡稱 EPC）及髓間葉幹細胞 (MSC)，其可分化出上皮細胞及各種間葉細胞。EPC 可以取自於骨髓、胎兒肝細胞或臍帶血，由於其具高度的隨血液移動特性，同時可以分化成為新的內皮細胞，可在受傷處促進血管新生及內皮修復，故可用於治療各種血管疾病。MSC 則可以再生骨髓基質、骨頭、軟骨、肥胖細胞及肌細胞，可用於治療骨質疏鬆症、成骨不全症軟骨病變、骨關節炎肌肉病變及受傷組織之血管壁再生或器官之表皮修復。

↓ 四、神經幹細胞（Neural Stem Cell，簡稱 NSC）

以往科學家們認為神經組織的細胞不再能夠分化及不具有再生的能力，一旦遭受到破壞後便很難修復或治療。現已知腦部有兩個區域可以不斷產生神經幹細胞 (NSC)，即前腦之**大腦側室**

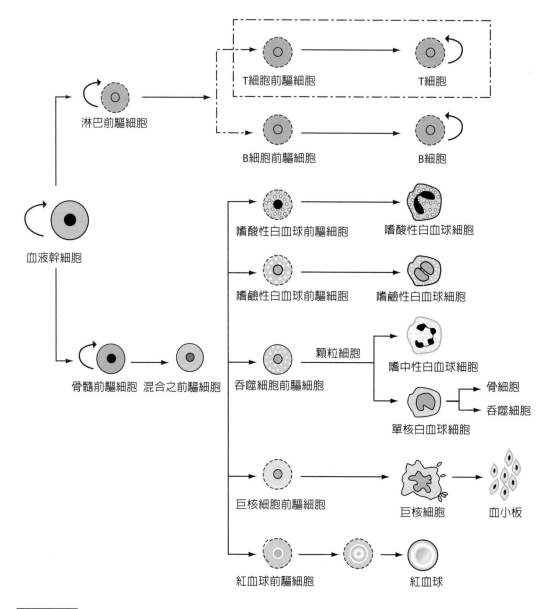

圖 13-3 造血幹細胞 (hematopoietic stem cell) 分化的樹狀結構圖

造血幹細胞除了擁有自我更新 (self-renew) 的能力之外，其在生物體內主要的功能便是負責生成淋巴系 (lymphoid lineage) 與髓質系 (myeloid lineage) 兩大類血球細胞。淋巴系前驅細胞 (progenitor cell) 可進一步分化成 T 細胞、B 細胞、NK 細胞、樹狀結構等細胞，而髓質系前驅細胞則可分化成嗜酸性白血球細胞、嗜中性白血球細胞、嗜鹼性白血球細胞、單核白血球細胞、吞噬細胞、血小板、巨核細胞、紅血球等細胞。

(lateral ventricle) 中的**側室旁區** (lateral subventricular zone) 及**海馬迴** (hippocampus) 之**齒迴內側區** (dentate gyrus)。在大腦側室旁區的 NSC 位於血管壁，可以分化產生三類主要的神經細胞，即**神經元** (neuron) 加上**神經膠細胞** (glial cell)、**星狀細胞** (astrocyte) 及**寡突細胞** (oligodendrocyte)；在海馬迴之齒迴內側區的 NSC，則分化成為**顆粒投射神經細胞** (granule cell projection neuron)。若將繁衍出之 NSC 注入腦內或脊髓，其會分化並重建因老化或受傷而失去的功能，對於帕金森氏病、老年失智病、脊髓損傷等這類因神經系統病變或損害的疾病提供修復治療的可能。

五、眼部幹細胞

1. **角膜 (Corneal) 及結膜 (Conjunctival) 上皮幹細胞** (epithelial stem cell)：眼球表面由角膜、結膜及**眼翼**（眼角）(limbus) 組成，表皮是由上皮細胞覆在基膜上，藉由基質結締組織之黏合而產生。正常情況下，角膜是透明而沒有血管組織，並能讓光線透過到視網膜，其更新和修復補充全靠眼翼的**角膜上皮幹細胞**（corneal epithelial stem cell，**或稱眼翼幹細胞** (limbal stem cell)）。

2. **視網膜幹細胞** (Retinal stem cell)：視網膜位於眼底，為多層感光神經細胞，眼睛的發育除了視神經之外，亦包括非神經細胞，如**虹膜** (iris)、**睫狀體** (ciliary body) 上皮細胞及**視柄** (optic stalk)，其中視網膜幹細胞（即睫狀體上皮細胞）位於色素性睫狀體上。

3. **眼部幹細胞的潛力**：眼部幹細胞移植可以有效改善眼角膜及視網膜病變，這種新手術可避免視力惡化甚至恢復視力。此外有效刺激眼翼、結膜，甚至視網膜之幹細胞，以產生新的角膜、結膜、視網膜神經細胞，也可修復受傷的眼睛。若是眼翼、結膜幹細胞的位置受傷，則可能失去眼睛自行修復角膜的復原能力，此時角膜因補充不足，可能逐漸失去功能。目前已可成功地利用羊膜來進行體外培養眼翼幹細胞，並移植至病人眼睛。由於羊膜與角膜一樣並無血管，不僅可供眼翼幹細胞附著，以

類似的生理狀態生長分化，以長出角膜上皮細胞，同時因為羊膜無血管，因此不會結痂，沒有血管新生或發炎的問題，是很成功的一種治療方式。

↓ 六、其他

1. **心臟幹細胞 (Cardiac stem cell, CSC)**：CSC 位於心尖瓣及心房，可以分化成三類主要的心臟肌肉，因此只刺激體內自身的心臟幹細胞，或是藉由血管內部、心肌內部或心導管傳送外部培養的 CSC，即可治療因老化或心臟缺陷之疾病，而重建心肌及冠狀動脈。但由於缺乏明顯的標誌分子來確認 CSC，同時傳送 CSC 至心臟之技術未成熟，因此有待更進一步的研究。

2. **肝臟幹細胞**：肝臟是人體最大的腺體組織，負責多種生理功能，並且具有快速而強大的再生能力，其幹細胞稱為**卵圓細胞 (hepatic oval cell)**，位於肝臟內肝門靜脈旁區之膽小管末端，當肝臟受傷時，卵圓細胞即活化，可很快地移至肝葉增生分化出肝膽各部分細胞，進行肝臟的修復。若能刺激病人體內之肝臟幹細胞增生或體外培養後進行移植，將對肝炎、急性肝衰竭、肝硬化等疾病帶來更有效的治療技術。

↓ 七、成體幹細胞的分化轉形之潛力

早年認為成體幹細胞只能分化發育成原本來源之組織，並非所有成人的組織器官都可以分離出幹細胞。但目前研究顯示，成體幹細胞可以經由特定的生長激素處理，而轉分化成相關甚至不同類型的細胞（如表 13-2），例如最易取得的肥胖源幹細胞可以分化成胰島素製造 β 細胞或肝細胞；而胰島素製造 β 細胞則可以從骨髓、腦，甚至肥胖組織來源之幹細胞分化而來。

新近研究更顯示，一般體細胞在轉殖四種因子 OCT4、SOX2、NANOG 及 LIN28 即足以恢復到原始的未分化狀態，成為**誘發性的多元潛能性幹細胞（induced pluripotent stem cell，簡稱 iPS）**，

且完全除去送入之病毒載體及轉殖之基因後仍保有幹細胞之特質。在另一組研究則顯示，另種組合四因子 OCT4、SOX2、Klf4 及 c-Myc 同樣可以達到目的，且經由生長因子之作用，分化成其他的細胞種類。對於病人自行產生幹細胞，進而分化成需要的組織之研究上，為一重大突破。

表 13-2　成體幹細胞種類來源及其應用範圍

成體幹細胞種類的來源	分化成的細胞種類	適用疾病及病變
1. 骨髓及血管壁		
造血幹細胞 (HSC)	骨髓性及淋巴性細胞，血小板	自體免疫疾病，貧血，血小板減少，白血病，侵襲性腫瘤
髓間葉幹細胞 (MSC)	造骨細胞，軟骨細胞，肌細胞	骨質疏鬆症，成骨不全症，軟骨病變，骨關節炎，肌肉病變
造血幹細胞及髓間葉幹細胞	神經細胞，心肌細胞，胰島素製造 β 細胞	神經系統病變，心臟病變，第一及第二型糖尿病
內皮前驅細胞 (EPC)	內皮細胞	血管病變
2. 肥胖組織／肌細胞		
肥胖源幹細胞 (adipo-derived stem cell, ADSC) 及肌源幹細胞 (muscle-derived stem cell, MDSC)	肌肉組織，造骨細胞，軟骨細胞，內皮細胞，心肌細胞，神經細胞	肌肉病變，骨質疏鬆症，成骨不全症，軟骨病變，骨關節炎，血管病變，心臟病變，神經系統病變
肥胖源幹細胞 (ADSC)	胰島素製造 β 細胞，肝細胞	第一及第二型糖尿病，肝病變
3. 心臟		
心臟幹細胞 (CSC)	心肌細胞	心臟病變
4. 腦		
神經幹細胞 (NSC)	神經，星狀細胞 (astrocyte)，寡突細胞 (oligodendrocyte)，胰島素製造 β 細胞	神經系統病變，神經髓鞘 (myelin) 病變

⬡ 表 13-2　成體幹細胞種類來源及其應用範圍（續）

成體幹細胞種類的來源	分化成的細胞種類	適用疾病及病變
5. 眼睛		
角膜上皮幹細胞 (corneal epithelial stem cell, CESC)	角膜上皮細胞	角膜病變
結膜幹細胞	結膜上皮細胞	結膜上皮受傷
睫狀體上皮視網膜幹細胞	視網膜前驅細胞	視網膜病變
6. 皮膚		
角質幹細胞，突上皮幹細胞，表皮神經脊幹細胞	皮膚細胞	皮膚及毛髮病變
7. 腸道		
小腸幹細胞，消化道幹細胞	腸胃細胞	慢性發炎性腸炎，潰瘍
8. 胰臟		
胰臟幹細胞	胰島素製造 β 細胞，肝細胞	第一及第二型糖尿病，肝病變
9. 肝		
肝臟幹細胞	肝細胞，膽管細胞，心肌細胞	肝炎，急性肝衰竭，肝硬化，心臟衰竭
10. 肺		
氣管幹細胞	肺細胞（細支氣管 clara 細胞及肺泡細胞）	間質性肺炎，纖維囊腫，氣喘，慢性支氣管炎，肺氣腫
11. 牙齒		
乳牙或智齒之牙髓間質幹細胞	造骨細胞，牙齒神經，造琺瑯質細胞	牙周病，植牙

八、成體幹細胞在臨床使用上的困難

1. 不同組織來源的幹細胞有著差異性：近來有實驗發現，以 MSC
    或 HSC 分化而來的類神經細胞，其在體內的移植率和功能性遠
    較直接由神經組織取得 NSC 所分化的神經細胞要來的低。科學
    家們也已證實，從胚胎、胎兒、成人組織等處所取得的幹細胞
    彼此間還是存有極大的不同，我們對每種幹細胞的特性和反應
    的瞭解都還相當有限，必須更進一步的研究它們的異同才能選
    擇較適當的細胞來使用。

2. 成體幹細胞在體內的數量極為稀少：以骨髓幹細胞來說，約略
    10,000~100,000 顆骨髓細胞中才有一顆幹細胞，這樣少的比例
    並不容易分離或純化。許多科學家正致力於找尋出可用以辨別
    幹細胞的標誌，以便藉這些特殊分子的表現，利用**螢光激發細
    胞收集** (fluorescence-activated cell sorting) 或**磁性活化細胞收
    集** (magnetic-activated cell sorting) 的方式將所要的幹細胞分離
    出來。

3. 分離培養後的幹細胞易改變特性：目前許多研究著重在鑑定幹
    細胞表面的標誌分子，一旦將幹細胞從體內分離出來培養之後，
    常不易保持它們原本的細胞特性。許多細胞表面標誌分子在不
    同的培養時間和培養條件下都會改變，因此並不容易找到真正
    在體內表現於幹細胞的標誌。例如以常被當作血液幹細胞標誌
    的 CD34 來說，以往認為只要將表現有 CD34 的血球細胞加以體
    外分化培養，即可獲得大部分血液的細胞成分，因此早期幾乎
    把 CD34$^+$血球細胞視為 HSC。然而現已瞭解有許多處於休止期
    的細胞並不表現 CD34 分子，卻仍具有重新構成血液細胞組成的
    能力，近來更在人體內找到一群 CD34$^-$的 HSC，因此如何找到
    真正可辨識不同幹細胞的標誌，用以分離獲取更具潛能的細胞
    仍是未來研究的重心。

4. 幹細胞體外增殖技術的困難：因為成體幹細胞的數目極為稀少，
    目前科學家多著重於發展利用體外增殖技術來維持並增生具有

移植活性幹細胞的技術。然而此方式雖可增加幹細胞的數目，但這些細胞卻常因離開體內的調節，而失去原來的移植活性，不一定能達到臨床使用上的價值，其主要原因為：

(1) 缺乏體內利基的支持：許多實驗證實，在生物體內的微環境中 (microenvironment) 有能夠維持幹細胞特性的利基存在，不論是藉由細胞間的接觸，或是分泌重要的介質分子，利基對於幹細胞在體內能否維持好的更生能力與細胞分化力是很重要的調控因子。一旦幹細胞離開生物體，失去與利基的交互作用，便喪失某些幹細胞的特性。

(2) 細胞週期的改變：為了要獲得足夠的細胞數目從事醫療作用，體外細胞培養通常會改變細胞週期來達到增殖效果。例如造血幹細胞在體內骨髓的微環境中是處於休眠狀態，但在體外培養時，許多促進細胞增生能力的生長激素會讓細胞進入活化狀態，使細胞性質改變。

(3) 幹細胞表面分子表現與分佈的改變：體外細胞培養的環境容易改變細胞表面分子的表現和分佈性，讓幹細胞進入細胞分化的狀況。一旦細胞失去某些重要表現分子或進入分化狀況後，對環境或訊息傳遞的能力也會改變，而影響細胞的特性。

5. 從病人體內取得的成體幹細胞可能帶有缺損基因，不適合供移植用。若無法從病人身上取得幹細胞作為**自體移植** (autologous transplant) 之用，即需要由適當的**抗原配對** (HLA matched) 供應者 (donor) 提供幹細胞。然而除了抗原配對手續本身就要耗掉許多時間之外，仍約有 70% 的病人無法從現有的骨髓庫中獲得適當的幹細胞進行移植治療。

13-5
未來展望

　　所謂的**基因治療** (gene therapy) 是指在醫療上將正常基因或具某種特殊功能的基因植入病人細胞，以修正缺陷基因的治療方式，我們將在第 14 章對此有詳細的説明。目前針對遺傳性疾病的基因治療所需面對的問題，即是如何才能提供病人終身性的治療。幹細胞既然是生成組織細胞的主要來源，若能以幹細胞為基因改造的標的，利用其有效率的繁殖性製造出帶有此基因的新細胞，並散佈到整個身體裡，便能達到治癒的療效。目前研究顯示，在未分裂的胚胎幹細胞中，MHC 分子的數量極低但表現穩定，這雖然表示由胚胎幹細胞衍生的組織器官在移植上仍需通過免疫反應的挑戰，但此結果同時也意味著，以胚胎幹細胞移植組織所引起的排斥效應會比目前的器官移植要低許多。此特點也使得以幹細胞為基因治療標的或加強移植效率等的研究更為人所期待。

　　細胞療法 (cell therapy) 是指利用幹細胞複製出的細胞來修補受損的器官，或是利用複製出的年輕細胞來取代死去或受損的細胞組織，以達到維持良好身體機能的效果。由幹細胞培養出的新神經細胞，可用以治療腦部或脊髓神經受損的疾病，如老年失智病及帕金森氏病等。除了神經方面的疾病外，人體器官，如心臟、腦、脊髓等再生能力極弱，若將幹細胞打入壞死組織的周圍，可進行組織更新、修補。幹細胞同時也是未來人造器官組織的良好來源。目前器官移植皆仰賴捐贈，來源相當有限。幹細胞則有發育成一器官的潛力，因此可能成為人造器官組織的來源。

　　現今再生醫學領域發展出許多嶄新的幹細胞治療技術，例如利用各類來源的幹細胞在體外 (ex vivo) 增生分化成具功能性的後代後再移植至體內，或以特定的生長激素刺激自身體內的幹細胞方式進行治療，表 13-3 列出目前幹細胞治療技術之應用範圍。從幹細胞的取得方式及治療效益來看，欲從事細胞療法最好考慮自體移植的

表 13-3　目前組織工程技術的發展

以幹細胞為主的組織工程	非幹細胞衍生的組織工程
血管、骨組織、神經組織、角膜、牙齒的琺瑯質、軟骨、肝臟、胰島、骨骼肌、皮膚、心肌	膀胱、軟骨組織（耳、鼻、關節）、心臟瓣膜、腸組織、腎臟、輸尿管、尿道、氣管、唾腺、口腔黏膜組織

方式，以避免產生免疫排斥效應，但這樣的條件必須建立在能夠自患者體內獲得健康正常幹細胞的前提下，特別是成體幹細胞在這方面的研究及臨床應用最令人振奮。

　　造血幹細胞可以用於免疫疾病、各類自體免疫疾病或各類血液疾病之治療，以自體 (autologous) 或**異體 (allogeneic)** 移植方式進行造血組織或免疫系統之重建或再生。臨床上，搜集病人或其他人之骨髓來源的造血幹細胞，可直接從骨髓取得或周邊循環之造血幹細胞取得，其中後者需再利用一些生長激素，甚至化學合成物質來固著造血幹細胞，進而分離出造血幹細胞，再注入同一病人。若將其他捐贈者之造血幹細胞注入病人血液中，則屬**異體移植 (allograft)**。針對於異體移植，臍帶血來源的造血幹細胞會是較佳的選擇，因為其所造成的異體排斥較低。造血幹細胞移植後，很快地即自行移動至骨髓定點中，重新開始繁殖分化，為病人注入新的血球細胞並重建造血組織。這類的移植治療可以廣泛應用在因老化、遺傳缺陷、破壞或惡性血癌所造成的造血組織疾病。例如，老化引起的造血功能病變、自體免疫疾病、頑抗性貧血、嚴重再生不良性貧血、先天性血小板過少、骨質疏鬆、糖尿病、白血病、骨髓癌及血癌等。特別是對於一些非造血組織之癌症治療，在化療或放射性治療之外，配合進行造血幹細胞之移植，可以降低復發及轉移之風險，這類癌症包括黑色素癌、**眼癌 (retinoblastoma)**、腎、肺、腦、胰臟、大腸、前列腺、卵巢及乳癌等。

📋 **問題及討論** Exercise

一、選擇題

1. 除了胚胎幹細胞外，下列何者具有高度的完整潛能性分化能力 (totipotential)，可以分化出包括內胚層、中胚層及外胚層？ (A) 羊膜間葉幹細胞　(B) 羊膜上皮細胞　(C) 臍帶血　(D) 以上均可　(E) 以上均不可

2. 關於幹細胞定義的敘述，下列何者錯誤？ (A) 是細胞生物發育較早期的原始階段　(B) 具有自我更新 (self-renew) 能力　(C) 可分化 (differentiation) 成各種特定功能組織的細胞　(D) 屬於前驅細胞 (progenitor cell)

3. 關於完整潛能性幹細胞 (Totipotent stem cell) 的敘述，下列何者正確？ (A) 擁有自一個單細胞發育成一個完整生物個體的幹細胞　(B) 受精卵未進行細胞分裂之時期　(C) 分裂至 16 個細胞時期仍有此能力　(D) 任一個胚體細胞單獨放入成熟雌體子宮內，均可發育成為單獨且完整的個體　(E) 以上皆非

4. 關於多元潛能性幹細胞 (pluripotent stem cell) 的敘述，下列何者錯誤？ (A) 外層扁平的滋養層細胞 (trophoblast) 屬之　(B) 內層的內細胞質塊（inner cell mass，簡稱 ICM ）屬之　(C) 具有進一步發育成為組織和器官的能力　(D) 細胞單獨放入雌體子宮內，則不能發育成為完整的生物體　(E) 胚胎幹細胞 (ESC) 屬於此類

5. 胚胎幹細胞在研究與臨床運用上的優點，不包括下列哪一項？ (A) 屬於發育過程階段較原始的未分化細胞　(B) 不曾暴露於不良環境或發育過程的變異中　(C) 被誘導成各類細胞的可塑性和活力是最高的　(D) 純度和數目也遠較成體幹細胞體外培養的效果高　(E) 不易產生排斥現象

6. 何謂畸胎瘤 (Tetratoma)？ (A) 不正常的胚胎 (B) 子宮外孕的胚胎 (C) 由胚胎幹細胞分化而來，具有三個胚層的異常組織 (D) 流產的胚胎 (E) 以上皆非

7. 下列何者非胚胎幹細胞特有的生化特徵，可供辨識？ (A) CD9　(B) CD24 (C) CD8　(D) Oct-4　(E) Nanog

8. 臍帶血的優點為何？ (A) 來源容易、成本低廉　(B) 移植配對要求比自骨髓取得的幹細胞來的低　(C) 所含的幹細胞數目也遠較骨髓和血液來的高 (D) 臍帶血中的幹細胞遺傳組織相對年輕　(E) 以上皆是

9. 為何臍帶血中的幹細胞具有移植優勢？ (A) 臍帶血中的白血球已具免疫力 (B) 對於異體移植時之組織抗原配對的要求較低　(C) 其中之造血幹細胞之分化能力比骨髓低　(D) 臍帶血中不含其他的非造血幹細胞　(E) 與胚胎幹細胞相同具完整分化潛能

10. 關於骨髓幹細胞的敘述，下列何者錯誤？(A) 屬於成體幹細胞　(B) 含有造血幹細胞 (HSC)　(C) 含有髓間葉幹細胞 (MSC)　(D) 髓間葉幹細胞 (MSC) 具有多元而廣泛的可塑性　(E) 造血幹細胞 (HSC) 只分化成血球細胞

11. 下列何者非眼部幹細胞？(A) 角膜上皮幹細胞　(B) 眼翼幹細胞　(C) 視網膜幹細胞　(D) 彩虹膜幹細胞　(E) 睫狀體上皮細胞

12. 目前已可成功地利用什麼組織來進行體外培養眼翼幹細胞，並移植至病人眼睛？(A) 視網膜　(B) 羊膜　(C) 絨毛膜　(D) 鞏膜　(E) 角膜

13. 體細胞在轉殖哪些因子的組合，可誘發性的多元潛能性幹細胞 (induced pluripotent stem cell, iPS) 之形成？(A)OCT4、SOX2、NANOG、LIN　(B) OCT4、SOX、NANOG、LIN28　(C)OCT8、SOX2、NANOG、LIN28　(D) OCT4、SOX2、NANOG、LIN28　(E)OCT4、SOX、NANOG、LIN

14. 下列何者非成體幹細胞在臨床使用上的困難？(A) 相同組織來源的幹細胞有著差異性　(B) 成體幹細胞在體內的數量極為稀少　(C) 找尋出可用以辨別幹細胞的標誌　(D) 分離培養後的幹細胞易改變特性　(E) 幹細胞體外增殖技術的困難

15. 何者非幹細胞體外增殖技術的困難 (A) 幹細胞表面分子表現與分布的改變　(B) 成體幹細胞的數目極為稀少　(C) 缺乏體內利基的支持　(D) 細胞週期因處理而改變　(E) 以上皆是

16. 為何不適合從病人體內取得成體幹細胞來治療病人？(A) 病人的成體幹細胞可能帶有缺損基因，不適合供移植用 (B) 病人的成體幹細胞無法取得　(C) 病人的成體幹細胞無法培養　(D) 病人過於虛弱，不宜取用成體幹細胞　(E) 以上皆非

17. 幹細胞表面分子表現與分布在體外培養時若發生改變，可能是發生什麼重要影響？(A) 可能讓幹細胞進入細胞發育的狀況　(B) 可能讓幹細胞進入細胞分化的狀況　(C) 可能讓幹細胞進入細胞活化的狀況　(D) 可能讓幹細胞進入細胞凋零的狀況　(E) 以上皆有可能

18. 關於幹細胞細胞週期的敘述，下列何者錯誤？(A) 造血幹細胞在體內骨髓的微環境中是處於休眠狀態　(B) 體外細胞培養通常會改變細胞週期來達到增殖效果　(C) 在體外培養時，會使用許多促進細胞增生能力的生長激素　(D) 體外培養時需要讓細胞進入活化狀態　(E) 要防止幹細胞進入細胞分化的狀況

19. 能夠維持幹細胞特性的利基存在之環境，不包括下列哪項？(A) 旁邊的細胞　(B) 分泌的分子　(C) 活化的基因　(D) 旁邊的血管　(E) 旁邊的神經

20. 關於成體幹細胞的敘述，下列何者錯誤？(A) 在體內的數量極為稀少　(B) 從胚胎、胎兒、成人組織等處所取得的幹細胞效果相同　(C) 並非所有成人

的組織器官都可以分離出幹細胞　(D) 成體幹細胞可以經由特定的生長激素處理，而轉分化成相關甚至不同類型的細胞　(E) 成體幹細胞會形成前驅細胞再成為成熟功能細胞

二、問答題

1. 何謂幹細胞？其功能上的定義為何？
2. 試述完整潛能性幹細胞 (totipotent stem cell) 與多元潛能性幹細胞 (pluripotent stem cell) 的異同。
3. 胚胎幹細胞在研究與臨床運用上有何優劣性？
4. 目前用以獲得多元潛能性胚胎幹細胞的方式有哪幾種？
5. 試說明何謂幹細胞的可塑性？
6. 試述血液中可由 HSC 發育、分化而來的血球細胞有哪些。
7. 哪些幹細胞具有高度的完整潛能性分化能力 (totipotential)，可以分化出包括內胚層、中胚層及外胚層的各種細胞來源？
8. 何謂利基？
9. 何謂畸胎瘤？
10. 成體幹細胞使用的限制性與需要解決的障礙有哪些？
11. 試說明體細胞核轉移技術 SCNT 與一般胚胎發育過程的差異。
12. SCNT 技術操作可能衍生的問題有哪些？
13. 以體外培養系統增生幹細胞可能導致細胞失去移植活性的可能原因有哪些？
14. 以臍帶血取代骨髓移植來進行醫療之優點為何？
15. 目前較為大家所注目的幹細胞應用有哪些？
16. 為何幹細胞移植運用上所引起的免疫反應較低？
17. 符合美國聯邦經費補助胚胎幹細胞研究的標準有哪些？哪些研究是聯邦經費運用範圍內所禁止的？
18. 請說明眼睛的角膜幹細胞使用羊膜培養之優點為何？
19. 舉出三種非造血來源的幹細胞及其應用潛力。
20. 舉例說明成體幹細胞的分化轉形之潛力。

解答：(1) B　(2) D　(3) A　(4) A　(5) E　(6) C　(7) C　(8) E　(9) B　(10) E　(11) D　(12) B　(13) D　(14) A　(15) E　(16) A　(17) E　(18) D　(19) E　(20) B

14

基因治療
Gene Therapy

BIOTECHNOLOGY

生物體的運作是由細胞內的基因來調控的，假如個體內的基因發生變異而無法執行正常的功能，此時就容易產生疾病。2001 年由人類基因體計劃 (Human Genome Project) 與美國賽雷拉 (Celera) 基因公司研究人員個別發表的人類基因序列的報告中得知，約略有 3 萬多個基因包含在人類的 23 對染色體內。科學研究數據顯示，約有 4,000 種人類的疾病是因為單個基因的改變所導致的結果；臨床上的統計數據亦顯示，由基因缺陷所引發的新生兒遺傳疾病比例約有 4%，其中 1~2% 是由單一基因異常所引起。最近十年來更多的研究發現，幾乎所有細胞的癌化都是由於一種或多種基因的突變 (mutation)、缺失 (deletion)、染色體移轉 (translocation) 或擴增 (amplification) 所引起的，由此可見基因與疾病間強烈的關聯性。我們若能改正或修補生物體內缺陷的基因，阻隔或抑制表現異常的基因，那麼便有機會達到治療該疾病的目的。基因治療最初便是從這樣的思考而針對單一基因缺陷的遺傳疾病所提出的，希望能用一個正常的基因來代替缺陷基因或者使那些致病因素得以被修正。本章節將就有關基因治療的基本概念、操作方法及目前基因治療的發展現況與前景做一概括性的介紹。

14-1
基因治療的定義

　　所謂的基因治療係指針對那些因為基因突變、缺失或表達異常等因素所導致的疾病，利用遺傳工程技術的方式，把重組的 DNA 或 RNA 分子引入**標的細胞 (target cell)**，使患者細胞內的致病基因得以被修補或置換，或將表現異常的基因予以抑制或關閉，終致基因恢復正常功能，而病人得以恢復健康的現代醫療科技。目前不論是遺傳性疾病、感染性疾病、心血管疾病、自體免疫疾病或是癌症等，只要其病因是源於基因改變所導致的，或是改變患者體內基因的表達便可以獲得疾病的改善時，皆可利用基因治療的概念針對疾病的根源而非表現的症狀加以醫治。

　　1990 年美國國家衛生研究院的 Blaese 博士與其研究團隊，利用反轉錄病毒載體在體外將正常 ADA 基因轉殖入**重度先天性複合免疫缺乏症（severe combined immunodeficiency syndrome，簡稱 SCID，俗稱泡泡兒）**病童的淋巴球內，再將轉染過的淋巴球細胞送回病人體內，完成了基因治療的首例。自此以後，基因治療的概念已然落實在實際的臨床操作中，往後的發展則多著重於治療策略的測試與改善，以期使所植入體內的外源基因能發揮最大的功效。SCID 乃因體內缺乏腺苷酸脫胺基酵素（adenosine deaminase，簡稱 ADA）所導致的疾病，罹患該疾病的患者無法正常製造淋巴細胞，因此缺乏健全的免疫系統而必須在形似氣泡的無菌隔離艙中生存，病人若不能施以適當的骨髓移植手術，他們能夠存活的時間大約只有一年。即使如此，骨髓移植的成功率仍然偏低，因此近年來基因療法便成為這一類型遺傳疾病的替代性治療方式。雖然目前利用基因治療的對象已不限定在遺傳性疾病上，但大部分的研究仍是針對單一基因或相關連鎖基因群的遺傳疾病進行臨床試驗。

14-2
基因治療的基本條件與程序

目前有許多針對基因操作安全性與倫理道德性的討論與規範，在從事基因治療時，所有治療方式在進行人體實驗之前都必須確立符合科學性的研究目標，並確定該項治療在動物實驗上的安全評估，同時必須遵守並審視下列幾項原則：

1. 要治療何種疾病？

2. 該疾病有沒有其他可以替代的方法？

3. 需要確立嚴謹的實驗設計，並仔細評估風險與利益。

4. 什麼是基因治療實驗的預期或潛在的益處和害處？

5. 應遵循何種程序方能確保選擇參與者在評估與實驗過程的公平性？

6. 應採行何種步驟以確保患者或父母或監護人能被告知獲得參與該研究的自主同意權？

7. 受試者的隱私權及個人醫療資訊的私密性能否得到保障？

從實驗與研究的操作角度來看，人類基因治療的操作至少必須考慮下列的條件和程序：

⬇ 一、從事人體基因治療必須考慮的條件

1. 適當的疾病：一般來說，若已知某疾病是由某特定基因改變後所導致的結果，且我們對該疾病的病理機轉和相對基因的結構和功能都有一定程度的認識與瞭解時，較適合使用基因治療方法。

2. 能夠利用遺傳工程技術將致病的基因予以導正，並得以對該基因表達與調控的機轉和條件有所操控。

3. 具有合適的受體細胞外的表達系統來表現所需要的基因。

4. 具有安全且有效率的轉殖載體與遞送方式。

❶ 二、基因治療的程序

1. **外源標的基因的選擇與製備**：基因治療的首要問題便是選擇用來治療疾病的標的基因。操作外源基因時，基因的大小、結構和構築的方法是必須考量的重點。若要使得外源基因只在特定的細胞內表達時，就必須藉著適當的受體、載體和啟動子系統來操作。

2. **標的細胞的選擇**：一旦外源基因製備好後，便需要選擇能夠將該基因成功地在體內表現的標的細胞。標的細胞的種類、在身體內的分佈、含量、是否容易培養或易於進行基因操作、是否容易投注入體內等因素，都是在選擇標的細胞時需要考慮的重要因素。為了避免引發新的人類疾病或干擾人類的演化，目前人類基因治療的對象僅侷限在體細胞而非生殖細胞。常見於基因治療的幾種標的細胞有：淋巴細胞、造血細胞、肌肉細胞、肝細胞、纖維細胞及腫瘤細胞等，目前更受到科學家注目的是幹細胞的使用。由於幹細胞具有自我再生及細胞分化能力，因此目前有越來越多科學家想嘗試利用不同的幹細胞作為基因治療的標的細胞，以解決病人需重複多次治療的問題。然而體內幹細胞的數目極少，體外培養條件不易，並且大部分幹細胞處於細胞週期的不分裂階段，不容易將外源基因送入這樣的細胞內，這都是將來要使用幹細胞來從事基因治療操作時所必須先解決的課題。

3. **基因轉殖與細胞轉染 (transfection)**：有了外源基因並且決定好標的細胞後，下一步就是要設法將標的基因送到選定的細胞內進行表達。不同基因傳遞方式和轉殖技術的使用，對於基因表達的效率、強度與時間都有不同的影響，下一節將對於目前用於基因治療的轉殖技術做一整合性的說明與比較。基因轉殖技術仍有許多困難與極限，使基因轉染表達效率不容易達到100%，操作上為了要提高治療的成功率就必須先將轉染成功的細胞予以區分出來。除了用分子生物學的方式來進行篩選外，在實驗操作上基因表達產物的檢測是較常用的篩選法。

(1) 標記基因篩選法：在載體上引入一段標記基因（操作上常使用可以耐抗生素作用的基因），於細胞轉染後的適當時間以適當的培養基培養後，不含標記基因的細胞會在培養過程中死亡，成功導入外源基因的細胞便可以被選殖出來。

(2) 利用基因缺陷型受體細胞的選擇性篩選：以 thymidine kinase (tk) 基因為例，在構築載體時將 tk 基因導入後轉殖入缺乏 tk 基因表達的標的細胞，再將細胞置於 HAT 培養基（含有 aminopterin、thymidine 及 hypoxanthine) 中生長，如圖 14-1，只有成功轉殖載體能表現出 tk 基因的細胞才能在該培養基中存活下來。

4. **外源基因的表達與檢測**：當篩選出成功轉染的細胞後，可用**北方墨點實驗 (Northern blot)**、原位雜交、免疫組織化學染色法進一步檢驗該細胞內外源基因表達的狀況。

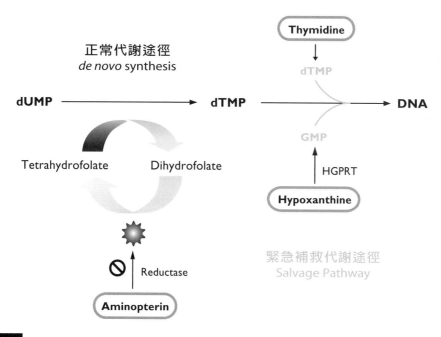

圖 14-1 細胞內 DNA 合成路徑

TK 基因產物 thymidine kinase 參與 thymidine 轉成 dTMP 的過程。

14-3 常用於基因治療的基因轉殖方法

　　基因治療的方式可分為體外治療方式 (ex vivo) 及體內治療方式 (in vivo)。不論是將病人身上取得的特定細胞，利用遺傳工程技術將所要轉殖的基因採用體外培養、選殖、表現於該標的細胞後，再將改造成功後的標的細胞植回病人體內的體外 (ex vivo) 治療方式，或是將用來治療病人的基因利用遺傳工程技術處理後直接注射入病人體內予以表達的體內 (in vivo) 治療方式，都需要根據疾病和標的細胞等不同因素，建立高效率並達到高度表達的基因轉殖系統，是基因治療的第一要件。目前在基因治療所使用的基因轉殖技術大致可區分成病毒載體系統與非病毒載體系統兩大類，以下就分別將基因治療載體應用的原理、種類、各系統的操作方式與研究現況做簡短而概略性的介紹。

一、病毒載體系統

　　病毒感染到人體細胞時能將自身的基因體攜帶到宿主細胞體內，並利用該宿主細胞完成病毒體的複製，致使人類致病。利用這一特性，許多研究者先將病毒基因體中會致病的相關基因去除掉，僅保留病毒株（可攜帶基因體進入人體細胞功能的部分），再加以組裝上所需要的外源基因，即成為可將外源基因送入細胞體內的病毒載體。經過遺傳修飾的病毒載體因缺乏在宿主內自行複製的相關基因，無法在人體細胞內複製，也不會致病，而僅剩具備將外源基因帶入人體細胞內的功能，因此可以被用來當作攜帶外源基因進入人體內的工具。以下分別就幾個在基因治療中主要使用的相關病毒載體作介紹。

（一）反轉錄病毒（Retrovirus，簡稱 RV）載體

　　反轉錄病毒是以正向 RNA 為基因遺傳的物質，其利用所具備的反轉錄酶將 RNA 先轉錄成 DNA 分子後，再藉由**嵌合作用 (integration)** 進一步整合到宿主細胞基因體上，達到基因轉殖與穩

定性表現的特性，是最先被改造且應用最廣泛的基因治療載體。利用外源基因取代病毒基因所建構出的複製缺陷型病毒體本身無法完成病毒的複製，必須在**包裝細胞株 (packaging cell line)** 內獲得**輔助病毒 (helper virus)** 提供複製所需的必要基因才能產生重組病毒。收集重組病毒後再感染標的細胞株時，因為標的細胞無法提供病毒複製所需的蛋白質，所以僅具備一次感染的能力，這樣的設計避免病毒在人體細胞間擴散感染的可能，進而降低病毒的致病性。基因治療所使用的反轉錄病毒載體，其步驟如下（圖 14-2）：

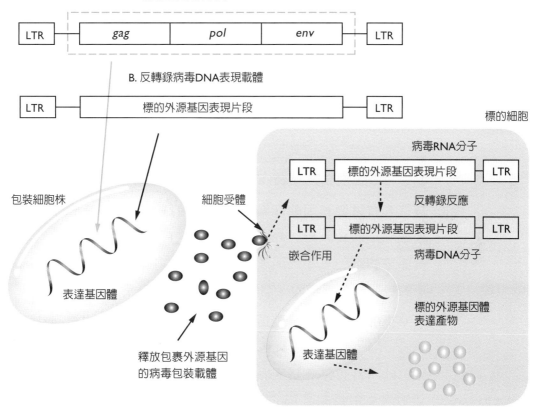

圖 14-2　反轉錄病毒載體的製備與操作

將反轉錄病毒基因組成病毒複製所需的 *gag*、*pol*、*env* 等基因去除掉，把外源基因利用遺傳工程方式嵌入病毒載體兩個 LTR 之間，再將此重組 DNA 病毒 (B) 轉染至含有缺乏包裝病毒體訊號，而不具感染能力之缺陷型反轉錄病毒 (A) 的包裝細胞株內，具有外源基因表達的新病毒顆粒會釋放到培養液，收集培養液中的病毒顆粒後可進一步感染標的細胞。反轉錄病毒表現載體進入標的細胞後，透過反轉錄酶的作用形成 DNA 分子而嵌入細胞染色體上進行表達。

1. **製造輔助病毒與包裝細胞株：**為了要能安全的表達外源基因載體且同時要避免病毒的傳染，科學家們設計出只能產生病毒結構基因，但缺乏包裝病毒體訊號組成而不具感染能力的缺陷型反轉錄病毒 DNA，即圖 14-2(a) 之輔助型病毒部分，並把這樣的輔助病毒送到細胞內製成包裝細胞株。一個安全的包裝細胞株除了擁有不完整的缺陷型病毒體之外，其最大的特性是缺陷型病毒在這樣的細胞株內是不能夠成功製造出完整的病毒體的。

2. **外源基因表現載體：**將反轉錄病毒基因體中病毒複製所需的 *gag*、*pol*、*env* 等基因去除，再把所要的外源基因利用遺傳工程方式裝入該病毒載體上，即成為圖 14-2(b) 中所顯示病毒 DNA 表現載體。一般病毒表現載體都具備有下列幾項重要組成：

   (1) 欲用以從事治療操作的標的基因。

   (2) **引子結合部位（primer binding site，簡稱 PBS）**。

   (3) **長終端重複序列（long terminal repeat，簡稱 LTR）**，內含有增強子、啟動子與基因調節序列。

   (4) **包裝識別訊號 (packaging signal)**。

3. **製造含有外源基因的病毒載體：**利用感染技術將 B 部分外源基因表現載體放入包裝細胞株內後，唯有同時表現 A 和 B 兩種病毒部分的細胞，才可能藉由 B 載體提供包裹訊息將外源基因成功的包覆於病毒體內，而釋放出病毒顆粒分子。

4. **感染標的細胞：**將可製造病毒體的包裝細胞與標的細胞共培養 (co-culture)，或是收集包裝細胞株的培養液後再去感染標的細胞，此時含有外源基因表現的反轉錄病毒體便可進一步在標的細胞內經由反轉錄與 DNA 嵌合作用結合到標的細胞的基因體上，達到基因轉殖的效應。

　　反轉錄病毒載體具有強大的細胞穿透力，細胞轉染效率極高，能夠感染的細胞類型廣泛，適用於許多不同細胞類型的感染與表達，而其嵌入整合於細胞基因體的能力使外源基因得以做長效表現。在活體試驗中轉殖的效用較其他短暫性表現的方式為佳，這都是科學家們之所以選擇反轉錄病毒載體從事基因治療的優勢。然而，大部分反轉錄病毒只能感染增殖分裂中的細胞，不適於用來治療休止性（或是不分裂）的細胞，且病毒效價偏低，乃是其使用限制。再者，病毒在包裝細胞株內若發生基因重組，可能會導致具有**複製能力病毒（replication competent virus，簡稱 RCV）**的產生，並且病毒的 DNA 嵌合作用是隨機進行的，有機會激活細胞內的**原癌基因 (proto-oncogene)** 或導致基因體發生插入突變，這也是利用反轉錄病毒載體時需要防範的安全考量之一。為瞭解決大部分反轉錄病毒只能感染分裂細胞的限制，目前科學家們嘗試以**慢病毒 (Lentivirus)** 載體來操作使用。慢病毒載體和一般反轉錄病毒載體最大的區隔是這類由 HIV-1 為基礎所發展出的治療載體對分裂細胞和非分裂細胞皆有感染能力，在未來對於神經元細胞、心肌細胞、肝臟細胞等類型細胞的基因治療，將可能有更大的應用與研究價值。

（二）腺病毒（Adenovirus，簡稱 AV）載體

腺病毒是無**包膜 (envelope)** 的線性雙股 DNA 病毒，其基因體長約 35 kb。以腺病毒為載體的基因操作方式和反轉錄病毒相差不多，但腺病毒可攜帶的外源基因容量較反轉錄病毒大，且具有相當高的轉殖效率，並能感染非分裂細胞，故可用於體內轉殖，此乃該載體的優勢。然而，腺病毒並不將基因嵌合於細胞的染色體上，也無法在該細胞進行複製，其基因的表達屬於短效性。腺病毒在自然界的分佈廣泛，大部分的人都感染過這類的病毒，以此載體從事基因治療操作時容易引起強烈的免疫反應，也是造成帶有腺病毒載體的標的細胞在體內很容易被免疫系統清除的原因，這是該載體的缺點。目前科學家們已發展出**無病毒載體 (gutless vector)** 或缺乏大部分病毒基因的**微型腺病毒載體 (mini-Ad)**，僅保留 LTR 和包裝訊號序列，這大大降低了因為施予病毒所造成的免疫反應，並提高了外源基因表達的穩定性。除此之外，利用對腺病毒纖維外殼蛋白的修飾與改造，能夠提高病毒分子與標的細胞的結合力，而利用配位體與腺病毒載體接合以增進載體對特定細胞組織的轉殖成功率，這些工作都將使得腺病毒載體的發展趨向更安全與完備。

（三）腺相關病毒（Adeno-Associated Virus，簡稱 AAV）載體

腺相關病毒雖是基因體僅約 5 kb 大小的單股 DNA 病毒，在正常細胞中偏向潛伏感染，僅當有腺病毒存在時才可能增殖複製。AAV 雖然無法插入較大的外源基因、病毒效價偏低，且製作過程較為繁雜，但其綜合了反轉錄病毒可嵌合於細胞染色體上特定部位，形成穩定持續的表達，同時承襲了腺病毒載體感染宿主的範圍廣泛的特性，可感染分裂期與休止期的細胞之多重能力，且其抗原性與毒性都很小，因此在基因治療操作上，這類病毒使用的比例有日漸增加的趨勢。

表 14-1　常見病毒基因轉殖載體的優、缺點

載體	優點	缺點
反轉錄病毒載體	1. 對複製中的細胞轉染效率高 2. 可在宿主細胞基因體內穩定長效表達 3. 宿主範圍廣泛且對宿主細胞的毒害性小	1. 僅能感染分裂的細胞 2. 病毒效價低 3. 所攜帶的外源基因容量有限（< 8 kb） 4. 可能會產生具有複製能力的重組病毒 5. 嵌入細胞基因體時可能導致突變的產生
腺病毒載體	1. 在不分裂的細胞中可進行高效率的體內感染 2. 病毒效價高 3. 生物特性研究較為清楚，常用於 *in vivo* 轉殖之用	1. 不嵌合入宿主基因體內 2. 僅能做短效性表達 3. 病毒蛋白容易引起免疫及炎症反應
腺相關病毒載體	1. 無毒 2. 無致病性 3. 感染宿主範圍廣泛，並且不限定只能在分裂細胞上使用	1. 需腺病毒輔助其複製 2. 攜帶外源基因的容量有限 3. 不容易獲得高效價的病毒體 4. 轉染機制尚未研究清楚
單純疱疹病毒載體	1. 可用以特定感染神經元細胞 2. 可容納較大的外源基因片段 3. 可潛伏感染，基因可長期表達	1. 感染宿主範圍有限 2. 宿主神經元若已潛伏野生型 HSV-1，載體病毒不易進行潛伏感染

（四）單純疱疹病毒（Herpes Simplex Virus，簡稱 HSV）載體

第一型單純疱疹病毒 (HSV-1) 屬於人類嗜神經病毒，此類病毒基因組成相當大，為具有 152 kb 的線性雙股 DNA，可改造成能專一性導入神經系統的載體。野生型的 HSV 病毒感染人類神經元細胞後，通常處於潛伏感染的狀態，潛伏期可持續終生。一旦受到生理條件改變或周圍神經損傷等刺激，潛伏於體內的病毒體可被激活而進入感染分裂期。目前 HSV-1 已不限定只能感染神經元細胞，也可用於如上皮細胞的感染。

⬇ 二、非病毒載體系統

雖然病毒載體在基因治療中廣泛的被拿來當做 DNA 轉殖與基因傳遞的工具，但其可能的致病風險與操作限制仍是治療時需要考量的重點。非病毒載體因具有可大量製備、不具傳染性及不限定載體容量等優點，在基因治療的使用上仍有其研究使用與開發的價值。

1. **電穿孔 (electroporation) 法**：將細胞置於高壓脈衝電場中，通過電極作用使細胞產生可逆性的細胞穿孔反應，溶於基質溶液中的 DNA 分子便可滲透進入到細胞內，並有機會可以嵌入到細胞基因體中。

2. **微脂粒 (liposome) 法**：微脂粒是除了反轉錄病毒載體之外，應用較多的基因傳遞方式。利用與 DNA 具不同電性或極性的人工脂質體和外源基因混合將 DNA 予以包覆後，將 DNA 一脂質複合物與標的細胞共培養後與細胞融合，或將該複合體直接打入病人組織，使 DNA 進入細胞進行表達。此方式可用在許多不同型態的細胞上，但此法的基因轉殖效率與所使用磷脂的比例、種類等組成成分息息相關，基因轉殖的比例與效果常不穩定，並且利用此方式所送入細胞的外源基因乃屬於短效性的表達，這些都是微脂粒法無法在基因治療中被廣泛採用的原因。目前許多因接受病毒載體轉殖的基因治療陸續發生問題之際，有越來越多對於如何利用微脂粒法提高 DNA 進入細胞內的比例與延長 DNA 表達時間等研究被發展出來。

3. **受體引導 (receptor-mediate) 法：** 在某些情境下若需要將 DNA 特別送入特定的細胞內表達時，假如該細胞有特異性受體 (receptor) 的表現，那麼便可利用與該受體相對應的**配位體 (ligand)** 先和帶正電荷的 polylysine 連結後再與 DNA 結合，進一步藉由受體與配位體的特定接合，DNA 便可經由細胞的**胞飲作用 (endocytosis)** 進入細胞之內。

4. **顯微注射 (microinjection) 法：** 將外源基因在特製顯微鏡下操作，直接將 DNA 注射入受體細胞內使其表達。此方式可達到極高的基因轉殖效率，但因操作上每一次只能注射一個細胞，所以相對時間效應內並無法獲得大量成功接受轉殖的細胞，此乃顯微注射法的限制。

5. **裸露 DNA (naked DNA) 法：** 科學家發現，以 DNA 直接注射到肌肉細胞時，雖然 DNA 並沒有嵌入到細胞染色體上，但 DNA 分子卻可持續在肌肉細胞內表達，並且注射入體內的基因所表達的產物能夠引起**體液性免疫反應 (humoral immunity)** 和**細胞性免疫反應 (cellular immunity)**。如何利用肌肉細胞對 DNA 吸收的有效方便性來攜帶外源基因進而從事 DNA 疫苗的操作，正是許多科學家目前努力的方向與目標。

6. **物理方法：** 現今發展的儀器中，有幾種可利用無針系統將 DNA 直接注入細胞內。

   (1) 基因槍 (gene gun)：將包覆黃金粒子的 DNA 分子利用高壓氦氣加速法注入細胞內進行表現，此種機械式的基因轉殖方式較不受細胞條件的限制，且所需的 DNA 注射量也比微脂粒法要來的少許多，詳見圖 10-5。

   (2) Jet gun：利用高壓將液體注射入細胞間隙。

14-4
基因治療在臨床上的運用

◑ 一、遺傳性疾病的治療

利用基因操作來矯正遺傳性疾病的想法即是基因治療最初的概念，在現階段的技術限制及對基因調控的瞭解仍不足夠的情況下，由單一基因缺陷且該基因產物表達的含量不會造成身體異常的疾病，如重度先天性複合免疫缺乏症(SCID)、慢性肉芽腫疾病（chronic granulomatous disease，簡稱 CGD）、**帕金森氏病 (Parkinson's disease)**、**纖維囊腫（cystic fibrosis，簡稱 CF）**、家族性高膽固醇血症 (familial hypercholesterolemia)、**鐮狀細胞性貧血症 (sickle cell anemia)** 等，都是目前基因治療人體試驗較容易的對象。

◑ 二、感染性疾病的治療

針對細菌或病毒重要基因的活性抑制或引起體內免疫反應將病源清除，乃是感染性疾病重要的治療原理，可利用 DNA 或 RNA 轉殖技術進一步影響該重要基因產物的生成或活性以干擾其功能。

◑ 三、心血管疾病的治療

血管內皮生長因子 (VEGF) 和纖維細胞生長因子 (FGF) 的基因轉移能促進血管新生，可改善缺血性心肌的供血情形。動脈血管病變、硬化導致栓塞的患者常會接受**氣球血管造型手術 (balloon angioplasty)**，其副作用是讓血管中之內皮細胞受到傷害，而平滑肌細胞卻反而因此不斷增生，最後又重新造成血管壁增厚和動脈硬化的現象。利用基因療法，科學家們可以在氣球血管造型手術的同時，帶入一些抑制平滑肌細胞生長或保護內皮細胞的一些相關基因，達到治療心血管疾病的目的。

四、癌症的基因治療

據衛生署死亡原因統計資料顯示，近年來癌症總是高居國人十大死亡原因的首位，平均每年死於癌症的人數便達三萬多人次。由於許多癌症病人無法利用開刀、放射線或化學療法治癒，基於病人和家屬的接受性和臨床治療的迫切性，基因療法則提供了另一可能的選擇，因此癌症便成為基因治療臨床試驗的最大比例。在美國經由**國家衛生研究院（National Institutes of Health，簡稱 NIH）**所屬的重組 DNA 諮詢委員會（Recombinant DNA Advisory Committee，簡稱 RAC）批准的基因治療試驗中，腫瘤的基因治療即佔 2/3 以上的案例。在此特別要提出的是，針對癌細胞不正常的基因表現所從事的基因治療和一般遺傳疾病的處理有所不同。除了目前對於細胞癌化的發生機轉尚無法清楚釐清之外，許多癌症的產生是多個基因異常的結果，常常無法確定哪一種變異才是導致腫瘤產生的主因，即使是同一種癌症，不同病人和病況所導致的原因也都不盡相同，更難以斷言哪一個基因對於腫瘤的治療是最好的選擇。因此，腫瘤的基因治療其首要目標便著重在如何抑制癌細胞的生長與擴散，進而達到治療的目的，非僅針對某特定致癌基因來從事治療的操作而已。目前針對腫瘤所施行的基因療法常用的策略如下：

（一）對抗腫瘤細胞的免疫療法

1. **細胞激素基因治療**：癌症的免疫療法主要是利用**細胞激素 (cytokine)** 來刺激人體的免疫系統，進而使宿主對癌細胞產生有效的毒弒作用。將細胞激素基因轉染入腫瘤細胞內之後，轉型成功的癌細胞可成為具有引發強免疫性能力的高抗原性細胞，若將這些修飾過的腫瘤免疫細胞再打回體內，癌症患者的腫瘤細胞可以獲得明顯的抑制效果。目前臨床上使用的免疫基因療法主要著重在 IL-2、IL-4、TNF、GM-CSF 和 IFN 等這幾種細胞激素。

2. **增強免疫輔助因子的表現**：腫瘤細胞能否活化 T 細胞產生有效的細胞免疫反應，乃取決於該腫瘤特異性抗原是否能啟動 T 細胞完整的反應訊息。除了需要有特異抗原分子與 MHC 形成嵌合物表現在**抗原呈現細胞（antigen presenting cell，簡稱 APC）**上後和 T 細胞受體結合形成第一訊號系統之外，還需要由 B7/ICAM 和 T 細胞表面的 CD28/CTLA4 形成共同刺激信號 (co-stimulation signal) 才能有完全的細胞反應。因此，增加細胞表面 MHC 分子的數目或是提高 B7/ICAM 的表現，可以增加免疫細胞辨識的可能，而提高清除腫瘤的能力。經由細胞激素等方式若能成功達到刺激體內足夠的免疫反應清除腫瘤時，此時可將對腫瘤細胞有特定免疫力的 T 細胞予以分離，並在體外培養後，可藉此進一步找到可引發免疫專一的腫瘤特異性抗原或從事細胞治療。

（二）抑制致癌基因表現的療法

腫瘤的產生常與細胞不正常的增生或不易死亡有關，ras、c-myc、erbB2 或 bcl-2 等致癌基因 (oncogene) 的不正常表達，是細胞不斷分裂繁殖而癌化的可能原因。因此，如何壓抑致癌基因的表現便是基因治療的一項重要標的。利用針對與致癌基因結合成雙股核酸結構所設計出的**反義寡聚核苷酸 (antisense oligonucleotides)**，能抑制腫瘤基因的轉譯和蛋白質轉錄，並促進該基因訊息 RNA 的裂解，是可用來影響癌基因表達的一項基因操作。

近來科學家們發現利用**雙股 RNA (dsRNA)** 分子送到細胞內之後，dsRNA 會被一種名為 Dicer 的酵素裂解成可以結合到特定 RNA 序列上的更小 RNA 碎片（**small interfering RNA，簡稱 siRNAs**），進一步造成 RNA 分子的降解導致該**基因靜默 (gene silencing)** 而失去功能，此即所謂的 RNA **干擾技術**（**RNA interference，簡稱 RNAi**），參考圖 3-11。2002 年麻省理工學院 Dr. Sharp 研究團隊的發現，無論是針對病毒感染細胞所需的病毒 CCR5、共同受體 CD4，或是針對病毒基因體的 *gag* 區域，siRNA 都可以有效的抑制 HIV 病毒的感染與複製能力，這些研究提供我們瞭解 RNA 干擾技術的可能作用機制和用以操作基因的可行性。值得一提的是，RNAi 的技術被科學雜誌及其出版商美國科學促進會 (AAAS) 評選為 2002 年最重要之科學重大突破的榜首，可預見的是未來不論是在科學的研究上或是醫學應用的範圍中，利用雙股 RNA 分子來操作基因的技術都將越形重要。除此之外，設計出對特定致癌基因訊息 RNA 序列有辨識性，並可進一步分解該 RNA 分子的 Ribozyme，也是用以抑制腫瘤基因表現的有效方式之一。

（三）導入抑癌基因的療法

　　研究不同器官的癌細胞後發現，許多腫瘤細胞內控制細胞週期與細胞凋零的 p53 基因發生突變的機率相當高。正常的 p53 基因製造出的蛋白質可以監控並調節細胞的分裂，當細胞的 DNA 受到損害而無法修補時，p53 分子的活性便會被激發，進一步促使可讓細胞停止複製的 p21 基因和能使細胞自戕的 *bax* 活化表現。一旦 p53 基因突變後，便失去對細胞生長調控的能力，此時若能將正常的 p53 基因送入轉型腫瘤細胞株內表現，則可以造成癌細胞大量的**細胞凋零 (apoptosis)**。類似 p53 這樣在細胞體內表現後能有效抑制細胞癌化的基因，或是其功能缺失後會造成細胞生長失控而導致癌症的標的基因，即我們所稱的**抑癌基因 (tumor suppressor gene)**。許多研究人員嘗試將攜帶有正常表現的抑癌基因送入癌細胞或動物體內，希望能藉由他們抑制腫瘤細胞生長的活性，改變癌細胞分裂或增生的能力，來達到治療腫瘤的效果。除了上述的 p53 基因之外，目前在 APC、BRCA-1、Rb 等抑癌基因的治療發展上也有許多不錯的成果。

（四）導入自殺基因的療法

　　自殺基因 (suicide gene) 目前多以酵素裂解**藥物前體 (prodrug)** 激活的基因為主，其產物具有將原先對細胞無毒害的藥物前體轉變成具有細胞毒性藥物的特性，可依據癌症細胞生長的特殊性發展不同的自殺基因，進而達到僅殺死癌細胞但不傷害正常細胞的目的。

最有名的例子是利用反轉錄病毒載體攜帶 HSV-tk 基因來處理腦腫瘤細胞。一般腦細胞處於不分裂的狀況，但腫瘤細胞則會不斷的分裂，利用反轉錄病毒只感染分裂細胞的特性，便可將 thymidine kinase (tk) 基因選擇性的送到癌細胞內，此時再施予核苷酸類似物，如 acyclovir (ACV) 或 gancyclovir (GCV) 處理細胞時，因為病毒的 TK 酵素能將 ACV 或 GCV 進行磷酸化 (phosphorylation)，使得這類產物被用來合成 DNA 而造成 DNA 合成反應的終止，進而導致細胞的死亡。一般哺乳類動物細胞內的 TK 酵素不具有這樣的能力，所以不受 ACV 或 GCV 處理的影響。除此之外，有人也利用癌細胞內端粒酶 (telomerase) 活性遠較一般正常細胞高的特性來構築自殺基因。把可將生物活性藥物前體 CB1954 活化成具有毒性烷化物藥劑的細菌**氮還原酶 (nitroreductase)** 基因，放在人類端粒酶啟動子調控的腺病毒載體上，以腺病毒載體分別感染腫瘤細胞和正常細胞後發現，只有癌細胞才有氮還原酶的表達，此時再利用藥物前體 CB1954 處理腫瘤細胞，便可看到癌細胞的死亡。

在自殺基因療法的實驗中發現，並不需要每個腫瘤細胞均表達自殺基因就能使腫瘤有明顯的萎縮，即基因改造的癌細胞能引起未經基因改造細胞的細胞毒性而造成細胞的死亡，此即所謂的**旁觀者效應**（bystander effect，**簡稱 BSE**）。這樣的效應可能是有毒物質在細胞間的擴散作用、代謝作用及細胞的免疫反應所導致的結果，而不同自殺基因系統所導致的 BSE 其機制亦有所不同。

（五）導入抗血管新生因子基因療法

癌細胞強烈的增生能力需要經由組織血管提供源源不斷的養分才得以持續不斷的進行，若是將輸送養分到癌細胞的血管予以阻斷，那麼腫瘤細胞便有可能因為吸收不到養分而死亡，因此也可以達到治療的目的。血管新生因子是人體內維持血管功能的重要分子，科學實驗已經證實利用導入可以拮抗血管新生因子的基因到動物體內後，可以阻礙血管的形成而使得已經存在的腫瘤產生萎縮的現象。

在此，我們必須說明的是，儘管以癌症為對象的基因治療研究案例或方式越來越多，但不可諱言的科學家仍舊面臨許多的挑戰：

1. 基因轉染效率仍舊不高且無法持久表達。

2. 送入的基因是否能針對癌細胞作用，而不影響患者體內其他的正常細胞。

3. 改造後的基因或細胞所引發的免疫毒弒作用是否能被調控。

4. 癌細胞能否被完全清除。

14-5
基因治療的風險

對從事基因治療的研究人員而言，為了要提高基因治療的效能，在大多數的計畫中都嘗試著用能夠高效率傳遞基因進入細胞，並能高度表達該基因的病毒載體來操作基因轉殖的技術，這樣的過程可能引發的病毒感染、因基因嵌合所導致新突變的發生及無法掌握的免疫反應等問題，都是基因治療目前最大的困境與風險之所在。1999 年 9 月，一位因罹患先天性 OTC (ornithin transcarbamylase) 基因缺陷遺傳疾病的美國青年 Jesse Gelsinger，在賓夕法尼亞大學人類基因治療中心接受利用缺陷型腺病毒載體的基因治療後，發生急性系統性炎症反應，最後因肝臟及全身器官壞死而過逝，從而成為世界上首例明確死於基因治療的患者。事實上，我們在討論利用病毒載體攜帶外源基因進入細胞時便談論到該操作的可能風險，這些案例的發生，對研究者來說並不突然或並非不可接受，問題在於基因治療終究是為瞭解決人類疾病而發展的，任一個失敗的案例都代表生命無可挽回的付出，未來基因治療的工作該如何從動物試驗的報告中獲得可能的風險評估，如何在疾病的治癒率、病人生存權利與因為從事基因治療操作而可能罹病的風險中獲得平衡，這都將是關注基因治療者急需努力的課題。

在基因治療研究上值得一提的案例莫過於法國 Dr. Fischer 團隊在 SCID X1 所做的一系列報告。他們首先在 2000 年 4 月於科學 (Science) 雜誌上發表利用能表達正常基因的反轉錄病毒與骨髓幹細胞一起培養後再注回患者身上，而成功治療罹患 SCID X1 的案例，這樣的結果讓人感到振奮。然而 Fischer 團隊卻在 2002 年 9 月發現其中一名在嬰兒期接受該治療的病童體內淋巴球細胞數目異常的增加，出現類似白血病的症狀，同年 12 月又發現另一類似的案例。FDA 接到這樣的報告後，立即停止三項類似的基因療法試驗，2003 年 1 月更進一步宣佈停止 27 項以反轉錄病毒為載體的基因治療試驗，這對長久從事基因治療的研究者與期待利用基因治療來重建生命曙光的病人來說，是一極為嚴峻的挫折。其實，類似的報導也發生在基因轉殖小鼠上。2002 年德國漢諾威醫學院的一個研究小組將病毒載體導入細胞內，並進一步建立轉殖小鼠的動物模型，結果發現外源基因插入細胞基因體之後，改變了插入位點處正常基因的表達，並且該外源基因的蛋白質產物亦影響了正常細胞的活動，導致該小鼠罹患了白血病。

在一連串不利於基因治療的結果出現之後，許多人認為基因療法不應該如此急切的在臨床上使用，然而，對基因療法抱持樂觀態度的支持者卻相信，對某些先天性遺傳疾病患者，如泡泡兒 (SCID) 來說，除了基因治療之外，目前似乎無其他救命之途，延遲或暫緩基因療法試驗並非解決問題的方法，唯有繼續實驗才能瞭解問題的真正原因。事實上，任何新式療法的發展過程中，失敗和挫折是不可避免的，若我們相信發展基因治療仍舊是未來解決人類疾病的一項利器時，便需要對這樣的試驗做更充分且嚴謹的評估，以期在治療過程中獲取更高的價值。目前許多科學家致力於基因療法安全性改良的工作，比如在病毒載體上同時製備自殺基因來避免正常細胞異常增生的可能，有些則著重在採用非病毒載體的治療方式，也有科學家嘗試讓基因直接轉殖入細胞內特定染色體固定的位置，以減少因基因嵌合作用所導致的突變，這都是將來基因治療在安全性上必須加強改善或值得大家努力去突破的問題。針對基因治療案例所

產生的困境，FDA 雖將類似的試驗予以暫停，但仍表示假如研究人員所做的試驗是患者生存的最後一線曙光，FDA 可以根據個案予以討論，並在告知病人可能的風險條件下，專案開放治療的試驗。

雖然基因療法的試驗迄今已發展了十多年的歷史，但基因療法的人體試驗與追蹤仍然處在研究的摸索階段，目前依舊面臨可能有新的突變、病毒感染、損害組織或細胞效應、基因轉移效率偏低、基因功能表現短暫（需定期施行基因治療）、導致癌症發生或誘發宿主嚴重免疫反應等副作用或併發症產生的問題。如何發展更有效且安全的載體將重組後的基因送到標的細胞內、如何進一步控制外源基因在體內表達的數量和維持表達的效能、如何避免毒害細胞效應或避免癌症的發生等課題，都將是科學家未來在基因治療領域中所要努力克服的重點。在利用基因操作進而治療人類疾病或提高人類生活品質的此刻，如何在追求更先進的科技或醫療突破的同時，也能對於人類基本價值做更深層的重新思考，我們需要在樂觀的期待裡，以更謹慎且謙卑的態度去回應當前的難題。

 問題及討論 Exercise

一、選擇題

1. 下列何者不是從事人體基因治療必須考慮的條件？ (A) 對該疾病的病理機轉、相對基因的結構和功能，都有一定程度的認識與瞭解　(B) 能夠利用遺傳工程技術，將致病的基因予以導正　(C) 對該基因表達與調控的機轉和條件有所操控　(D) 可以大量表現該基因　(E) 具有安全且有效率的轉殖載體與遞送方式

2. 目前人類基因治療的對象僅不包括哪種細胞？ (A) 淋巴細胞　(B) 造血細胞　(C) 生殖細胞　(D) 肝細胞　(E) 生殖細胞

3. 當篩選出成功轉染的細胞後，可用來檢驗該細胞內外源基因表達的狀況的實驗法，不包括下列哪一項？ (A) 北方墨點實驗 (Northern blot)　(B) 原位雜交　(C) 免疫組織化學染色法　(D) PCR　(E) 免疫組織螢光染色法

4. 利用遺傳工程技術將所要轉殖的基因採用體外培養、選殖、表現於該標的細胞後，再將改造成功後的標的細胞植回病人體內，稱為什麼方法？ (A) 體外治療方式 (*ex vivo*)　(B) 體內治療方式 (*in vivo*)　(C) 試管內治療方式 (*in vitro*)　(D) 試管外治療方式 (*ex vitro*)

5. 將用來治療病人的基因利用遺傳工程技術處理後直接注射入病人體內予以表達的治療方法，稱為什麼方法？ (A) 體外治療方式 (*ex vivo*)　(B) 體內治療方式 (*in vivo*)　(C) 試管內治療方式 (*in vitro*)　(D) 試管外治療方式 (*ex vitro*)

6. 用於基因治療的病毒載體系統，需要先加以改造，下列關於病毒改造的敘述，何者錯誤？ (A) 將基因體中會致病的相關基因去除掉　(B) 保留可攜帶基因體進入人體細胞功能的部分　(C) 組裝上所需要的外源基因　(D) 保留病毒複製所需的基因 (E) 以上皆正確

7. 關於反轉錄病毒 (Retrovirus, RV) 的敘述，下列何者錯誤？ (A) 反轉錄病毒的基因遺傳的物質是負向 RNA　(B) 利用本身具備的反轉錄酶將 RNA 先轉錄成 DNA 分子　(C) 藉由嵌合作用 (integration) 進一步整合到宿主細胞基因體　(D) 具基因轉殖與穩定性表現的特性　(E) 是最先被改造且應用最廣泛的基因治療載體

8. 利用外源基因取代病毒基因所建構出的複製缺陷型病毒體本身無法完成病毒的複製，必須在包裝細胞株 (packaging cell line) 內獲得什麼輔助病毒 (helper virus) 提供複製所需的必要基因才能產生重組病毒。必要基因不包括下列哪一項？ (A) *gag*　(B) *pol*　(C) *env*　(D) *rev*

9. 下列何者非一般病毒表現載體都具備的組成？ (A) 標的基因　(B) 引子結合部位　(C) 長終端重複序列　(D) 反轉錄酶　(E) 病毒包裝識別訊號

10. 下列何者非反轉錄病毒載體的優點？ (A) 具有強大的細胞穿透力，細胞轉染效率極高　(B) 能夠感染的細胞類型廣泛，適用於許多不同細胞類型的感染與表達　(C) 其嵌入整合於細胞基因組的能力使外源基因得以做長效表現　(D) 安全性高　(E) 在活體試驗中轉殖的效用較其他短暫性表現的方式為佳

11. 慢病毒 (Lentivirus) 載體和一般反轉錄病毒載體最大的不同點在於？ (A) 感染速度慢　(B) 對分裂細胞和非分裂細胞皆有感染能力　(C) 感染力低　(D) 更安全　(E) 可做長效表現

12. 下列何者非腺病毒 (Adenovirus, AV) 載體和一般反轉錄病毒載體之差異？ (A) 可攜帶的外源基因容量較反轉錄病毒大　(B) 能感染非分裂細胞，故可用於體內轉殖　(C) 具有相當高的轉殖效率　(D) 其基因的表達屬於短效性　(E)

大部分的人都感染過這類的病毒，以此載體在基因治療時容易引起強烈的免疫反應，帶有腺病毒載體的標的細胞很容易被免疫系統清除

13. 以酵素裂解前體藥物 (pro-drug) 激活的基因，其產物可針對無毒害的前體藥物，將其轉變成具有細胞毒性藥物的特性，這種基因稱為？ (A) 抑癌基因　(B) 致癌基因　(C) 自殺基因　(D) 藥物基因　(E) 毒性基因

14. 非病毒載體系統的基因轉殖方式不包括下列哪一種？ (A) 電穿孔 (electroporation) 法　(B) 真空法 (vacuum)　(C) 微脂粒 (liposome) 法　(D) 受體引導 (receptor-mediate) 法　(E) 顯微注射 (microinjection) 法

15. 基因的不正常表達，會造成腫瘤的產生常與細胞不正常的增生或不易死亡，導致癌化及腫瘤的產生，這類基因稱作？ (A) 抑癌基因　(B) 致癌基因　(C) 自殺基因　(D) 藥物基因　(E) 毒性基因

16. 在細胞體內表現後能有效抑制細胞癌化的基因，或是其功能缺失後會造成細胞生長失控而導致癌症的標的基因稱作？ (A) 抑癌基因　(B) 致癌基因　(C) 自殺基因　(D) 藥物基因　(E) 毒性基因

17. 毒性基因改造的癌細胞，能引起未經基因改造細胞的細胞毒性，而造成細胞的死亡，這種現象稱為？ (A) 連鎖效應　(B) 旁觀者效應　(C) 毒性效應　(D) 改造效應　(E) 放大效應

18. 毒性基因改造的癌細胞，能引起未經基因改造細胞的細胞毒性，而造成細胞的死亡，可能原因不包括下列哪一項？ (A) 有毒物質在細胞間的擴散作用　(B) 有毒物質的代謝作用　(C) 毒性基因散播到旁邊的細胞　(D) 細胞的免疫反應　(E) 以上都是

19. 關於 RNA 干擾法的敘述，下列何者錯誤？ (A) 利用雙股 RNA (dsRNA) 分子　(B) 進入細胞內之後，會被 Dicer 酵素裂解　(C) 小片段會結合到特定 RNA 序列上 (small interfering RNA, siRNAs)　(D) 進一步造成 RNA 分子的降解　(E) 導致該基因破壞而失去功能

20. 自殺基因 (suicide gene) 目前多以酵素裂解前體藥物 (pro-drug) 激活的基因為主，最常用的基因為何？ (A) Pol　(B) TK　(C) p53　(D) Rb　(E) bcl-2

二、問答題

1. 何謂基因治療？

2. 基因治療的基本條件與程序為何？

3. 基因治療的操作方式可大致分為那些種類？其操作定義為何？

4. 選擇標的細胞時需要考慮與注意的事項有哪些？

5. 目前幹細胞不容易成為基因治療所使用之標的細胞的困境有哪些？

6. 人體基因治療實驗需要遵守哪幾項基本原則？

7. 如何利用基因表達產物來篩選出成功轉染的標的細胞株？

8. 常用以攜帶外源基因進入標的細胞的病毒載體方式有哪些？各有何優劣性？

9. 非病毒載體系統的基因轉殖方式有哪幾種？

10. 利用反轉錄病毒從事基因轉殖的時候，需要有哪些設計來增加其感染細胞的廣泛性及避免其進一步的傳染？

11. 一般病毒表現載體具備哪幾項重要組成？

12. 慢病毒載體和一般反轉錄病毒載體最大的差異性在哪裡？

13. 癌症基因療法的研究目標和臨床使用與一般遺傳性疾病有何不同？

14. 何謂致癌基因？何謂抑癌基因？

15. 何謂 RNA 干擾技術？

16. 何謂旁觀者效應 (bystander effect)？

17. 目前針對腫瘤癌症的基因療法有哪些不同的策略？

18. 利用自殺基因抗癌的原理為何？

19. 利用抗血管新生因子從事癌症基因治療的原理為何？

20. 對於腫瘤基因療法所需要進一步克服的問題是什麼？

21. 應用微脂粒作為基因傳遞方式，為何無法被廣泛採用？

解答：(1) D　(2) E　(3) D　(4) A　(5) B　(6) D　(7) A　(8) D　(9) D　(10) D
(11) B　(12) C　(13) C　(14) B　(15) B　(16) A　(17) B　(18) C　(19) E　(20) B

15

生物晶片
Biochip

BIOTECHNOLOGY

基因體定序完成之後，接著便是要瞭解基因體上有些什麼基因？這些基因究竟有什麼樣的功能？這些資料的分析與應用，有助於我們對於細胞正常功能及疾病在分子基礎層面之機制的瞭解。序列資料本身並不能提供關於某基因如何表現、表現模式、表現時期、表現的細胞種類或特定組織等真正有意義的訊息。在某一生物體中所有的細胞雖然都帶有相同的基因，可是有更精密的調控機制在決定何種細胞在某個時間應該表現什麼基因，這才是生物學家們真正有興趣的問題。

生物晶片可以說是科學上革命性的突破，因為它可以對多種物種的基因表現作全面性的分析；又跨越多種科學領域，由其他非生物學領域的技術支援，例如需要統計學及資訊學門的參與來進行數據分析及資料庫的比對；也需要電子產業提供晶片技術及電機工程人員改良晶片讀取偵測或訊號表現的方式。對於這樣的統合，生物晶片技術產業的發展可說是集眾科學智慧之成。

15-1
生物晶片的概念

　　一般俗稱的**生物晶片** (biochip) 實際上的正式名稱是**微點陣技術** (microarray)，這項技術的發展正是讓科學家們更容易利用基因體圖譜的一項重大突破，微點陣的原理是將原來在生命科學上常用來偵測的一些分子生物實驗樣本，縮小在玻片尺寸的 "晶片" ，便可以同時偵測千百種不同的基因或蛋白質，並利用機器來判讀這些結果，而基因定序完成之後的圖譜可以發揮提供樣品的功效。在瞭解生物晶片之前，我們先介紹這個系統所應用的傳統分子生物方法是如何進行的。

　　在傳統分子生物技術上，一般偵測樣品所需要的材料主要是 DNA、RNA 及蛋白質三類，各以其特別方法進行偵測，如表 15-1。基本上，可以將樣本固著，以已知的材料作為探針之用，以偵測樣本中之特定標的。而生物晶片則是將已知的材料固著在晶片上，來偵測未知的樣本。

表 15-1　生物晶片及傳統分子生物技術的異同

方法	固著之樣本	反應目標
南方墨點實驗 (Southern blot)	DNA	DNA 探針
北方墨點實驗 (Northern blot)	RNA	DNA 探針
西方墨點實驗 (Western blot)	蛋白質	抗體
生物試劑	帶有特定樣品的試紙	未知之檢體
DNA 微點陣技術 (DNA microarray)	1. 一群已知基因體片段 2. 特定的一群已知基因片段 3. 短或長的寡核苷酸	1. mRNA 經反轉錄而來的一群未知 cDNA 2. 欲偵測的異常基因體
醫療檢測用晶片	病原或基因作為探針	未知之病人檢體

這些傳統分子生物方法的命名是因發展出南方墨點實驗的科學家姓 Southern，隨後發展出來的另兩種技術，也就依此而繼續命名。基本上，這三種實驗都必須將樣品經由電泳方式把樣品內容物依大小分開，再轉漬到特殊的硝化纖維膜上，然後以探針偵測，而生物晶片的角色就是相當於帶有已知樣品的薄膜。傳統使用的轉漬膜尺寸從一張電話卡到一本書的大小都有可能，而生物晶片可以從一張載玻片大小到電腦晶片的尺寸都可以。當然，生物晶片的目的不同於前者，分子生物實驗的結果能判斷在膜上的樣品中有沒有特定的東西，分子大小是否符合，而生物晶片則是在晶片上放置特定的一群樣品，大部分用來偵測未知的檢體或樣品，每個微點只能是"有或無"的結果，或是每個微點經不同探針反應的訊號強弱差異程度，因此在生物晶片上的每個點都必須是已知的樣本。

至於醫院中檢驗室常用的或藥房就可以買到的商業化試紙試劑，也是類似的方法，但由於受限於 DNA 或 RNA 的雜交，都需高溫處理，一般試紙上只有可能是簡單的酵素受質或化學分子或蛋白質等，可以偵測檢體中的某些酵素或抗體或化學物質的有無或多寡，雖然原理類似，但功能上是不能與生物晶片相當的。

一般而言，這種點陣式晶片負載的是排列整齊有序的樣品－可以是 cDNA、寡核苷酸或蛋白質，早期是從如雜誌大小的**巨型點陣 (macroarray)** 開始發展的，製作過程就是將已知的樣品（大多是 DNA）在大片的尼龍薄膜上以點陣狀打點，供作雜交篩選。發展至今，面積已經縮小成一片約載玻片，甚至郵票大小尺寸的微點陣 (microarray)，其每個點直徑小於 200 μm，需要顯微設備進行分析。一片 DNA 微點陣可能只有數平方公分，面積雖小，但有許多的優點，其可以裝載數千到數萬個樣品，而每個樣品都代表一個基因的片段，如此一來，只要一個小小的微點陣晶片，就可以包括一個複雜生物全部約 3~6 萬個基因。通常基因的表現是從 mRNA 的表現量來測定的，只要萃取不同來源的 mRNA，以反轉錄方式製成 cDNA 探針，即可比較差異，這也是目前生物晶片發展的主要規格。

如圖 15-1，此技術最早是由 Schena 等人於 1995 年發表，他利用這
個技術來觀察基因表現的變化，隨後數年，利用此技術進行各類研
究的報告大量增加，大多數都著重在癌症疾病的研究，也就是比較
正常細胞和癌細胞的基因表現差異。除此之外，更延伸至病理學、
細胞學及毒理學等領域。在後面幾節會陸續介紹詳細的發展情況。

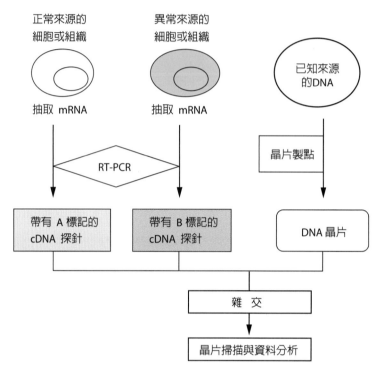

圖 15-1 DNA 晶片之使用流程

15-2
生物晶片成品的製作過程

我們以 DNA 微點陣為例，介紹生物晶片的製作過程。

⬇ 一、製點技術

此為生物晶片產業成功與否的關鍵要素，目前製點方式主要有三類：

1. **光蝕刻 (Photolithographic technology)**：主要是在載玻片上先黏上第一個核苷酸，然後在載玻片上直接一一合成寡核苷酸長鏈，而不是以機械手臂點上去，這項技術是 Affymetrix 公司的專利，製程類似半導體，也就是 "生物晶片" 名稱的由來。由於技術難度較高，對一般實驗室或小公司來說門檻較高，Affymetrix 公司目前在 DNA 晶片市場佔有率高達 80%，主要原因就是他們擁有此項技術。就理論而言，這種製程可以製造出高達 4 億個 "微點" 的高密度晶片，而目前一片 1.64 cm^2 的晶片上可以有 40 萬的 "微點"（每個點出現數次），Affymetrix 是唯一能夠將所有的人類基因放在一片晶片上的公司。

2. **機械手臂打點式 (Deposition)**：直接沾取 DNA 樣本，用機械手臂以細密的間隔將其打到玻片上，然後加以特殊處理，將 DNA 固定在玻片上。點在晶片上的 DNA 來源可以是 cDNA、基因序列或化學合成的寡聚核苷酸序列。其中 cDNA 可能是完整的或是其中的部分片段，或經由 PCR 而來。由於受限於打點液體的體積有基本的最小要求，因此不可能達到第一種方法如此高的密度，這是目前最普遍使用的方式。

3. **噴出式 (Ink-jet printing)**：是利用噴墨印表機的原理將 DNA 噴在晶片上，目前以 Agilent 公司製造技術較佳，在一片 19.35 cm^2 的晶片上可以噴 27,000 種探針，該公司的目標是在 1.64 cm^2 的晶片上噴 10 萬個點。

由於方便性高及應用範圍廣，機器打點仍是目前使用最多的方式，但打點容易偏離仍是造成結果差異過大的主要原因。

二、晶片材質

最常用的晶片材質是載玻片及尼龍薄膜，後者是一般實驗室進行雜交所用的材料，而載玻片可以在表面覆蓋 (coating) 特殊材質，或供 DNA 或其他形式之樣本附著的化學成分介質，許多晶片公司都有自己的專利覆蓋介質。一般實驗室使用的是 poly-L-Lysine，這是最常使用的一種覆蓋物介質。由於 poly-L-Lysine 帶正價，帶有負價的 DNA 或細胞很容易附著在上面。隨著技術的進步，考量打點的形態及一致性，poly-L-Lysine 已被 aminosilane 產品所取代。現在隨著蛋白質及醣類晶片的發展，不同目的的晶片，其材質的選擇也不同，特別是蛋白質晶片的固著方式，一直存在有很多困難，最近有很多新的進展，如表 15-2 的介紹，然而仍沒有最好的技術可克服所有的問題。同時在供蛋白質附著的晶片表面也有各種技術的開發成功，如各類薄膜、襯墊以及奈米凹槽 (nanowell) 或微流管 (microfluidic channels) 等，雖然這些改良技術都需要極精密的科學技術，但都可以達到降低蒸散，以及建立晶片上各個 "點" 之間的區隔以防止反應相混等目的。

表 15-2　蛋白質晶片的固著方式

樣本固著方式	平面式	立體式	其他
固著原理	化學共價結合或靜電結合	物理性吸附	共價結合或親和性結合
表面覆蓋物	Amide group, aldehyde group, epoxy group 等	Polyacrylamide gel, agrose gel, nitrocellulose, hydrophobic polymer 等	PEG-epoxy, Ni-NTA, streptavidin, avidin 等
優點	結合緊密，訊號強	易維持原本的蛋白質結構	
缺點	易蒸散，蛋白質結構易改變	結果誤差極大	

15-3
晶片的使用步驟

　　實驗室中常需要比較不同細胞或組織之間相對 mRNA 表現量的差異，這種技術稱為**基因表現差異** (differential gene expression)，可以比較不同來源的兩組特定 mRNA 表現量的差異，以找出表現量不同的特定基因。例如：病理組織或癌細胞，甚至藥物處理後所取得的 mRNA 都可以與正常細胞的 mRNA 表現作比較，找出差異所在。DNA 微點陣技術將這種冗長的實驗及結果分析簡化，進而機械化，可以同時進行多量的樣品分析。

❶ 一、探針製作

　　若想比較的兩組不同來源或處理的細胞或組織，首先必須各自萃取其反映基因表現情況的 mRNA，再以反轉錄酶依 mRNA 當模板製作出 cDNA 當探針，在製作探針時分別加入不同的螢光標記，以為區別。

❷ 二、雜 交

　　將兩組探針同時與一片晶片雜交，探針會與晶片上相互補的 DNA 雜交。若兩組探針有差異，可能與相同的點產生不同的反應強度，甚至與不同的點反應，雜交的過程也和一般傳統的核酸雜交方式相同。

❸ 三、掃描及偵測

　　若是用螢光標記的探針，需要使用共軛焦螢光顯微鏡來偵測訊號，得到兩種不同螢光的影像。舉例而言，如圖 15-2，如果將正常來源的探針標記螢光以藍色 ● 為訊號，異常來源的探針標記螢光以黑色 ● 為訊號，兩種訊號重疊則出現藍黑 ●。在圖像上出現的藍黑點表示在兩種 mRNA 來源中，表現量沒有太大差異，而藍色的點表示在異常來源的 mRNA 中這個基因的表現量明顯降低，黑色的點則表示這個基因在異常來源的 mRNA 中表現量大為提高。

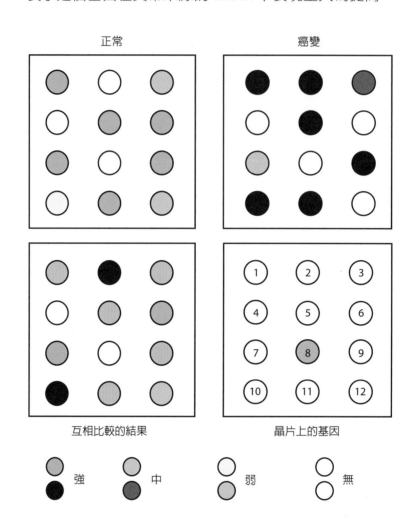

正常　　　　　　　癌變

互相比較的結果　　　　晶片上的基因

強　　　中　　　弱　　　無

圖 15-2　DNA 微點陣的結果分析解釋

假設我們以 DNA 微點陣比較正常組織（藍色 ◯）與癌變組織（黑色 ●）之某群基因表現之差異，先純化兩種組織的 mRNA，反轉錄出 cDNA 探針，分別標記兩種不同的螢光，與載有這群基因的 DNA 微點陣晶片同時雜交，得到以上的結果，將兩張影像重疊，即可得到左下方之結果。藍黑色 ● 代表等量的藍色 ◯ 及黑色 ●，因此第 1,3,5,9 及 11 基因在正常組織及癌變組織中之表現並無明顯差異；而第 2 及 10 號基因在癌變組織中之表現量大增；第 7 號基因在癌變組織中表現量明顯降低，而第 6 及 12 號基因則是在癌變組織中完全不表現。第 4 號基因在正常及癌變組織均未有表現；而第 8 號基因是在每組實驗中均要有的負對照，是來自非相關的基因，如載體等，是絕對不在此二類組織來源表現的基因。而根據基因表現是否受癌變之影響，可以初步瞭解哪些基因與癌變有關，然而真正的數據仍需要由數量化的統計資料得知。（實際結果分析範例，請見封底）

四、標準化及分析

在晶片製作時，通常同一個樣品會在不同位置點上數點，目的是希望增加訊號判讀的正確性。同時，也會有一些點是其他無關的 DNA 序列，絕對不會被雜交，是負對照，也可當作背景值來校正。從晶片上所得到的影像不能以肉眼判斷結果，而是要經由特殊的軟體分析兩個影像是否有差異，在定性上可以説某個基因的表現是否有影響，至於增加多少或降低多少，都必須依據統計及運算的結果來定量，單就每個點的結果是否有顯著差異這件事而言，已經有大量的統計數據產生。

五、電腦運算及數據分析的可讀性

對於一個 5 萬個點的晶片，如有兩種不同的 mRNA 來源，就會產生 10 萬個初步的數據及影像資料，而交互比較這些結果會產生更龐大的數據，這些運算工作都需要收集、儲存、分析及整理歸納，此時就需要生物統計及電腦資訊領域的支援。針對分析微點陣的結果，目前已有現成的套裝軟體幫研究人員將繁瑣的過程簡化，整合影像數據及量化結果，成為可讀性及接受度更高的資料，方便研究人員作更進一步的分析觀察，也讓基因表現的實驗結果的解讀更具有意義。

15-4 生物晶片在臨床上的應用

一、癌症診斷

目前癌症的診斷是藉由病理的檢驗結果來判斷，重要的三個依據為：

1. **癌症的種類**：藉細胞的來源判斷癌症的種類。

2. **癌變的程度：**癌細胞與原來細胞之間的相似度則代表癌變的程度。

3. **癌症的期別：**癌細胞擴散的程度則為判斷期數的依據。

　　醫師通常藉此找出最適合的療程。在癌變的程度這一項，通常是較為主觀的，淋巴癌可藉由微點陣的幫助，讓這項結果數量化，且對於癌症種類的辨認亦十分有用。

⬇ 二、病原偵測

　　目前多家生技公司（包括臺灣）研發出包含多種細菌基因體的探針，可以直接與採樣檢體雜交，判定是否感染某種細菌，如工研院生物醫學中心開發成功的"發燒晶片"（包含了多種會引起發燒的細菌基因體探針的晶片）及腸病毒的偵測晶片。在一種特定功能的晶片開發成功之後，可以取代傳統檢驗需經採檢體、菌種培養、菌種鑑定的冗長步驟，縮短鑑別感染來源所需要的時間，提早掌控病情的發展，可以提高診療效率。

⬇ 三、遺傳疾病篩檢

　　新生兒五種遺傳疾病的篩檢也可以利用晶片，將常出現的基因缺失片段作為晶片上的探針，來篩選新生兒血液檢體中是否有基因缺失，包括苯酮尿症、高胱胺酸尿症、半乳糖血症、先天性甲狀腺低功能症及葡萄糖 -6- 磷酸鹽去氫酶缺乏症（俗稱蠶豆症），這些疾病都是缺乏某種代謝酵素，無法完全代謝某些中間產物，以至累積在身體中，產生病症，這類疾病只要能在早期治療對症下藥或飲食控管即可避免後遺症的發生，幾乎都可以正常長大，因此越早治療效果越好。生物晶片利用本土常見並已找到的基因突變型或缺失型作為探針，可以早一步發現病童。當然，對於選用的探針能否涵蓋大多數的變異型，則是生物晶片下一步需努力的方向。同理，此原理可以廣泛推展至婚前健康檢查及役男身體檢查等遺傳疾病的篩檢。

15-5
生物晶片在生命科學研究領域的應用

一、癌症研究

微點陣技術在癌症研究領域上應用廣泛，主要的研究方向大致分三類：

1. **瞭解癌細胞的基因表現和正常細胞有何差異**：從同一個病人身上的正常組織、癌細胞**轉移 (metastasis)** 的淋巴組織，以及癌細胞組織萃取出 mRNA，反轉錄成 cDNA 探針，再與高密度晶片雜交，經由數次的重複實驗分析結果，便可以詳細比較出哪些基因的表現會隨癌細胞的病程而發生異常變化。

2. **更精確地分類各種癌變組織是由何種細胞發病**：傳統上，癌症是依病理檢驗而分類的，例如使用特殊的染劑或抗體檢測特殊的抗原表現與否來認定此癌症是屬於何種細胞來源。微點陣技術所分析出的基因表現特徵也成為腫瘤分類上一項新的依據，例如最有名的例子是小細胞肺癌，因為這種癌組織能以免疫染色法標定出神經細胞特有的標記抗原，因此認定它應歸類於神經內分泌組織的癌變。但微點陣技術所分析出的小細胞肺癌基因表現結果顯示它比較像氣管上皮細胞，而非其他的神經細胞組織，所以實際上應該被歸類於上皮細胞腫瘤。

此外，骨髓癌、B 細胞淋巴癌及血癌等一些以前很難精確分類的癌症，都可以藉由這種技術重新歸類。在癌症能精確分類後，醫療研究人員就比較容易針對各種癌症找出更直接命中標的細胞的化療方法，對病人提供更有效的治療。由於此類癌是少數單一細胞狀的癌症，90% 的其他癌症均為腫瘤，病理組織中尚包括正常細胞、血管等其他細胞組織，很難有完全純化的癌細胞，在應用上仍有技術上的困難待克服。

3. **找出可能致癌或形成腫瘤的基因突變：** 因為微點陣技術的發展，
對於找出致癌基因甚至基因突變的研究發展，更往前進展了一
步。目前已知女性原始的 BRCA1 基因若發生突變，極可能發生
乳癌及卵巢癌。這個基因所作出的蛋白質功能是參與 DNA 的 **修
補 (repair)**、**同源重組 (homologous recombination)** 及基因轉
錄。以微點陣技術找出受此蛋白質調控的基因群中，確實有與
DNA 的修補作用有關的基因，而且會因為 BRCA1 基因的影響而
改變，就可能是致癌的原因。

　　為了更快而且有效率地找出基因可能發生突變的位置，有人
利用微點陣技術發展出一種新的方法稱作 "N-mer array"，如圖
15-3，在點陣上的點都是相同長度的寡聚核苷酸。他們是來自某基
因中一段基因片段，除了原本的序列之外，其餘每條寡聚核苷酸都
在不同的位置上有一個突變，經過雜交之後，訊號最強的點就是突
變的序列。利用這種技術已經從病人中找出抑癌基因的單一鹼基的
插入或缺失或突變位置。

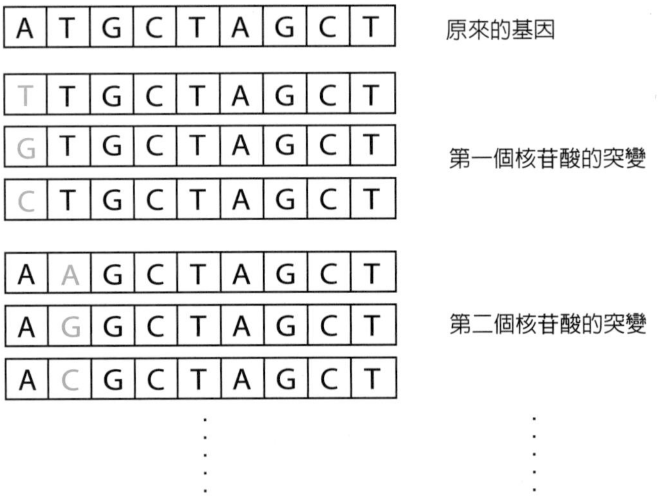

| A | T | G | C | T | A | G | C | T | 　原來的基因 |

T	T	G	C	T	A	G	C	T	
G	T	G	C	T	A	G	C	T	第一個核苷酸的突變
C	T	G	C	T	A	G	C	T	

A	A	G	C	T	A	G	C	T	
A	G	G	C	T	A	G	C	T	第二個核苷酸的突變
A	C	G	C	T	A	G	C	T	

圖 15-3 N-mer 分析突變位置

對於一段可能發生突變的序列，製作各個位置的所有突變可能，並將這些寡聚核苷酸點在微
點陣上，將病人的 mRNA 反轉錄成的探針與此微點陣上的寡聚核苷酸雜交之後，訊號最強
的點即為突變的位置，並可得知其核苷酸種類。

所謂的點陣式比較性基因體雜交 (array-based comparative genomic hybridization) 可以偵測癌症及遺傳性疾病的染色體的微細異常，將已知染色體上位置的 BAC 基因株固著於晶片上，再以病人的全部基因體作成的探針進行雜交，可比較出是否有染色體上的缺失。這個技術從早期每個點包含 5~10 Mb 的區段，已進展到目前 100 kb 的**依序排列點陣 (tiling array)**，甚至只包含外子 (exon) 的點陣，如此精密的篩選，很容易找造成疾病的異常基因。

⬇ 二、感染性疾病研究

感染性疾病是外來感染病原與人體之間交互作用所造成的結果，其機制可以藉微點陣技術加以探討。

1. **病原菌中具有致病性的基因及其調控機制**：以病原的 DNA 製成晶片，瞭解在病原感染的細胞中所偵測到的病原基因表現與原有的病原基因表現有何差異，可得知病原入侵後，啟動了哪些基因，這些基因即有可能是病原造成疾病的致病因子所在，有了這些資訊，對於病原的防範或治療的發展均十分有幫助。

2. **人體的防禦機制**：將病原感染的細胞與未感染之細胞作一比較，可瞭解病原可以引發何種免疫反應，在誘發程序上有哪些訊息傳遞產生或哪類細胞參與等。可以根據這些認知，進一步找出可以加強人體對抗病原的方式。

3. **找出治療方式來對抗感染性疾病**：過去對於微生物基因功能的瞭解，都是從其他物種中找出已經確認的同源基因，在酵母菌中已證實受相同調控的一群基因會具有類似的功能，也就是說，表現模式類似的基因可能表示功能相近。隨著各種致病性微生物的基因一一解碼，全面性的基因表現模式分析可以對基因的功能有更佳的預測。

目前進行中的微生物基因體定序工作正不斷有新菌種列入已完成名單中，其中有許多是人類的重要致病菌，這些結果可讓生物晶片的應用範圍更加擴大。

三、細胞及發育生物學研究

　　由於生物晶片可以一次同時偵測數千種基因之表現，不僅可以幫助研究細胞內的各項生理現象，如細胞週期、轉錄調控等作用，同時對於細胞之間的老化現象、分化及成熟發育等的任何個體或細胞的改變均有應用價值。

　　以海膽為例，目前積極進行的發育基因調控網絡 (regulatory networks) 分析工作，是要將各種轉錄因子之間的上下游及相關性建構成網絡圖，故需要大規模地分析，而經由各種分子生物及細胞學技術，再加上微點陣的幫助，比較不同發育階段的**內中胚層** (endomesoderm) cDNA，找到一些基因產物，包括轉錄因子、訊息傳遞蛋白質及一些其他與胚胎發育有關的調控因子等，而這些結果也與遺傳等相關實驗之證據相符。

　　此外，在果蠅蛹化期間與**變態作用** (metamorphosis)，也就是與轉變為成蟲的過程有關的基因表現之改變，也可藉由微點陣分析因荷爾蒙產生後所誘導大量表現的基因。當找到的基因是屬於某一群基因網絡時，又可以與其他相關實驗之結果及證據相結合，以釐清該基因及其在發育階段之角色功能。

　　當然，這類結果更需要分辨這些影響究竟是直接的或間接的？同時，各個不同發育階段的轉錄調控網絡又是如何串聯的？這些都是更值得探討的問題。至於以微點陣來分析人類及小鼠的發育調控其實是更早開始進行的實驗，目前只限於實驗研究，仍無法應用在醫療檢驗上。例如比較成人及胎兒某個組織的 cDNA，或是以微點陣來分析基因剔除或基因轉殖小鼠與正常小鼠的某群基因表現差異，以瞭解該基因之功能；或藉由分析母系或父系基因與胎兒基因表現之差異來研究遺傳上的基因**轉印** (imprinting) 現象。其他如分析癌症發展階段中的重要基因表現之改變現象，也有助於瞭解癌變之過程。

四、毒理學及藥理學研究

　　鑑定環境毒物及其他有毒的物質一直是毒理學的主要方向。卻因分析毒物對人體影響的毒理試驗進行不易，讓毒物作用機制的問題較難有好的研究模式。對於藥物作用機制的研究方向則是放在尋找藥物的標的、造成的改變及後續的影響。

　　生物晶片可以幫助快速找出毒物或藥物所誘發或抑制的基因，以及參與這些改變的訊息傳遞途徑或各種因子，例如已有實驗室利用生物晶片找出對鉛濃度十分敏感的幾個基因，可以再進一步分析其所造成的影響，如此可以對於鉛中毒的作用機制有更深入的認識，同時更可以對症下藥，發展更好的醫療方式。也有實驗室利用酵母菌製造藥物標的突變株，讓藥物沒有作用標的，藉生物晶片來研究藥物的副作用，特別是與原本藥物無關的一些細胞作用。

五、CHIP-chip (Chromatin Immunoprecipitation – chip)

　　以染色絲免疫沉澱法得到的 DNA 片段標記為探針，用來與晶片上的樣本雜交，即可得知這群 DNA 片段的詳細資訊。例如，我們已知某蛋白質 X 會與 DNA 結合，想要清楚瞭解這個結合位置的特性、分佈在染色體的何處，或是結合在哪些基因的調控區域，即可先將細胞內的蛋白質與染色絲 crosslink 在一起，再以超音波將染色絲打成適當的片段，利用蛋白質 X 的抗體去抓下蛋白質 X，與之結合的 DNA 片段也會一併被抓下來。這個技術已成為研究 DNA 結合蛋白質的一個普遍工具。

15-6
蛋白質晶片及蛋白質體學

　　除了最常用的 DNA 微點陣之外，在基因體一一定序完成，後基因體學時代的基因體功能性分析，以及瞭解基因體中所有蛋白質功能的**蛋白質體學** (proteomics) 逐漸成為更具有吸引力的領域。蛋白質體學的研究是基因體定序完成之後的下一個重要課題，人類蛋白質體機構（Human Proteome Organisation，簡稱 HUPO）對蛋白質體學的研究上定出了五個初步的目標：定出血漿中的蛋白質體、針對特定的細胞種類進行深入的蛋白質體研究、成立一個專職製作人類所有蛋白質的抗體機構、發展新的蛋白質體學技術，以及成立公共的資訊中心供研究人員使用。在全面性分析基因體所有的蛋白質這項工作上，除了 Mass Spectrometry 這項工具外，蛋白質晶片則是另一個發展方向。因此在後基因體時代的生物晶片有了新的應用價值，蛋白質晶片的發展可說是 DNA 晶片使用普及之後的另一項新的挑戰，但目前多僅在開發階段，在實驗室中應用較多，尚無能大量生產的商業產品。

⬇ 一、蛋白質晶片的用途

蛋白質晶片在用途上可分為兩大類：

1. **研究蛋白質的功能：**可用來研究蛋白質之間的交互作用、蛋白質的結合能力、分析蛋白質與藥物分子之間的關係、開發新藥，以及酵素與受質之反應等。

2. **分析不同樣本之蛋白質：**科學家可以利用蛋白質晶片來探討病體的蛋白質表現，以找出與疾病相關的蛋白質，也可以用來分析過敏原，甚至抗體與抗原之分析等，對於臨床檢驗上十分有用，這也是目前較有實際應用價值的部分，如圖 15-4 所示。由於 DNA 晶片累積的經驗及設備，讓蛋白質晶片在應用上十分順利，但因目前在技術發展上仍有許多瓶頸，在商品化的路途上仍有一段距離。

    (1) 不易固定：包括固定介質、固定條件等許多情況均易造成蛋白質變性，在製作晶片上比起 DNA 晶片而言，繁瑣且困難許多。請參考表 15-2。

    (2) 種類迥異：不同的蛋白質特性不一，很難用相同的條件來解決每種蛋白質的技術問題。同時，不同的蛋白質在細胞

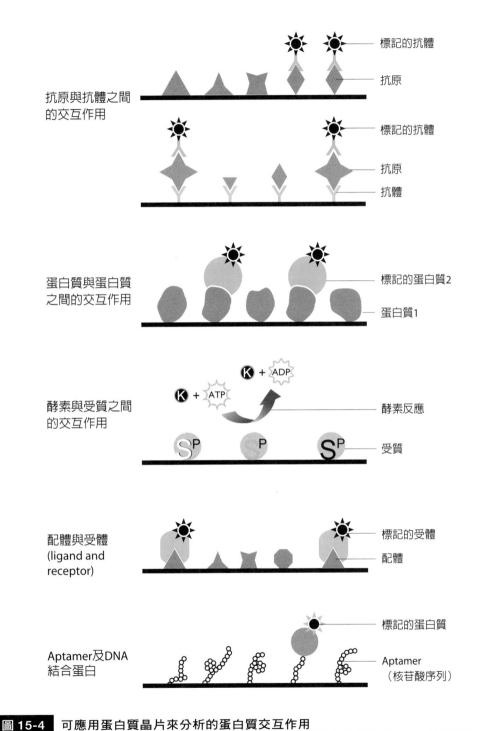

標記的抗體

抗原

抗原與抗體之間
的交互作用

標記的抗體

抗原

抗體

蛋白質與蛋白質
之間的交互作用

標記的蛋白質2

蛋白質1

酵素與受質之間
的交互作用

酵素反應

受質

配體與受體
(ligand and
receptor)

標記的受體

配體

Aptamer及DNA
結合蛋白

標記的蛋白質

Aptamer
（核苷酸序列）

圖 15-4　可應用蛋白質晶片來分析的蛋白質交互作用

中的存在量多寡，在訊號偵測上，可能會有 10^6 的差異，不易控制偵測的條件。

(3) 性質多變：在許多情況下，蛋白質在細胞中是與其他蛋白質或是細胞膜等結合的，在單獨純化之後可能因此改變其特性，並且許多蛋白質表現之後是無法溶解的。再加上對蛋白質功能及活性有決定性影響的各種轉譯後修飾作用，更是造成蛋白質變化多端的原因之一。

(4) 蛋白質操作不易：由於整個反應的進行均需在水溶液中進行，不如核酸容易。

(5) 蛋白質取得不易：不僅是固定在晶片上的蛋白質不易大量生產，用來偵測的蛋白質或抗體也很難像核酸可藉酵素大量繁殖。

(6) 晶片保存期短：不同於 DNA 晶片，除了抗體之外，晶片上的蛋白質很容易失去原本的狀態，因此必須在短時間內使用。

以基因選殖方式表現所有的蛋白質為例，第一個利用蛋白質晶片成功地進行基因體全部蛋白質分析的是耶魯大學的研究人員，他們將酵母菌 5,800 個（約有 94% 的基因）基因都選殖出來，送入細菌中表現，約有 80% 可以成功表現出，以加上 6 個 Histidine 的方式，一一純化出蛋白質，並讓其附著在帶有鎳 (nickle) 的晶片上，這也是目前解決蛋白質附著較成功的方式。研究人員針對這些蛋白質進行了一些蛋白質結合的全面性分析，找到一些感興趣的新蛋白質。

⬇ 二、蛋白質晶片的偵測

蛋白質晶片的標記可以分為二類，一類為將結合物直接標記，另一類則是間接方式標記。傳統的蛋白質晶片是以放射性元素 I^{125} 或 H^3 標記，後來發展出螢光標記，現在則有更佳的偵測系統利用酵素反應作為標記，見表 15-3。

◦○ 表 15-3　蛋白質晶片的偵測方式比較

種類	直接標記	間接偵測
常用試劑	螢光光子	螢光、酵素或親和性蛋白標記的一級或二級抗體
方法	對樣本標以螢光色劑	反應完成後施以抗體偵測
優點	不需額外反應時間	1. 此類抗體取得容易 2. 不需標記原來的樣本
缺點	1. 標記後可能改變分子特性 2. 不能重複使用	1. 需要額外的反應時間 2. 必須有 Tag 供抗體辨識

　　更新的偵測方式有所謂的**環狀循環擴增**（rolling circle amplification，**簡稱 RCA**），即在抗體上加上 DNA 引子，在圓形的 DNA 模板引導下，帶有螢光的核苷原料即可不斷形成，大量擴增訊號。

　　在諸多因素考量之下，發展蛋白質晶片的公司多將重點放在藥品的開發篩選目的上，而非研究蛋白質功能性之蛋白質與蛋白質間的反應，例如**結合序列** (apatomer) 的晶片則是以 DNA 晶片製作方式將各種序列固定在晶片上，或是開發製作探針種類及數目較少的的檢測式晶片。

15-7
其他生物晶片及未來展望

○ **一、醣類晶片 (Glyco-chip)**

　　轉譯後修飾有關的醣類晶片則是另一個新的生物晶片開發領域，在細胞表面及細胞內許多分泌的蛋白質上大多都有**醣化** (glycosylation) 的現象，也就是在蛋白質上加上各式各樣的醣類分

子，如圖 15-5。這些醣分子對於蛋白質的抗原性十分重要，而許多
細胞間的交互作用，以及用來辨認細胞種類的表面抗原，醣化作用
均參與其中，例如人類 ABO 血型即是由血球上不同的醣化作用而
造成的差異。醣類分子在抗體與抗原之間的反應及免疫反應上亦扮
演重要角色。目前瞭解蛋白質上的醣分子組成及醣化位置，大多均
以凝集素來進行確認，沒有較為簡便的方法。**凝集素 (lectin)** 是一
類非免疫來源，具凝聚其他蛋白質能力的蛋白質之總稱，實際是與
蛋白質上的醣分子間有特殊親和性，在各種生物體中均有，而以植
物中最多，其與植物抗病蟲害的防禦機制有關。不同的凝集素會與
特定的醣分子結合，藉此可以判定醣蛋白上的醣類組成。雖然這類
分子在人類疾病的防禦或病原特性的研究上有其必然之重要性，但
這個領域一直沒有太多重大突破，以致科學家們對醣分子的認識始
終淺顯，而希望有更好的技術方法來研究醣分子與蛋白質之交互作
用。

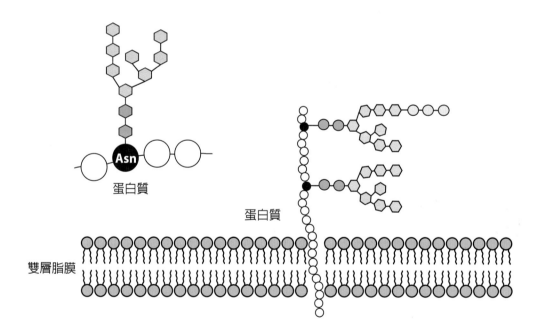

圖 15-5　蛋白質的醣化現象

許多位於細胞膜外的蛋白質會有醣化的現象，即是在特定胺基酸上加上各種醣分子。這些醣
分子是在細胞內合成蛋白質時陸續加上的，某些時候也是蛋白質進入細胞內各個胞器的標
記。

由於醣分子組成複雜，一個醣化作用需要多類酵素參與，不能如 DNA 或蛋白質一般大量製造，且難預測組成，例如一個由 6 個單醣組成的六醣體可以有 1.05×10^{12} 種組合，遠高於 6 個核苷酸 (4^6) 或 6 個胺基酸組成的胜肽（$6.4 \times 10^7 = 20^6$）。因此不太容易在細胞內建立如同分析蛋白質間交互作用的方式來篩選醣分子與蛋白質之間的反應。醣類晶片即是將數十種基本醣分子固定在晶片上，然後找出有效抗體實際結合的醣分子組成，以瞭解該特定抗體之抗原性所在，如圖 15-6，如此在偵測病原及腫瘤抗原上必然大有幫助，例如各種病原細胞外都帶有特殊的醣分子，病人血清在經醣類晶片測試之後，即可瞭解感染來源。人為製造醣分子十分困難，目前晶片上醣分子仍是取材自各種現成的天然**多醣體 (polysaccharides)**、**胺基醣 (glycosaminoglycans)**、醣蛋白及半人工合成的各種**醣化物 (glycoconjugates)** 的醣分子部分。這些醣分子可以不藉由任何鍵結，即可固定在晶片上，乾燥一段時間後，仍具有抗原性。醣類晶片的發展成功，對於研究醣類分子的特性上十分有幫助。例如可以用於研究醣類與蛋白質之間的關係，利用醣類與蛋白質之間抑制劑來篩選藥物，研究抗體的結合力及細胞間的黏附來找出標的醣類等。

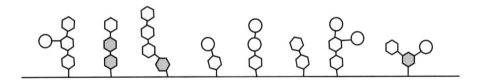

圖 15-6 醣類晶片上的醣分子

利用不同醣分子組合，構成醣類晶片的各個元素，可用來鑑別抗體所認識的真正抗原之醣分子性質。

⬇ 二、RANi Microarray

　　將 RNAi 表現基因庫的 RNA 與細胞轉染試劑混合後，同時點在晶片上，再將晶片置於培養皿中，最後加入細胞及培養液，之後即可觀察細胞因基因表現減弱所受到的影響，藉以篩選出某類機制相關的基因，無論是固定後染色或活體偵測均可取代原本在 96 孔盤中一一加入 RNAi 及轉染試劑的繁瑣步驟，此方法又被稱為 **"反向轉染"** (reverse transfection)，因為細胞是最後加入轉染反應中。而讓細胞長在反應晶片上的形式又可稱為 **活細胞微點陣 (cell microarray)**。根據轉染的核酸種類不同，活細胞微點陣也可用於研究基因大量表現 cDNA 所受到的影響，同樣可以篩選出參與有興趣的細胞作用的基因，例如影響細胞分裂、細胞凋零等。

⬇ 三、小分子晶片

　　小分子晶片主要用作篩選與標記蛋白質有交互作用的化學小分子，可以找出在各種生物功能中具有調控或干擾作用的分子。此技術的發展對於藥物的篩選十分有幫助，生物製藥公司也非常有興趣，從 1999 年開始，晶片領域大幅增加的研究經費也以此項擴增最多。但這類直接接觸的實驗，是跳過了小分子進入人體送入細胞的過程，因而無法瞭解這樣的分子是否具有細胞毒性，如果能結合活細胞微點陣的技術，則可直接分析細胞對此分子的反應，更接近具有藥物的篩選及開發之應用價值。

　　在往後的十年、二十年間，生物晶片的技術將越來越成熟，特別是蛋白質晶片的部分，也將會有更多的改良，真正得以發揮其應用價值。這樣的目標是值得我們努力以及等待的。也許在不久的將來，生物晶片可以發展成為隨身型全自動的檢測儀器，可以掃描病人的基因體，再經由電腦分析，模擬病人對某種藥物的反應，如此一來，就能在短時間內找出各別適用的療程，以供醫師診斷治療疾病使用。當然，這種技術也可能引發一些隱私及道德的爭議。無論如何，隨著基因解碼之後，生物晶片的發展讓人類對基因奧密的探索更往前跨了一大步，對生命科學的貢獻著實顯著。

📋 **問題及討論** Exercise

一、選擇題

1. 下列何者不能作為微點陣上的 DNA 樣本？ (A) 一群己知基因體片段　(B) 特定的一群已知基因片段　(C) 短或長的寡核苷酸　(D) 一群己知之質體　(E) 以上均可

2. 下列何者可作為晶片的探針？ (A) 來自兩組不同來源或處理的細胞或組織的 mRNA 反轉錄出 cDNA　(B) 兩組質體　(C) 短或長的寡核苷酸　(D) 特定的一群已知基因片段　(E) 一群己知基因體片段

3. DNA 微點陣不可以用來比較什麼樣的差異？ (A) 病理組織與正常組織的差異　(B) 癌細胞與正常組織的差異　(C) 藥物處理前後差異　(D) 不同發育階段的差異　(E) 以上均可

4. 病理檢驗不可以區分哪一項癌症相關資訊？ (A) 癌症的種類　(B) 癌細胞的來源　(C) 開始癌變的時間　(D) 癌變的程度　(E) 癌症的期別

5. 關於含多種細菌基因體的探針之晶片，下列何者錯誤？ (A) 可以直接與採樣檢體雜交　(B) 可判定是否感染某種細菌　(C) 可以取代傳統檢驗需經採檢體、菌種培養、菌種鑑定的冗長步驟　(D) 可以自行購買使用　(E) 縮短鑑別感染來源所需要的時間

6. 關於微點陣技術在癌症研究領域上應用的敘述，下列何者錯誤？ (A) 有助瞭解癌細胞的基因表現和正常細胞有何差異　(B) 可比較出哪些基因的表現會隨癌細胞的病程而發生異常變化　(C) 精確地分類各種癌變組織是由何種細胞發病　(D) 精確地分類各種癌變組織是由何時開始發病　(E) 找出可能致癌或形成腫瘤的基因突變

7. 關於 "N-mer array" 晶片的敘述，下列何者錯誤？ (A) 可快速有效率地找出基因可能發生突變的位置　(B) 在點陣上的點都是不同長度的寡聚核苷酸　(C) 每條寡聚核苷酸都在不同的位置上有一個突變　(D) 雜交之後，訊號最強的點就是突變的序列　(E) 是來自某基因中一段基因片段

8. 關於點陣式比較性基因體雜交 (Array-based comparative genomic hybridization) 的敘述，下列何者錯誤？ (A) 可以偵測癌症及遺傳性疾病的染色體的微細異常　(B) 將已知染色體上位置的基因片段固著於晶片上　(C) 以病人的全部基因體作成的探針進行雜交　(D) 可比較出是否有染色體上的單點突變　(E) 已進展到目前 100 kb 的依序排列點陣 (tiling array)

9. 關於晶片對感染性疾病研究的敘述，下列何者錯誤？ (A) 感染性疾病是外來感染病原與人體之間交互作用所造成的結果　(B) 可瞭解病原菌中具有致病性的基因及其調控機制　(C) 可瞭解人體的防禦機制　(D) 找出治療方式來對抗感染性疾病　(E) 可找出可用的藥物

10. 關於晶片對細胞及發育生物學研究的敘述，下列何者錯誤？ (A) 幫助研究細胞內的各項生理現象，如細胞週期、轉錄調控等作用　(B) 研究細胞之間的老化現象、分化等作用　(C) 可分辨這些影響究竟是直接的或間接的　(D) 由微點陣分析因荷爾蒙產生後所誘導大量表現的基因　(E) 分析癌症發展階段中的重要基因表現之改變現象

11. 關於晶片對毒理學及藥理學研究的敘述，下列何者錯誤？ (A) 分析毒物對人體影響的毒理試驗進行不易　(B) 生物晶片可以幫助快速找出毒物或藥物所誘發或抑制的基因　(C) 可利用生物晶片找出對重金屬濃度十分敏感的基因　(D) 利用酵母菌製造藥物標的突變株，讓藥物反應更強，藉生物晶片來研究藥物的副作用　(E) 藥物作用機制的研究方向是尋找藥物的標的、造成的改變及後續的影響

12. 關於染色絲免疫沉澱法晶片 CHIP-chip 的敘述，下列何者錯誤？ (A) 是以染色絲免疫沉澱法得到的 DNA 片段標記為探針　(B) 與晶片上的樣本雜交，即可得知這群 DNA 片段為何　(C) 瞭解這個結合位置的特性、分布在染色體的何處　(D) 先將細胞內的蛋白質與染色絲凝聚在一起　(E) 利用蛋白質 X 的抗體去抓下蛋白質 X，與之結合的 DNA 片段也會一併被抓下來

13. 人類蛋白質體機構 (Human Proteome Organisation, HUPO) 對蛋白質體學的研究上定出了五個初步的目標，下列何者錯誤？ (A) 定出血漿中的蛋白質體 (B) 針對特定的細胞種類進行深入的蛋白質體研究　(C) 成立一個專職製作人類所有蛋白質的抗體機構　(D) 發展新的蛋白質體學技術　(E) 成立私人的資訊中心供研究人員付費使用。

14. 蛋白質晶片在研究蛋白質的功能上，下列何者錯誤？ (A) 可用來研究蛋白質之間的交互作用　(B) 研究蛋白質的結合能力　(C) 得知蛋白質序列　(D) 分析蛋白質與藥物分子之間的關係　(E) 研究酵素與受質之反應

15. 蛋白質晶片在技術發展上仍有許多瓶頸，商品化的的困難不包括下列哪項？ (A) 不易固定　(B) 種類迴異　(C) 性質多變　(D) 晶片保存期短　(E) 反應的進行均需在真空中進行

16. 關於蛋白質性質多變的敘述，下列何者錯誤？ (A) 許多蛋白質在細胞中是與其他蛋白質結合的　(B) 許多蛋白質在細胞中是與細胞膜結合的　(C) 單

獨純化之後可能因此改變其特性 (D) 許多蛋白質表現之後是無法溶解的 (E) 蛋白質的各種轉錄後修飾作用對功能及活性有決定性影響

17. 蛋白質晶片的標記不會用到下列何項？(A) 放射性元素 I^{123} (B) 放射性元素 H^3 (C) 螢光標記 (D) 酵素反應標記

18. 關於醣類分子功能的敘述，下列何者錯誤？(A) 醣分子對於蛋白質的抗原性十分重要 (B) 參與許多細胞間的交互作用 (C) 人類 ABO 血型即是由血球上不同的醣化作用而造成的差異 (D) 醣類分子在抗體與抗原之間的反應及免疫反應上 (E) 蛋白質上的醣分子組成及醣化位置，大多均以酵素來進行確認

19. 關於凝集素 (Lectin) 的敘述，下列何者錯誤？(A) 是免疫來源，具凝聚其他蛋白質能力的蛋白質之總稱 (B) 與蛋白質上的醣分子間有特殊親和性 (C) 在各種生物體中均有 (D) 植物中最多 (E) 與植物抗病蟲害的防禦機制有關

20. 關於醣化作用的過程之敘述，下列何者正確？(A) 醣化作用需要多類酵素參與 (B) 可以大量製造 (C) 可預測組成 (D) 人為製造醣分子十分容易 (E) 可以在細胞內建立如同分析蛋白質間交互作用的方式來篩選醣分子與蛋白質之間的反應

二、問答題

1. 微點陣上的 DNA 可以是什麼的樣本？

2. 用來偵測 DNA 微點陣的探針是如何產生的？

3. 簡述 DNA 微點陣的偵測流程？

4. 舉例說明 DNA 微點陣可以用來比較什麼樣的差異？

5. 實驗室中常以 poly-L-Lysine 來覆蓋玻片，目的及應用原理為何？

6. 目前癌症診斷是根據病理檢驗之哪些結果作為判斷依據？

7. 如何利用 DNA 晶片診斷感染病原？

8. 請設計一可供臨床診斷用之 DNA 晶片，說明晶片上的 DNA 種類。

9. 生物晶片如何幫助癌細胞分類？

10. N-mer 微點陣有何功用？

11. 生物晶片對感染性疾病研究有何價值？

12. 生物晶片在發育生物學研究上提供什麼樣的助益？

13. 生物晶片如何應用在新藥的開發上？

14. 生物晶片在毒理及藥理的研究上有何優點？

15. 蛋白質晶片可用來分析蛋白質與哪些分子之間的關係？

16. 發展蛋白質晶片的瓶頸有哪些？

17. 蛋白質可能因為哪些原因而改變性質？

18. 請比較蛋白質與 DNA 晶片在製作及使用上之差異？

19. 蛋白質的醣化作用在細胞內扮演哪些角色？

20. 何謂凝集素？在實驗上有何用途？

21. 何謂小分子晶片，有何應用價值？

22. 活細胞微點陣如何製作及使用？

23. RNAi 微點陣如何製作及使用？

24. 何謂點陣式比較性基因體雜交？

25. 微點陣的原理為何？

解答： (1) D　(2) A　(3) E　(4) C　(5) D　(6) D　(7) B　(8) D　(9) D　(10) C　(11) D　(12) D　(13) E　(14) C　(15) E　(16) E　(17) A　(18) E　(19) A　(20) A

CHAPTER

16

基因體計劃
Genome Project

BIOTECHNOLOGY

　　從二十世紀初孟德爾發現遺傳定律後，科學家們開始一直朝向解析遺傳訊息這個方向努力，這也逐漸成為生物學的熱門研究領域。經由染色體的發現，DNA 雙股螺旋的解密，直到基因定義的出現，基因重組的發展，各種選殖方式技術的演進，成功地將生物學推向整個基因體的研究。DNA 序列本身只是一連串冗長的 ATGC，沒有任何字面上的意義，然而這樣的序列在每個位置可能出現四種不同的鹼基，每三個鹼基的組合就代表著一個特定的胺基酸，長串的胺基酸就是蛋白質。在基因體中原本毫無意義的 DNA 序列，實際是蘊涵有珍貴的生命密碼－我們稱之為基因 (gene)，能讓生命現象自然地呈現物種及物種間的差異，在 30 年前就有人提出人類基因定序的想法，希望能瞭解人類所有的基因，以便能解開人體生命奧秘的現象之謎，這個想法逐漸落實成人類基因體計劃。

　　事實上，在人類基因體計劃開始之前，拜定序技術日趨成熟之賜，在 1977~1982 年間，就已經有噬菌體 (φX174, λ)、動物病毒 (SV40) 及人類的粒線體 DNA 完成定序的工作，但是這些都不是真正的生物。不過這些成就都為人類基因體計劃奠定良好的基礎。同時，更要歸功於幾項重要的發展：首先，在 1980 年 Botstein 開始著手進行人類遺傳圖譜、然後**任意定序 (shutgun sequencing)** 的技術出現、以及 EST 的建立及自動定序技術的發展。而當人類基因體計劃開使進行之後，也陸續開始進行其他物種的定序工作，由於這些物種基因體較小，也比較早完成。這些入選的物種都有其值得青睞的特殊理由，每一個基因體計劃的進行或完成，所得到的資訊，都有助於其他計劃的推動及完成。特別是到了 1995 年後，完成人類及小鼠的遺傳及物理圖譜，更加速人類基因體計劃的進展。

　　在生命科學領域中，常以各種動物模式來進行人類基因的研究，希望能以較容易的方式瞭解各種生命現象可能的機制。例如在動物模式中可分析與人類疾病相關的相對基因來瞭解人類疾病之成因等，在這一章中，我們也將藉各個基因體計劃的介紹，讓各位認識實驗室中進行動物模式常用的物種之優點（表 16-1）。

表 16-1　基因體的估計大小

物　種	估計鹼基對	物　種	估計鹼基對
大腸桿菌 (*Escherichia coli*)	5 Mb	馬鈴薯 (Potato)	1800 Mb
酵母菌 (Yeast, *Saccharomyces cerevisia*)	12 Mb	棉花 (Cotton)	2118 Mb
瘧原蟲 (*Plasmodium falciparum*)	23 Mb	玉米 (Maize, *Zea mays*)	2500 Mb
阿拉伯芥 (*Arabidopsis thaliana*)	125 Mb	小鼠 (Mouse, *Mus musculus*)	3000 Mb
果蠅 (Drosophila)	180 Mb	大白鼠 (Rat, *Rattus norvegicus*)	3000 Mb
水稻 (Rice, *Oryza sativa*)	430 Mb	人類 (Human, *Homo sapiens*)	3200 Mb
蕃茄 (Tomato)	1000 Mb	豌豆 (Pea, *Pisum sativum*)	4100 Mb
大豆 (Soybean, *Glycine max*)	1100 Mb	大麥 (Barley, *Hordeum vulgare*)	4900 Mb
斑馬魚 (Zebrafish, *Danio rerio*)	1700 Mb	小麥 (Wheat, *Triticum aestivum*)	16000 Mb

16-1
基因體計劃的工具

　　基因體計劃的最終目的就是將該生物所有的基因都找出來，並瞭解其功能。但首先要面對的卻是繁瑣而枯燥的解碼工作，為了更有效率完成第一步工作，於是發展出許多的工具，有些是方便定序工作本身，有些則是有利於結果分析、數據整合，再加上電腦的運算能力日益精進，對於基因體計劃的推動及完成都有很大的幫助。在提及基因體計劃時，常會看到一些特殊的專有名詞，大家可以先認識它們的定義，有助於瞭解基因體計劃的工作內容。

1. **Contig（連續性序列）**：不同的序列小片段，藉由彼此間相互重疊的部分連接起來，而形成的長段連續性序列。基因體定序時，會先在不同的地方產生 contig，再把其間的缺口慢慢接起來，如圖 16-1。

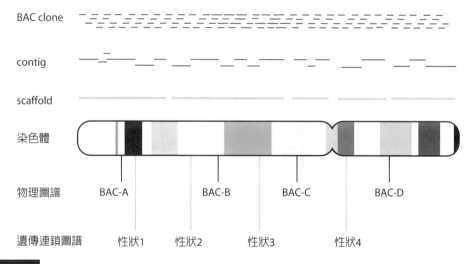

圖 16-1　基因定序的依據及銜接

由 BAC 組成的基因體基因庫的每一株均可在染色體上標示位置，如果每一株 BAC 均定序完成，可以一一銜接成 contig，而多個連續的 contig 可以接成 scaffold，也就是染色體序列的架構。若是原本的 BAC 基因庫的涵蓋性很好，選殖到所有的染色體 DNA，那麼 scaffold 之間就不會有空缺，也許可將整條染色體接成完整的單一 scaffold。物理圖譜是根據原位雜交方式得知的，而遺傳連鎖圖譜則是根據性狀的遺傳或重組機率而計算出的，基因體計劃的完成會將此三類圖譜完全結合。

2. Directed sequencing：由染色體上相連續的序列，依序一一定序，而且必須先將基因庫中的各個 clone 在染色體上定位，較為費時，但正確度高，如圖 16-2。

3. Draft sequence（**序列草圖**）：正確性比完整的基因圖譜低，有些片段可能不全或是順序、方向可能有些錯誤。

4. EST (Expressed sequence tag)：從已確知會表現的基因中所選出的小片段，可供辨認完整的基因之用，同時可作為定位標記。

5. Finished sequence：要被稱為完整的基因圖譜，序列必須完整無誤，達到每萬個鹼基 (10 kb) 中錯誤少於一次。在染色體上的排列位置或方向都不能有錯，幾乎沒有缺口，定序總長度需要將全部序列讀過數遍以上。人類的基因體定序於 2003 年即已達到這個階段。

6. Genetic map（**遺傳圖譜**）：因遺傳關聯性而定出某些基因在染色體上的相對位置，常被用來當作標記。

7. Physical map（**物理圖譜**）：即在染色體上每個基因或 clone 的精確位置及序列，這就是真正的基因定序成果，用來定序的每個序列株 (clone)、引子 (primer) 等的精確位置都可以標示出。

8. Scaffolds：由多個 contig 所連接成的大段 DNA 架構，scaffolds 之間可能有一些無法接續的間斷，在完全沒有間斷的狀況下，一個 scaffold 可以包括到一條完整的染色體，如圖 16-1。

9. Shotgun sequencing：將整個基因體切成較短的任意片段，將全部 DNA 序列定序，總長度要包括整個基因體的數倍，才有足夠的相互重疊序列供電腦分析比對，並將序列接起來，如圖 16-2。這種方式十分有效率，但缺點是不知道這些序列位於染色體何處，無法與遺傳圖譜或物理圖譜相對照。要藉已知序列的基因座標位置才可以定出該處位置。用此方法完成的初步圖譜，有時只能到達草圖的階段。此外，對於基因體中一些重複性序列，電腦可能無法分析出來，這可能造成基因體大小的低估。

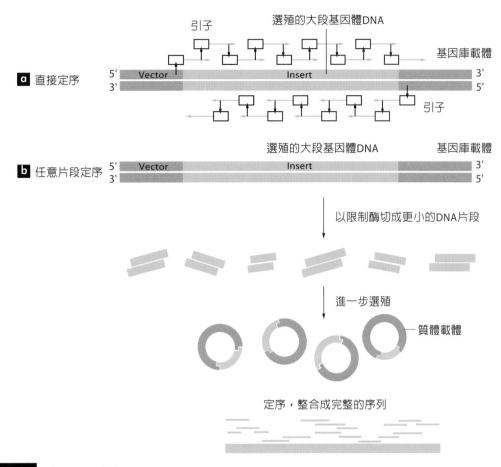

圖 16-2　基因體定序步驟

ⓐ 直接定序：是將帶有大段 DNA 之基因庫（如 BAC、YAC）中的每一株均定序。先從載體上的引子開始往內定序，得到序列結果後再製作新的引子，再往 3' 端繼續定序，以此法得到的序列比較精確，但較費時。如臺灣參與的水稻基因體定序工作，主要是以此法為原則。

ⓑ 任意片段定序：將基因體或大段的基因庫 DNA 片段，以限制酶切成小段，再進一步選殖，然後將每一株 DNA 均定序，再經由電腦將序列比對整合，即可得知序列原貌。此法可以同時進行大量樣品之定序，十分迅速，但在接續序列時較易有錯，特別是有許多重複性序列出現時。如大陸的水稻基因定序及 Celera 的人類基因體定序。

目前許多基因體都已建立基因庫，大多數的基因體定序工作都是結合此兩種方法，成為階層式的定序方式，詳見圖 17-1。

10. STS (Sequence tagged site)：一段已知位置的 DNA 小片段，約 200~500 鹼基長度，用來當作定位及組合序列時的標記。

11. Synteny：兩種相近生物的基因在染色體上的同源區域會呈現相似的排列順序，如圖 16-3。

12. WGS：whole genome shotgun，基因體任意片段定序：將整個基因體以超音波打成片段，兩端再接上已知序列的短片段作為引子黏合處，全部一一定序。

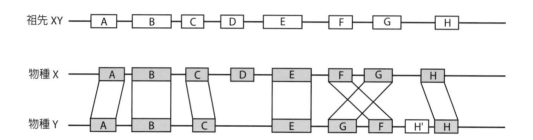

圖 16-3 基因區相似性的現象

在多種物種間常出現基因區相似性 (synteny) 的現象，如果物種 X 及 Y 是由祖先 XY 演化而來的，二者在同源區域或基因的排列上會有許多相對應的關係，區域之間的間隔可能因為二者分別演化之後而不同，如 ABC 之間；有些基因或區域可能被刪除，如物種 Y 缺少了 D 的區域；而在物種 Y 中的 FG 區域可能發生了重新排列 (rearrangement) 的現象；甚至 H 區域發生了雙重化 (duplicated) 產生了新的類似區域 H'。

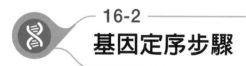

16-2 基因定序步驟

⬇ 一、基因庫的利用

在基因體定序的過程中，必定要利用基因庫來裝載所有的基因體 DNA，以便進行下一步的工作。通常選用的是 cosmid、YAC 或 BAC，其中 YAC 可裝載 DNA 片段最大，可達 1 Mb，BAC 所裝載的基因體約為 100~300 kb，這兩類的載體都是近年來新發展出來的。而 cosmid 則因受限於噬菌體的基因體，只能裝載小於 45 kb

的 DNA。由以前累積下來的資訊，許多序列株 (clone) 都已在染色體上定出位置，為了便於拼出全圖，這三類的 clone 都有可能被選擇成為定序的對象。

這些基因庫的製作方式，是將基因體 DNA 以適當的限制酶局部切過 (partial digest) 後，接入載體中，如圖 16-1 所示，這些 clone 可能有些是局部重複，可以更進一步以限制酶位置製作圖譜，而定出各個 clone 的相對位置。

⬇ 二、DNA 定序

詳細內容請參考第 2 章 DNA 基本技術之 DNA 自動定序部分。

⬇ 三、基因體的銜接

對於以全基因體任意片段定序 (WGS, whole genome shotgun) 方式完成的序列，需要以電腦軟體進行比對，將每個片段正確銜接，早期使用的軟體為 1998 年發展出的 PHRAD，是將所有的序列完全比對，遇有重複性的區域，即找出最適合的排列方式，容易造成錯誤。後來於 2001 年發展出的 EULER 則是將每個片段分成更小的區塊，然後所有的重複片段只接一次，以找出最符合的接法。這也是以某細菌測試過唯一能正確銜接定序結果的軟體。當然複雜的生物體中有許多重複性片段，不一定能像細菌的基因體一樣容易銜接。所幸，此軟體能克服此一障礙，在人類基因體的銜接上也有不錯的表現。隨後仍有表現較佳的軟體如 Arachne 及 Phusion 等，陸續完成的基因體如人類第 20 及 21 號染色體及小鼠的定序完成率都較高，從這點可見一斑。

⬇ 四、序列整合

如圖 16-1 所示，通常一個定序反應可以讀出 500~800 bp，將這些小片段的序列利用電腦比對互相銜接後，會形成一個個的 contig，如果是由某個 BAC 或 YAC，甚至於 cosmid 中選殖出來的，就可以將序列比對回去，當 contig 再依序接起來之後，就成為 scaffolds。通常總會有一些地方是**異染色絲 (heterochromatin)** 的部分，很難將其選殖出來定序，或是有重複性片段，難以區分，以至於在一條染色體上會出現一些中斷的區域，讓序列成為很多大段的分區，每一截就是一個 scaffolds，由多個 scaffolds 構成的序列就足以稱作染色體草圖。

五、基因預測

定序完成的基因體需要以 "基因搜尋" 軟體來找出預測的基因，主要是以已知的基因為基礎，從序列中找出可能存在的基因。軟體的原理有兩類：

1. Homology-based：依同源性為基礎，用已知的 mRNA 序列及基因家族的序列或其他生物已知的基因序列當樣本來比較，以找出序列中可能存在的基因。缺點是無法找到未知的基因。

2. *ab initio*：以全新發現的方式來找出基因所在，如搜尋**外子 (exon)** 及其他的特殊序列、RNA 的剪接處或調控區域來定出全新的基因，如此一來，必定不會遺漏新種類的基因。缺點是目前對於調控區域的瞭解相當有限，最常用的也只有已知的某些**轉錄因子結合位置 (transcription factor binding sites)**。

根據這兩種原理所發展出的基因搜尋軟體各有優缺點，新的基因預測軟體逐漸結合此兩類功能，以期盡可能找出所有可能的基因。可以作為參考依據的特徵也逐漸增加中，例如：包括 mRNA、EST、蛋白質 motif、domain、訊息片段、RNA 剪接處、轉譯起點、內子、外子及蛋白質片段等。此外針對不同生物，需要適度修改軟體以配合物種特性，例如針對阿拉伯芥而發展出的 Araset 軟體即是此例。新近完成的基因體所找到的基因數目較為完整，顯見新的軟體確實有較佳的搜尋能力，因此生物資訊學的進行對基因體定序的發展功不可沒。

16-3
已定序的基因體

　　從 1995 年開始，第一個完成定序的嗜血桿菌 (*Haemophilus influenzae*) 基因體只有 1.8 Mb，隨後因技術進步，大型生物的定序越來越容易。近年來，多種實驗室的模式生物均陸續完成定序，例如：1996 年完全定序的酵母菌 (Yeast, *Saccharomyces cerevisiae*) 為第一種真核生物；實驗室的大腸桿菌在 1997 年完成；第一種完成定序的動物則是 2001 年的線蟲 (*Caenorhabditis elegans*)；第一種完成定序的植物則是 2000 年的阿拉伯芥 (*Arabidopsis thaliana*)。2003 年完成果蠅及人類的基因體定序之後，越來越多的研究單位參與定序工作，如水稻、小鼠等生物也加快速度完成。在近二十年的時間，完成定序的生物已有上萬多種，其中非細菌的真核生物也超過六百種已有草圖，尚有三千多種在進行中，即將完成的數目持續增加中。每種雀屏中選的物種，對於基因體的研究都有相當重要性，可以作為其他類似生物的一個典型代表，或是對人類相關疾病的研究有助益。在這一章，我們將介紹人類以外其他較為重要的基因體的特徵，並對這些基因體計劃的發展過程及前瞻性，以及該物種對生命科學研究上的重要性有概略的介紹。希望各位在瞭解人類基因體計劃的同時，也對其他物種之所以能吸引科學家們進行研究的原因，有一概略的認知。在下一章，我們會詳細地介紹人類基因體計劃及其他與人類基因體計劃關係較密切的基因體定序情況。

⬇ 一、細菌類基因體

　　1995 年，科學家們使用 Venter 發展的 whole genome shotgun 定序方式解碼嗜血桿菌。這是第一個發表的定序基因體，全長 1.83 Mb，大約有 1740 個基因。它是革蘭氏陰性菌，宿主為人體，常引起呼吸道及肺部感染，甚至細菌性腦膜炎，此病菌的解碼，有助於其制病機制及防止感染的研究。它的 DNA 沒有**不帶基因密碼的部分 (non-coding DNA)**。大部分的細菌基因都沒有**內子 (intron)**，

當此細菌完全定序後,更顯示這現象普遍存在於細菌所有的基因體中。之後陸續有許多致病菌開始進行基因解碼的工作,在各個基因體研究中心的努力下,目前已定序的致病菌已超過 5 百種。

⬇ 二、黴漿菌 (*Mycoplasma genitalium*)

這是自然界已知基因體最小的一種細菌,是缺少細胞壁的一群細菌的代表,這類細菌廣泛寄生於各種動植物,甚至組織培養的細胞中。科學家對它的興趣不只是因為它的致病性,更因為它的基因體只有 580 kb,可能代表著生命現象的最基本需要。

⬇ 三、*Methanococcus jannaschii* – 古細菌

1977 年發現此為一種古生細菌的代表,它異於一般的細菌,是不同於真核生物及原核生物的另一類生物,它的存在挑戰了傳統對於生物僅分真核及原核的定論,因此科學家對於它的定位始終存疑。在基因體定序之後,證實它有 2/3 的基因異於細菌,例如負責進行 DNA 複製的蛋白質,並未在其他細菌中發現,且 RNA 的合成方式也異於細菌,事實上它的蛋白質結構比較接近真核生物,而非原核生物。此一結果為古生物在生物的分類學上的位置找到更有力的證據,可以說是十分重大的研究成果。

⬇ 四、酵母菌 (*Saccharomyces cerevisiae*) 基因

酵母菌基因定序計劃由 Andre Goffeau 率領 100 個團隊,37 個實驗室,費時 7 年,於 1996 年將此 12 Mb,16 條染色體的基因體完全定序,是第一個每個基因都被完全解讀定序的真核生物,其中有 1/3 的基因是新發現的,其功能未明,足見人們對簡單的單細胞生物基因體都只有部分的認知。但因為其基因與人類較為接近,這項成果極具參考價值,提供給科學家一個很好的定序範例,藉由比對序列找出其他真菌基因體中的相對基因,對其他進行中的基因體

計劃有很大的幫助。因此不只是對從事酵母菌研究的實驗室提供了珍貴的資訊，對於一般其他真核生物的研究也有相當的助益。

五、哺乳類

目前已完成的是人類、實驗室小鼠以及黑猩猩，其他草圖階段的則有牛、天竺鼠、馬、貓、蝙蝠、兔子、大白鼠、犬、羊、數種猴類、大貓熊、水牛、袋鼠、非洲象等。其中黑猩猩是與人類血緣最近的生物，其基因的解碼有助於瞭解靈長類的演化。將黑猩猩與人類的基因體相比較後，在有些同源基因的蛋白質居然只有兩三個胺基酸的差異。在 2005 年 9 月完成黑猩猩基因體定序分析的同時，也找到一些人類疾病基因在其基因體中的類似基因，可能有助於人類疾病及遺傳等研究。如同農作物基因體分析之迫切性，畜牧動物的病理及生理的研究也有賴基因體計劃的資訊才能有更進一步的進展，初步的基因體資訊即可以篩檢出不良個體，及篩選並維持優良性狀的傳遞等基本的需求，更進一步的基因體計劃實在是刻不容緩。

六、植物

相較於其他物種，植物的基因體定序是較為困難而複雜的，植物的基因體大小差異性大，其小可至小型動物，大則如作物類擁有人類基因體的 5 倍以上，更大的如觀賞花卉幾乎有人類的 40 倍之多，且植物多為多倍體，會有許多重複性區段，更增加序列整合的困難。目前已完成的有阿拉伯芥及水稻，阿拉伯芥是實驗室常用的材料，而水稻是基因體最小的一種農作物，科學家們估算玉米的基因體有 3 Gb，小麥則高達 16 Gb（約為人類的 5 倍），而水稻則只有 430 Mb，約只有人類及玉米的六分之一左右，基於穀類作物彼此間的基因有極高的共通性，要有效率地分析穀類作物的基因，勢必要從水稻開始著手。目前已有草圖的作物有小麥、玉米、葡萄、甘藍、木瓜、柑橘、馬鈴薯等，其他如有助於演化研究的地衣，對森林研究有關的楊樹，以及一些基因體較小的植物也都完成大部分。

七、魚 類

　　最接近完成的魚類分別是 2002 年及 2004 年公布的兩種河豚 (Pufferfish, *Takifugo rubripes, Tetraodon nigroviridis*) 基因體，牠們均有 21 對染色體，基因體約 350 Mb，是目前已知基因體最小的脊椎動物，由於該生物的內子及基因之間的距離和重複性 DNA 較少，相對較精簡，對演化及比較生物學研究上均有相當意義。河豚與人類祖先在演化上於四億五千萬年前即分歧，在比對人類與河豚之後可以推出演化祖先有 12 對染色體，意思是說現在已經可以知道哪一些基因是位在哪一條原始染色體上。另外，實驗魚種斑馬魚也已有草圖。其他如日本團隊製作的青鱂 (*Oryzias latipes*, Medaca) 基因草圖，青鱂也是實驗用魚種，牠是一種迴游魚種，在生長的不同階段，可以在淡水或鹽水中生存，有助於瞭解具此習慣性的魚類生存之奧秘。此外，尼羅口孵魚 (*Oreochromis niloticus*) 也是極受重視的魚種，其因口孵方式容易大量繁殖而被引入水產養殖業，由於數量急劇增加而成為高入侵魚種，其不但會排擠入侵地自然環境之原生魚種，更破壞生態，科學家們希望藉由瞭解其基因體以研究出防治方式，以及其在淡水或海水中均可生存之原因，甚至其能在擁擠環境中生存之適應機制。

八、鳥 類

　　目前有基因草圖的是雞及火雞，進行中的則有加州兀鷹，其為美國瀕危鳥類，以及能歌唱的澳洲斑胸草雀，牠的基因體解碼，將有助於研究人類的語言障礙。其他尚有鴿子、金絲雀、雉等。

16-4
重要生物模式物種的定序

在生命科學研究上，實驗室中常利用模式生物作為研究材料，由於這些生物累積的研究結果及技術較為齊全，因此有其優先定序的價值，除了前面提過的酵母菌之外，其他物種的基因體特徵如下：

⬇ 一、線蟲基因解碼

科學家們早在 1983 年即已清楚地研究描繪出線蟲有 959 個體細胞，其中包括約 300 個神經細胞，並知道每一個細胞的最終命運是發育成什麼樣的細胞，在什麼時候會死亡。由於蟲體為透明的，極易觀察發育現象，且每隻蟲的細胞發育結果幾乎完全相同，只有少部分細胞可能有差異，這在其他生物是十分罕見的。線蟲對於訊息傳遞、**細胞凋零 (apoptosis)** 及神經發育的研究上，貢獻良多，甚至目前最熱門的 RNA 干擾技術也是從線蟲中開始研究成功的。此工作費時 8 年，於 1998 年完成草圖，並於 2001 年底完全定序成功，成為第一個完成定序的動物基因體。藉由與之前完成定序的單細胞生物之比較，可以瞭解多細胞生物的生命特性。

⬇ 二、果蠅基因體定序

自 1910 年，摩根開始利用果蠅進行遺傳實驗後，果蠅在遺傳學上就一直居於重要的地位。1980 年代，Nusslein-Volhard 及 Wieschaus 等人利用大規模的突變篩選，找出許多與動物體節發育有關的基因，隨後也在其他更高等的動物體中發現同樣的現象，這些研究不但奠定果蠅在發育生物學研究的要角，同時更讓三人在 1995 年獲得諾貝爾獎。由於遺傳研究歷史悠久，果蠅的動物研究模式，一直是其他動物模式參考的系統，許多實驗都是從果蠅開始的，例如染色體的剖析、人為突變株的製作及篩選，甚至基因體的粗略遺傳圖譜，都早在 1970~1980 年間即已建立。1981 年即可利用**跳躍子 (transposon)** 產生基因轉殖果蠅。除此之外，果蠅基因資料庫 Flybase 已經建立多年，更不斷有新的技術及方法研究果蠅基因之間相互的調控及影響，其重要性自然不可忽視。

　　果蠅有四對染色體，約 13,000 個基因，其中約 1/10 的基因已被研究，這當中有 1/3 的基因在突變後會出現性狀改變，比例上較其他實驗動物多。由於許多基本的細胞功能在不同種生物間都具有相當的保守性，目前已定序的生物中，果蠅在許多方面都較具研究優勢，對於更高階的生命現象，如胚胎發育、行為模式，甚至睡眠週期、對藥物的生理反應、神經發育及退化等，都有可能在果蠅系統中得到初步的結論。最著名的例子即是 HOX 基因群在基因體上的排列及功能，從果蠅到人類都具相當的保守性。

　　果蠅基因定序完成後，找到許多大家一直希望發現的人類相似基因，例如與帕金森氏病有關的 Parkin，抑癌基因 p53 以及期待已久的胰島素基因等。相較於已定序的酵母菌及線蟲，果蠅有較多的內子。基因與基因之間的距離較大，可能反映調控區較長。發育過程及神經傳導過程的一些受體，如嗅覺等，在果蠅中只有 160 個，而線蟲則有 1100 個。果蠅在消化、發育或免疫系統的訊息傳遞過程上具有較多參與有酵素活性的相關基因，顯見果蠅具有較複雜的細胞種類。

⬇ 三、阿拉伯芥基因體定序

　　阿拉伯芥是一種野草，在分類上與甘藍、甜菜等作物較為接近，本身並沒有經濟價值，但由於它的研究系統發展順利、親和性高，在植物分子生物研究領域上是常被選用的材料。1991 年開始由美國奧克拉荷馬州立大學領隊，與歐洲、亞洲等世界各國共 18 個實驗室共同進行全面性定位 cosmid 物理圖譜，並建立阿拉伯芥基因資料庫 AatDB，至 1995 年有 YAC、BAC 基因庫，包含絕大部分的染色體。之後由於定序技術的改良，加上酵母菌及線蟲基因體完成定序，促使原本計劃在 2004 年才能完工的阿拉伯芥基因體定序提前在 2000 年完成，成為第一個完成定序的植物。藉由它的基因體特性，科學家們對植物有更深一層的認識。以下即為其特性：

1. 異於其他開花植物的基因多套現象：開花植物的基因體有一些特性，如**多套體** (polypoidization) 指的是整個染色體的複製，及**區段複製** (duplicate) 的現象，但阿拉伯芥基因體在演化過程中失去了一些基因，及染色體**重新排列** (rearrangment) 的結果，最後只剩下 5 條相似的染色體，共有 125 Mb。

2. **重複性序列** (repetitive sequence) 只有 10%，基因在染色體上出現的十分緊密，顯示調控區域不長。且在已定序的**染色體中節** (centromere) 亦發現 47 個基因，可見異染色區仍有基因存在。

3. 有 69% 的蛋白質可在其他生物中找到類似的蛋白質，足見動植物有共同的祖先。

4. 確認動物及植物基因之間的差異：

   (1) 有 25% 的基因具有特定的訊息片段，可將蛋白質帶入葉綠體或粒線體中，而動物則只有不及 5% 的蛋白質需進入粒線體中。

   (2) 植物特有的基因，如水分傳輸管道有關的基因。超過 420 種基因與細胞壁的合成或修飾有關。

   (3) 常見於動物的一些訊息傳遞的相關基因則未在植物中發現。

   (4) 植物的胜肽荷爾蒙比動物多出 10 倍，也有許多類似受體的蛋白質激酶 (receptor-like protein kinase)。

四、斑馬魚 (Zebrafish) 的定序

在 1996 年發表了大規模篩選各種影響發育過程的突變株之後，斑馬魚已是目前以遺傳方式研究脊椎動物發育最主要的模式動物（詳見第 11 章基因轉殖動物的應用）。在基礎研究上，斑馬魚提供各種脊椎動物器官及組織發育的良好模式系統，包括心臟、腎臟、神經、消化及肌肉等系統的研究，甚至生理性的毒理、荷爾蒙調控等。斑馬魚共有 25 對染色體，基因體約 1.4 Gb，目前已發表第 9 版的序列，並將大部分的基因在染色體上定出位置，電腦估算約有將近 5 萬個基因，目前找到約 3 萬個，其中一半以上是新的基

因。相較於早期完成的基因體，斑馬魚的定序及註解是同時進行的，如此產生的資訊更能提供有效率的研究資源。產生突變株的方式不只限於 ENU，新的方法包括假型反轉錄病毒、跳躍子，不僅可進行大規模的篩選，還可用來製作基因轉殖魚，均可以傳遞給下一代，比傳統的顯微注射要方便有效。

16-5
複雜生物的基因體定序

⬇ 水稻基因體定序

全世界的農作物有 60% 為穀類作物，約有三分之一的人口食用稻米，但由於西方人主要的糧食穀類是小麥及玉米等，所以早年的西方科學家對於稻米的研究完全沒有興趣。另一個現實的原因是，以食用稻米為主要糧食作物的國家大多貧窮落後，水稻基因解碼與否，對向來以商業及實用角度看待問題的西方國家，實在沒有將其列為最優先解決物種的價值。然而就生命科學專業領域的分析上來看，由於眾多主要的穀類糧食作物中，基因體的相似度極高，而水稻是其中基因體最小的一種農作物；在另一方面，沒有經濟價值的阿拉伯芥因為研究系統方便而被選作雙子葉植物的代表，成為最先完成基因定序的植物，得到植物完整的列序後，完成水稻基因體的定序便成為穀類作物基因體計劃的第一個首要目標里程碑。

早在 1980 年代大陸及日本就開始分析水稻基因，日本在 1988 年將水稻 *joponica* 亞種的 12 條染色體以國際合作的方式，分配給各個團隊成員負責，並將此計劃稱為國際水稻基因解碼計劃（International Rice Genome Sequencing Project，簡稱 IRGSP），是將水稻基因放到 BAC 上，在染色體上標出每株 BAC 的位置，然後再一一定序，於 2005 年完成。臺灣（中研院植物所及榮陽團隊、成大生命科學所）負責第五號染色體。

中國大陸北京的研究人員認為他們應該進行更多人食用的 *indica* 亞種的基因定序，於是在兩年內完成了 *indica* 的基因草圖，他們利用全面性的任意片段基因定序，再利用高階的電腦比對連接大量的序列，解讀的序列約把整個基因讀了 6 次，在 2001 年 10 月，即在網路上公開 *indica* 的基因草圖初步結果，在 2002 年，北京的研究人員和 Syngenta 兩大團隊同時在科學雜誌發表了他們利用類似方法的工作成果，分別得到 *indica* 及 *joponica* 兩個亞種的基因草圖，對於植物基因體的研究而言，往前大跨了一步。另一個團隊 IRGSP 則在 2002 年底發表定序結果，在 2005 年完成更精確而完整的結果，並且對於使用上的價值是前兩份草圖所無法提供的。

根據兩份草圖的分析，水稻的基因估計大約有 5 萬個左右，比人類還要多。IRGSP 的結果已確認有 37,500 個基因，植物學家利用這兩份草圖與阿拉伯芥的基因圖譜比較二者之間的相似及相異性，可分析出下列結果：

1. **植物特有的基因族群**：80% 的阿拉伯芥基因都可以在水稻中找到相對應的基因，同時，有 1/3 的阿拉伯芥預測蛋白質可以在水稻基因預測出的蛋白質中發現，卻不出現在真菌 (fungi) 或動物中，這些可能就是植物特有的基因。這些基因主要參與光合作用及光形成作用等。

2. **植物特別的生理現象**：某些特定的基因族群會特別多，例如 RING 鋅手指 (Zn finger) 蛋白質，及 F-box domain 蛋白質在此二植物中與已分析的果蠅、線蟲及酵母菌基因比較起來，相對特別多。由於此二類基因對蛋白質的分解及周轉 (turnover) 十分重要，這和過去已知植物細胞藉由蛋白質快速置換的作用維持**恆定 (homeostasis)** 的現象吻合。

3. **動物特有的基因族群**：一些常在動物中發現的基因族群，並未在此二植物基因體中發現，例如與訊息傳遞有關的類固醇核受體 (nuclear steroid receptor)、JAK、Notch、TGF-b、POU 及 p53 等基因。

4. **單雙子葉植物的差異：**利用這樣的比較分析還可以得到例如雙子葉植物與單子葉植物的差異等。

根據 IRGSP 的結果，還辨識出一些重要的基因，可以影響水稻的光週期、生長趨勢以及植株高度的基因。

科學家們更有興趣的是瞭解水稻和其他穀類作物基因之間的異同及其代表性。由於穀類作物有很明顯的 synteny 現象，也就是相對應的基因在染色體上的排列順序相似，如圖 16-3。以標記 (marker) 基因序列為基礎，經由整合後，即可得到其他穀類作物的遺傳圖譜及物理圖譜，再藉由比對，有助於確認其他的穀類作物基因位置、調控區域及基因功能等，有利於加速其他作物更進一步基因定序工作。初步比較之下，已經有不少令人振奮的分析。在合理的相似程度條件下，幾乎穀類作物中每種蛋白質都可以在水稻中找到相似基因。若將相似度的標準提高，仍有 80~90% 的穀類基因中均可找到水稻的同源基因，這個結果表示在穀類作物中，大部分的基因均具有相當的保守性，而物種外表的差異，實際上只來自少數不同的基因，或只是因為同源基因間的少數差異而已。

此基因圖譜潛藏價值自然斐然，Syngenta 公司已經將 90% 水稻基因放在微晶片上，可以用來探測 (probe) 玉米或其他穀類作物中的表現基因。諸如此類的生技產品慢慢開發出來。而一旦有用的基因如抗蟲、抗旱等被確認之後，植物的改良就輕而易舉，不需要透過傳統的育種方式。此外，在國際水稻組織中所保存超過十萬種的傳統水稻品種，許多都具有優良的性狀，卻不清楚這些性狀的相關基因為何，這些品種均可作為分析基因的極佳樣本。

在水稻之後，許多植物均已被定序，特別是糧食及蔬果菜類的作物，即使在精確度及完整度仍有待加強，仍有各種分析方法可以利用這些粗淺的資料。麥類作物的定序一直有瓶頸待克服，不僅因為它們的基因體非常龐大，同時還有多套體的複雜性，它們的祖先可能經過演化，產生不同的物種又再雜交，保留原物種各自的染色體，形成多套但相似的基因體，以小麥為例，其為六套體，實際上是三群成對的染色體，每套是七條。這三群可能源自三種相近的祖先，目前針對這類型的植物，在定序上是先純化出個別染色體，再定序。

在研究作物性狀上，研究人員傾向以直接定序來比較同物種中的不同品種，特別是來源可考的品種，這類研究有助於作物育種。目前 1GB 的基因體定序速度，只要是同型結合 (homozygous)，而且沒有太多困難的長段重複序列，約在一個月即可得到排列好的數據。即使該物種沒有完整定序的基因體可參考，仍可依相近物種的對應基因來排列。

人類一直以地球上的優勢生物自居，認為人類的基因體一定是最複雜的、數量最多的。但許多物種的基因秘密隨著基因體計劃的發展一一曝光，在分析過掌控各物種生命現象的基因體內涵之後，人們瞭解到人類的基因體大小及數量在各物種中，只是居於適中位置，這種現象確實令人不解。事實上，這樣令人不解的現象仍持續在發現中，例如簡單的線蟲居然有 2 萬多個基因，比較為複雜的果蠅要多出一半；小小一棵阿拉伯芥野草的基因數量幾乎和人類一般多；水稻的基因數量將近 4 萬個，遠超出人類。在下一章，我們將會介紹人類基因體計劃的發展與人類基因的特性，以及小鼠與人類基因體異同之處，在瞭解其他生物的基因體計劃後，可以明白，基因體計劃的進行必然是全面性的，如果只單獨完成人類基因體計劃，對生命現象的解析只有片面且狹隘的觀點，唯有與其他生物對照比較，才能從中找到更有價值或意義的訊息。

同時，我們必須瞭解定序只是第一階段的基本工作，基因體計劃中還包括基因體的註解，這才是漫長而更有實質價值的資訊，越來越多複雜的資源統合及生物資訊分析工具因應而生，我們期待更多的新發現，以解析複雜的生命現象。

問題及討論 Exercise

一、選擇題

1. 不同的序列小片段，藉由彼此間相互重疊的部分連接起來，而形成的長段連續性序列稱作？ (A) EST (B) Contig (C) STS (D) Scaffolds (E) Synteny

2. 一段已知位置的 DNA 小片段，約 200~500 鹼基長度，用來當作定位及組合序列時的標記，稱作？ (A) EST (B) Contig (C) STS (D) Scaffolds (E) Synteny

3. 從已確知會表現的基因中所選出的小片段，可供辨認完整的基因之用，同時可作為定位標記，稱作？ (A) EST (B) Contig (C) STS (D) Scaffolds (E) Synteny

4. 由多個 contig 所連接成的大段 DNA 架構，其之間可能有一些無法接續的間斷，在完全沒有間斷的狀況下，可以包括一條完整的染色體，稱作？ (A) EST (B) Contig (C) STS (D) Scaffolds (E) Synteny

5. 兩種相近生物的基因在染色體上的同源區域會呈現相似的排列順序，稱作？ (A) EST (B) Contig (C) STS (D) Scaffolds (E) Synteny

6. 基因定序常用的基因庫，需要裝載大的基因體DNA片段，關於它們的描述，下列何者錯誤？ (A) cosmid 因受限於噬菌體的基因體，只能裝載小於 45 kb 的 DNA (B) YAC 可裝載 DNA 片段最大，可達 10 Mb (C) BAC 所裝載的基因體約為 100~300 kb (D) 由以前累積下來的資訊，許多序列株 (clone) 都已在染色體上定出位置 (E) 為了便於拼出全圖，這幾類的 clone 都有可能被選擇成為定序的對象

7. 關於基因的預測的敘述，下列何者錯誤？ (A) 定序完成的基因體需要以 "基因搜尋" 軟體來找出預測的基因 (B) 主要是以已知的基因為基礎，從序列中找出可能存在的基因 (C) 可與其他生物已知的基因序列當樣本來比較 (D) 目前無法找出未知的基因 (E) 可用已知的 mRNA 序列及基因家族的序列比較

8. 以全新發現 (ab initio) 的方式來找出基因所在之方法，可以預測出全新的基因，需根據已知的序列，其中不包括下列何者？ (A) 重複性序列 (B) RNA 的剪接處 (C) 調控區域 (D) 蛋白質 motif (E) 轉錄因子結合位置

9. 關於古細菌基因體的敘述，下列何者錯誤？ (A) 是不同於真核生物及原核生物的另一類生物 (B) 基因體定序之後，證實它有其比較接近真核生物

(C) 負責進行 DNA 複製的蛋白質，可在其他細菌中發現　(D) 蛋白質結構比較接近真核生物　(E) RNA 的合成方式異於細菌

10. 關於 Shotgun 方式進行基因解碼之方法優、缺點的敘述，下列何者錯誤？ (A) 整個基因體切成較短的任意片段，將全部 DNA 序列定序　(B) 總長度要包括整個基因體的數倍，才有足夠的相互重疊序列供電腦分析比對　(C) 十分有效率　(D) 可與遺傳圖譜或物理圖譜相對照　(E) 要藉已知序列的基因座標位置才可以定出位置

11. 下列何者非果蠅在生命科學的研究上的重要性？ (A) 果蠅的動物研究模式，一直是其他動物模式參考的系統　(B) 染色體的剖析、人為突變株的製作及篩選，甚至基因體的粗略遺傳圖譜，都由果蠅開始的　(C) 神經發育及退化等，在果蠅系統中得到初步的結論　(D) 目前最熱門的 RNA 干擾技術也是從果蠅開始研究的　(E) 胚胎發育的研究十分透徹

12. 阿拉伯芥被選作第一種進行基因定序的植物，下列理由何者為非？ (A) 沒有基因多套現象　(B) 材料易取得　(C) 只有 5 條相似的染色體　(D) 基因體只有 125 Mb

13. 動物基因體與植物基因體的差異中，下列何者為非？ (A) 植物約有 1/4 的蛋白質帶入葉綠體或粒線體中　(B) 動物只有不及 5% 的蛋白質需進入粒線體中　(C) 動物的一些訊息傳遞相關的類固醇核受體基因也在植物中發現　(D) 植物的胜肽荷爾蒙比動物多出 10 倍　(E) 植物特有的基因包括水分傳輸管道有關的基因、細胞壁的合成或修飾

14. 何者非植物基因體重要的特性？ (A) 相較於其他物種，植物的基因體定序是較為困難而複雜的　(B) 植物的基因體都比人類大，最大的如觀賞花卉幾乎有人類的 40 倍之多　(C) 植物多為多倍體　(D) 有許多重複性區段，更增加序列整合的困難　(E) 植物特有的許多基因主要參與光合作用及光形成作用

15. 目前已知基因體最小的脊椎動物？ (A) 貓　(B) 小鼠　(C) 兔子　(D) 河豚　(E) 狗

16. 關於穀類作物彼此之間有 Synteny 的現象之描述，下列何者錯誤？ (A) 指相對應的基因在染色體上的排列順序相似　(B) 藉由比對，有助於確認其他的穀類作物基因位置、調控區域及基因功能等　(C) 幾乎穀類作物中每種蛋白質都可以在水稻中找到相似基因　(D) 表示在穀類作物中，大部分的基因均具有相當的變異性　(E) 以標記 (marker) 基因序列為基礎，經由整合後，即可得到其他穀類作物的遺傳圖譜及物理圖譜

17. 關於麥類作物基因體的定序，下列敘述何者錯誤？ (A) 基因體非常龐大　(B) 有多套體的複雜性　(C) 祖先可能經過演化，產生不同的物種，又再雜交，保留原物種各自的染色體，形成多套但相似的基因體　(D) 小麥是八套體　(E) 定序上是先純化出個別染色體，再定序

18. 人類基因體的大小及數量在各物種中，是居於何種位置？ (A) 最大型　(B) 前段班　(C) 中間　(D) 較小型

19. 關於斑馬魚 (Zebrafish) 的在基因體研究上的敘述，何者為非？ (A) 是目前以遺傳方式研究脊椎動物發育最主要的模式動物　(B) 斑馬魚的定序完成後已開始註解　(C) 斑馬魚提供各種脊椎動物器官及組織發育的良好模式系統 (D)1996 年發表了大規模篩選各種影響發育過程的突變株　(E) 斑馬魚共有 25 對染色體

20. 農作物中，下列何者基因體最大？ (A) 水稻　(B) 玉米　(C) 小麥　(D) 蕃茄

二、問答題

1. 請比較 contig 及 scaffold 的差異。

2. 何謂基因體的遺傳圖譜及物理圖譜？二者有何不同？

3. 為了裝載較大的基因片段，基因定序常用的基因庫有哪些？各有何特點？

4. 基因的預測可以根據哪些序列特徵作為參考依據？

5. 細菌基因體有何特色？

6. 古細菌的定序結果有何意義？

7. 酵母菌的定序成功對人類基因體計劃有何重要意義？

8. Shotgun 方式進行基因解碼的優、缺點各為何？

9. 果蠅在生命科學的研究上有何重要性？

10. 阿拉伯芥被選作第一種進行基因定序的植物，其理由為何？

11. 舉例說明動物基因體與植物基因體的差異，其中哪些基因群為動物所特有的？

12. 植物基因體有何重要的特性？

13. 河豚的基因體有何特性？

14. 線蟲在生物學上的研究有何重要性？

15. 有什麼理由讓科學家們決定先完成水稻的基因體計劃而非其他穀類？

16. 穀類作物彼此之間有什麼樣的共通性？

17. Synteny 的現象對於基因體的研究有何助益？

18. 什麼樣的定序結果只能稱草圖？要精確到何種程度才可稱完全定序？

19. STS 及 EST 有何不同？二者在定序上有何利用價值？

20. 為何需要定序多種不同的生物基因體？這些結果可以提供什麼樣的訊息？

解答：(1) B　(2) C　(3) A　(4) D　(5) E　(6) B　(7) D　(8) A　(9) C　(10) D
　　　(11) D　(12) B　(13) C　(14) B　(15) D　(16) D　(17) D　(18) C　(19) B　(20) C

CHAPTER

17

人類基因體計劃及後基因體學
Human Genome Project and Postgenomic Era

BIOTECHNOLOGY

近幾年，基因體計劃進展加速，不斷有令人振奮的研究成果發表。事實上，這些工作都是持續進行了十幾年，枯燥而反覆的定序，要累積相當的結果才能銜接分析，再加上技術、儀器及分析軟體的不斷改良，現在才逐漸有可以解讀的成果。有關人類基因體完全定序，對於人類基因的奧秘及相關遺傳疾病成因上的認識，均可提供無限助益，更可將科學家帶入二十一世紀的生命科學新紀元。只要能進一步瞭解這些基因的功能，在發育過程中所扮演的角色，與疾病的相關性，及個體間相同基因之差異的意義，有助於以新的觀點及角度來切入問題。這也是將來後基因體學的發展方向，無論對醫藥、發育生物學、演化、比較生物，甚至生物技術的發展，都會帶來極大的突破。

17-1
人類基因體的定序概況

根據更嚴格的定義，應該說沒有一種真核生物算是 100% 完全定序，因為在真核生物的染色體上，有兩種不同性質的區域，一是**真染色絲 (euchromatin)**，也就是在整個基因體中富含基因的部分；另一是**異染色絲 (heterochromatin)**，因為在染色性質上異於真染色絲，所以如此稱之。異染色絲區域的 DNA 十分緊密，通常帶有極少數的基因，大部分是一些重複性的序列，集中於染色體中節的部分，或散居於染色體各處。由於這些地方很難被選殖出來，因此在基因體計劃的定序過程中，是不將其列入計算的。

對於基因體定序完成階段，科學家們有一個標準定義，要求在每 10 kb 中的錯誤在 1 個以下，有 95% 的序列完成定序，其中每個缺口都小於 150 kb，以此為標準。早在 2006 年，許多物種，包括人類的基因體，都已達到完成的階段。人類基因體計劃的執行單位在 2003 年 4 月，也就是 DNA 雙股螺旋發現 50 週年，公布定序已完成基因區的 98%，正確度高達 99.99%，達到定序完成的標準，在時間上具有相當的意義。

當初有兩組團隊在進行人類基因體的定序工作，一組為人類基因體計劃中心 (HGP)，他們的定序結果是公開給公眾使用的，另一個團隊為 Celera 私人公司。這兩份資訊都是十分可貴的研究成果，其中最大的差異在於定序的策略不同。如圖 17-1 所示，HGP 採用的是階層式隨意定序方式 (hierarchical shotgun)，將已知位置的每個 BAC 以隨意選殖方式完成定序，再以電腦比對銜接；Celera 則是將全部基因體完全隨意選殖 (whole genome shotgun)，定序完成後再以電腦比對銜接。

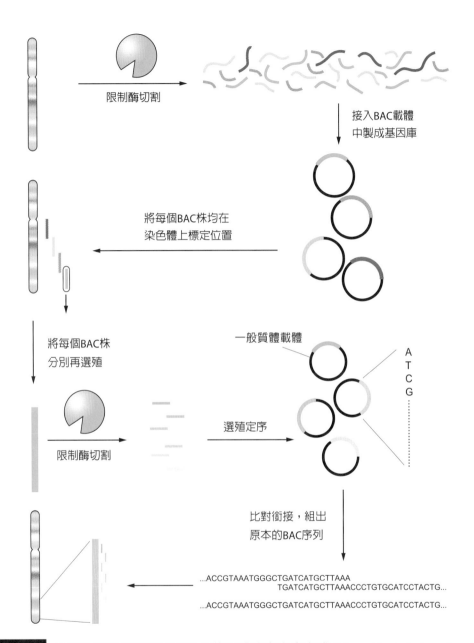

限制酶切割

接入BAC載體
中製成基因庫

將每個BAC株均在
染色體上標定位置

將每個BAC株
分別再選殖

一般質體載體

A
T
C
G

限制酶切割

選殖定序

比對銜接，組出
原本的BAC序列

...ACCGTAAATGGGCTGATCATGCTTAAA
TGATCATGCTTAAACCCTGTGCATCCTACTG...

...ACCGTAAATGGGCTGATCATGCTTAAACCCTGTGCATCCTACTG...

圖 17-1 **目前最常使用的階層式的全基因體隨意定序方式** (hierachical shotgun)

將基因體全部切成大段 DNA 片段，選殖至 BAC 載體，將每個 BAC 株在染色體上的位置
一一定出。再以一般的質體做載體，針對每個 BAC 株，再進行選殖，就如同基因體較小的
生物般，進行 DNA 任意選殖定序，再將其比對銜接，組出原本的 BAC 序列，多個 BAC 株
的序列即可組成一個 contig，再接著組成染色體架構 scaffold，即可完成整條染色體，甚至
整個基因體的定序工作。

　　人類基因體計劃在草圖發表之前的 15 個月，定序的完成程度由多年累積的 10%，進步到 90%，此歸功於技術及科技的進步，主要的突破在於：

1. **人類遺傳圖譜的完成**：這是 1980 年由 Botstein 開始，將一些已知的基因標在染色體相對應的位置上，至 1994 年已經標定非常精細，對定序的工作有很大的幫助。

2. **定序技術進步**：如螢光方式的定序反應及自動定序儀的發展成功，都加速定序的速度。

3. **任意定序方式 (Shotgun)**：這是 1995 年第一個發表的生物序列所採用的，原本只適用於小型的基因體，拜資訊科技進步之賜，有更高階的電腦可以執行龐大的運算來銜接大型的基因體，並有更周全的軟體分析結果。

4. **EST (Expressed sequence tag) 的發展**：在基因體上標示有表現的基因位置。

5. **其他物種定序的完成。**

　　以當時的定序能力而言，每天可以有 172 Mb，每年可以定序兩種大型哺乳類動物的基因體。目前最快的機器每一台每 4.5 小時可定序至少 20 Mb (454 Life Science)，機器的速度已經不再是基因體計劃的瓶頸。

　　即使一般人都認為人類基因已經解碼，事實上還有很多未完成的部分需要完成。在未完成的部分，除了要完成各處缺口及除錯之外，更有一些瓶頸有待克服，其中最困難的部分可以分為下列數種，此問題同時也存在於其他基因體：

1. **異染色絲 (heterochromatin)**：異染色絲主要分佈在染色體中節及末端，約佔基因體的 8% 左右，這些序列由於很難被各種方式選殖出來，以致無法定序，目前為止並沒有好的解決方法。

2. **重複性的序列 (repetitive sequence)**：在某些區域有長段的重複性序列，這對以 PCR 原理為基礎的新式定序技術而言是較為困擾的地方。

3. **重複區段** (duplicate)：在染色體上有某些重複區段，彼此間的相似性可達 99%，對電腦比對銜接工作而言很容易混淆，在 2001 年有新的運算工具 EULER 產生，克服這一類的困難，讓銜接的正確度大為提高。

目前有數十個研究中心參與人類基因體定序，分別負責不同階段的分析研究，定序僅是最初階段的基本工作，還要將基因一一找出功能並註解等，有更多階段性的任務及計劃需要繼續下去，在後面的章節，我們會介紹這些衍生計劃。

17-2
人類基因體的基本特性

依據兩份基因草圖，以及更多的更詳細新資料，人類基因體的特徵可大致歸納出一些特點，這些統計資料也隨著基因體更精確地陸續完成個別染色體而有所改變。

1. 人類基因體初估 3,200 Mb，以基因預測軟體約可找到 30,000 多個基因，低於早期的推測；但隨著**假的基因** (pseudogene) 的剔除，以及新的基因陸續被發現，2005 年 9 月以基因轉錄為標準的研究報告顯示，人類基因體只有 20,000~25,000 個基因帶有蛋白質密碼。

2. 基因的密度約為每 12~15 Mb 出現一個基因，遠低於之前定序的其他基因體。

3. 在染色體富含 G 及 C 的位置通常基因較多；且**外子** (exon) 常富含 G 及 C，**內子** (intron) 則較少，這和以前的推測相符；且人類基因的內子較其他已定序的生物長。

4. 在 3.2 Gb 的基因體中，2.95 Gb 為**真染色絲** (euchromatin)，但只有 1.1~1.4% 的區域攜有蛋白質密碼，5~8% 只會轉錄成功能性 RNA。

5. 超過一半的基因體都是一些重複性的序列，但在不同的區域出現頻率不一，例如與體節表現有關的 HOX 群基因區域則很少見到重複性序列，可見這個區域的基因調控機制十分精密。

6. 在染色體中節及末端附近有許多從染色體其他處甚至其他染色體複製來的區段 (duplicate)，這種情形比其他已定序物種高。

7. 基因大小平均為 30 kb，差異很大，大的基因如 Titin 有 250 kb 及超過 200 個外子，小的基因如嗅覺受體群其平均大小少於 2 kb。

　　當定序的分析結果陸續透露出基因體的本質後，科學家們當初最難接受的事實是人類基因數目居然只有 3 萬個，在 mRNA 的層次上，人類基因體已知至少會表現 85,000 種左右的 mRNA，這兩個數量實在相距甚遠，現在瞭解其中的原因如下：

⬇ 一、人類基因的複雜性高，不需以增加基因數量來進化

1. **蛋白質的複雜性較高：**人類蛋白質與其他物種的差異在於複雜性，其中人類蛋白質帶有較多種不同的區塊 (domain)，可能表示功能上比較進步。

2. **一個基因產生多個 mRNA 或蛋白質產物：**人類的 RNA 剪接方式較進步，一個 mRNA 經由不同的剪接 (alternative splicing) 方式、不同的 polyA 或不同的啟動子，會產生不同的 mRNA 或蛋白質產物，每個基因至少可以有 2~3 個剪接方式。2005 年的資料顯示，人類基因體可以轉錄出 18 萬種的 RNA。

3. **基因的調控方式較精緻：**人類基因在染色體上的分佈密度較低，平均每 1 Mb 只有 12~15 個基因（參考表 17-1），具有較多、較長的調控序列，接受其他基因產物的調控，重要性可能更大。這個特徵在生物體中意味著隨著不同的發育階段、不同的組織或細胞特性等，需要有更精密而複雜的調控機制。

○ 二、人類基因數量可能被低估

1. 由於人類基因的內子較長，會將整個基因分成不連續的數區，這也是基因密度偏低的另一個原因，因此用同樣的基因搜尋軟體可能會忽略，而較難找出基因。

2. 有些地方尚未定序完成，雖然過去認為在異染色絲區，如**染色體中節** (centromere) 及**染色體末端** (telomere) 區域不太可能有基因存在，但陸續出現的結果顯示，其實還是有些基因位在此區域。

3. 基因預測軟體是根據已知的基因為基礎預測序列中含有基因之可能性，對於一些完全未知的基因則無法偵測。特別是一些只作出 RNA 而不轉譯成蛋白質的基因，往往沒有任何特殊的特徵，在發現調控性的 RNA 其實在基因表現的調控上負有重任之後，如同其功能長期被忽略一般，此類基因也可能被淹沒在基因體中，未被發掘。特別是當我們無法在其中找出**開放式編譯碼** (open reading frame) 時，很可能會忽視其存在。據推測 miRNA 約佔人類基因體中的 30%，由於 miRNA 的作用常是調控一系列的基因，這些調控更增加了人類基因體的複雜性。

　　自從人類基因草圖發表以來，陸續有更好的方法及技術來解決各種新問題，基因體完成定序之後的下一步工作就是將基因一一**註解** (annotation)，才能知道各個基因的功能。但一個胚胎時期表現的基因庫，或癌細胞的基因表現庫究竟包含哪些基因，除了利用生物晶片或是大量定序之外，並沒有更快的方法，若要將它們一一在染色體上定出位置，則有賴更佳的技術。目前新的**基因確認記號**（gene indentification signature，**簡稱 GIS**）技術是將 cDNA 頭尾輳轉相接之後，取用這些 5' 及 3' 的短序列作為一組**成對雙端標記**（paired-ends ditags，**簡稱 PETs**），如此即可在染色體上找出位置，即使是未被發現的基因都可以找到。此技術比每條 mRNA 只用單一標記的 SAGE（見後文）更容易且精確地找出標的。不僅如此，

PETs 還可以找出具有相同的 5' 及 3'，但經由不同的剪接方式而來的 mRNA 產物，更可以應用在癌細胞染色體轉位或小段缺失的偵測等研究。PETs 的發展必定可以加速下一階段的基因體計劃。

— 17-3 — 人類基因體及其他生物的比較

隨著多種物種定序完成後，人們不再只限於問過去的老問題：人類是如何成為人類的？而更進一步想知道：是基因體中的何種差異造就物種間的差距？因此，藉由與其他物種的基因體在基因數量及蛋白質種類特性及相似度上作比較，就更能突顯各種物種如植物、無脊椎動物、脊椎動物等的特性。

在比較時，人類的基因應該區別為兩大類，一類是脊椎動物特有的能力所需，如複雜的神經系統、凝血機制、後天免疫反應等。另一類是在其他物種均有的，只是基因產物的功能更佳，如細胞內或細胞外的訊息傳遞、發育、細胞凋零及基因轉錄的調控等。在與其他非哺乳類動物的生物比較之下，歸納出的結果如下：

1. 負責基本生命現象的基因仍佔多數。

2. 人類在演化上並未增加太多新的 domain。

3. 人類在每個蛋白質家族中的數量較其他動物多。

同時，對於各種同源基因的找尋，更有助於對於人類基因體的認識。如圖 17-2，在演化過程中，不同的物種在演化分歧之後，同一個基因會因漸漸演化而變成**異物種同源基因 (ortholog)**，這些基因在不同的物種中扮演幾乎相同的角色，因此在其他物種中如果找到某基因的同源基因，可以利用此動物模式來瞭解這個基因。例如在小鼠中可以利用基因剔除或 ENU 的方式來製作這個基因的突變株（也就是相當於人類的病人），來瞭解這個基因的功能或致病原因，進而研究治療之可能性。

　　另一方面，在人類基因體中有些基因由於染色體的區塊複製 (duplicate)，再隨著演化而產生另一個與原來基因功能相似的**同物種同源基因 (paralog)**，這兩個基因可能都具有相同的功能，但也可能只有其中一個是最重要的。有時也會成為兩個**次級單位 (subunit)** 合組成一個蛋白質，因此共同進行同一種功能。常常發現針對某一蛋白質的藥物在理論上可行，實際上卻無效，這是在找尋藥物的標的上常出現的一個現象。例如在人類基因體定序之後，科學家找到許多未曾發現的同物種同源基因，也證實某些同源基因比原本過去研究的基因更具藥物標的之價值，可能表示其在此蛋白質中是較重要的次級單位。

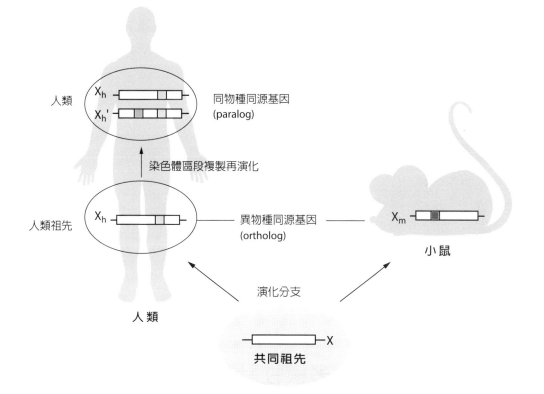

圖 17-2　由演化造成的基因差異

人類與小鼠的共同祖先的 X 基因，在兩種物種各自分歧演化之後，其 X 基因產生了差異，但均是由 X 基因所演化來的，二者稱為異物種同源基因 (ortholog)。而當人類的 X 基因因為染色體的區段在不同的位置發生複製 (duplicate) 的現象，而又漸漸演化成與 X_h 基因有類似功能的 X_h' 基因，此時基因 X_h 與 X_h' 稱為同物種同源基因 (paralog)。二者可能會共組成一個具有兩個次級單位的蛋白質，功能比單獨的 X 基因佳。

小鼠是實驗室中最常用來進行人類基因相關研究的一種模式動物，諸如生理、代謝、解剖上與人類的相似度，對於人類生物體及疾病的研究而言是無可取代的。同時，小鼠也是眾多哺乳類動物中最易進行實驗操作的，無論是遺傳、發育、免疫及藥理的基礎研究，癌症等疾病，甚至行為、學習及記憶等研究，小鼠均有其方便性，往往找到一個新的人類基因，立刻在小鼠中即可找到相對的基因，進而進行各種可能的遺傳及疾病相關實驗。小鼠基因體完成定序後，對於人類疾病等相關研究的相對性，及分子基礎的相似或相異性有更進一步的瞭解。

　　雖然小鼠的基因體定序工作是比較晚開始的計劃，但因技術及工具都較為精良，故進展也較為迅速。2002 年底完成的小鼠基因體的草圖中，定序完成 95%，找到 9,000 個新發現的基因，因此在人類基因體中又依此找到 12,000 個新的基因，在去除一些假基因 (pseudogene) 後，人類和小鼠各約有 30,000 個基因，幾個主要的重點如下：

1. 小鼠基因體共 2.5 Gb，比人類的 2.9 Gb 小 14%，可能是分別演化之後，小鼠的基因體剔除較多基因。

2. 99% 的基因在人類中有同源基因 (homologue)，只有 300 個基因左右是小鼠特有的，可見其對於人類相關醫療疾病研究之價值。

3. 即使是在不含基因的區域，也有相當的相似度，可見這些區域對於基因體的內容，應該也具有相當的意義。

17-4
人類基因體多樣性計劃及相關計劃

　　基因定序只是基因體計劃的初步階段，將每個基因的位置一一標示清楚，它所能提供的就是正確的基因序列及位置，而這些基因的用途或更進一步的功能，都是以基因圖譜為基礎而衍生出的研究。在人類基因解碼之後，許多特殊目的的基因體計劃開始進行。

在人類基因體計劃進行期間，陸續衍生出一些與其相關的新計劃，如**人類基因體多樣性計劃（Human Genome Diversity Project，簡稱 HGDP）、癌症基因體剖析計劃** (Cancer Genome Anatomy Project)、環境基因計劃 (Environmental Gene Project) 等，這些計劃的完成會增加人類基因體計劃的應用價值。其中又以人類基因體多樣性計劃最有價值，也是目前科學家們最熱衷於解讀的。

人類有 23 對染色體，基因體約有 3,200 Mb。即使是不相同的種族，兩個不同的人之間的基因體差異實際上只有 0.1%。然而，你我之間的外表、個性、生理狀況的差異，卻是如此顯而易見，這種現象實在令人難以想像。當這 0.1% 換算成實際數字，是表示每 1,000 個鹼基對才有 1 個差異，在 3 Gb 的基因體中，有 3×10^7（3 百萬）個鹼基差異，似乎又是一個極可觀的數字。

單核苷酸多型性（single nucleotide polymorphisms，簡稱 SNPs）最早發現的例子是在 1919 年即發表的 ABO 血型，直到 1993 年才瞭解這是同一個基因的三種不同的 alleles。隨著時代進步，有越來越多的 SNPs 被發現，在人類基因體定序前，大約有數千個已知的 SNPs，但根據基因體定序分析的統計，這個數目應該有幾百萬個，這是人類個體與種族之間差異的來源。這種差異可能不僅是外觀高矮、胖瘦之類的明顯差異，更可能隱含著容易感染某種疾病，或對某些藥物的差別反應等，極具醫療價值的訊息。

當人類基因定序結果公開之後，許多一直在尋找的疾病相關基因都能從這份草圖中找到，如果能再配合 SNPs 的研究結果一起考量，可以依個體之間的差異瞭解疾病的遺傳基礎。目前的資料顯示大約每 1.91 kb 就存在一個 SNP，平均每個基因中有 15 個，當然，在不同的染色體或不同性質的基因區域可能出現的頻率不一。例如在與人類免疫相關的 HLA 區域就有極高的 SNP 出現。

1997 年開始的人類基因體多樣性計劃，目的在於分析人類種族遺傳及文化不同狀況下，彼此基因體的差異。當然，這種差異往往只是一段序列區域中單一個核苷酸的差別，因此本計劃開始的目標是希望能在人類基因體中找出 10 萬個 SNPs 位置，各以 4,000~8,000

個人當樣本，分析亞洲、歐洲、非洲及美洲原住民之間的差異，預定 5~10 年完成，目前找出的 SNPs 早已超出原先的目標，但此計劃仍需持續進行，在 NCBI 有 SNP 的資料庫匯集，2005 年已超過一千萬個人類 SNPs。另方面為了數據的正確性以及將來的後續研究，人類基因體中心利用人類學的研究單位捐贈之淋巴細胞，共計來自 52 個族群的 1,064 個細胞株，提供給各個實驗室進行分析。科學家們利用這組樣本找出基因體上 377 群 SNPs 聚落 (microsatellite)，分析人類基因體的差異，首先發表的報告將樣本依差異度分成二群，可推測出非洲與歐洲、西亞、南亞屬於一群，東亞、海洋區及美洲屬於一群；這個結果與人類在五萬年前從非洲往東遷移的推測相符；若再細分成 3~5 群則可將各個族群分開，顯示基因體確實因人種的差異有遠近之分，更證實 SNPs 聚落的確有相當的代表性。

　　人類基因單體型 (HapMap) 則是另一個類似的計劃，據估計，人類至少應該有一千萬個 SNPs，要比較個體差異就得比較所有的 SNPs。所幸染色體上常會有一群群緊密關聯的 SNPs，HapMap 計劃就是要將這些區域定位標示在染色體上，以便於將來研究或是診斷上的辨識。這個計劃的樣本群是中國漢人、歐洲、非洲 Yoruba 人及日本人，在 2005 年完成了第一階段的進度，接下來就要在樣本中大量分析四百萬種 SNPs，最後將擴大樣本群。最終的目的是要讓這些資料成為研究個體差異與疾病之間的關聯性之主要依據，甚至藥物的反應療效等，對於醫療及診斷上的價值會慢慢浮現。

　　儘管 SNPs 是基因體序列解讀上一項重要的利器，而基因體定序單位也找到許多新的 SNPs，但這項工作的進行仍有許多的瓶頸，例如：

1. **區分真的 SNPs**：必須要能確定其為真的 SNP 而非是定序錯誤或假的訊息，大約有 82% 的 SNPs 會出現在超過十分之一的人類族群中，由於 SNPs 必存在於相當的族群比例才可信，因此必須要在其他人的基因體中也有相對的發現才能證實。因此精確度在 SNPs 的研究中十分重要，找到的 SNPs 必須有相當的出現頻率才有利於疾病的相關研究。

2. **技術**：目前已發現的 SNPs 只佔估計量的 0.1% 左右，這些都必須要再確認，事實上科學家們已發展出各種找到 SNPs 的新技術，但除了大量比較不同的樣本外，並沒有更好的方法累計出相當量的出現頻率。由於此計劃仍在起步階段，仍有許多的方法技術正在發展中。

3. **解釋的困難**：對不同的人種而言，SNPs 的代表性不一，例如在歐洲族群中發現的 SNPs 也許在歐洲人中具有相當意義，在其他種族中也許並不具代表性。從取樣人數、取樣族群及定序多少次都會影響結果的解釋。

4. **SNPs 對基因實際的影響**：有些 SNPs 位於基因中解碼蛋白質的部分，是否真正影響蛋白質的功能，只有經由功能性分析才會瞭解，除非有些基因早已進行過分析。此外落在非解碼部分甚至非基因部分的 SNPs 不一定就是無意義的，也有可能會影響基因的調控，這同樣需要功能性分析才能有定論。

17-5
癌症基因體剖析計劃及相關計劃

　　癌症基因體剖析計劃（Cancer Genome Anatomy project，簡稱 CGAP）的目的是要以基因體計劃所提供的資訊為基礎，建立癌症研究的方法、工具、技術及癌症的相關資訊之結合，簡單的說，就是要建立癌症的完整分子訊息。從 1996 年開始至今，其利用**基因表現的系列分析**（serial analysis of gene expression，**簡稱 SAGE**），將每個基因在正常狀況以及癌症前期癌變期的表現情形製成 SAGEmap 及 SAGE Genie 提供給研究人員。不但確認多個與癌症有關的基因，同時也有下列重要的成果或目標。

❶ 一、整合定序結果

為了確保基因體計劃的正確性及統一性，負責整合基因體計劃用來作為最後定序結果的 DNA 來源，例如是從哪個基因庫中的哪一個 clone 來的。

❷ 二、基因表現分析

將每個 cDNA 的末端定序 40 個核苷酸長度，作為一個表現基因的標記處，以建立 EST 資料庫。當我們以 EST 為晶片，即可分析細胞的 mRNA 表現，以此建立 SAGE 的資料庫，在每一種細胞或組織中均有其特殊的基因表現狀態 (expression profile)，先認識每個基因的正常表現狀況，進而分析癌變細胞與正常細胞之差異，以瞭解癌症前 (precancer) 及癌變後之改變。

❸ 三、癌症染色體異常計劃（Cancer Chromosome Abbreviation Project，簡稱 CCAP）

對於大段的缺失或增幅則可用比較性的基因體雜交方式 (comparative genomic hybridization)，例如較具體的結果顯示乳癌細胞常出現染色體 13p 及 17q 的缺失。基本的方法則是以**螢光原位雜交（fluorescence in situ hybridization，簡稱 FISH）**定出大部分 BAC clone 在染色體上的位置，以建立精確的基因體的細胞遺傳 (cytogenetic) 及物理圖譜，進而可以確認一些癌細胞的染色體是否發生了插入、擴增或移轉、缺失的關聯性。

❹ 四、建立診斷依據

由於癌變是漸漸轉變的，找出與癌症直接有關的基因後，針對這些基因遺傳資訊的分析，建立提早診斷的可能性，進而以預防方式避免好發族群發生癌症。

⬇ 五、適性治療

對於同樣的癌症病人，往往在同樣的治療之下，產生不同的結果，在近年來的證據上發現某些遺傳上的差異，常是造成這類結果之主因。例如第 1 對染色體末端的基因之存在與否，與造成神經母細胞瘤病人存活率高低極具關聯性。因此根據病人的遺傳訊息之本質，可施以不同積極程度的治療。

⬇ 六、建立 RNAi 基因表現庫

建立針對癌症相關基因所建立的 RNAi 基因表現庫，以供研究人員進行癌症相關研究。

持續進行的癌症基因體剖析計劃，不但會為癌症的研究開啟更多方便之門，同時對於治療途徑的改善及病人的提早診治均帶來極大的幫助，這也是基因體計劃之實際應用方面最引人注目的方向。

17-6
人類基因體計劃的後續工作

雖然人類基因草圖對於某些簡單的需求而言，已經足夠提供相當的訊息給使用者，但對於一份沒有完成的序列，可能隱藏著更重要的訊息，也許是與某些藥物作用有關的基因，也許是與某個疾病有關的基因，或許會有一些重要的調控區域在異染色絲 (heterochromatin) 中，你永遠不知道還缺了些什麼。

目前極需要進行的包括填補空缺部分，將錯誤清除，提高正確性。並可藉下列方式來發揮基因體序列的利用價值：

1. 在其他物種的序列一一公開後，比較更多其他物種序列，每個比較都能讓我們更進一步瞭解自己的基因體。

2. 找出新的方法工具及新的目標來解讀基因體的序列，如生物晶片的發展，對於以基因功能為研究目標的**功能性基因體學** (functional genomics)，以整個基因體所產生的蛋白質為研究目標的**蛋白質體學** (proteomics) 都十分有利。

3. 學習以較寬廣的角度來瞭解基因，不只是以單一基因為重點，而以研究一群相關調控的基因為目的。

4. 從遺傳訊息來增加基因體在醫療上的研究價值，許多與疾病相關的基因陸續被發現中。

5. 改良基因預測及分析的工具，以更精確地分析基因的存在，可帶動生物資訊學朝更蓬勃發展的方向邁進。

 問題及討論 Exercise

一、選擇題

1. 關於真核生物的染色體上的區域之敘述，下列何者錯誤？ (A) 真染色絲 (euchromatin) 是在整個基因體中富含基因的部分　(B) 異染色絲在染色性質上異於真染色絲 (heterochromatin) 而稱之　(C) 異染色絲區域的 DNA 十分緊密　(D) 異染色絲區域不帶有基因　(E) 異染色絲區域大部分是一些重複性的序列

2. 關於人類基因體的特性之敘述，下列何者錯誤？ (A) 人類基因體初估 3.2 Gb，約 30,000 多個基因　(B) 基因的密度約為每 12~15 Mb 出現一個基因 (C) 基因的密度高於其他物種　(D)2.95 Gb 為真染色絲 (euchromatin)　(E) 超過一半的基因體都是一些重複性的序列

3. 人類基因體計劃在後期加速的主要助力，不包括下列哪項？ (A) 人類遺傳圖譜的完成　(B) 定序技術進步　(C) 任意定序方式 (shotgun) 之發展　(D) BAC 的發展 (E) EST(Expressed sequence tag) 的發展

4. 人類基因體的基因密度遠低於其他物種，可能的原因，何者為非？ (A) 人類基因的複雜性高，不需以增加基因數量來進化　(B) 一個基因產生多個 mRNA 或蛋白質產物　(C) 基因的調控方式較精緻，與調控序列分開　(D) RNA 經由不同的剪接 (alternative splicing) 方式產生多種 mRNA　(E) 蛋白質的複雜性較高，帶有較多種不同的區塊 (domain)

5. 人類基因體定序之後，一直陸續有新的基因被發現，為何數目仍維持在 3
   萬個左右？ (A) 定序錯誤　(B) 剔除一些假基因 (pseudogene)　(C) 調控型
   RNA 的排除　(D) 基因合併　(E) 數目修正

6. 下列何者非小鼠的基因體計劃之重要性？ (A) 小鼠是實驗室中最常用來進
   行人類基因相關研究的一種模式動物　(B) 小鼠是基因體最小的哺乳類動物
   (C) 小鼠是眾多哺乳類動物中最易進行實驗操作的　(D) 往往找到一個新的
   人類基因，立刻在小鼠中即可找到相對的基因，進而進行各種可能的遺傳
   及疾病相關實驗　(E) 小鼠基因體完成定序後，對於人類疾病等相關研究的
   相對性，及分子基礎的相似或相異性有更進一步的瞭解

7. 關於異物種同源基因 (ortholog) 的敘述，下列何者錯誤？ (A) 不同的物種在
   演化分歧之後產生的　(B) 同一個基因會因漸漸演化而變成異物種同源基因
   (C) 在不同的物種中扮演不同的角色　(D) 源自同一個基因　(E) 在其他物種
   中如果找到某基因的同源基因，可以利用此動物模式來瞭解這個基因

8. 關於同物種同源基因 (paralog) 的敘述，下列何者錯誤？ (A) 因染色體的區
   塊複製 (duplicate) 而來　(B) 演化而產生另一個與原來基因功能相似的同物
   種同源基因 (paralog)　(C) 可能都具有相同的功能　(D) 可能失去原本功能
   (E) 可能會成為兩個次級單位 (subunit) 合組成一個蛋白質

9. 關於人類基因體中的 SNPs 的敘述，下列何者錯誤？ (A) 單核苷酸多樣性
   （single nucleotide polymorphisms, 簡稱 SNPs）可以是同一個基因的多種
   不同 alleles　(B) 根據基因體定序分析的統計，應該有幾百萬個　(C) 是人
   類個體與種族之間差異的來源　(D) ABO 血型為最早發現的例子　(E) 兩個
   不同的人之間的基因體差異實際上只有 1%

10. 基因體完成定序之後，要如何才能知道各個基因的功能？ (A) 將基因表現
    (B) 根據研究註解 (annotation)　(C) 與其他物種基因比對　(D) 製作突變株
    以分析　(E) 以上均可

11. 關於人類基因體多樣性計劃的敘述，下列何者錯誤？ (A) 可能隱含著容易
    感染某種疾病，或對某些藥物的差別反應等極具醫療價值的訊息　(B) 大約
    每 1.91 kb 就存在一個 SNP，平均每個基因中有 15 個　(C) 分析亞洲、歐洲、
    非洲及美洲原住民之間的差異　(D) 差異往往只是一段序列區域中單一個
    核苷酸的差別　(E) 人類免疫相關的 HLA 區域出現的 SNP 較少

12. 何者非人類基因體多樣性計劃在進行 SNPs 分析時的困難？ (A) 要確定並非
    是定序錯誤或假的訊息　(B)SNP 必存在於相當的族群比例才可信　(C) 目前
    已發現的 SNPs 只佔估計量的 0.1% 左右　(D) 不同的人種而言，SNPs 的意
    義是相同的　(E) 瞭解 SNPs 對基因實際的影響

13. 下列何者非癌症基因體剖析計劃的主要成果或目標？(A) 整合定序結果 (B)STS 資料庫的建立　(C) 癌症染色體異常計畫　(D) 建立診斷依據　(E) 適性治療

14. 關於 SAGE 的資料庫的建立，下列敘述何者正確？(A) 將每個 cDNA 的末端定序 20 個核苷酸長度，作為一個表現基因的標記處　(B) 以 STS 為晶片，即可分析細胞的 mRNA 表現　(C) 在每一種細胞或組織中均有其特殊的基因表現狀態 (expression profile)　(D) 可以預測癌細胞基因表現的變化 (E) 以上皆正確

15. 下列何者無助於找出癌症的染色體異常現象？(A) 用比較性的基因體雜交方式 (Comparative genomic hybridization)　(B) 以螢光原位雜交　(C) 定出大部分 BAC clone 在染色體上的位置　(D) 建立精確的基因體的細胞遺傳 (cytogenetic) 及物理圖譜　(E) 分析病人的病史

16. 科學家對基因體達到定序完成階段，所訂的標準定義，下列何者正確？(A) 要求在每 100 kb 中的錯誤在 1 個以下　(B) 有 99% 的序列完成定序　(C) 每個缺口都小於 10 kb　(D) 重覆數次以上　(E) 以上皆是

17. 人類的基因與其他非哺乳類動物的生物比較之下，何者為真？(A) 負責基本生命現象的基因較少　(B) 人類在演化上增加許多新的 domain　(C) 人類在每個蛋白質家族中的數量較其他動物多　(D) 以上皆是

18. 何者非人類基因數量可能被低估的原因？(A) 人類基因的內子較長，會將整個基因分成不連續的數區　(B) 有些地方尚未定序完成　(C) 基因預測軟體是根據已知的基因為基礎，無法偵測完全未知的基因　(D) 只作出 RNA 而不轉譯成蛋白質的基因，具有特殊的特徵　(E) 以上皆是

19. 關於基因確認記號 (Gene indentification signature，簡稱 GIS) 技術的敘述，下列何者錯誤？(A) 將 cDNA 頭尾輾轉相接之後，取用這些 5' 及 3' 的短序列作為一組成對雙端標記　(B) 可在染色體上找出位置　(C) 仍無法找到未被發現的基因　(D) 可以找出具有相同的 5' 及 3'，但經由不同的剪接方式而來的 mRNA 產物　(E) 可以應用在癌細胞染色體轉位或小段缺失的偵測

20. 下列何者非完成基因體定序最困難的部分？(A) 異染色絲 (Heterochromatin) 很難被各種方式選殖出來，以致無法定序　(B) 長段的重複性序列　(C) 染色體上的某些重複區段　(D) 剔除假基因 (pseudogene)　(E) 電腦比對銜接工作

二、問答題

1. 人類基因體的特性為何？

2. 兩個團隊的人類基因體草圖在定序方式上有何主要的差異？

3. 人類基因體計劃在後期加速的主要助力為何？

4. 人類基因體的基因密度遠低於其他物種，可能的原因為何？

5. 已發現的人類基因數目遠低於預期，可能的原因為何？

6. 如果人類基因數目並不比其他物種多出太多，卻能維持較複雜的生命狀態，可能原因為何？

7. 人類基因體定序之後，一直陸續有新的基因被發現，為何數目仍維持在 3 萬個左右？

8. 小鼠的基因體計劃有何重要性？

9. 何謂異物種同源基因？有何重要性？

10. 何謂同物種同源基因 (paralog)？有何重要性？

11. 何謂 SNPs？人類基因體中的 SNPs 數量及分佈為何？

12. 何謂人類基因單體型計劃？

13. 人類基因體多樣性計劃對於人類醫療上有何價值？

14. 人類基因體多樣性計劃對 SNPs 的分析有什麼樣的困難？

15. 癌症基因體剖析計劃的主要目的為何？

16. 請列舉癌症基因體剖析計劃的主要成果或目標。

17. 何謂 SAGE？這類資料庫對於癌症之研究有何幫助？

18. 如何找出癌症的染色體異常現象？

19. 說明真核生物的染色體上，有哪兩種不同性質的區域？

20. 科學家對基因體達到定序完成階段，所訂的標準定義為何？

解答：(1) D　(2) C　(3) D　(4) C　(5) B　(6) B　(7) C　(8) D　(9) E　(10) B
(11) E　(12) D　(13) B　(14) C　(15) E　(16) D　(17) C　(18) E　(19) C　(20) D

遺傳鑑識
Genetic Forensics

BIOTECHNOLOGY

遺傳鑑識是利用生物遺傳型區別個體的一門技術，目前廣泛應用在親緣鑑定、繼承權認定、罪犯辨識、罹難者或遺骸辨認等需要精確分析以確認個體的事件。採用 DNA 為依據的遺傳鑑識可信度早已經達到相當的準確度，由於這是基於高度精確地區別個體的需要而發展出的技術，美國於 1992 年即已採納遺傳鑑識的結果作為法庭審判的證據之一。隨著技術的進步，只需微量的檢體即可進行生物型分析，因此遺傳證據可以來自各種型式的生物檢體進行採樣，例如：血液、精液、骨頭、頭髮、牙齒、肌肉組織，以及唾液等，同樣的技術也可以用於鑑定各種動物、植物或微生物。

正因為此技術之用途廣泛，且精確度高，在鑑識學當中越來越受重視，各種型式的生物標記也逐漸被開發出來，相對技術也有各自不同的操作平台、解析度及靈敏度。

18-1 遺傳鑑識的發展

　　遺傳鑑識之初始目的在於將可能的生物樣本作一確定性的辨識，就目前的技術及能力而言，已是非常精確的判定，我們從技術層面來回顧遺傳鑑識之發展過程：

一、早期標誌

　　最早的遺傳鑑識是從個體區別的標誌衍生出來的，如 ABO 血型是在一個世紀之前由 Karl Landsteiner 發現的，當時就瞭解到不同人之間存在有不同的標誌，應該可以用來辨識個體，也可以用來排除嫌疑犯之可能性，但這種簡易的分辨無法確認嫌疑犯。在 1980 年代，有關生物鑑識的技術，仍處於蛋白質分析的階段，以各種類型的電泳分析血型蛋白質在膠體中的移動形態來區別個體，由於這種生化技術對個體的區別性低，檢體需求量大，很多蛋白質在身體各部位不同的組織具有不同的含量。同時蛋白質在環境中的穩定度低，因此以蛋白質進行遺傳鑑識之可信度並不高。

二、DNA 指紋

　　隨著生物學技術的發展，各種分析 DNA 的技術一一出現，DNA 掌控每個人遺傳物質密碼，具有個體之間差異性，成為遺傳鑑識領域中更有價值的分析對象。它的優勢在於：

1. 個體之間有許多基因具有多型性 (polymorphism)。
2. 只要是有核的細胞均可採樣。
3. DNA 在環境中的穩定度高，可長久保存。
4. 以目前的技術及各種可用的遺傳標誌，利用 DNA 進行個體區別是極為精準而靈敏的。
5. 以刑事鑑定而言，更易於排除其他接觸檢體者之無關人士。

三、以南方墨點實驗方式偵測的 DNA 指紋

在 1980 年代，第一種被用來鑑識個體的技術稱為**限制酶片段多型性**（restriction fragment length polymorphism，**簡稱 RFLP**），如圖 18-1，原理是已經知道某些基因的 DNA 片段在個體之間會稍有不同，這種多型性在經過特定 DNA 限制酶切割之後，因個體之不同會產生不同長短大小的小片段，於膠體上依大小分佈，以探針雜交後即可看出差異。當時被用來分析的基因座 (loci) 是 **VNTR (variable number tandem repeat)**，又稱作 mini-satellite，如圖 18-2。它指的是一段具有大量重複性的區段，同一個基因在不同的個體具有不同的重複次數，個體之間差異多樣化。由於不同的 VNTR 之間具有相同的核心序列，因此只用一個探針即可偵測多個不同的 VNTR。除了同卵雙胞胎會完全相同，對沒有血緣關係的人之間，相同機率 $< 3 \times 10^{-11}$，也就是百億人之中才有兩個一樣的。親子關係也可藉此技術判斷，如圖 18-3。當使用數個不同的探針偵測，相同機率更低。

這種以 RFLP 進行 VNTR 基因座分析的技術，成為十分強而有力的個體鑑識工具，然而早期採用南方墨點實驗的雜交反應的方式來分析有其限制：

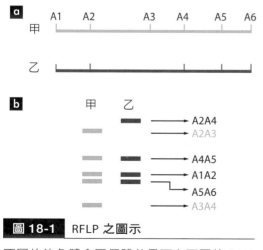

圖 18-1 RFLP 之圖示

不同的染色體會因個體差異而有不同的 DNA 圖譜，**a** 圖表示限制酶 A 在染色體上某區域之切點，乙之染色體在 A3 位置與甲不同，無法切出 A2A3 及 A3A4 之片段，在電泳分離之後即如 **b** 圖。

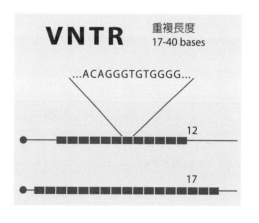

圖 18-2 VNTR 之圖示

其由一 17~40 bp 之核心序列不斷重複所構成，不同個體的 VNTR 重複次數不同，因此可以區別。

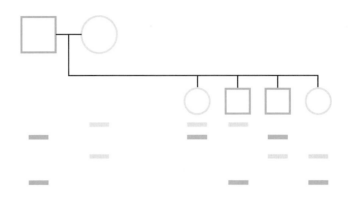

| 圖 18-3 | VNTR 之遺傳

方框代表男性，圓圈代表女性，一對夫妻結婚後生下的小孩，會遺傳到來自父母任一方之一條染色體，此為親子鑑定之主要原理。

1. 量：需要 10~25 ng 的 DNA。

2. 質：需要有 10 kb 以上的 DNA 長度才可能完整分析。

也就是說檢體量一定要大，且 DNA 需要完好，然而在某些刑事案件上，很難達到這樣的要求。

⬇ 四、以 PCR 技術為依據的偵測方法

到了 1990 年代，PCR 技術的發展，讓 VNTR 的分析更為容易，僅需 pg 的量即可繁衍出足夠進行分析的 DNA 量。如此一來，沾染在各種物品上的汗液、血液、精液、唾液之類的殘餘 DNA 檢體都可以進行分析，可以採集的對象包括衣物、香菸、郵票、信封口、吸管、杯口、口香糖、口罩、梳子、牙刷、刮鬍刀等。

（一）SNPs

第一個使用 PCR 分析的系統是根據人類之間**單核苷酸多型性**（single nucleotide polymrophism，**簡稱 SNP**）之差異。SNP 指的是同一個基因在不同的人會有少數的核苷不相同，如 HLA-DQA1 基因座，及多個常用的基因座包括 LDLR、GYPA、HBGG、D7S8 及 Gc，在利用南方墨點實驗檢測的時代，是利用該基因特定之等位基

因 (allele) 之探針來雜交，雖然靈敏度高，但由於限制了等位基因的可能性，同時，大多數的 SNP 都只有兩種型態，即使以目前的 PCR 技術，在區別能力上仍不及 VNTR 及 RFLP，同時也不能用於區辨混合的樣品。

（二）STRs

短重複序列（short tandem repeat，簡稱 STR）是一連串的重複的短序列，類似於 VNTR，但它的重複性序列較短，只有 2~6 個 bp，重複次數 ≤ 50，又稱作 micro-satellites，最長可以達到約 300 bp，個體間差異大。這個特殊 DNA 序列在 1992 年被提出，由於它的序列較短，在被分解的樣本中也容易偵測到。在 1998 年起，被廣泛用作遺傳鑑識之分析對象。目前使用的基因座包括 TH01、VWA、FGA、D21S11、D8S1179、D18S51、D7S820、D13S317、D5S818、CSF1P0、D16S539、D2S1338、D19S433、TPOX 等。實際上的操作流程是先以螢光探針進行 qPCR，再以軟體分出不同的高峰，及分辨 DNA 大小，再利用第二種軟體與標準基因座標記比較，以確定每個基因座的圖譜。圖 18-4 為一個結果範例。

（三）Y 染色體 STRs

男性的 Y 染色體分析在性侵案中最常利用到，因為樣品中同時含有受害者的 DNA，要區分出罪犯的 DNA，只能依靠 Y 染色體上的標誌。同時，因為 Y 染色體會直接從父親傳給兒子，不會改變，其他體染色體上來自父系的 STRs 則不一定保留多代，可能經過母親來源的稀釋而消失，因此除去重組互換的因素，Y-STR 的差異多來自突變，在家族中幾乎都帶有相同的 Y-STR。然而也由於 Y 染色體的突變率低，因此有親緣關係的男性不容易被區別，因此在法庭上，這類證據不如 STR 有力。Y-STR 亦被用於失蹤人口之協尋、親緣鑑定、血緣鑑定或是族譜研究等，目前採用的核心 Y-STR 包 括 DYS19、DYS389I、DYS389II、DYS390、DYS391、DYS392、DYS393，此外，DYS385 則是一個多型性、多套的標誌。

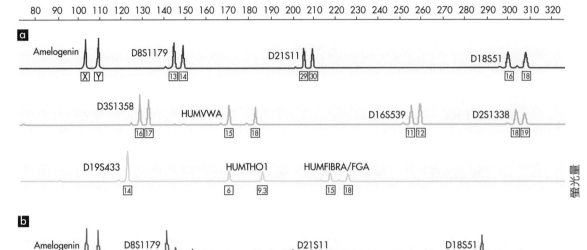

圖 18-4 STRs 分析結果之範例

圖 **a** 為一男性之 STR 分析結果，Amelogenin 為 X 及 Y 染色體均有之標記，分別為 106 bp 及 112 bp，其餘分別顯示每個 STRs 之高峰，及根據其大小計算出之重複次數，圖中除了 D19S433 為兩條染色體均相同外，其餘均為兩條染色體不同 (heterologous)。圖 **b** 顯示樣本中有混雜不同來源，以致 D8S1179 及 D21S11 出現兩個以上的高峰，而 D18S51 則出現高度差異極大的高峰。

（四）粒線體 STRs

粒線體 DNA 可被視為來自母系之遺傳，根據粒線體 DNA 變異區之序列，可以知道個體間是否具來自於母系之關係，特別是沒有直系親屬存在但又需要確認身份時。由於每個細胞有很多粒線體，在骨骸中取不到細胞核 DNA 時，粒線體 DNA 仍可能成為檢測的樣本。位於粒線體的環型 DNA 之非轉譯區或 D-loop 區上，有兩個變異區，稱為 HV1 及 HV2， 序列有差異即排除來自同一母系。但由於粒線體 DNA 之突變率高，細胞可能帶有不同的粒線體 DNA，如果只看到一個鹼基的差異，在判讀上需要小心。

表 18-1　各種標誌之優缺點比較

標誌	差異來源	優點	缺點
體染色體			
STRs	DNA 獨立分配，重組，突變	區別度高	太碎的 DNA 不易辨識
SNPs	DNA 獨立分配，重組，突變（機率低）	碎的 DNA 也可以區別	兩種基因對位，區別性不夠，混合的樣品也不易區別
性染色體			
Y-STRs	突變	男性才有，用來區分男女混合的樣品	鑑別度低，由父系遺傳，族群特徵強
粒線體 DNA（環型，每個粒線體有數個）			
SNPs	突變	數量多，在老舊的樣品中保存佳	異質性，可能有兩種來源，母系遺傳，族群特徵強

18-2
DNA 資料庫的現況

　　1995 年英國建立了第一個 DNA 資料庫，美國的 FBI 於 1997 年著手建立以 13 個核心 STR 基因座為主的系統，稱為**綜合 DNA 指標系統（combined DNA Index System，簡稱 CODIS）**，已被用於美國的國家 DNA 資料庫以及世界各地其他法庭資料庫採用。單就英美兩國的罪犯 DNA 資料，就包括有 500 萬筆，同時每年約有 100 萬的親緣鑑定採用核心 STR 分析，龐大的資料庫更鞏固 STR 在鑑識個體上的地位。

　　表 18-2 列出一些目前有 DNA 圖譜建檔之國家，由表中數據可看出有了這個資料庫，嫌犯在比對現場樣本之後，即有確認之證據，在定罪上較無爭議，但在資料輸入及移除之標準上，各個國家標準不一。以英國為例，只要被建檔就不會移除，樣本數曾高達 530 萬筆，佔人口之 9%，是不太合乎人權的，於 2008 年立法限

制一旦無罪釋放，即應移除資料。而奧地利則是一旦開釋，即將資料移除。法國則只針對性侵犯及重犯進行建檔。美國各州有自己的 DNA 資料庫，只有加州為永久保存罪犯之資料。

臺灣則在 1993 年左右，由李昌鈺博士推動利用 DNA 鑑識最新發展的技術協助辦案。立法院於 1999 年公布 DNA 採樣條例，自 2000 年起，刑事局開始對嫌疑犯進行 DNA 採樣，建構犯罪 DNA 資料庫，大致重點如下：

1. 強制採樣對象為性犯罪或重大暴力犯罪案件之被告及嫌疑犯。

2. 樣本應保存至少 10 年，資料則需保存至受採樣者死後 10 年。

3. 若嫌疑人經法院判定無罪，可以銷毀樣本及並移除資料。

表 18-2　目前擁有 DNA 圖譜資料庫之舉例國家以及其資料建立之準則 (2006)

國家（成立年）	資料量	犯罪現場樣本數量	嫌犯比對犯罪現場樣本吻合	現場比對現場吻合	嫌犯輸入標準	確認罪犯輸入標準	移除標準
英 (1995)	250 萬	20 萬	55 萬	3 萬	牢犯	以嫌犯輸入	即使是嫌犯亦不移除
美 (1994)	152 萬	6.7 萬	NA	NA	不輸入	根據州法不同	根據州法不同
德 (1998)	28 萬	5.4 萬	1.37 萬	5500	一年以上牢犯	根據法庭決定	開釋或定罪 5~10 年後根據表現決定
奧 (1997)	64740	11460	3200	1350	任何有紀錄之罪犯	以嫌犯輸入	開釋後
紐 (1996)	44000	8000	4000	2500	無	牢犯	不移除，除非撤銷罪名
瑞 (2000)	42530	7240	4840	5540	任何有紀錄之罪犯	以嫌犯輸入	開釋或定罪 5~30 年後
法 (2001)	14490	1080	50	70	無	性侵犯及重犯	定罪 40 年後

同時在 2005 年起即設置 DNA 定序自動分析儀，樣本建置率達九成，大大提高破案機率。同時也對過去的樣本逐一進行分析建庫，由於樣本保存良好，因此許多懸宕已久之重大刑案因之破案。近年則希望修訂法案，能擴大對有竊盜、毒品、搶奪、妨害自由等犯嫌 DNA 建檔，但人權團體異議不斷，目前仍未實施。

18-3 遺傳鑑識學技術的改良方向

目前鑑識人員使用的主要技術是 PCR 系統佐以螢光自動分析儀。分子生物學的技術廣泛，在鑑識學領域上仍有很多可發展的空間，即使鑑識人員有著滿腔熱血，希望能藉由自身的技術能力分析更具挑戰性的樣品，以解決社會上存在的許多疑案，但實際在方法學上，鑑識人員傾向使用純熟而可信的技術，而不會一直更換新技術，考量的因素包括：

1. 考慮龐大的基因庫在維護上的限制，例如目前美國**綜合 DNA 指標系統 (CODIS)** 資料庫收集有超過 6 百萬個參考 DNA，必須考量資料量的效益，因此可能傾向對每一筆資料只保留常用的主要分析型態，而不作更詳細的分析貯存。

2. 實驗設備的考量，如果新的技術需要更換全新的機器，或是需要額外的專業技術訓練，就系統的一致性而言，很難取代舊系統。

3. 由於刑事鑑定之需要，必須考量法庭之接受度。

以下即介紹技術之改良方向，其仍使用傳統的 PCR 系統，可以補足傳統分析方法所欠缺的區塊，例如低量的偵測、根據 DNA 與表徵的關連性之分析、依基因表現以判定組織來源、微生物分析鑑定等。

一、DNA 碎片的偵測

原本設計之 STR 探針所得到的 PCR 產物約為 500 bp，當樣本的 DNA 品質不佳，尤其是犯罪現場殘留的 DNA 或是自罹難者的殘骸所採集之樣本，DNA 多已被分解，並不容易產生預期的產物。現在採用的 miniSTR 探針，產物約為 200 bp，可以增加區別個體之成功率。然而目前 miniSTR 所偵測的 DNA 仍太大，對於極度破壞之產物，仍不夠靈敏，特別是殘骸的樣本，可能約 50 bp 左右的產物才能有效地偵測，但 STRs 的最小重複的單位都會超過這個長度，因此可行性低。此時，SNPs 可能比較適合作為分析工具，它只有單核苷酸的差異，只做出 50 bp 的產物即可分辨。雖然多數的 SNPs 只有兩種型態，但仍有少數三種型態變異的 SNPs，以或然率計算，約分析 20~50 個 SNPs 即可達到 10~15 個 STRs 的效果，便可以用來區別個體。但目前的資料庫均以 STRs 為主，這樣的分析是無法去比對資料庫的，只能就個別案件處理，適合的對象如罹難者的身份確認之類的事件。

二、增加靈敏度

DNA 鑑定技術的快速進展，是隨著需求不斷地將 STR 偵測技術推至極限而產生的。科學家們不斷嘗試從特殊的檢體中分析 STR，如接觸過的物體，包括彈藥、口紅、甚至嚼過的食物。這類的檢體一方面是 DNA 量極低，另方面是破碎的細胞在相互混合之後污染，產生基因增加或減少的情況，造成比例不符之現象，甚至產生假象，這會很難決定個體的 STRs 型樣，需要經過仔細的分析討論。同時，當靈敏度增加之後，污染的 DNA 訊號也會隨之增加，這些都是需要考量的準則。

三、增加精確度

直到近年，歐洲 STR 仍使用 7 個特定的基因座作為 DNA 鑑識之共同標準，相較美國及其他國家則採用 13 個作為核心 STR 來

說，個體區別度明顯不足，因此 DNA 圖譜在法庭上不太容易成為
證據，在歐洲要開始讓各個國家互相分享 DNA 資料庫時，成為很
棘手的問題，因此才立法加入 5 種新的 STR，目前生技廠商已可提
供 13 種以上之 STR 探針試劑套組。2011 年美國 FBI 想要大規模更
新 CODIS 資料庫，將 13 組基因標誌增加為 24 組，以配合反恐之防
範，以及與其他國家之交流。英國也面臨類似的問題，希望能將標
誌增加為 15~16 組。

● 四、家族溯源

存在於資料庫中的 DNA 圖譜，是否可以被用作無名人士確定
身份之依據，因為資料庫中可能存有他們的親人 DNA 資料，長期
以來一直是個議題。但從科學觀點或法律層面而言，都持相當保留
的態度，在合法化之前，仍都必須要有相當的討論空間。以資料量
最大的英國來說，比對成功的數量龐大，儘管其政策上有違人權，
但在確認罪犯的成功率也相對增加。在 2003 年時，有位卡車司機
被人從擋風玻璃丟入磚塊而砸死，警方從磚塊上採集到 DNA，但
在資料庫中沒有吻合者，於是嘗試從接近的 DNA 圖譜（有親屬關
係）去找有地緣關係者，而成功破案。

● 五、新的 STRs

事實上目前已知人類基因體中的 STRs 超過 20,000 種，據推測，
實際上可能超過 100 萬種，佔基因體之 3% 左右。但目前所使用的
核心 STR 是經過篩選後最適宜的，即使不是最好的，也不會立即被
取代，但仍有改進的空間。生技公司不斷在開發這些未被採用的
STRs，必須要有比原來的 STRs 更具優勢才有價值。考慮的要件有：

1. 多型性要夠多，例如核心 STR 中的 TH01、TPOX，在某些族群中
   有 60% 均為某種對位基因 (allele) 型態，如此高的比例是不利於
   區別個體的，但由於其突變率低，卻適合用於族裔分析之類的
   研究。

2. 複雜的 STRs 反而不如簡單的 STRs 好用，例如核心 STR 中的 D21S11，在中間夾有一段變異區，除非經過定序，否則不清楚有無差異。

3. 太大的 STR 基因座產物在 PCR 效率不如小的 STR，如 FGA，同時現在傾向設計小的 PCR 產物，FGA 因為基因座大，對位基因型態種類多達 80 種，無法設計出小的 PCR 產物來涵蓋所有的型態。

⬇ 六、新的 Y-STRs

雖然 Y-STRs 的突變率低，平均約 1000 代才會有一個突變，但根據已知的 186 個 Y-STRs 中有 13 個的突變率較高，約每 100 代即有一些突變，稱為快速突變 (rapid mutate) 的 Y-STRs (RM Y-STRs)，可以區分出 70% 的非親緣男性，相較於目前使用的 17 個 Y-STRs 只能區分出 13%。估計 RM Y-STRs 可以區分出血緣非常近（有 1~5 代親緣關係）之男性，因此可以有效解決之前以 Y-STRs 無法分辨的事件。預期 RM-STRs 將可取代 Y-STRs 在 DNA 鑑定技術上的角色。但對於族裔研究上，仍是以低突變率的 Y-STRs 為佳。

18-4
遺傳鑑識學技術的未來發展

DNA 鑑定技術的功用強大，不應僅侷限在目前的現況，以基因體定序的成就看來，DNA 鑑定技術絕對可擴大應用範圍。以下介紹數種具有潛力的分析，希望在不久的將來，這類應用即可成為鑑定技術之新兵。

目前的 DNA 鑑定完全以 DNA 本身的圖譜為主，與基因之遺傳表現完全無關，只需證實 DNA 與當事人有無關聯。但是在某些情況下，如果沒有可以比對的資料庫，因道德法律或經濟因素，甚至警力有限，無法進行大規模篩檢時，能否從 DNA 樣本中得知這個人的外觀形貌或其他特質呢？這也是遺傳鑑識學希望能達到的目標，這種從 DNA 鑑定得知特徵的技術就是所謂的 **DNA 表現型鑑定**（forensic DNA phenotyping，**簡稱 FDP**）。這類分析包括從 DNA 樣本推出其生物地域之祖先的資訊或變異性之特徵。對犯罪現場來說，這種推測可以降低嫌犯之搜索範圍，以利警方集中力量於找出身份不明的罪犯。同時也有助於協助警方確認失蹤者，特別是具有變異性之特徵時。當然，這種技術有道德上的問題，同時也需要立法才能實施。且只適用於未知之 DNA 樣本，供作如同目擊者一般的線索。

⬇ 一、生物地域溯源 (Biogeographic Ancestry) 的推斷

理論上，在演化樹上，人類是很年輕的物種，男性的 Y 染色體均來自於同一男性祖先，女性的粒線體則來自同一女性的後代。在族群遺傳的研究上，一旦族群數量降低，缺少染色體重組互換的機會，這時極易發生**遺傳漂移 (genetic drift)** 的現象，意思是由於變異降低以致部分基因都變成相同的基因型，或是失去某部分基因，由此可以追溯出樣本 DNA 可能是來自於哪個地域之人種。由於 Y-STRs 之族裔研究資料，讓科學家有機會將表現型與基因對位座之相對關係作連結。

（一）Y-SNPs

人類的 Y 染色體可依據 20~30 個 Y-SNP 分類，大致上可分為 20 個主要的單套群 (haplogroups)，在地球上分佈於不同的偏好區域。有些單套群僅限定於某個特定區域，例如 A 及 B 單套群絕對出現在非洲的撒哈拉沙漠區，H 則出現在印度區及羅馬區，M 則是在大洋洲的島群，其他單套群如 R 及 N 則廣泛散佈在歐亞的大部分地區。根據這種分類建立的資料庫有 YHRD (Y haplogroup reference database)，包括來自 100 多個國家，分屬於 700 多個族群約十萬名男性的統計資料。也由於 Y-STRs 的低突變率，因此研究的個體數龐大，對大型族裔的研究十分有用。

（二）粒線體 DNA SNPs

母系遺傳的生物區域研究則依據粒線體 DNA 之序列型態為主，如果只依鑑識個體所用的高變異區 (HV) 之變化來分類，無法得到比較有意義的結論。根據整個粒線體 DNA 的序列來分類，則可以推斷出粒線體 DNA 之演化樹，進而分析出多種不同的粒線體 DNA 單套群。許多只侷限分佈於某個特定的地理區域內，例如 L 群分佈在非洲，V 則在歐洲及中東，P 及 Q 則在大洋洲。基因型鑑定約需 20~30 種粒線體 DNA SNPs 即可區別出各單套群在地理分佈上的顯著差異。然而單純只根據這兩類系統所建構出的父系及母系族譜十分罕見，最常見的問題是父系及母系的來源迥異，由於現在國與國之間交流往來密切，很多國家的種族多樣化，因此需要配合其他體染色體的分析來論斷。

（三）體染色體 SNPs

目前已有現成的偵測晶片可偵測人類的 SNPs，可用作族裔分析之工具，許多研究著重於各個洲之間以及洲內次族群的差異性，儘管族群彼此之間的地理距離影響差異性，但以歐洲來說，目前可以大致分析出各個不同的族群之分佈，當然，這也是因為有古老的 DNA 樣本可以參考。研究結果以座標方式顯示出，不同的族群可能分佈於某個象限的特定區域範圍內。這類晶片僅適用於研究人群祖先之地理分佈，並不適用於鑑識分析，但是由這類分析結果，可以提供警方對於未知之罪犯或受害人可能背景之推測。目前的分析僅能提供地理分佈之大方向，即使有小型地理區域之可能，遺傳差異並不一定與國家的領域相吻合。如英國邊境局現在對來自東非的尋求庇護者進行族裔分析，想區分其為索馬利亞人或肯亞人，事實上兩個相鄰的國家在遺傳上可能沒有差異。同時，科學家並不建議利用這類適用於族裔分析的 SNPs 資訊，因為這些差異對個體外觀特徵完全無影響；同時，這類資訊僅適用於親緣完全來自同一大陸區域內之個體，像美國這樣高度族群融合的國家，特別是西方裔人士，不太適用。

⬇ 二、從 DNA 推測外觀特徵

以目前的科學研究結果而言，我們並不太瞭解影響人類外觀之遺傳因子。目前進行中的**基因體關聯研究（genome-wide association studies，簡稱 GWA）**著手開始分析一些複雜性狀之研究，對於一些特殊變異的特徵提供寶貴的資訊，如眼睛、頭髮及皮膚之顏色，雀斑之類與色素有關的特徵，身材個子大小，甚至頭髮的外型等。此外，GWA 也研究與疾病相關的性狀基因，如唇顎裂、卷髮、雄性禿等，都可以用來分析個體性狀之差異，但不能直接用作鑑識之依據。

當然，這樣的關聯性分析並不是普通的預測，在進行研究分析時的個體參考數量大小，以及包括多少個 SNPs、甚至非遺傳因素之影響，都可能影響從遺傳訊息推測出這個特徵之正確性。就目前的結果顯示，眼色推測的正確度最高。

（一）眼 色

決定人眼色之主要色素為棕色與藍色，根據一項以數千名歐洲人眼色分析的結果顯示，由 15 種與眼色有關之 SNPs 分析，可以有效推測出 DNA 樣本來源者之眼色。若完全正確以 1 表示，0.5 為無關聯，則棕色正確度為 0.93，藍色正確度為 0.91。其中有一特殊的 SNP，包括所有的眼色資訊，在棕色之正確度為 0.899，藍色為 0.877。由於這樣的發現，IrisPlex 公司發展出依 DNA 來進行眼色推測之系統。這個系統分析來自於 6 個色素基因之中 6 個眼色預測度最高的 SNPs，將之與資料庫比對。目前此系統已經由鑑識驗證為高可信度，因此將可能被應用於實際辦案所需。然而，有些問題在於電腦分析的結果，可能讓一個人的眼色在不同的測試中被判讀為兩個不同的個體，將來可以依色表來分類，以減少不確定性。此外，最近又發現了三個與眼色有關的基因，將來可以更提高預測之正確性。

（二）髮色

根據 DNA 之 SNPs 所推測之髮色以紅髮之正確率最高，其決定於單一基因 MC1R，在此基因之 SNPs 可以決定紅髮之產生，在數年前即已應用在鑑識科學。關於髮色的系統性研究則著重在 13 個基因之 46 個 SNPs，以正確度來說，紅髮為 0.93，黑髮 0.87，棕髮 0.82，金髮為 0.81。此模式可以分出介於兩種髮色之間的中間色，金髮之預測度最低的另一個原因在於隨著年紀增長，髮色會有變化。另外關於黑色素對髮色的預測上，也有跨種族的研究顯示有兩個基因與髮色的關聯性極高。

（三）膚色

就目前的研究結果看來，對影響膚色的基因瞭解不多，只能解釋 46% 的變異，並不理想，這其中一個比較大的問題在於這類的研究多為跨種族，無法避免不同人種之巨大差異（白、黑、黃）。因此 GWA 的研究將不同人種分群研究，再根據演化遺傳的分析方式，找出 5 個 SNPs 可以解釋全球 82% 的膚色差異，可能有機會成為有用的預測工具。

（四）身高

SNPs 也被應用在預測身高上，GWA 分析了 18 萬個個體，找到至少 180 個基因座會影響身高，即將可用來分析驗證。

 問題及討論 Exercise

一、選擇題

1. 關於 DNA 作為遺傳鑑識分析對象之優勢，下列敘述何者錯誤？ (A) 個體之間有許多基因具有多形性 (polymorphism)　(B) 只要是有核的細胞均可採樣　(C) DNA 在環境中的穩定度低，無法長久保存　(D) 以目前的技術及各種可用的遺傳標誌，利用 DNA 進行個體區別是極為精準而靈敏的　(E) 以刑事鑑定而言，更易於排除其他接觸檢體者之無關人士

2. 一段具有大量重複性的區段，同一個基因在不同的個體具有不同的重複次數，個體之間差異多樣化，指的是？ (A) RFLP　(B) VNTR　(C) STR　(D) SNP

3. 一連串的重複的短序列，重複性序列較短，只有 2-6 個 bp，重複次數 ≤50，指的是？ (A) RFLP　(B) VNTR　(C) STR　(D) SNP

4. VNTR 與 STRs　有何不同？ (A)VNTR 重複性序列較短　(B)VNTR 又稱作 mini-satellite　(C) STRs 具有大量重複性的區段　(D) VNTR 的重複次數多於 STRs　(E) STRs 在不同的個體具有不同的重複次數 >50 次

5. 關於 VNTR 基因座的敘述，下列何者錯誤？ (A) 由於不同的 VNTR 之間具有相同的核心序列，因此只用一個探針，即可偵測多個不同的 VNTR　(B) 是一段具有大量重複性的區段　(C) 當使用數個不同的探針偵測，相同機率更低　(D) 可以 RFLP 進行 VNTR 基因座分析　(E) 約 10000 個人的樣本，才會有兩個一樣的

6. 關於短重複序列 STRs (Short tandem repeat) 的敘述，下列何者錯誤？ (A) 是一連串的重複的短序列　(B) 重複性序列較短，只有 10 個 bp　(C) 重複次數 ≤50　(D) 又稱作 micro-satellites　(E) 最長可以達到約 300bp

7. Y-STR 不能被用於下列何種用途？ (A) 失蹤人口之協尋　(B) 親緣鑑定　(C) 血緣鑑定　(D) 區別有親緣關係的男性　(E) 族譜研究等

8. 關於粒線體 STRs 的敘述，下列何者錯誤？ (A) 粒線體 DNA 可被視為來自母系之遺傳　(B) 在骨骸中取不到細胞核 DNA 時，粒線體 DNA 仍可能成為檢測的樣本　(C) 粒線體 DNA 之突變率低　(D) 每個細胞有很多粒線體　(E) 在老舊的樣品中保存佳

9. 鑑識人員傾向使用純熟而可信的技術，而不會一直更換新技術，諸多考量因素中，影響最大的是哪一項？ (A) 龐大的基因庫在維護上的限制　(B) 實驗設備的考量　(C) 需要額外的專業技術訓練　(D 由於刑事鑑定之需要，必須考量法庭之接受度

10. 關於使用遺傳鑑識分析 DNA 碎片之偵測，可需要的 DNA 長度限制依序為？ (A) STR>VTNR>SNP　(B) VTNR>STR>SNP　(C) VTNR>SNP>STR　(D) SNP>STR>VTNR　(E) STR>SNP>VTNR

11. 在設計新的 STRs 時，下列哪個 STR 可以考慮？ (A) 複雜的 STRs　(B) 族群中有超過一半均為某種對位基因 (allele) 型態　(C) 大的 STR 基因座　(D) 簡單的 STR

12. 關於 Y-STRs 的敘述，下列何者正確？ (A) Y-STRs 的突變率高　(B) 每 100 代即有一些突變的稱為快速突變 (rapid mutate) 的 Y-STRs　(C) 突變率低的

Y-STRs 可以區分出血緣非常近（有 1~5 代親緣關係）之男性　(D) 族裔研究上，仍是以高突變率的 Y-STRs 為佳

13. 在族群遺傳的研究上，由於缺少染色體重組互換的機會，變異降低以致部分基因都變成相同的基因型的現象，稱作？ (A) 遺傳變異 (genetic variation) (B) 遺傳漂移 (genetic drift)　(C) 遺傳重組 (genetic recombination)　(D) 遺傳偏移 (genetic shift)

14. 關於生物地域溯源（biogeographic ancestry) 研究中，對於 SNP 的敘述，下列何者錯誤？ (A) Y-STRs 的低突變率，需要研究的個體數龐大，對大型族裔的研究十分有用　(B) 母系遺傳的生物區域研究依據粒線體 DNA 之序列型態為主　(C) 可利用粒線體 DNA 高變異區 (HV) 之變化來分類　(D) 據整個粒線體 DNA 的序列來分類，則可以推斷出粒線體 DNA 之演化樹　(E) 體染色體 SNPs 可用作族裔分析之工具

15. 基因體關聯研究是針對基因的表現性狀進行分析，目前推測正確度最高的性狀為何？ (A) 髮色　(B) 膚色　(C) 眼色　(D) 身高　(E) 卷髮

16. 目前從基因推測髮色正確度最高的顏色為何？ (A) 金髮　(B) 紅髮　(C) 棕髮 (D) 白髮　(E) 灰髮

17. 目前已知西方人的眼色主要由哪兩種顏色的色素所決定？ (A) 棕色與藍色 (B) 黑色與藍色　(C) 綠色與藍色　(D) 棕色與綠色　(E) 黑色與綠色

18. 臺灣的 DNA 採樣條例規定，刑事局對嫌疑犯進行 DNA 採樣，建構犯罪 DNA 資料庫，樣本要保存幾年？ (A) 5 年　(B) 10 年　(C) 20 年　(D) 25 年 (E) 永久保存

19. 臺灣的 DNA 採樣條例規定，刑事局對嫌疑犯進行 DNA 採樣，建構犯罪 DNA 資料庫，資料要保存至受採樣者死後年？ (A)5 年　(B) 10 年　(C) 20 年　(D) 25 年　(E) 永久保存

20. 美國 FBI 所建立的 DNA 資料庫，稱為綜合 DNA 指標系統（combined DNA Index System, 簡稱 CODIS) 已被用於美國的國家 DNA 資料庫以及世界各地其他法庭資料庫採用，是以什麼定序標記為主的系統？ (A) 核心 STR 基因座　(B) 核心 VNTR 基因座　(C) 核心 SNP 基因座　(D) 多種系統組合　(E) 全新建立的系統

二、問答題

1. DNA 作為遺傳鑑識分析對象之優勢為何？

2. 何謂 RFLP ？

3. 何謂 VNTR 基因座？

4. 何謂 STRs 基因座？

5. VNTR 與 STRs 有何不同？

6. 進行鑑定的 DNA 採樣，可以來自於哪些組織？

7. 用南方墨點實驗的雜交反應的方式來分析 DNA 圖譜，有何缺點？

8. 何謂 SNPs？

9. 比起 STR, miniSTR 有什麼優點？

10. 從 DNA 樣本進行 STR 實際上的操作流程為何？

11. 分析 Y 染色體上的 STR 有何用處？

12. 分析粒線體上的 STR 有何優點？

13. 對於 DNA 圖譜資料庫之建立，您個人有何看法？請就科學及人權兩方面探討。

14. 臺灣目前對於 DNA 採樣及建庫的規範大概重點為何？

15. 鑑識人員傾向使用純熟而可信的技術，而不會一直更換新技術的原因為何？

16. 針對高度分解的 DNA 樣本，在 STRs 的分析有何困難？

17. 如果要利用 SNPs 分析高度分解的 DNA 樣本，需要注意哪些問題？

18. 若要設計新的 STR 作為鑑定依據，需要考量哪些因素才有價值？

19. 如果一個 STR 的型態種類很多，會容易產生什麼問題？

20. 高突變率與低突變率之 Y-STRs 各有何優缺點？適用於何種分析？

21. 何謂 DNA 表現型鑑定？

22. 何謂遺傳漂移 (genetic drift)？如何發生的？

23. 生物地域溯源分析上，哪類 DNA 常用作父系及母系之祖裔個別來源依據？

24. Y-SNPs 之資料適合作為何類分析之用？

25. 粒線體 DNA 在用作生物地域分析時，宜採用 SNPs 或是 HV 區，為什麼？

26. 體染色體 SNPs 在族群分析上有何重要研究成果？

27. 目前從 DNA 推測外觀特徵之研究，已經可以開始預測哪些特徵？

28. 人的眼色預測可以根據哪兩種主要色素基因之 SNPs 來推斷？

29. 目前以 DNA 預測髮色，以哪種髮色正確度最高？哪種最低？為什麼？

30. 以 DNA 進行膚色的預測上，最大的問題為何？

解答：（1）C （2）B （3）C （4）B （5）E （6）B （7）D （8）C （9）A （10）B
（11）D （12）B （13）B （14）C （15）C （16）B （17）A （18）B （19）B （20）A

生質能源
Biofue

BIOTECHNOLOGY

目前世界的八成以上能源供應來源仍是石油，根據世界能源組織資料顯示，單是運輸工具的耗油就佔了近六成，其中柴油每年的用量高達將近 10 億噸。新興的開發中國家耗能量也在迅速增加中。據估計，地球的石油蘊含量在未來 100 年內即可能枯竭，再加上富產石油的中東地區戰爭不斷，造成石油價格節節攀升，盡快找到經濟又環保的替代能源已經是全世界刻不容緩的共同目標。

　　根據世界能源組織於 2006 年公布的資料顯示（圖 19-1），雖然石油是目前世界各國的主要燃料來源（扣除電力），煤炭及天然氣仍佔二分之一左右的能源供應，除此之外，最大宗的就屬佔有一成左右的可再生性替代能源，即使是核能及水力發電均尚且不及。而真正具可再生性的替代能源其實包括了太陽能、風力發電、水力發電以及來自於生物材料或廢料的**生質能源 (biofuel)**。這類可能的替代來源應該不要像石化類受限於礦源而集中於某處，然而太陽能、風力發電這類高科技產品的應用性及適用區域受限，無法成為主要的替代來源，唯有與人類息息相關的生質材料，它們是均勻充滿於世界各地，才是最具有開發潛力的石油替代來源。

　　供作燃料的**生質體 (biomass)** 定義為：任何除了石化燃料之外的活生物，可直接或間接轉換成燃料者。因此生質燃料是指從具有再生性的生物產物所製造出的燃料，其中也意味著它具有降低二氧化碳排放效益的 "綠色能源" 特質。同時，植物生長所依之光合作用等同於轉換太陽能為其他形式的能源貯存起來。全球每年生產 2 億噸的生質體，包括各種形式的醣、多醣體、油脂以及各類大分子等，都可能有機會成為生質能源的原料。它不但具有再生性及可生物分解，同時無毒，確實是取代傳統燃油的理想燃媒。

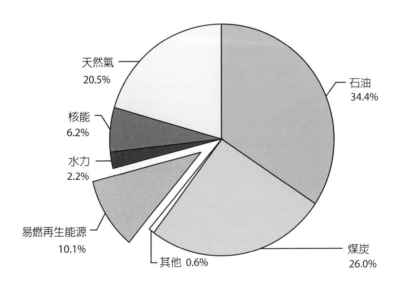

圖 19-1 全球燃料用量分佈

　　生質能源主要包括**生質酒精** (bio-ethanol) 及**生質柴油** (biodiesel) 二類。生質酒精是從醣發酵而來，而醣的來源形式多樣，可以是各式各樣高糖分或澱粉之作物；而生質柴油則可從植物之油脂轉換而來。為了避免影響糧食作物之生產，目前第二代的生質能源是改以生物廢料為生產原料，其中生質酒精可以由各類作物殘渣發酵而來；生質柴油則改以食用廢油作原料，經由**轉酯作用** (transesterification) 產生成品。食用廢油包括多種動植物來源的長鏈脂肪酸，需要較為仔細地處理，這是第二代的生質柴油的主要問題，但隨著研發科技的進步，終究可以克服這些困難，讓生質柴油逐步地取代傳統石油裂解成品，成為主要的燃媒。

　　第三代生質能源則泛指利用微生物生產的油脂來製造生質能源，微生物包括細菌、真菌及微藻類生物，這類生物具有利用廢棄生物物質為原料、或行光合作用等利用無機碳的自營性能力。同時，比起其他能源，更能降低溫室效應，已成為新一代生質能源的發展方向，極具潛力。

19-1
生質能源概況

　　早期第一代的生質柴油是直接使用精煉的植物油作為原料，生質酒精則是以雜糧如玉米、大豆以及甘蔗發酵成酒精而來，由於這樣的供應鏈等於是瓜分糧食來源，不僅成本過高，更引起糧食危機，造成糧價大幅攀升。更由於大量使用於原料的雜糧其實是貧窮國家的主要糧食，導致貧窮國家發生饑荒；同時由於砍伐熱帶雨林、擴大耕地，更對全球生態環境造成浩劫。美國在 2007 年有 8500 萬噸的玉米供作生質能源的原料，這些雜糧足以供應 1.35 億的人口兩年的糧食量，這種車與人爭糧的現象引發世界糧食組織及各界環保人權團體之抗議，遂而有利用廢油或作物殘渣的第二代生質能源之興起。然而在大量的經濟效益與投資開發的利誘之下，這樣的爭糧現象並未減緩。在擁有熱帶雨林的巴西，5 年內已增加 800 萬公

頃的大豆栽種面積，亞馬遜河 7 億公頃的熱帶雨林每天仍持續在流失中。

⊙ 一、生質酒精

目前巴西為全球最大的酒精輸出國，主要的生質酒精原料來自於甘蔗。早在 1973 年第一次石油危機時，巴西即已投入替代能源之研發，在 2003 年即推出酒精汽油雙燃料汽車，目前全巴西超過八成的汽車均採用雙燃料系統，加油站之汽油與酒精並列，且酒精價格比汽油便宜一半以上。由於政策推動，巴西已成為替代能源使用最普及的國家。而巴西的酒精輸出主要以歐洲為主，也是由於歐洲國家有相當的補貼及減稅政策配合推展替代能源。

第一代的生質酒精是以作物的澱粉發酵產生酒精，第二代的生質酒精的原料則是植物殘渣。植物的組織中成分最高的就屬纖維素 (cellulose)，以及木質纖維素 (lignocellulose)，後者是由多醣體 (polysaccharides)、半纖維素 (hemicellulose) 以及木質素 (lignin) 所組成，它也是細胞壁的主要成分。只要是有纖維的植物，均可以藉由纖維素的分解得到簡單的醣，進一步發酵成為酒精，因此原料可以是各種作物的殘渣，但纖維素的處理成本仍高，而且如何將從植物中得到的纖維素，進一步有效地分解成單醣，仍屬各家商業機密。

⊙ 二、生質柴油

柴油 (diesel) 是石油提煉過程中的最後階段的油質產品，主要成分是 9~12 個碳左右的烷類 (alkane) 或芳烴 (aromatic hydrocarbon)，雖然它的效率比汽油高，但由於雜質較多，燃燒後產生較多的煙灰。生質柴油無論是第一代直接採用植物油脂，或第二代以食用廢油作為原料，均為多種脂酸烴酯 (fatty acid alkyl esters) 的混合，並不會如傳統柴油般產生過多的煙灰。油脂的主要成分為三酸甘油酯 (triglyceride)，從圖 19-2 的轉酯反應可以瞭解三酸甘油酯加上醇，就可以轉化成為生質柴油及副產物─甘油，這是最簡單的轉酯反應。所謂"三酸"就是指 R1、R2、R3 這三個脂肪酸，從表 19-1 之比較可以瞭解食用油脂的主要組成脂肪酸之比較。

也就是説生質柴油的主要成分都是 C12~C18 之間的脂酸烴酯，碳鏈比傳統柴油稍長些。進行轉酯作用需要的醇主要用甲醇，因為原料便宜且較易取得；而副產物甘油可供作化妝品原料。

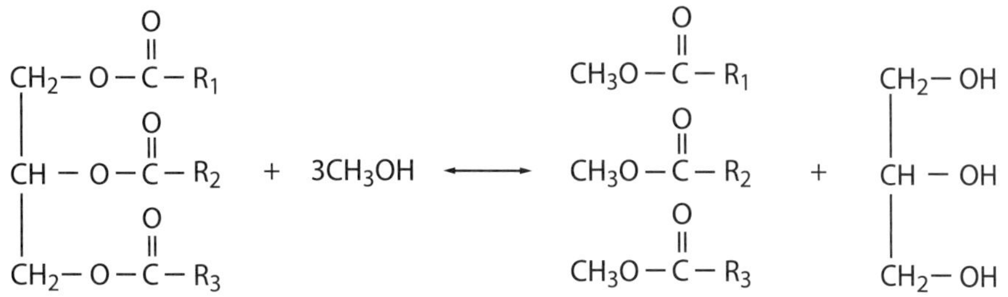

$$CH_2-O-\overset{\overset{O}{\|}}{C}-R_1$$
$$|\quad\quad O$$
$$CH-O-\overset{\|}{C}-R_2 \quad + \quad 3CH_3OH \quad \longleftrightarrow \quad$$
$$|\quad\quad O$$
$$CH_2-O-\overset{\|}{C}-R_3$$

$$CH_3O-\overset{\overset{O}{\|}}{C}-R_1$$
$$O$$
$$CH_3O-\overset{\|}{C}-R_2 \quad + \quad$$
$$O$$
$$CH_3O-\overset{\|}{C}-R_3$$

$$CH_2-OH$$
$$|$$
$$CH-OH$$
$$|$$
$$CH_2-OH$$

三酸甘油酯 (Triglyceride)　　甲醇 (Methanol)　　生質柴油 (Biodiesel) （脂酸甲酯、FAME (fatty acid methyl ester)）　　甘油 (Glycerol) （副產物）

圖 19-2　轉酯作用

⊶○ 表 19-1　食用油脂的主要組成脂肪酸（單位 %）

脂肪酸	Lauric acid	Myristic acid	Palmitic acid	Stearic acid	Oleic acid	Linoleic acid	Linolenic acid
中文名	月桂酸	肉豆蔻酸	棕櫚酸	硬脂酸	油酸	亞油酸	亞麻油酸
碳數：不飽和鍵	C12:0	C14:0	C16:0	C18:0	C18:1	C18:2	C18:3
大豆油	–	–	–	4	23	54	9
棉籽油	–	–	20	3	19	55	–
棕櫚油	–	1	43	5	41	10	–
椰子油	47	19	10	3	7	2	–
葵花油	–	–	7	5	19	68	1
花生油	–	–	11	2	48	32	–
橄欖油	–	–	13	3	71	10	1
豬油	–	1	24	14	44	11	–
牛油	–	1	23	19	42	11	–

圖 19-3 簡單地介紹生質酒精以及生質柴油的製造來源和純化過程。就材料來源區分，大致分成五類，前三類產物均為酒精，後兩類則為生質柴油：

1. 第一類就是含醣量高的作物，如甘蔗，將其提煉出的簡單醣類直接發酵產生酒精。

2. 第二類則是以富含澱粉的作物果實種子分解成單醣，再經由發酵產生酒精。

3. 第三類則是從農作物收成後的各從殘株之木質纖維中分解出纖維素，再將其轉換成單醣，然後發酵蒸餾，產生酒精。

4. 第四類則是由富含油脂的植物種子中提煉出油，進而以轉酯作用轉換成生質柴油。從圖 19-3 中可以瞭解到，無論是哪種植物產生的廢料渣，均有可能成為第三種生質能源的原料來源，這也是第二代的生質酒精最具潛力之處。

5. 第五類方法是以食用廢油作為原料，將其轉酯成生質柴油。

接下來將分節詳細介紹這些類別的生產過程。

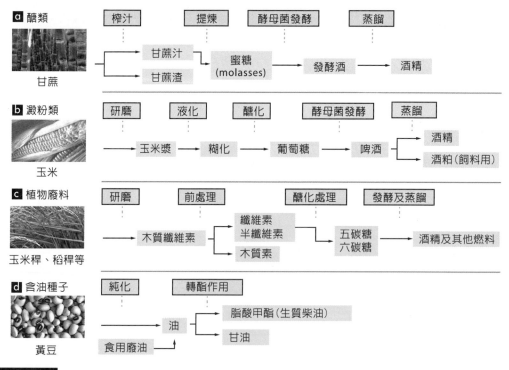

圖 19-3 生質酒精及生質柴油的製造來源和純化過程

19-2
由糖及澱粉產生生質酒精

　　雖然以酒精作為燃料之能量轉換只有汽油類的 68%，但由於是屬於乾淨的能源，不但有毒物質低，同時減少約 80% 的二氧化碳排放量。事實上使用酒精為燃料的歷史悠久，早在 1927 年，巴西即已有相關的生產發展，直到 1970 年代石油危機，以及國際間的糖產量過剩，於是巴西於 1975 年開始成立國家型酒精計畫 (ProAlcool)，此計畫是以甘蔗為生產原料，目標在以大規模量產酒精取代汽油。前面提過，巴西由政府實質介入供需，發展出大規模體制化的能力及技術，1999 年起，糖轉換酒精之技術成熟，政策完備，ProAlcool 鼓勵民間私人投資此產業，政府在分配及價格上逐步放手。儘管 1979 年即有完全使用酒精的汽車，但雙燃料型引擎的產生才是驅動酒精燃料市場的推手。

　　在美國的情況則是早年 20 世紀初石油公司的各種促銷手段，讓酒精燃料市場無法生存。直到 1980 年代，由於農業生產過剩，為了活化農業市場，開始推動酒精燃料，而且美國的酒精燃料比巴西更精進，目前無論是生產或使用量均是全球最大。

　　目前用作原料的作物 40% 來自於甘蔗及甜菜，其餘 60% 來自於其他澱粉類作物。來源可分為簡單的糖，包括甘蔗、甜菜、高粱、乳清 (whey) 等；澱粉類則包括玉米、小麥、根果類；另外還有木質纖維類，後者將於下一節介紹。

　　酒精的生產過程步驟首先需要得到可發酵的糖，然後發酵，再經由分離純化以得到酒精。無論原料為何，只有第一步的過程有差異。

1. 如果是簡單的糖作物如甘蔗，只需要經過研磨萃取糖，不需要水解即可用來發酵。例如甘蔗汁、甜菜汁即可發酵，再經蒸餾，整理脫水即可得到酒精。發酵所需之微生物主要為**釀酒酵母菌** (*Saccharomyces*)。

2. 澱粉類作物需要先經**醣化作用** (saccharificaiton) 才能進行發酵，所謂的醣化作用是將澱粉類以熬煮方式糊化 (gelatinized)，再經酵素水解以形成葡萄糖，即可進行發酵。需要的酵素包括澱粉酶 (alpha-amylase) 以及澱粉葡糖苷酶 (amyloglucosidase)。

3. **乳清** (whey) 亦為良好的單醣來源，它是生產起司時之副產物，當其中的乳清蛋白被分離出之後，剩餘的透析物經濃縮再經逆滲透處理，即可得到高濃度的乳糖 (lactose)，可供為酒精發酵之單醣來源。此處需要之微生物為可分解乳糖之 *Kluyveromyces marxianus*。

19-3 由植物纖維素及木質素產生生質酒精

雖然植物殘渣富含碳水化合物，卻不是如簡單的糖或澱粉一樣能直接利用的，我們先來瞭解其中的成分，再介紹如何從這類堅韌的組織中釋出可轉換成能源的簡單醣。

⬇ 一、植物纖維中的碳水化合物

植物纖維中主要包括長鏈的纖維素 (cellulose) 及較易分解之有分枝鏈的半纖維素 (hemicellulose)，以及最難分解利用的木質素。

(一) 纖維素 (Cellulose)

植物的纖維素是維持植物細胞壁的主要結構來源，亦廣泛存在於細菌、真菌或藻類。纖維素是一種無分枝的單元聚合物 (homopolymer) 長鏈，它的小單位是兩個吡喃葡萄糖 (glucopyranose)，吡喃葡萄糖是葡萄糖的異構物，不易被水解。以樹木為例，纖維素聚合物約為 10,000 個吡喃葡萄糖，但棉花之類的長纖作物，則可達 15,000 個的程度。

（二）半纖維素 (Hemicellulose)

半纖維素約佔 20~25% 的木質纖維素，是植物纖維中含量第二高的成分。不同於纖維素，它的長鏈會有分枝，同時組成單元多樣化，由各類的五碳糖，六碳糖及乙醯糖所構成；半纖維素分子比纖維素小，又因為有支鏈，因此較易被水解。不同種類的木質纖維素成分迥異，農作糧草類的半纖維素主要為木聚醣 (xylan)，其中的木糖 (xylose) 可輕易經酸鹼處理萃取出，而松柏杉之軟木類則為葡甘露聚糖 (glucomannan)，需要經強鹼處理才可能萃取出。在植物纖維中，半纖維素如外套般包束纖維素長鏈，是植株木質纖維中較易被化學或熱處理而分解的，如果能在前處理過程中先將之水解，則至少有一半的纖維素可被分解利用。但半纖維素的分解過程中容易產生一些不利於酵素作用的抑制分子，因此在選擇前處理步驟時要兼顧糖的回收率。

（三）木質素 (Lignin)

木質素可以被視為木質纖維中 " 膠 " 的成分，可讓細胞壁堅韌、不通透，以抵抗微生物或各種環境逆境。木質素是沒有固定形狀的，是苯丙烷 (phenyl propane) 單元任意鍵結而形成的網絡。此鍵結將木質纖維糾集在一起，緊密纏繞纖維素，因此可說是阻礙纖維素被分解利用的主要成分。此外，木質素會任意沾黏酵素，或阻礙酵素與纖維素之結合，甚至其衍生物還可能殺害微生物。在去除木質素之後，生質體即會膨脹而鬆散，暴露出纖維素，增加其可利用性。然而要去除木質素的阻礙，並不一定要把木質素完全移除，僅需在前處理時將其融化，再冷卻，亦可改變木質素的結構，此時生質體即可膨脹開來，酵素便可輕易地接觸纖維素，進而讓其分解之。

⬇ 二、前處理過程

一般而言，植物的纖維素佔總重之 40~50%，20~40% 為半纖維素，20~30% 為木質素，前處理過程會依組成而有所不同，主要考量不外乎成本及轉換成糖的效率，基本上分為物理性、化學性、

生物性以及複合式數種。複合式的處理若利用溫度壓力加上化學或生物特性，則可稱為物理化學性或生化性的方法，這類方法比單純的物理性或化學性以及生物性要有效。

（一）物理性處理

主要為粉碎，從減小粗體積、切塊切碎、研磨成粉等不同程度的破壞，均可增加表面積，以及暴露出纖維素。但需要考慮粉碎過程所耗用的能量及規模是否有經濟效應。大致上，小至 2~50 mm 即已達最大效果，再研磨至更小，也無法提升水解。

（二）生物性處理

最常使用的是利用真菌的各種過氧化酶等酵素來分解木質素、半纖維素以及多酚類。白腐菌是分解木質素最有力的真菌，它和軟腐菌可分解木質素及纖維素；褐腐菌則只分解纖維素。這個前處理過程雖然需要數週的時間，卻十分有效用。但對工業規模而言，仍是不符迫切所需，同時，有些可用的碳水化合物成分亦被微生物所利用消耗是其另一缺點。但是這類真菌可以幫助其他發酵過程，提升產能，例如麥糠發酵多利用嗜熱厭氧菌 *Clostridium thermocellum* 來進行，若佐以鐮孢菌 *(Fusarium head blight)* 這類腐真菌，可提升水解纖維素之產氫速率，即使產量並不會更多，但可減低時程，進而節省製程之能源。

（三）化學性處理

一些酸鹼有機溶劑或離子液均對木質纖維有影響，如鹼處理造成生質體之膨脹，或降低纖維素的緊實度，亦可打斷木質素與其他碳水化合物之間的鍵結，或移除半纖維素上之醣基等。對於木質素比例低的植物可以適量使用，如果木質素含量較高，則需大量鹼處理，並不適宜。稀釋的酸也可用作前處理，可將半纖維素分解成單個分子，使纖維素釋出，之後再以鹼中和之；但強酸則不適用，因為其具有腐蝕性，同時不易移除。

（四）物理化學性 (Physicochemical) 處理

1. 蒸汽前處理

　　這是研究最多且為目前最普遍使用的前處理方式，早先將之稱為 "蒸氣爆" 處理，認為植物纖維經此爆炸處理，即可水解成較小之分子。實際過程是將植物粉碎之後，以高壓蒸汽 160~240℃ 高溫，高壓 0.7~4.8 MPa 短暫處理數秒至數分鐘，讓半纖維素水解釋出。在此液態環境下，半纖維素是唯一會被溶出的碳水化合物，同時木質素則因高溫而變形，此時仍未改變的纖維素可極易暴露而被分解，同時木質纖維素即可成為有效之生質原料。半纖維素經此處理之後，溶出葡萄糖及木糖，過高的溫度（如 270℃）易讓這些單醣分解，反而不利於發酵。

　　蒸汽處理之優勢在於避免使用化學劑，產生之糖不至於過分稀釋，同時經濟實惠且無環境污染之可能。但缺點在於有時木質纖維分解不全，木質素被濃縮沉澱而凝結，反而不易水解；或是木糖被破壞，或半纖維素受熱產生抑制成分阻礙發酵等。

　　整體而言，蒸汽處理適用於作物或殘渣，不適用於木材類，後者仍需酸催化處理。這是比較接近市場化的處理方式，目前美國國家再生能源實驗室（Notional Renewable Energy Laboratory，簡稱 NREL）在高登 (Golden) 實驗室已有小規模試產在進行中，瑞典的乾淨能源公司 (SEKAB) 亦有試產，其他如義大利、加拿大亦有小規模試驗。

2. 熱水流體前處理

　　熱水流體前處理與蒸汽處理類似，只是改以熱水流為介質，可以水解半纖維素，去除木質素，讓纖維素可以暴露出，同時溫度控制在 180~190℃，不會讓半纖維素產生發酵抑制物。固體維持在 1~8%，易產生多醣及寡醣類。反應器水流形式可以為順流、逆流或快速流通。熱水可以分解半乙醯鍵，水解出來的酸可以幫助分解半纖維素，但也可能更進一步將糖分解成醛，反而會抑制接下來的發酵步驟。

熱水流體前處理之優點在於溫度不至於過高，不會進一步分解產物，因此不需要再多一步清除步驟，經濟又省工。但缺點是產生的產物被水稀釋，同時由於體積龐大，後續處理較為耗能。

3. 有機溶劑前處理

原理類似有機溶劑漿化 (organosolv pulping) 處理，但去木質化的程度稍低，可使用的有機溶劑包括草酸 (oxalic acid)、乙醯水楊酸 (acetylsalicylic acid)，佐以催化劑如鹽酸、硫酸，甚至水楊酸等，以溶解半纖維素並以有機溶劑萃取木質素。處理的條件是在高溫 (100~250℃) 下使用低沸點的甲醇或乙醇，或高沸點的醇類，或是其他種類的有機溶劑如醚、酮、酚、有機酸等，以醇類處理者幾乎可以完全除去木質素，只剩下半纖維素，乃因醇類可以打斷木質素內部的鍵結，以及其與半纖維素之間的鍵結，同時水解半纖維素內部的糖苷鍵 (glycosidic bond)，這是半纖維素的小單位葡萄糖間的鍵結鏈，如此即可有效增加纖維素後續之處理及利用。

而有機溶劑前處理最大的優勢在於它可以有效地將三種產物分離：乾的木質素、液狀的半纖維素以及具有相當純度的纖維素。原本在有機溶劑中的木質素，待有機溶劑揮發之後，產生質輕量純的木質素，可以供作前處理本身所需之燃料，甚至可以經更進一步的純化得到高品質的木質素，可以供作再生樹脂類聚合物之原料，如酚醛樹脂 (phenolic resins)、聚氨脂（polyurethane，簡稱 PU）、聚異氰酸酯 (polyisocyanate) 或環氧樹脂類。這是物理化學性前處理方法中唯一可以處理具高含量木質纖維素之生質體（如松柏杉之類的軟木）的方法，也是少數不需要將原料先切碎之方法。

然而此法仍有其限制，由於化學溶劑之成本仍高，同時處理過程中若有單醣酸化產生的副產物會抑制後續之微生物發酵過程。再者，在高溫狀況下使用高揮發性的溶劑，需要使用密封反應爐，不能有任何的洩露，以避免有爆炸失火的危險，或對環境人體之傷害。

目前已有製漿公司及造紙公司採用此法，2001 年起，Lignol 能源公司即開始利用此技術將多種軟木類以乙醇前處理，有效地將木材轉換成生質酒精。

4. 其他方法

其他根據研究報告的方法包括稀酸前處理、氨爆破前處理、石灰及蠟氧化前處理、二氧化碳爆破前處理、離子液前處理等，多只有實驗室研發的小規模試驗成功，並未有量產之報告。

由以上的資訊瞭解到，即使有些前處理方式成效不錯，仍不能保證適用於所有的生質體，因此仍有待研究人員的努力，開發多類型的前處理以因應廣大的市場需求。

19-4
植物油脂及食用廢油轉換為生質柴油

由油品產生生質柴油的過程即如圖 19-2 所示之化學反應，在第一節中，我們已經敘述了從植物油脂轉換為柴油之基本步驟，這一節主要將介紹從食用廢油轉換成生質柴油之過程。

根據表 19-2 資料顯示，每年全球產生的食用廢油應遠超過 15 億噸，當油脂在長期高溫 160~190℃ 處理之下，會有物理或化學變化，會產生一些對人體有害的物質，食用廢油若未經妥善處理而棄置，終會進入食物鏈中，也會成為一項污染源，因此以這些食用廢油作原料生產生質柴油，理應更實用，而且更具有健康環保的效益。然而，事實上，由於食用廢油多來自油炸過食物的油品，成分比起初成分複雜，處理食用廢油所需要的額外手續較繁複，因此第二代生質柴油的量化生產仍有其困難度。目前約八成的商業化生質柴油仍採用提煉的純植物油作原料，雖然成本稍高，在商業利益考量之下，仍是廠商優先考慮的選項。

表 19-2　食用廢油產量（代表數據）	
國家	數量（萬噸／年）
美國	10000
中國大陸	4500
歐洲	700~1000
日本	450~570
馬來西亞	500
加拿大	120
臺灣	70

要使用食用廢油製作生質柴油，需要先克服幾類問題：

1. 酸化以及含水分：油品經高溫油炸時，周圍空氣中的水蒸氣會導致水分滲入，易產生游離的脂肪酸，可從 0.5% 增加至 15% 之多，會影響酯化反應。

2. 黏稠度及表面張力的增加：來自於氧化程度增加，當氧溶入油品中，會產生不飽和的醯類甘油 (acylglycerols) 的氧化物，而各類烷基（圖 19-2 中的 R）則形成烷基自由基（alkyl radical，簡稱 R'），再形成烷基過氧自由基（alkylperoxyl radicals，簡稱 ROO'），最終會形成烷氧自由基（alkoxyl radicals，簡稱 RO'），產生各類的飽和或不飽和醛、酮、內酯 (lactone)、醇、酸、酯，高揮發性的可能容易釋出，殘留在油中的則逐漸繼續反應成為多體 (polymer)、環體，增加了油品的黏稠度。

3. 熱化反應：高溫加熱反應在缺氧的狀況下，油品中的飽和脂肪酸會產生烷類、烯類、短鏈脂酸、酮類等化學物；不飽和脂肪酸則易兩兩形成飽和二體或環形體。

不同於質純的油品可以加入簡單的醇來進行轉酯反應，食用廢油因品質純度不一，需利用加入催化劑或酵素的方式來生產生質柴油，下面就一一作說明。

⬇ 一、催化酯化反應

製作生質柴油的化學反應需要有催化作用，最常用的是加入**同質鹼性催化劑** (homogeneous base catalyst) 如 NaOH 或 KOH 這類便宜易取得的鹼類，唯一的限制就是油原料中的游離脂肪酸不能超過 0.5%，游離脂肪酸遇到鹼劑會有皂化反應產生。此外，若油原料中含有水分，也會在高溫下產生游離脂肪酸，進而發生皂化現象，在常溫下會呈膠狀甚至半固體化，影響後續的純化步驟。儘管，有新的研究顯示，在游離脂肪酸含量 2% 以內的狀況下，仍有方法克服皂化反應的發生，但以食用廢油作原料時，游離脂肪酸很可能超過 2%，因此，此方法即不太適用。品質差的食用廢油適合採用酸性催化劑，在轉酯反應中，它可以同時讓游離脂肪酸進行酯化及轉酯，因此不受游離脂肪酸的影響，但反應速率慢。為了讓催化劑能與產品分離，亦有異質催化劑（heterogeneous catalyst，固態催化劑）的產生，異質鹼性催化劑的代表有：從石灰石來的氧化鈣 (CaO)、氧化鎂 (MgO)、鋁鎂石 (hydrotalcites)；異質酸性催化劑的代表則有沸石 (zeolite)、二氧化鋯 (ZrO_2)、二氧化鈦 (TiO_2) 及二氧化錫 (SiO_2)，它們均具有容易回收再製、易分離的優點。表 19-3 列出常用的催化作用以及其優缺點。

⬡ 表 19-3　常用的催化作用以及其優缺點

1. 同質鹼性催化劑 (Homogeneous base catalyst)（催化劑可以溶解成液狀）	
優點	速度快，比酸性催化快 4000 倍以上 溫和催化，需能量低，低溫及空氣中即可反應 鹼劑便宜、易取得 (NaOH, KOH)
缺點	油品中的游離脂肪酸會影響反應 若游離酸超過 2%，會產生皂化反應，影響純化及成品品質 因皂化所增加的純化過程會產生大量廢水

◆ 表 19-3　常用的催化作用以及其優缺點（續）

2. 異質鹼性催化劑 (Heterogeneous base catalyst)（催化劑為固體）

優點	速度快，溫和催化，需能量低 催化劑易與成品分離，同時可以再利用
缺點	催化劑遇空氣則失效 油品中的游離脂肪酸會影響反應 若游離酸超過 2%，會產生皂化反應，影響純化及成品品質 瀝濾催化劑的活性位置 (active site) 容易污染油品

3. 同質酸性催化劑 (Homogeneous acid catalyst)

優點	催化不受游離脂肪酸影響，低品質的廢油可以採用 酯化及轉酯反應同時發生 溫和反應，需能量低
缺點	反應速率慢 常用的催化劑如硫酸或鹽酸容易腐蝕反應槽或管路 催化劑不易與產物分離

4. 異質酸性催化劑 (Heterogeneous acid catalyst)

優點	催化不受游離脂肪酸影響，低品質的廢油可以採用 酯化及轉酯反應同時發生 溫和反應，需能量低 催化劑易與成品分離，同時可以再利用或再產生
缺點	催化劑製程複雜，成本高 反應慢，需高溫 成品中的醇比例高 瀝濾催化劑的活性位置容易污染油品

5. 酵素催化 (Enzyme)

優點	催化不受游離脂肪酸或水分含量影響，低品質的廢油可以採用 低溫即可進行，需溫比鹼性催化還低 純化簡單
缺點	反應速率慢，比鹼性催化還慢 成本高 對醇敏感，有些醇會讓酵素失去活性 反應需求不一，需要測試最佳條件

由於酸性及鹼性催化劑各有優劣，因此有合併二者的兩階段合成生質柴油方法產生，先用酸性催化劑降低食用廢油中的游離脂肪酸，再進一步利用鹼性催化劑來完成生質柴油產物。此法仍在研究階段，並未達到比酸性及鹼性催化劑更理想的標準。

二、以酵素催化轉酯反應

即使化學轉酯反應的反應本身成本不高，但後處理過程面臨一些瓶頸，例如產生大量廢水以及後續副產品甘油的回收，都會增加額外的成本，於是**脂酶 (lipase)** 這種最簡單的轉酯反應催化酵素又開始受到重視。經由脂酶催化的反應不會產生其他副產品，而且其反應溫和、游離脂肪酸不影響其作用、催化劑可以再利用等諸多優點，成為取代化學轉酯反應的最佳選項，於是尋找更便宜而有效率的酵素成為研發重點。以下介紹數種來自不同生物來源的脂酶，經反覆試驗找出最佳條件，讓脂酶有效達到高效率的例子。

（一）利用不同的醇類或溶劑

Lipozym IM60 一取自毛黴菌 (*Mucor miehei*)

Lipozym IM60 不受高含量游離脂肪酸之影響，若用一般常用的甲醇進行反應則效率極差，可以用乙醇或二級醇進行轉酯，但二者反應條件不同。

1. 一級醇：需要加入不親水的己烷 (hexane)，仍為溶劑，以助親水的醇溶在油脂中，在 45℃反應 5 小時，即可將 93~99% 的脂肪轉成生質柴油。

2. 二級醇：不加溶劑，可有 97% 的油脂直接反應成生質柴油。

（二）控制醇與油脂的比例

PS 30 一取自洋蔥假單胞菌 (*Pseudomonas cepacia*)

需要條件為 50℃，醇與油脂的比例為 1:4，反應 18 小時即可產生生質柴油，轉酯率可達 84~94% 之間，此酵素活性極佳，即使持續存在油脂中 48 小時，仍不失效力。

（三）分階段加入醇以避免酵素失去活性

Novozym 435 —取自極地酵母菌 (*Cerevisiae antarctica*)

使用二級醇時，Novozym 435 在無溶劑時，以醇與油脂比例 3:1 條件下，45℃反應 16 小時可以產生 96.4% 的生質柴油，由於高量的醇會讓酵素永久失去活性，反應過程中分三階段加入醇，以避免酵素失去活性。

（四）固著脂酶，以利回收再利用

1. 枯草桿菌 (*Bacillius subtilis*)

直接將枯草桿菌包覆在含有磁珠的不親水載網 (hydrophobic carrier net) 內，枯草桿菌釋出的脂酶即可固著在磁珠表面，這種**磁性細胞催化體**（magnetic cell biocatalyst，**簡稱 MCB**）在反應完成之後更容易利用磁性而與產物分開。在 40℃，pH 6.5 加入 3% 的 MCB，分兩階段加入甲醇，即可在 72 小時內產生 90% 的生質柴油，回收的 MCB 並未失去活性，可重複再利用。

2. 米根黴 (*Rhizopus oryzae*)

米根黴是生產米酒的菌種，若將其固著在過濾生化棉，於 40℃，甲醇與油脂比為 4:1，甲醇分三步驟加入，以避免酵素失去活性，固著的脂酶為油脂的 30%，反應 30 小時可有 88~90% 的效率。

（五）加入吸附劑，以除去影響反應的副產物

擴展青黴 (*Penicillium expansum*)

將擴展青黴固著在 D4020 樹脂上，以 35℃ 處理，同時加入矽膠吸附劑以移除影響反應的副產物甘油，以 7 小時的反應，可以達到 92.8% 的效率，即使重複使用 10 次，仍有 68.4% 的活性。

綜合以上例子可以瞭解，使用脂酶可以利用多種方法，來改善生質柴油產生的效率。

19-5
微生物生產生質能源

　　利用微生物生產生質能源是生質能源的新一代研究趨勢，大致分成二大來源：一是具有葉綠素，可行光合作用的自營性生物，由它們來生產油脂，主要代表為微藻類；第二類是異營性的微生物，自然狀況下，它們靠環境中的各種有機廢棄物質為生，具有代謝複雜油脂的能力，來生產油脂，包括細菌及真菌類。

⬇ 一、由藻類產生生質柴油

　　藻類是目前世界上生長最快的生物，遍佈世界各地，不需要額外的耕地或肥料。且其藻株中高達 50% 為油脂，可作為良好的生質柴油之油脂供應來源，也不需要太多的能量來進行原料萃取，特別是微藻類，其生長速度比陸生植物快速，每年每英畝可生產 2~8 萬公升的油脂，比起最有效益的棕櫚油還多出 7~31 倍的產量，且採收過程也比陸生作物容易，可算是將光、水、二氧化碳固著之最佳生質。而由藻類產生生質柴油可被稱為第三代生質能源。表 19-4 為同樣的面積所能產生之油脂產量之比較。

　　藻類可分為單細胞**微藻類 (micro-algae)** 及多細胞之**巨藻類 (macro-algae)**，後者包括在淡水或鹽水生長的水草、海藻類，目前以微藻類為油脂萃取之主要材料來源。

表 19-4 藻類與含油作物之產能比較

作物	產油量（公升／英畝）
藻類	100,000
篦麻子	1,413
椰子	2,689
棕櫚	5,950
大豆	446
葵花子	952

微藻類是行光合作用的單細胞微生物，可分成四大類：矽藻、綠藻、藍綠藻及金黃藻類。又可分為兩大生態群：絲狀 (filamentous) 及浮游類 (phytoplankton)，後者繁殖快速，在池塘中大量繁殖可阻斷池面，產生足以危害池塘中其他生物的現象稱藻華 (algal bloom)。如果充分利用它快速生長以及體內油脂充裕的特性，可以大量生產油脂。

目前工業界量產藻類的培養方式可分為三種：開放式池塘，不斷進出的光反應器及封閉系統。

1. 開放式池塘採用陰涼的池塘，養分來自於附近陸地的水流或是植栽淤泥排流之污水流，由於此技術受限於自然環境之供給，且難以控制各種生長氣件，效益有限，因此開始有其他技術之發展。

◆ 表 19-5　微藻類之油脂類佔乾重之比例 %

種 名	脂 肪
葡萄藻 (*Botryococcus braunii*)	25~75
綠藻 (*Chlorella* sp.)	28~32
隱甲藻 (*Crypthecodinium cohnii*)	20
細柱藻 (*Cylindrotheca* sp.)	16~37
杜氏藻 (*Dunaliella primolecta*)	23
等鞭金藻 (*Isochrysis* sp.)	25~33
單腸藻 (*Monallanthus salina*)	>20
微小綠藻 (*Nannochloris* sp.)	20~35
擬球藻 (*Nannochloropsis* sp.)	31~68
新綠藻 (*Neochloris oleoabundans*)	35~54
菱形藻 (*Nitzschia* sp.)	45~47
三角褐指藻 (*Phaeodactylum tricornutum*)	20~30
單胞藻 (*Schizochytrium* sp.)	50~77
扁藻 (*Tetraselmis sueica*)	15~23

2. 利用陽光供能的方式，可以是可開可關的池塘，或封閉式的光反應器。後者成本昂貴，但需要的面積及光都較少，若培養高油脂的藻類，每英畝每年可量產 2~5 萬公升之油脂，是蔬菜油之 200 倍。反應器的優勢在於易於清理及排放廢水。但是當藻類生長至某個密度之後，光線即難以穿透，因此大規模生產意味著需要增加生長面積而非體積。

藻類的膜組織富含油脂及脂肪酸，即為生成生質柴油之原料來源，不同的微藻類所含之油脂比例差異極大，從 2~40% 均有，表 19-5 顯示較高油脂含量之微藻，而藻類的油脂中之不飽和脂肪酸超過 50%。圖 19-4 顯示由藻類產生生質柴油之流程。

下面介紹目前藻類培養需要克服的幾個問題。

1. 維持藻株之純淨：必須有可篩選的條件以避免其他微生物之污染，因此可以選用具有特殊生長條件的藻類，如喜高鹽、極端的 pH 環境等。

2. 能量考量：在封閉式的生長反應器中，需要供能以利均勻，包括攪拌、氣流水流等。同時，若生長過密，亦容易導致後續供能不易。因此如何有效供能亦為一需考慮之因素。

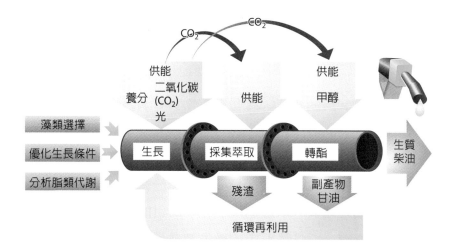

圖 19-4 藻類生產生質柴油之流程

3. 持續的養分供給：當生長密度達到某個程度時，養分供應容易短缺，特別是二氧化碳 (CO_2) 的供給，為了要得到較佳的產量，二氧化碳之供給不可短缺，在這個部分可以利用供電設備自己產生的排氣設施，讓藻類再循環利用所排放出之二氧化碳。

4. 有效的萃取：由於藻類需要先乾燥處理才能萃取出油脂，在生產過程中比較有困難的瓶頸在於如何以最有效率的方式，將分佈於藻類細胞內的油脂純化出來，同時又不大量利用有機溶劑。

目前從藻類萃取油脂的主要方法有三種：

1. 榨取：目前 70~75% 採用此方式。

2. 有機溶劑萃取：利用正己烷 (hexane) 以化學方式分離萃取出油脂，方法便宜。

3. 表面流體萃取：此法比傳統有機溶劑萃取有效率，是將二氧化碳高壓高溫處理成液態及氣態之臨界點，組織經其處理即可有效萃取出油脂，由於具有選擇性，因此可以分離出高純度之濃縮油脂，幾乎可以 100% 萃取出油脂。而三酸甘油酯產物即可依一般的轉酯方式進行，得到生質柴油。

⬇ 二、廢水中的微生物生產生質能源

在都市化的社會中，污水處理已成為現代化不可或缺的環境議題，污水處理的系統化，除提供水資源的再利用之外，污泥中仍有很多可再利用的資源。有些微生物具有適應極端環境的能力，可利用廢水提供的養分生長，故可生存在廢水中。對於廢水中的有機物質，可透過這個原理，利用生物性廢水處理系統來分解。這個系統是藉由活性污泥 (activated sludge) 中的微生物，來分解廢水中的有機物、油性物質，以達到廢水處理的目的。當廢水流入具有活性污泥的曝氣槽，活性污泥中的微生物會代謝廢水中的有機物質，同時繼續繁殖，經過沉澱池後，沉澱物又成為新的活性污泥，再部分迴流至曝氣槽，繼續下一次的循環。

在都市污水中，有機物質中超過 40% 是油脂，尤以 14~18 個碳的脂肪酸為主，是非常適合生產生質能源的脂肪酸來源。活性污泥中具有可代謝油脂的微生物，它們不僅會代謝脂肪酸，也會利用廢水中的其他碳來源合成油脂類物質，屯在細胞內，例如：三酸甘油酯、蠟酯或可用作生物性可分解材質的 PHAs，這些就是研究人員最感興趣的部分。目前已知的污泥中微生物菌種包括：可以屯積長鏈脂肪酸的 *Microthrix parvicella*，以及可產生 PHA 的 *Candidatus accumulibacter phosphatis* 等。基因體定序在微生物物種的的進展，有助於研究人員對這些細菌的代謝有更深入的認識。這些細菌在生產三酸甘油酯及蠟酯的最後一步都需要蠟酯合成酶 (wax ester syntyase)。而污泥中微生物定序找到的菌種中，許多都帶有此基因，*Microthrix parvicella* 菌種則有四個同源基因，顯見此基因對屯積長鏈脂肪酸的重要性。

在活性污泥中，有些會屯積三酸甘油酯的微生物會先分泌脂酶到環境中，把脂肪酸分解後再代謝。*Microthrix parvicella* 帶有 8 個脂酶，這些酶也是值得研究的對象。這類細菌，在無氧環境下即可生合成長鏈脂肪酸，常存在污水表面泡沫中，在污水槽中很容易取得，來源不虞匱乏，對未來更進一步利用來系統化生產生質能源的發展有極大的優勢。

● 結 語

本章最開始談到石油、煤炭以及天然氣的消耗佔能源中之大宗，不僅是資源有限，需要尋求替代能源，更重要的是目前燃燒這類燃料佔了 98% 的碳排放，如能有效降低此類能源之使用，可以進一步降低二氧化碳的排放。儘管生質能源的量產可以解決這個問題，但仍不可輕忽為了供應燃料的需求而大量掠奪了糧食供給的問題，特別是第三世界國家所處的劣勢，不但自身的耕地遭受排擠，且原本為主食的雜糧也大量被資本強權國家直接用於生產燃油。再者，由於大量開墾的農地也讓生態環境遭逢岌岌可危的的命運，唯

一可以改變這個局勢的只有致力於開發第二代及第三代生質能源之可能，並有效利用原本屬於廢棄之生質材料為原料，才是根本的解決之途。

 問題及討論 Exercise

一、選擇題

1. 下列哪項可以成為生質能源材料的生質體 (biomass)？ (A) 各種形式的醣 (B) 多醣體 (C) 油脂 (D) 澱粉 (E) 以上皆可

2. 下列何種來源製成的生質酒精可稱為第二代的生質酒精？ (A) 甘蔗 (B) 玉米 (C) 甘蔗渣 (D) 大豆 (E) 甜菜

3. 關於柴油 (diesel) 及生質柴油的敘述，下列何者錯誤？ (A) 柴油 (diesel) 是石油提煉過程中的最後階段的油質產品 (B) 柴油主要成份是 9~12 個碳左右的烷類 (alkane) 或芳烴 (Aromatic hydrocarbon) (C) 柴油的效率比汽油低，但雜質較多，燃燒後產生較多的煙灰 (D) 生質柴油均為多種脂酸烴酯 (fatty acid alkyl esters) 的混合 (E) 生質柴油不會產生過多的煙灰

4. 關於生質柴油的敘述，下列何者正確？ (A) 主要成份都是 C9~C12 之間的脂酸烴酯 (B) 碳鏈比傳統柴油稍長些 (C) 進行轉酯作用需要的醇，主要用乙醇 (D) 不會有副產物 (E) 以上皆正確

5. 發酵產生生質酒精的過程，下列何者錯誤？ (A) 單糖發酵需要釀酒酵母菌 Saccharomyces (B) 澱粉類需澱粉酶(alpha-amylase) 酵素水解以形成葡萄糖，進行發酵 (C) 澱粉類需澱粉葡糖苷酶 (amyloglucosidase) 酵素水解以形成葡萄糖，進行發酵 (D) 乳清 (whey) 亦為良好的單醣來源，它是生產起司時之副產物 (E) 乳清蛋白被分離出之後，剩餘的透析物經濃縮再經逆滲透處理，即可得到高濃度的葡萄糖

6. 關於植物的纖維素 (cellulose) 與半纖維素 (hemi-cellulose) 之敘述，下列何者錯誤？ (A) 纖維素是一種無分枝的單元聚合物 (homopolymer) 長鏈 (B) 植物的纖維素 (cellulose) 比半纖維素 (hemi-cellulose) 易水解 (C) 半纖維素的長鏈會有分枝 (D) 半纖維素分子比纖維素小 (E) 半纖維素 (hemi-cellulose) 組成單元多樣化

7. 關於生質酒精以及生質柴油的製造來源及產物，下列何者錯誤？ (A) 含醣量高的作物產生生質酒精 (B) 富含澱粉的作物果實種子產生生質酒精 (C)

農作物收成後的各種殘株產生生質酒精　(D) 富含油脂的植物種子純化出生質柴油　(E) 食用廢油作為原料轉酯成生質柴油

8. 以酒精作為生質燃料之敘述，下列何者錯誤？ (A) 能量轉換比汽油類高　(B) 屬於乾淨的能源　(C) 減少約 80% 的二氧化碳排放量　(D) 只要有糖經過發酵，再經由分離純化以得到酒精　(E) 無論原料為何，只有第一步得到糖的過程有差異

9. 關於木質素的敘述，下列何者錯誤？ (A) 木質素可以被視為木質纖維中"膠"的成份　(B) 可讓細胞壁堅韌，不通透，以抵抗微生物或各種環境逆境　(C) 木質素有固定形狀　(D) 是阻礙纖維素被分解利用的主要成份　(E) 木質素會任意沾黏酵素，或阻礙酵素與纖維素之結合

10. 要去除木質素對分解利用的阻礙，不一定要將木質素完全移除，但下列什麼方法不可行？ (A) 僅需在前處理時將其融化，再冷卻　(B) 可改變木質素的結構　(C) 讓生質體膨脹開來即可　(D) 低溫冷凍

11. 若以生物性處理來分解木質素，分解木質素最有力的真菌為？ (A) 白腐菌　(B) 褐腐菌　(C) 嗜熱厭氧菌　(D) 鐮孢菌　(E) 軟腐菌

12. 關於物理化學性 (physicochemical) 處理的敘述，下列何者錯誤 (A) 蒸汽處理適用於作物或殘渣，不適用於木材類　(B) 過高的溫度，易讓單醣分解，反而不利於發酵　(C) 蒸汽處理之優勢在於避免使用化學劑，產生之糖不至於過份稀釋　(D) 熱水流處理是目前比較接近市場化的處理方式　(E) 熱水流處理之優點在於溫度不會過高，產物不會再被分解

13. 下列何者非有機溶劑前處理的優勢？ (A) 可以有效地將三種產物分離：乾的木質素、液狀的半纖維素以及具有相當純度的纖維素　(B) 物理化學前處理方法中唯一可以處理具高含量木質纖維素之生質體（如松柏杉之類的軟木）的方法　(C) 不會進一步分解產物，因此不需要再多一步清除步驟，經濟又省工　(D) 可有效增加纖維素後續之處理及利用

14. 關於類產生生質柴油的敘述，下列何者錯誤？ (A) 藻株中高達 80% 為油脂，可作為良好的生質油之油脂供應來源　(B) 生長速度比陸生植物快速　(C) 採收過程也比陸生作物容易　(D) 可算是將光，水，二氧化碳固著之最佳生質　(E) 由藻類產生生質柴油可被稱為第三代生質能源

15. 下列何者非目前藻類培養作為生質能源來源時，需要克服的問題？ (A) 維持藻株之純淨　(B) 持續的養分供給　(C) 有效的萃取　(D) 氧氣的供給

16. 當藻類生長密度達到某個程度時，養分供應容易短缺，其中最容易缺乏的是？ (A) 氧氣　(B) 二氧化碳　(C) 醣類　(D) 水　(E) 陽光

17. 關於從藻類粹取油脂的敘述，下列何者不正確？ (A) 目前 70~75% 採用榨取　(B) 可以有機溶劑萃取　(C) 藻類不需要乾燥處理即能萃取出油脂　(D) 組織經二氧化碳高壓高溫處理成液態及氣態之臨界點處理，即可有效萃取出油脂　(E) 表面流體方式萃取具有選擇性，因此可以分離出高純度之濃縮油脂

18. 關於都市污水適合作為生質能源來源，生產脂肪酸來源的原因，何者為非？ (A) 有機物質中超過 40% 是油脂　(B) 以 14~18 個碳的脂肪酸為主　(C) 活性污泥中具有可代謝油脂的微生物　(D) 可代謝油脂的微生物無法屯積脂肪在體內　(E) 可代謝油脂的微生物也會利用廢水中的其他碳來源合成油脂類物質

19. 污泥中微生物定序找到的菌種中，許多都帶有哪個特別的酵素基因？ (A) 生產三酸甘油酯及蠟酯的最後一步都需的蠟酯合成酶 (wax ester syntyase)　(B) 轉酯酶　(C) 水解酶　(D) 脂酶

20. 關於會屯積三酸甘油脂的微生物之特徵，下列何者錯誤？ (A) 常存在污水表面泡沫中　(B) 微生物會先分泌脂酶到環境中　(C) 把脂肪酸分解後再代謝　(D) 在有氧環境下即可生合成長鏈脂肪酸　(E) 不僅會代謝脂肪酸，也會利用廢水中的其他碳來源合成油脂類物質

二、問答題

1. 生質能源中的 "生質" 應如何定義？

2. 生質能源主要包括哪二類？其原料可以來自哪些材料？

3. 第一代及第二代生質酒精之原料有何不同？

4. 請就來源及特性分析生質柴油和傳統的柴油有何不同？

5. 簡述從單醣至酒精之轉換過程。

6. 澱粉類要如何轉換成生質酒精？

7. 乳清要如何轉換成生質酒精？

8. 植物的堅韌組織中，包括哪幾類主要的碳水化合物可作為生質能源的原料？

9. 就水解的難易度而言，纖維素 (cellulose) 及半纖維素 (hemi-cellulose) 的特性有何差異？

10. 簡述木質素的特性。

11. 所謂物理性前處理生質體的意思指的是什麼？

12. 所謂生物性前處理生質體，需要的生物或酵素為何？請舉例說明。

13. 植物殘渣要轉換成生質酒精需要的前處理中，物理化學方法包括哪些？請列舉三種。

14. 蒸汽處理之優勢及缺點為何？適用於何種生質體類型？

15. 熱水流體前處理之優缺點為何？

16. 以有機溶劑前處理植物殘渣，最常使用的溶劑為醇。請問醇對植物可以造成什麼樣的反應，而有利於生質體後續轉換成生質酒精？

17. 有機溶劑前處理可以有效分離出哪三類物質？適用於何種生質體類型？

18. 有機溶劑前處理有何缺點？

19. 第一代及第二代生質柴油之製造有何不同？

20. 就環保觀點來看，以廢油產生生質柴油對環境有何好處？

21. 使用食物廢油製作生質柴油，需要先克服哪些問題？

22. 製作生質柴油的化學反應所需之催化劑分為哪幾類

23. 何謂同質或異質催化劑？

24. 在什麼狀況下，油脂會與何種催化劑發生皂化反應？

25. 何謂轉酯反應？

26. 轉酯反應催化酵素指的是哪類酵素？請舉例說明之。

27. 藻類有何特性利於作為生質能源之原料來源？

28. 微藻類之特性為何？

29. 從藻類萃取油脂的主要方法有哪些？

30. 第三代生質能源所指為何？

解答：(1) E　(2) C　(3) C　(4) B　(5) E　(6) B　(7) D　(8) A　(9) C　(10) D
　　　(11) A　(12) D　(13) C　(14) A　(15) D　(16) B　(17) C　(18) D　(19) A　(20) D

生物性材料與技術工程
Biomaterial and Bioengineering

BIOTECHNOLOGY

隨著生物技術的進展，越來越多的傳統材料面臨量產的瓶頸、改良修飾、純度要求更精良的問題，或是需要開發新型生物性材料的研究方向等，許多創新的技術、材料和方法蓬勃發展，各自代表著一種未來的新方向。在這一章的課程中，我們將介紹一些較具發展潛力的課題，每個子題都具有獨立性，讓同學們認識生物技術在發展上，應用方向的不同可能性，以拓展視野。本章包括微生物代謝工程，瞭解改造微生物成量產特定生物分子的方法；具有高度韌性及延展性的蜘蛛絲蛋白質的研發現況；3D 列印技術在生醫上的應用及發展潛能。

20-1 微生物代謝工程

　　微生物已被廣泛用在大量生產生物性產品，例如一般生物或化學分子、蛋白質、食品工業原料、抗生素、抗病毒分子、甚至抗癌藥物等。但應用微生物作為生產生物分子的工具，必面臨改變微生物本身的生化代謝路徑的工程，**微生物代謝工程** (metabolic engineering) 就是改變微生物本身的生化代謝路徑以量產製造生物性產物的一項新興技術。無論是外加非內生性的代謝路徑，或選擇代謝替代步驟，都以適應產物生產為考量。此外，生物產品分子的各級結構或轉譯後修飾也需仔細設計改良，以期符合精簡且具功能性的要求。所幸拜微生物基礎生化代謝途徑及基因體的透徹研究，以目前的知識及技術，代謝工程的累積技術已足以設計並改造其大部分的生化合成路徑。隨之而來的是更多有效率的改造技術興盛發展，佐以電腦化的工具和資料庫，造就更為系統化的微生物代謝工程改造及製備流程。

⬇ 一、菌種改造原則

　　當我們將他種生物來源的基因送入菌種中，希望以菌種發酵方式產生異生性的蛋白質物質，但透過細菌的生理代謝途徑來生產，並不一定能保有分子應具有的生物功能或活性。至於非蛋白質的分子，就更不是單純地轉殖一個基因就能解決的。例如許多植物的二次代謝產物，可能只是某種特殊的化學分子結構，具有良好的生物功能，例如**多酚類** (polyphenols)、類胡蘿蔔素等，並非由單一基因所控制生產的，而是某一來源物質經由一連串的酵素分解轉化而來。針對這類產物，目前的趨勢就是將原物種的整個生合成代謝途徑都移轉到細菌中進行，將菌種改造成可完全生合成異種生物分子的架構，才能獲得產物。

微生物代謝工程技術在食品科學上廣泛應用，傳統製造食品添加物的技術不外乎自植物以有機萃取方式獲取天然分子，或以化學合成純化等步驟來獲得需要的人工合成分子。然而隨著食品安全日益受到重視，天然來源的食品添加物需求量越來越高，尋求量產途徑即為微生物代謝工程的主要發展動力之一。以下即以抗氧化物多酚類的生產作為例子，詳細解釋微生物代謝工程的原理。

二、量產多酚類抗氧化物的設計策略

多酚類抗氧化物為有益人體的食品添加物，包括酚酸、類黃酮、薑黃等種類，是植物體內的二級代謝產物，亦是人們廣泛食用的抗老化熱門健康食品。它們在植物體中的生合成途徑也已被研究透徹，從圖 20-1 中可以瞭解到多酚類的源頭是帶有酚結構的簡單胺基酸，如酪胺酸 (tyrosine) 或苯丙胺酸 (phenylalanine)，經由一連串的酵素轉化而來的。理論上只要將各個關鍵的酵素轉殖到微生物中，並供應酪胺酸來源，即可源源不絕地生產各類型的抗多酚類氧化物。

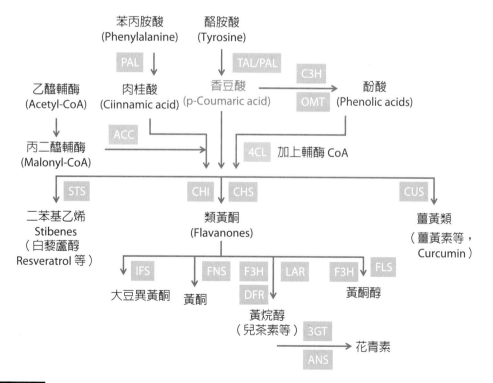

圖 20-1　植物多酚類生合成途徑

多酚類抗氧化物代謝工程的設計策略流程如下：

1. 轉殖關鍵酵素：第一個需要的外來酵素即是 PAL 或 TAL，可將酪胺酸進行脫胺，轉化成帶有單酚結構的香豆酸 (p-coumaric acid)，它是多種多酚類的共同前驅物，極具關鍵性的角色。接著由 4CL 酯化酵素加上輔酶 (CoA)，再透過不同的轉化酵素，即可讓單酚結構聚合成各式各樣的多酚結構。

2. 從簡單的來源生產關鍵性前驅物：多酚類的製造是先從簡單的酚結構來源生產關鍵性單酚前驅物，最簡單的代謝工程即是利用可大量生產酪胺酸的細菌，轉殖酵母菌的 TAL 酵素，供以葡萄糖作能量，即可量產香豆酸，以目前的技術，每公升細菌培養液可生產將近 1 克的香豆酸。

3. 尋找細菌來源的替代酵素：香豆酸轉化成酚酸類的步驟需要有 C3H 酵素，除了早期轉殖酵母菌來源基因來取代植物來源基因之外酚酸，研究人員亦在其他細菌中找到具替代功能的基因，簡化了代謝工程的改造，可提高咖啡酸的轉化效率達到 10 克／公升。

4. 提供各種下游酵素組合，獲得下游產物：單酚的肉桂酸在 4CL 酯化加上輔酶後，再由 CHS 及 CHI 轉化成類黃酮的前驅物，在細菌及酵母菌中提供 TAL/PAL、4CL、CHS、CHI 酵素，即可讓酪胺酸或苯丙胺酸轉化成類黃酮的前驅物。若再加上不同的更下游酵素，可轉化成各型類黃酮，主要的代表有大豆異黃酮、黃酮酸、芹黃素等。

5. 避免原料供給限制，提高產量：酯化酵素 4CL 需要的輔酶同樣是原料之一，因此仍要加上 ACC 酵素的幫忙，避免該成分成為限制因子，整個代謝途徑才會順暢，產量才可提升。

　　其他利用微生物代謝工程量產的抗氧化物包括葡萄的白藜蘆醇、薑黃類等。尚有更多類的食品相關添加物也利用此工程在量產，如茄紅素、類胡蘿蔔素、Q10 等。此外，更有天然甜味劑、天然食用色素等產品，也都從植物體生產轉移至微生物生產，以達到市場需求量日益增加的量產能力。

20-2 蜘蛛絲蛋白質

　　蜘蛛絲具有獨特的韌性、延展性及彈性，它的韌性優於所有已知的天然或人工纖維；同時，早在十七世紀，就已經知道利用蜘蛛絲來止血，幫助傷口癒合，足見它的人體對它不會產生過敏，又可抑菌，具有相當的生物相容特性。長久以來，研究人員對蜘蛛絲非常感興趣，一直希望能將它特有的性質應用到生物醫學上，因此對它的結構及生化性質累積了相當的知識。每種蜘蛛根據需要，可產生不同種類的蜘蛛絲，包括放射狀的主軸，稱為牽引絲 (dragline)；螺旋環繞主軸的輔助絲；主軸間串聯環繞的捕捉絲；以及捕捉絲上的黏膠、負責附著牆壁的蜘蛛絲、纏繞獵物的蜘蛛絲等，每種蜘蛛絲都由不同的蛛絲蛋白組成，目前研究較透徹的是牽引絲及輔助絲，但實際應用發展的仍以最有力量的牽引絲為主。

一、蛛絲蛋白的生理生化特性

　　牽引絲由 MaSp1 及 MaSp2 兩種蛋白質組成，後者富含脯胺酸 (Proline)，不同蜘蛛會有不同的比例。同時，天然的蜘蛛絲非常不均勻，會因為蜘蛛食物的不同而改變。蜘蛛絲的彈性來源是因脫水造成內部的變化而產生的，蛛絲蛋白原本以約 50% 的液態存在絲腺中，稱作紡絲原液 (spinning dope)，它是以中性、高鹽的狀態來維持液體狀以避免蛋白質聚積。當聚絲作用開始時，紡絲原液送至腺管中，pH 從 7.2 降至 6.2，經由酸化及離子交換作用，降低鹽濃度，蛛絲蛋白在加速流動時遭受剪力而呈直線排列，並經過脫水而形成絲狀。

二、重組蛛絲蛋白的技術

　　在充分瞭解蜘蛛絲的基礎生化生理之後，研究人員試圖在各種生物中表現蛛絲蛋白，由於牽涉到分泌的過程及溶解度的問題，同時要克服分子量大小無法均質的困難，目前仍以重組蛛絲蛋白為主。總體看來，產物都是部分蛋白，只要仍維持原本的重要特性即可。目前是以細菌及羊奶生產的較多。產品都是以薄膜狀、顆粒狀、凝膠狀或不織布形態呈現，由於分子量大小不均會影響纖維狀的形態，其他形態成品則不受限於分子量均質與否，製造過程較為容易。

利用重組蛛絲蛋白的優點不僅在於產品均質化，更有利於在蛛絲蛋白加上其他生化特性，主要藉由兩類方法增進蛛絲蛋白的其他功能，亦可合併使用：

1. 增加與其他分子鍵結的能力：加上半胱氨酸 (cysteine)，藉由其 -SH 官能基與其他蛋白質鍵結，例如在製程中可利用 -SH 官能基，先將重組蛛絲蛋白與酵素或分子鍵結，賦予功能再塑成形。

2. 增加其與細胞間的附著力：要讓蛛絲蛋白供作細胞附著的基質用途，必須具有細胞親和性，因此可藉基因重組，加上其他具有細胞親合性特質的短胜肽，以增加細胞附著的能力。主要方法是外加細胞表面結構蛋白質的短胜肽來加強，目前常用的基本細胞附著胜肽有三種來源：

    (1) Integrin（整合素）RGD 胜肽序列：整合素是一種細胞膜的蛋白質，是負責聯接細胞附著分子或細胞外基質的受體。

    (2) laminin α1（層黏蛋白）IKVAV 胜肽序列：層黏蛋白是細胞與細胞間的黏著的基質，α1 為次單位。

    (3) laminin β1（層黏蛋白）YIGSR 胜肽序列：層黏蛋白是細胞與細胞間的黏著的基質，β1 為次單位。

當蛛絲蛋白加上了這些有助細胞間黏結的胜肽序列，製成的生物薄膜或成品，有助於細胞附著生長及延展。應用此原則，可以因應需求功能加上需要的胜肽序列進行重組，增加蛛絲蛋白在延展性及韌性以外的功能，便可相輔相成達到應用目的。

⬇ 三、蛛絲蛋白在生醫應用上的價值

有了這些加工改造技術的基礎，蛛絲蛋白在利用上就更為容易製作成需要的產品，加速了其在生物醫學上的應用發展的可能性，目前已經有成果的方向如下：

1. 外科手術用品：蛛絲蛋白具止血、幫助傷口癒合的功能，它的機械強度特性有助於外科手術縫合時取代傳統的尼龍材料，以及繃帶敷料等。

2. 神經修復材料：除了前述的基本醫療用途，人工支撐組織的研究更具發展性。動物研究顯示重組蛛絲蛋白可以幫助引導長距神經細胞再生時的延展，促進許旺細胞（包覆神經的細胞）移動、突觸再生、髓鞘形成以及回復神經電生理功能等修復步驟。

3. 輔助骨骼再生：將蛛絲蛋白與骨骼礦化需要的涎蛋白 (sialoprotein) 重組，製成薄膜狀，作為骨骼再生的支撐材料，其強度極優。體外研究顯示，這種重組蛛絲蛋白薄膜有助於骨髓組織的間葉幹細胞增生，並且繼續往成骨細胞系分化，可加速骨骼再生。研究同時顯示，沒有涎蛋白成分的簡單重組蛛絲蛋白薄膜，所對於骨骼形態形成的幫助並不能持久，因此蛛絲蛋白在應用上，要配合相對應組織形成的必須物質，相輔相成，才是成功的關鍵。例如牙科材料的應用研究上，發現需要配合象牙質與蛛絲蛋白的重組，才能增加牙床骨骼再生的能力。

4. 包覆組織材料：重組蛛絲蛋白可以用來包覆在需要與人體組織接觸的材料，以增加組織與材料間的親和性。例如常用在醫療上的矽膠材質植入物，如同異物刺激，會增加組織發炎或纖維化，最常見的就是術後關節包膜纖維化。在動物實驗中，重組蛛絲蛋白包覆的矽膠材質，可以有效抑制這類纖維化及發炎的產生。

除此之外，改變產品的形態結構，可以開發其他生醫性材料的應用方向。許多天然成分，如膠原蛋白或人工蛋白質，在製成不織布形態，多孔、具立體結構後，才有發展成人工敷料或組織工程材

料的潛力。同樣地，薄膜狀的重組蛛絲蛋白不太容易讓纖維細胞增生，唯有仿效其他蛋白質製成立體狀的不織布形態結構，才有利於纖維細胞附著生長。因此泡沫形態、纖維狀、微囊狀或顆粒狀的產品，在未來可能應用在包裹活性物質或易水解物質，甚至藥物的傳遞上，利用其緩慢分解的特性，慢慢釋放。顯見重組蛛絲蛋白應用發展的未來潛力，仍具有相當的空間。

20-3
3D 生物列印技術

　　3D 列印技術是新興發展的熱門工程技術，至今日趨成熟，已廣泛應用在各個領域，蓬勃發展。在生物醫學領域的應用上，可稱為 3D 生物建構技術，就是利用適宜的生物物質及細胞種類，建立出適合的微環境及生物成分，產生具功能性的複雜組織。近來的研究顯示，一般細胞培養的 2D 平面組織與 3D 立體組織在許多特性及反應上有極大的差異，就生理意義考量，3D 組織較能真正反映實際的身體組織特性。因此，研究人員會致力於拓展 3D 列印技術到生物醫學領域中的組織工程技術，以建構更接近真實狀況的組織，以減少實驗與臨床醫學之間的差異性。

　　組織工程 (tissue engineering) 是一項新興的生物醫學技術，最終的目的是在於發展出能取代人體自然組織、甚至器官的產品，而用途不外乎：

1. 進行藥物篩選，減少使用動物進行藥物實驗，同時增加可信度。

2. 更同時希望能取代臨床醫療用途上的組織及移植器官的不足。

組織工程所應用範圍及方向大致分為三類：

1. 彷生 (biomimicry)：製造組織或器官的細胞性或非細胞性組成，用以修復或替代原本失能的組織或器官。例如非細胞性的軟骨組織、骨骼，以及細胞性的微血管組織等。

2. 自生性組織 (autonomous self-assembly)：以胚胎細胞為基礎，由內在基因控制其自行生長，自我組成細胞群並發育成組織架構，需要對標的組織的生長發育機制有詳細地認識，並精密地設計，才可能獲得功能、位置都正確，具有生理機能的組織。

3. 微型器官 (mini organ)：是綜合上述二種應用，只要精密的設計，確實可以製造出具有功能的的微型組織，如腎元 (nephron) 等。

傳統製作立體架構細胞群的技術，只能形成團塊，並不能產生具有結構性的內部構造，3D 列印技術配合配腦輔助設計 (CAD)，即可輕易建構出內部完整結構，是最有希望克服立體培養及製造生物性微環境的技術選項。同時具有微量、低成本、高效率及可變動性的優點，目前的技術分三類：

1. 噴出式 (inkjet bioprinting)

在技術使用上，所有的設備都必須改造成適用於生物性材料、能維持細胞正常生長，噴出物則是蛋白質液或是細胞液。這類控溫式的設備目前使用非常廣泛，十分容易取得，雖易於改造，成本低，但缺點是噴嘴容易發生阻塞、滴液的方向控制性低，同時生物材料容易暴露於不適宜的溫度或機械壓力，是需要注意的缺點。

2. 擠料式 (extrusion bioprinting)

此類型的 3D 列印儀器在細胞列印結構的發展上，十分有進展。是根據預植藻酸鹽凝膠 (alignate hygrogel) 一層疊一層來列印，可以產生任意形狀的 3D 活體植入物，這個技術成功地列印出由細胞生成的 3D 結構，更進一步的，將可能列印出整個器官。只要預先製作出器官的形狀的多孔體，即可列印出形似的器官。目前已有研究人員成功地運用此技術列印出肝臟、軟骨組織（耳殼）及神經組織等。

3. 光輔式 (light-assisted bioprinting)

　　不同於前兩種簡單型的技術，光輔式可以克服列印過程中由於沉澱、聚積造成的細胞死亡或受傷。同時細緻程度也不受 50 m 的限制。光輔式的技術是利用光形成聚合反應的原理來產生立體結構的生物性物質，可以列印多種細胞，而且存活性也高。此技術可細分成兩類型：

(1) 動態光投影式：利用數位鏡像設備上的晶片來控制 UV，將電腦輔助設計的影像投射到感光樹脂溶液中，然後一個平面一個平面地列印，而不是一排一排的列印，因此非常快速。這種技術可以利用各種生化材料甚至細胞，列印出複雜的半球體結構、脈管結構、神經導管等組織，也可在列印的同時加入其他功能性粒子。

(2) 雷射式列印：包括多種不同的設備，如雷射直寫式、雷射誘導傳遞式等，是利用雷射光透過高倍物鏡讓生化材料在玻片上產生聚合或物質轉移，隨著儀器的 3D 移動，即可產生複雜精細的 3D 結構。研究人員曾以纖維細胞和角質細胞經層層列印，可以產生細胞化的皮膚替代物，將其移植到小鼠的皮膚表層，確實可以與小鼠的皮膚融合生長。

　　雖然光輔式的 3D 列印有其優勢，如生物相容性佳、解析度高（較細緻）、高效率等，但在發展上仍有許多需要克服的困難。如材料有其限制性，需要具感光性的物質，不僅選擇性少，同時需要先將生物性材料加以修飾成具光聚合性，才能使用。更由於沒有噴嘴設備將材料送至列印處，必須將材料放滿整個空間，會浪費許多材料，增加成本。下表為不同技術形式的 3D 列印之比較，從表中可看出動態光投影式在速度上、細胞活力及極體性上優於其他，細緻程度也是水準以上，在未來的發展潛力上是較具有優勢的。

表 20-1　不同生物列印技術的比較

	噴出式	擠料式	動態光投影式	雷射式列印
列印方式	依序滴狀	依序滴狀	連續平面式	依序點狀
速度	中等	慢	快	中等
解析度	50 μm	5 μm	1 μm	< 500 nm
整體性	差，有介面	差，有介面	極佳，連續	差，有介面
細胞活力	>85%	40~80%	85~95%	>85%
材料選擇性	溫控／光敏性／pH	溫控／光敏性	光敏性	光敏性

結　語

　　藉由以上三個主題的介紹，可以瞭解到生物材料的發展需要的根源即是紮實的基礎研究、賦予原本生物材料新的功能以及導入其他領域的技術，如果沒有傳統生化科學多年來對微生物代謝的研究，仔細瞭解各個酵素的功能，以及基因體學的解碼，微生物代謝工程的進展是無法如此快速的，它整合了過去的知識，加以發揮利用，是結合基礎與應用科學最好的典範。而蜘蛛絲的應用，也需要先對蜘蛛絲的生代生理進行透徹研究，才能更進一步往實用性發展，並結合其他生物性分子的功能，相輔相成，才具應用價值。在生物技術發展至一個程度，一定需結合其他領域的技術，解決盲點，才會有突破性的進展，3D 生物列印技術即是一個代表，有效地產生立體結構的細胞或組織，取代傳統的平面細胞培養，在實驗結果的解釋上更貼近人體的真實反應。無論是基礎科學或應用科學的進展，都有助於生物技術往前更跨一步，我們期許未來生物技術很快即有更多讓人振奮的突破。

問題及討論 Exercise

一、選擇題

1. 下列哪個的分子需要將原物種的整個生合成代謝途徑都移轉到細菌中才能產生？ (A) 胰島素　 (B) 酪蛋白　 (C) 病毒外套蛋白　 (D) 植物的二級代謝產物

2. 多酚類的源頭為？ (A) 色胺酸 (Tryptophan)　 (B) 酪胺酸 (Tyrosine)　 (C) 丙胺酸 (Alanine)　 (D) 谷胺酸 (Glutamate)　 (E) 半胱胺酸 (Cysteine)

3. 代謝工程的設計策略流程中，哪一步是錯誤的？ (A) 轉殖關鍵酵素　 (B) 從簡單的來源生產關鍵性前驅物　 (C) 尋找細菌來源的替代酵素　 (D) 提供各種下游酵素組合，獲得下游產物　 (E) 控制原料，使該成份成為限制因子，以提高產量

4. 蛛絲蛋白在未送出成絲之前，蜘蛛是如何讓它在蜘蛛絲腺體中維持液態狀？ (A) 蛛絲蛋白原本以約 100% 的液態存在絲腺中，稱作紡絲原液 (spinning dope)　 (B) 存在於鹼性中　 (C) 以高鹽的狀態來維持液體狀以避免蛋白質聚積　 (D) 當聚絲作用開始時，紡絲原液送至腺管中，pH 變為中性

5. 關於目前生產的蛛絲蛋白，下列敘述何者錯誤？ (A) 目前仍以重組蛛絲蛋白為主　 (B) 產物都是部分蛋白　 (C) 仍維持原本的重要特性　 (D) 目前是以酵母菌生產的較多　 (E) 產品都是以薄膜狀、顆粒狀、凝膠狀或不織布形態呈現

6. 要增加蛛絲蛋白與其他分子鍵結的能力，可以加上什麼胺基酸，以官能基與其他蛋白質鍵結？ (A) 色胺酸 (Tryptophan)　 (B) 酪胺酸 (Tyrosine)　 (C) 丙胺酸 (Alanine)　 (D) 谷胺酸 (Glutamate)　 (E) 半胱胺酸 (Cysteine)

7. 要增加其蛛絲蛋白與細胞間的附著力，可以外加細胞表面結構蛋白質的短胜肽，哪項正確？ (A) Integrin　 (B) lamin α1　 (C) lamin β1　 (D) TCR　 (E) 以上均可

8. 蛛絲蛋白在輔助骨骼再生時，需要與何蛋白質重組？ (A) 膠原蛋白　 (B) 骨涎蛋白　 (C) 成骨蛋白　 (D) 骨髓蛋白

9. 目前重組蛛絲蛋白沒有哪種型式？ (A) 顆粒狀　 (B) 薄膜狀　 (C) 泡沫形態　 (D) 纖維狀　 (E) 絲狀

10. 什麼型式的重組蛛絲蛋白才可讓纖維細胞附著生長？ (A) 顆粒狀　 (B) 薄膜狀　 (C) 泡沫形態　 (D) 纖維狀　 (E) 不織布形態結構

11. 種重組蛛絲蛋白薄膜有助於骨髓組織的哪類細胞增生？(A) 骨幹細胞　(B) 間葉幹細胞　(C) 骨髓細胞　(D) 成骨細胞

12. 3D 生物建構技術，就是利用適宜的生物物質及細胞種類，建構出細胞組織，目的不包括下列何者？(A) 建立出適合的微環境及生物成分　(B) 產生具功能性的複雜組織　(C)3D 組織較能真正反映實際的身體組織特性　(D) 有助於觀察　(E) 減少實驗與臨床醫學之間的差異性

13. 組織工程 (tissue engineering) 技術的用途，不包括下列哪項？(A) 發展出能取代人體自然組織　(B) 進行藥物篩選　(C) 減少使用動物進行藥物實驗　(D) 取代臨床醫療用途上的組織及移植器官的不足　(E) 產生人工胚胎

14. 製造組織或器官的細胞性或非細胞性組成，用以修復或替代原本失能的組織或器官，這種技術稱為？(A) 移植　(B) 彷生　(C) 取樣　(D) 修護　(E) 整容

15. 目前組織工程可以製造的微型器官 (mini organ) 為？(A) 肝細胞組織　(B) 腎元　(C) 心肌　(D) 眼角膜　(E) 耳蝸

16. 擠料式的 3D 列印，是根據預植何物質一層疊一層來列印出組織結構，產生任意形狀的 3D 活體植入物？(A) 膠原蛋白　(B) 藻酸鹽凝膠 (alignate hygrogel)(C) 玻尿酸　(D) 幹細胞

17. 擠料式的 3D 列印已成功製造出許多器官組織，不包括下列何者？(A) 肝臟　(B) 耳殼軟骨組織　(C) 神經組織　(D) 角膜

18. 以整體性來看，哪一種 3D 列印方式最佳？(A) 噴出式　(B) 擠料式　(C) 動態光投影式　(D) 雷射式列印

19. 哪一種 3D 列印可製出複雜的半球體結構、脈管結構、神經導管等組織？(A) 噴出式　(B) 擠料式　(C) 動態光投影式　(D) 雷射式列印

20. 解晰度最高的 3D 列印方式為何？(A) 噴出式　(B) 擠料式　(C) 動態光投影式　(D) 雷射式列印

二、問答題

1. 何謂微生物代謝工程？

2. 如何讓微生物生產其他生物的非蛋白質分子？

3. 生產多酚類抗氧化物的源頭胺基酸為何？

4. 微生物代謝工程的設計策略流程為何？

5. 蛛絲蛋白在未送出成絲之前,蜘蛛是如何讓它在蜘蛛絲腺體中維持液態狀?

6. 蛛絲蛋白在送出後的生理環境有什麼改變才能成絲?

7. 重組蛛絲蛋白多以何種形態呈現?不製成絲狀的理由為何?

8. 蛛絲蛋白在生醫應用上的價值為何?

9. 蛛絲蛋白對神經的修復有什麼幫助?

10. 如何賦予蛛絲蛋白其他特性?

11. 要增加重組蛛絲蛋白與細胞間的附著性,可加上哪些蛋白質的胜肽序列?

12. 重組蛛絲蛋白在輔助骨骼再生上需要注意什麼?

13. 重組蛛絲蛋白包覆生物性材質的功效為何?

14. 3D 列印技術在生物醫學領域的應用上是為了建構什麼?

15. 組織工程技術的目的是什麼?有什麼用途?

16. 3D 生物列印技術產生的立體結構組織比傳統培養的立體結構有何優勢?

17. 噴墨式的 3D 列印有何優缺點?

18. 擠料式的 3D 列印有何優缺點?

19 動態光投影式 3D 列印有何優缺點?

20. 生物材料的創新發展所需要的知識技術根源為何?

解答:(1)D (2)B (3)E (4)C (5)D (6)E (7)A (8)B (9)E (10)E
(11)B (12)D (13)E (14)B (15)B (16)B (17)D (18)C (19)C (20)D

一、DNA 的分子量計算

　　DNA 的大小計量單位是鹼基對 bp (base pair)，但 DNA 的質量仍是以重量計算，一個核苷酸 (dNTP) 分子量大約是 330 Dalton，一個鹼基對大約是 660 Dalton，表示每莫耳有 660 克 (g)，因此對一個 1 kb 的 DNA 片段而言，一莫耳（1 mole，也就是 $6×10^{23}$ 個）DNA 分子有多少重量呢？

計算方式：

$$1×1,000（鹼基對）×660（每個鹼基對的分子量）= 6.6×10^5\ g$$

　　實際上，在實驗室中是不會用那麼大的量，下表為分子生物常用的計量單位，在實驗室中使用量常介於 pg~μg 之間。

以 1 μg 的 1 kb DNA 為例

X mole 數 ×1,000（鹼基對）×660（每個鹼基對的分子量）

　　$=1×10^{-6}\ g$

則 mole 數 X = 1.52p mole

$1mg=1×10^{-3}\ g$	milligram
$1μg=1×10^{-6}\ g$	microgram
$1ng=1×10^{-9}\ g$	nanogram
$1pg=1×10^{-12}\ g$	picogram

　　由以上的計算，大家可以知道實驗室中 DNA 計量單位是很小的，尤其更需要瞭解，一個莫耳有 $6×10^{23}$ 個分子，而只要一個 DNA 質體就可以轉形一個細菌或轉染甚至轉殖一個細胞或生物。此外，在進行某些實驗時，常需要計算 DNA 的濃度，例如進行 PCR

反應時應加入多少的引子，修飾 DNA 的端點時，考慮的是有多少個 DNA 端 (end)，以 DNA 片段而言，一個分子就有兩個端。這些都是在計算時需要注意的地方。

二、核酸標準定量

當 DNA、RNA 經純化後，即可以光譜分析儀 (spectrophotometer) 測 OD (optical density) 的方式進行定量，因為核酸分子中的鹼基可以吸收波長 260 nm 及 280 nm 的紫外光，因此可以藉此方式進行核酸的定量，一般是測 OD_{260} 的吸光度，而 DNA 的 OD_{260} 與 OD_{280} 比值約在 1.8 左右，RNA 則為 2.0 左右。這個比值透露一些純度的訊息，例如，如果有 RNA 摻雜在 DNA 樣本中，比值可能會偏高；如比值太低，則可能是 DNA 不乾淨。當然，也有一些其他的因素會干擾這個比值，例如，如果純化 DNA 的來源材料有色素的存在，也可能影響比值。

測吸光值時，會先將核酸以水稀釋數百倍，OD_{260} 的讀值與核酸濃度的轉換公式如下：

$$1A_{260} \text{ unit} = 50 \text{ μg/mL dsDNA}$$

每單位 OD_{260} 吸光值相當於 50 μg/mL 的雙股 DNA

$$1A_{260} \text{ unit} = 33 \text{ μg/mL ssDNA}$$

每單位 OD_{260} 吸光值相當於 33 μg/mL 的單股 DNA
所謂單股 DNA 是指寡聚核苷酸之類的 DNA。

$$1A_{260} \text{ unit} = 40 \text{ μg/mL}$$

RNA 每單位 OD_{260} 吸光值相當於 40 μg/mL 的 RNA

References 參考資料

Chapter 1

1. Archer, R., & Williams, D. (2005). Why tissue engineering needs process engineering. *Nature Biotechnology. 23*:1354-1355.

2. Dau, M. et al. (2002). Biotechnology and Bioremediation: successes and limitations. Appl. Microbiol. *Biotechnol. 59*:143-152.

3. Kreuzer, H., & Massey, A. (2000). *Recombinant DNA and biotechnology - A guide for students*. Blackwell Science. Oxford.

4. Lim, H. A. (2002). *Genetically yours: Bioinforming, biopharming, and biofarming*. Singapore: World Scientific Publishing Co.

Chapter 2

1. Hartwell, L. et al. (2000). *Genetics: From genes to genomes*. McGraw-Hill Higher Education.

2. Primrose, S. B., Twyman, R. M., & Old, R. W. (2001). *Principles of Gene Manipulation* (6th ed.). Blackwell Science. Oxford.

3. Sambrook, J., & Russell, D. (2001). *Molecular cloning: A laboratory manual* (3rd ed.). New York: Cold Spring Harbor Laboratory Press.

Chapter 3

1. Bartel, D. P. (2004). MicroRNAs : Genomics, biogenesis, mechanism, and function. *Cell. 116*:281-297.

2. Caplen, N. J. (2002). A new approach to the inhibition of gene expression. *Trend in biotechnology. 20*:49-51.

3. Lewin, A., & Hauswirth, W. (2001). Ribozyme gene therapy: applications for molecular medicine. *Trends in Mol. Med. 7*:221-228.

4. Phylactou, L. et al. (1998). Ribozymes as therapeutic tools for genetic disease. *Human Mol. Gen. 7*:1649-1653.

5. Sambrook, J., & Russell, D. (2001). *Molecular cloning: A laboratory manual* (3rd ed.). New York: Cold Spring Harbor Laboratory Press.

6. Silva, J. M. et al. (2002). RNA interference: a promising approach to antiviral therapy? *Trend in molecular medicine*. 8:505-508.

7. Summerton, J., & Weller, D. (1997). Morpholino antisense oligomer design, preparation, and properities. *Antisense and Nucleic Acid Drug Development*. 7:187-195.

8. Wagner, E. G. H., & Flardh, K. (2002). Antisense RNAs everywhere? *Trends in Genetics*. *18*: 223-226.

9. **Ambion®** 網站：http://www.invitrogen.com/site/us/en/home/brands/ambion.html

Chapter 4

1. Sambrook, J., & Russell, D. (2001). *Molecular cloning: A laboratory manual* (3rd ed.). New York: Cold Spring Harbor Laboratory Press.

2. **莊榮輝網站**：http://ccms.ntu.edu.tw/~juang

Chapter 5

Sambrook, J., & Russell, D. (2001). *Molecular cloning: A laboratory manual* (3rd ed.). New York: Cold Spring Harbor Laboratory Press.

Chapter 6

Sambrook, J., & Russell, D. (2001). *Molecular cloning: A laboratory manual* (3rd ed.). New York: Cold Spring Harbor Laboratory Press.

Chapter 7

1. Lincoln, P. J., & Thomson, J. (1998). *Forensic DNA profiling protocols*. New Jersey: Humana Press.

2. Sambrook, J., & Russell, D. (2001). Molecular cloning: *A laboratory manual* (3rd ed.). New York: Cold Spring Harbor Laboratory Press.

3. **Roche Applied Science: LightCycler® 480 System 網 站：** http://www.lightcycler-online.com/

Chapter 8

1. Ding, S., Wu, X., Li, G., Han, M., Zhuang, Y., & Xu, T. (2005). Efficient transposition of the piggyback (PB) transposon in mammalian cells and mice. *Cell, 122*:473-483.

2. Hogan, B., Costantini, F., & Beddington, R. (1994). *Manipulating the mouse embryo: A laboratory manual* (2nd ed.). Cold Spring Harbor Laboratory Press.

3. Kwan, K. M. (2002). Conditional alleles in mice: practical considerations for tissue-specific knockouts. *Genesis, 32*:49-62

4. Weiser, K. C., & Justice, M. J. (2005). Sleeping beauty awakens. *Nature, 436*:184-186.

5. **中研院基因突變鼠核心實驗室網站**：http://db1.sinica.edu.tw/~imbn214/index.php

Chapter 9

1. Adams, G. P., & Weiner, L. M. (2005) Monoclonal antibody therapy of cancer. *Nature Biotechnology, 23*: 1147-1157.

2. Andersen, D. C., & Krummen, L. (2002). Recombinant protein expression for therapeutic applications. *Current Opinion in Biotechnology, 13*:117-123.

3. Carter, P. (2001). Improving the efficacy of antibody-based cancer therapies. *Nature Review of Cancer, 1*:118-128.

4. Chadd, H. E., & Chamow, S. M. (2001). Therapeutic antibody expression technology. *Current Opinion in Biotecnology, 12*:188-194.

5. Fletcher, L. (2001). PDL's mab technology finds right timing. *Nature Biotechnology, 19*:395-396.

6. Holt, L. J. et al. (2000). The use of recombinant antibodies in proteomics. *Current Opinion in Biotechnology, 11*:445-449.

7. Kelley, B. D. (2001). Bioprocessing of therapeutic proteins. *Current Opinion in Biotechnology, 12*:173-174.

8. Reff, M. E., & Heard, C. (2001). A review of modifications to recombinant antibodies: attempt to increase efficacy in oncology applications. *Critical Reviews in Oncology/Hematology, 40*:25-35.

9. Reichert, J. M. (2001). Monoclonal antibodies in the clinic. *Nature Biotechnology, 19*:819-822.

10. Reichert, J. M. et al. (2005). Monoclonal antibody successes in the clinic. *Nature Biotechnology, 23*:1073-1078.

11. Senter, P. D., & Springer, C. J. (2001). Selective activation of anticancer prodrugs by monoclonal antibody-enzyme conjugates. *Advanced Drug Delivery Reviews, 53*:247-264.

12. Trikha, M. et al. (2002). Monoclonal antibodies as therapeutics in oncology. *Current Opinion in Biotechnology, 13*:609-614.

13. **American Cancer Society 網站**：http://www.cancer.org

14. **ONCOLINK – Abramson Cancer Center of the University of Pennsylvania** 網站：
http://www.oncolink.upenn.edu/

Chapter 10

1. Ahmed, F. E. (2002). Detection of genetically modified organisms in foods. *Trends in biotechnology, 20*:215-222.

2. Biopesticides registration action document - Revised risks and benefits sections: *Bacillus thuringiensis* Plant-Pesticides. U.S. environmental Protection agency office of pesticide programs biopesticides and pollution prevention division. (2001). July, 16.

3. Bonetta, L. (2002). Edible vaccines: not quite ready for prime time. *Nature medicine, 8*:94.

4. Fletcher, L. (2001). GM crops are no panacea for poverty. *Nature biotechnology, 19*:797-798.

5. Gasson, M., & Burke, D. (2001) Scientific prospectives on regulating the safety on genetically modified foods. *Nature review of Genetics, 2*:217-227.

6. Gasson, M., & Burke, D. (2001). Scientific perspectives on regulating the safety of genetically modified foods. *Nature reviews of genetics, 2*:217-222.

7. Haslberger, A. (2001). GMO contamination of seeds. *Nature biotechnology, 19*:613.

8. Kay, S., & den Eede, G. V. (2001). The limits of GMO detection. *Nature biotechnology, 19*:405.

9. Maliga, P. (2001). Plastid engineering bears fruit. *Nature biotechnology, 19*:826-827.

10. Maliga, P. (2003). Progress towards commercialization of plastid transformation technology. *Trends in biotechnology, 21*:20-28.

11. Stewart, C. N. et al. (2000). Transgenic plants and biosafety: Science, misconceptions and public perceptions. *BioTechniques, 29*:832-843.

12. **AgBio (Hologic, Inc.)** 網站：http://www.agbio.com

Chapter 11

1. Lim, H. A. (2002). *Genetically yours: Bioinforming, biopharming, and biofarming*. Singapore: World Scientific Publishing Co.

2. Pandian, T. J. (2005). Transgenesis in fishes: Indian research and development. *AgBiotechNet* 2005 Vol. 7, ABN 133, 1–12.

3. Zhu, L. et al (2005). Production of monoclonal antibody is eggs of chimeric chicken. *Nature Biotechnology, 23*:1159-1169.

4. **ATryn - Recombinant Human Antithrombin 網 站：**http://www.gtc-bio.com/products/atryn.html

5. **Pharming Group NV 網站：**http://www.pharming.com

Chapter 12

1. Bugaisi, A. et al. (1999). Producing of goats by somatic cell nuclear transfer. *Nature Biotechnology, 17*:456-461.

2. Campbell, K. H., Alberio, R., Choi, I., Fisher, P., Kelly, R. D., Lee, J. H., & Maalouf, W. (2005). Cloning: eight years after Dolly. *Reprod Dom Anim, 40*:256-268.

3. Kues, W. A., & Niemann, H. (2004). The contribution of farm animals to human health. *Trend in Biotechnology, 22*:286-292.

4. Lanza, R. P. et al. (2000). Extension of cell life-span and telomere length in animals cloned from senescent somatic cells. *Science, 288*: 665-669.

5. Latham, K. E. (2004). Cloning: questions answered and unsolved. *Differentiation, 72*:11-22.

6. Lim, H. A. (2002). *Genetically yours: Bioinforming, biopharming, and biofarming*. Singapore: World Scientific Publishing Co.

7. 吳信志、鄭登貴 (2005)。複製家畜技術在農業生技產業之應用。**農業生技產業季刊，第二期：**12-17。

8. 李善男 (2004)。複製牛隻隻「如意」─複製家族之誕生。**農委會農政與農情，第146 期。**

9. **行政院農委會網站：**http://bulletin.coa.gov.tw

10. **ThinkQuest – Oracle Education Foundation 網站：**http://www.thinkquest.org

Chapter 13

1. Alison, M. R. et al. (2002). An introduction to stem cells. *J. Path., 197*:419.

2. Bianco, P., & Robey, P. G. (2000). Marrow stromal stem cells. *The Journal of Clinical Investigation, 105*:1663.

3. Gage, F. H. (2000). Mammalian neural stem cells. *Scinece, 287*:1433.

4. Mimeault, M. et al. (2007). Stem cells: A revolution in therapeutics-recent advances in stem cell biology and their therapeutic applications in regenerative medicine and cancer therapies. *Clinical Phar. & Therapeutics, 82*(3):252-263.

5. Mimeault, M., & Batra, S. K. (2008) Recent Progress on tissue-resident adult stem cell biology and their therapeutic implications. *Stem Cell Rev, 4*:27-49.

6. Takahashi, K. et al. (2007) Induction of Pluripotent Stem Cells from Adult Human Fibroblasts by Defined Factors. *Cell, 131*:861-872

7. Tannishtha, R. et. al. (2001). Stem cells, cancer and cancer stem cells. *Nature, 414*:105.

8. Thomson, J. A. et al. (1998). Embryonic Stem Cell Lines Derived from Human Blastocysts. *Science, 282*:1145.

9. Till, J. E., & McCulloch, E. A. (1961). A direct measurement of the radiation sensitivity of normal mouse bone marrow cells. *Radiat. Res., 14*:1419.

10. Weissman, I. L. (2000). Translating Stem and Progenitor Cell Biology to the Clinic: Barriers and Opportunities. *Science, 287*:1442.

11. Wurmser, A. E., & Gage, F. H. (2002). Stem cells: Cell fusion causes confusion. *Nature, 416*:485.

12. Yu, J. et al. (2009) Human induced pluripotent stem cells free of vector and transgene sequences. *Science, 324*(5928):797-801

13. Yu, J. et al. (2007) Induced pluripotent stem cell lines derived from human somatic cells. *Science, 318*(5858):1917-20.

Chapter 14

1. Anderson, W. F. et al. (1990). The ADA human gene therapy clinical protocol: Points to consider response with clinical protocol. *Human Gene Therapy, 1*:331-62.

2. Bilsland, A. E. et al. (2003). Selective ablation of human cancer cells by telomerase-specific adenoviral suicide gene therapy vectors expressing bacterial nitroreductase. *Oncogene, 22*:370-80.

3. Cavazzana-Calvo, M. et al. (2000). Gene therapy of human severe combined immunodeficiency (SCID)-X1 disease. *Science, 288*:669-72.

4. Culver, K. W. et al. (1992). In vivo gene transfer with retroviral vector-producer cells for treatment of experimental brain tumors. *Science, 256*:1500-1552.

5. Donsante, A. et al. (2001). Observed incidence of tumorigenesis in long-term rodent studies of rAAV vectors. *Gene Therapy, 8*:1343.

6. Jennifer, C. (2002). Breakthrough of the year: Small RNAs Make Big Splash. *Science, 298*:2296-2297.

7. Li, Z. et al. (2002). Murine leukemia induced by retroviral gene marking. *Science, 296*:497.

8. Novina, C. D. et al. (2002). siRNA-directed inhibition of HIV-1 infection. *Nature Medicine, 8*:681-6.

9. 黃麗華 (1998)。**進階版生物技術（台大醫學院主編）（第 19 章）**。基因治療，pp. 343-360。

10. 網頁：http://www.asgt.org

11. 網頁：http://www.doh.gov.uk/GENETICS/gtac/

12. 網頁：http://www.fda.gov/

13. 網頁：http://www.nih.gov/

14. 網頁：http://www4.od.nih.gov/oba

Chapter 15

1. Bouchie, A (2002). Shift anticipated in DNA microarray market. *Nature Biotechnology, 20*:8.

2. Jain, K. K. (2001). Biochips for gene spotting. *Science, 294*:621-625.

3. Liessling, L. L., & Cario, C. W. (2002). Hitting the sweet spot. *Nature Biotech, 20*:234-235.

4. Lobenhofer, E. K. et al. (2001). Progress in the application of DNA microarrays. *Environmental Health Perspectives, 109*(9):881-891.

5. Mitchell, P. (2002). A perspedtive on protein microarrays. *Nature Biotech, 20*:225-229.

6. Phizicky, E. et al (2003) Protein analysis on a proteomic scale. *Nature, 422*:208-215.

7. Sambrook, J., & Russell, D. (2001). *Molecular cloning: A laboratory manual* (3rd ed.). New York: Cold Spring Harbor Laboratory Press.

8. Templin, M. F. et al. (2002). Protein microarray technology. *Trends in Biotech, 20*:160-166.

9. Tyers, M., & Mann M. (2003) From genomics to proteomics. *Nature 422*:193-197.

10. Uttamchandani, M. et al. (2005) Small molecule microarrays: Recent advances and applications. *Curr. Opin. Chem. Biol., 9*:3–14.

11. Wang, D. et al. (2002). Carbonhydrate microarrays for the recognition of cross-reactive molecular markers of microbes and host cells. *Nature Biotech, 20*:275-281.

12. Wheeler, D. B. et al (2005) Cell microarray and RNA interference chip away at gene function. *Nature Genetics, 37*:525-530.

Chapter 16

1. Baumeister, R., & Ge, L. (2002). The worm in us-Caenorhabditis elegans as a model of human disease. *Trends in Biotechnology, 20*:147-148.

2. Bevan, et al. (2001). Sequence and analysis of the Arabidopsis genome. *Current opinion in plant biology, 4*:105-110.

3. Goff, S. A. et al. (2002). A draft sequence of the rice genome (Oryza stiva L. ssp. Japonica). *Science, 296*:92-100

4. International Human genome sequencing consortum (2001). Special issue on genome project. *Nature, 409*:821-953.

5. Jun, Yu. et al. (2002). A Draft Sequence of the Rice Genome (Oryza sativa L. ssp.indica). *Science, 296*:79-92

6. Kornberg, T. B., & Krasnow, M. A. (2000). The Drosophila genome sequence: implications for biology and medicine. *Nature, 287*:2218-2220.

7. Rubin, G. M., & Lewis, E. B. (2000). A brief history of Drosophila's contributions to genome research. *Nature, 287*:2216-2218.

8. Somerville, C., & Koornneef, M. (2002). A fortunate choice : the history of Arabidopsis as a model plant. *Nature Reviews of Genetics, 3*:883-888.

9. 網路：http://www.ncbi.nlm.nih.gov/sites/genome/

10. 網路：中研院植物基因組中心網站：http://genome.sinica.edu.tw/

Chapter 17

1. Cavalli-Sforza, L. L. (2005) The Human Genome Diversity Project: past, present and future. *Nature Reviews Genetics 6*:333-340

2. Collins, F. S. (2003). The Human Genome Project: Lessons from Large-Scale Biology. *Science 300*:286-290.

3. International Human genome sequencing consortium. (2001). Special issue on human genome project. *Nature, 409*:821-953.

4. Mouse genome sequencing consortium. (2002). The mouse genome. *Nature, 420*:510-586.

5. Ng, P. et al. (2005) Gene identification signature (GIS) analysis for transcriptome characterization and genome annotation. *Nature Methods, 2*:105-111.

6. Venter, J. C. et al (2001). Human genome special issue. *Science, 291*:1279-1362.

Chapter 18

1. Budowle, B., & van Daal, A. (2008). Forensically relevant SNP classes. *BioTechniques, 44*:603-610.

2. Budowle, B., & van Daal, A. (2009). Extracting evidence from forensic DNA analyses: future molecular biology directions. *BioTechniques, 46*:339-350.

3. Butler, J. M. (2006). Genetics and genomics of core short tandem repeat loci used in human identity testing. *J. Forensic. Sci., 51*(2):253-265.

4. Decorte, R. (2010). Genetic identification in the 21st century - current status and future. *Forensic Science International, 201*:160-164.

5. Jex, A. R. et al. (2009). Toward next-generation sequencing of mitochondrial genomes - focus on parasitic worms of animals and biotechnological implications. *Biotechnology Advances, 28*:151-159.

6. Jobline, A. M., & Gill, B. (2004). Encoded evidence : DNA in forensic analysis. *Nature review of Genetics, 5*:739-752.

7. Kayser, M., & de Knijff, P. (2011). Improving human forensics through advances in genetics, genomics and molecular biology. *Nature Reviews of Genetics, 12*:179-192.

8. Tobe, S. S., & Linacre, A. (2010). DNA typing in wildlife crime: recent developments in species identification. *Forensic Sci. Med. Pathol, 6*:195-206.

9. Varsha (2006). DNA fingerprinting in the criminal justice system: a overview. *DNA and Cell Biology, 25*:181-188.

Chapter 19

1. Agbor, V. B. et al. (2011). Biomass pretreatment: fundamentals toward application. *Biotechnology Advances, 29*:675-685.

2. Demirbas, A., & Demirbas, M. F. (2011). Importance of algae oil as a source of biodiesel. *Energy conversion and Management, 52*:163-170.

3. Lam, M. K. et al. (2010). Homogeneous, heterogeneous and enzymatic catalysis for transesterification of high free fatty acid oil (waste cooking oil) to biodiesel: A review. *Biotechnology Advances, 28*:500-518.

4. Mussatto, S. I. et al. (2010). Technological trends, global market, and challenges of bio-ethanol production. *Biotechnology Advances, 28*:817-830.

5. Scott, S. A. et al. (2010). Biodiesel from algae: challenges and prospects. *Current Opinion in Biotechnology, 21*:277-286.

6. Vega-Sanchez, M. E. et al. (2010). Genetic and biotechnological approaches for biofuel crop improvement. *Current Opinion in Biotechnology, 21*:218-224.

Chapter 20

1. Heidebrecht, A., & Scheibel, T. (2014). Recombinant production of spider silk proteins. *Advances in Applied Microbiology*, 82:115-153.

2. Lin, Y. et al. (2014). Microbial production of antioxidant food ingredients via metabolic enineering. *Current Opinion in Biotechnology*, 26:71-78.

3. Schacht, K. & Scheibel, T. (2014). Processing of recombinant spider proteins into tailor-made materials for biomaterials applications. *Current Opinion in Biotechnology*, 29:62-69.

4. Zhu, W. et al. (2016). 3D printing of functional biomaterials for tissue engineering. *Current Opinion in Biotechnology, 40*:103-112.

index 索 引

S

T

MEMO

MEMO

MEMO

BIOTECHNOLOGY

MEMO

New Wun Ching Developmental Publishing Co., Ltd.

New Age · New Choice · The Best Selected Educational Publications — NEW WCDP

新文京開發出版股份有限公司

NEW WCDP

新世紀 · 新視野 · 新文京 一 精選教科書 · 考試用書 · 專業參考書